Biochimie

Bases biochimiques de la diététique

3e édition

Collection dirigée par Cristian Carip

Biochimie

Bases biochimiques de la diététique

3e édition

Olivier Masson
formateur en section BTS diététique
Institut de commerce et de gestion (ICOGES), Paris
École Plus Values, Paris

Lavoisier
TEC & DOC

editions.lavoisier.fr

Dans la même collection

Connaissance des aliments. Bases alimentaires et nutritionnelles de la diététique (3e éd.),
E. Fredot, 2012

Économie-gestion : *Bases économiques, financières et juridiques de la diététique* (3e éd.),
M. Camus, 2012

Mise en œuvre des techniques culinaires,
C. Carip, 2009

Préparer l'épreuve de biochimie-physiologie BTS Diététique (2e éd.),
O. Masson, 2010

Préparer l'épreuve de mise en œuvre de techniques culinaires,
M.-H. Salavert, 2013

Préparer l'épreuve de physiopathologie (3e éd.),
C. Carip, 2011

Préparer la rédaction et la soutenance du mémoire
C. Carip, B. Fidrie-Bellie, 2013

Régimes
C. Carip, E. Fredot, 2011

À paraître dans la même collection

Préparer l'épreuve de Microbiologie, Hygiène et Droit alimentaire (2e éd)
C. Carip, 2015

Chez le même éditeur

Atlas de poche de Nutrition
HK Biesalski, P. Grimm, 2010

ISBN : 978-2-7430-1456-8 (3e édition, 2014)

Directrice éditoriale : Fabienne Roulleaux
Edition : Stéphanie Honoré
Fabrication : Estelle Perez
Couverture : Isabelle Godenèche
Composition : Nord Compo

Sommaire

Énoncé du programme officiel du BTS	Voir page
Partie I Biochimie structurale	
1. Les glucides	
1.1. oses	23
1.2. osides	28, 31
2. Les lipides et molécules liposolubles	
2.1. classification des lipides	74
2.2. acides gras	75
2.3. principales lipides physiologiques	81, 87
2.4. autres lipides importants	88, 128
3. Les protéines	
3.1. les acides aminés	138
3.2. les peptides	148
3.3. les protides	154
4. Les acides nucléiques	220
Partie II Biochimie métabolique	
1. Enzymologie	
1.1. les enzymes	165
1.1.1. propriétés générales	167
1.1.2. catalyse enzymatique	169
1.1.3. régulation de l'activité enzymatique	187
1.2. coenzymes et vitamines	177
2. Métabolisme énergétique	
2.1. bioénergétique/réactions d'oxydoréduction	208, 210
2.2. glycolyse	40
2.3. métabolisme des glucides de réserve	57
2.3. bêta-oxydation des acides gras	95
2.4. cycle de Krebs	51
2.5. chaîne respiratoire	210
3. Autres voies métaboliques	
3.1. métabolisme des autres glucides que le glucose	47, 49, 50
3.2. néoglucogenèse	65
3.3. métabolisme des autres molécules lipidiques	106
4. Métabolisme azoté	
4.1. catabolisme des protéines	205
4.2. catabolisme des acides aminés	190
4.3. catabolisme des bases azotées	207
5. Génétique moléculaire	
5.1. acides nucléiques- ADN et ARN	220
5.2. réplication de l'ADN	226
5.3. biosynthèse des protéines	228

Rappels de chimie

Chapitre 1

1. Notions d'atome, de molécule et de liaison chimique

Objectifs

- ✔ Présenter les notions de chimie organique nécessaires à l'approche des autres chapitres.
- ✔ Connaître les principales caractéristiques des réactions chimiques rencontrées en biochimie.
- ✔ Mettre l'accent sur une rapide compréhension d'où l'effort de simplification qui est proposé.

1.1. De l'atome à la molécule

Toute matière est composée d'atome dont il peut être considéré comme le plus petit élément constitutif. Ainsi, l'**atome** apparaît comme l'**unité structurale** de la matière (telle la pièce d'un puzzle).
On est ici à l'échelle du **nanomètre**, c'est-à-dire 10^{-9} m.

›› Définition

Tous les atomes ont une structure similaire :
- **Un noyau** : situé au centre de l'atome, qui représente 99,9 % de sa masse. Il est constitué de **neutrons** (électriquement neutres) et de **protons** (chargés positivement). Ces particules élémentaires sont regroupées sous le terme de nucléons. Le nombre de protons contenus dans le noyau est noté Z, cela correspond au **numéro atomique**. Le nombre de nucléons, noté A, correspond au **nombre de masse**. Ainsi, chaque atome est caractérisé par ces deux valeurs (figure 1.1).
- **Un nuage électronique** : autour de chaque noyau gravitent (un peu comme des satellites autour d'une planète) des **électrons** porteurs d'une charge électrique négative (notée e^-). Leur masse est quasi nulle.

C	→	carbone caractérisé par	$^{z=6}C_{12=A}$
H	→	hydrogène caractérisé par	$^{1}H_{1}$
O	→	oxygène caractérisé par	$^{8}O_{16}$
N	→	azote caractérisé par	$^{7}N_{14}$
Na	→	sodium caractérisé par	$^{11}Na_{23}$
Ca	→	calcium caractérisé par	$^{20}Ca_{40}$

Figure 1.1. Caractérisation de l'atome.

Tous les atomes sont, initialement, électriquement neutres. On peut en déduire qu'ils présentent un nombre égal de protons et d'électrons. Ainsi, le carbone contient 6 protons et 6 électrons.
Les électrons se répartissent sur différents niveaux d'énergie appelés **couches électroniques**. Elles sont notées par une lettre majuscule : K, L, M...
Chaque couche électronique peut contenir $2n^2$ électrons, n étant le niveau de la couche.
Ainsi, pour la première couche (couche K) : n = 1 → on peut y loger $2.(1)^2 = 2$ e^- maximum. Dès qu'un niveau est complet les e^- restants passent au niveau suivant.
Pour la deuxième couche (couche L) : n = 2 → on peut y loger $2.(2)^2 = 8$ e^- maximum.
On peut dès lors schématiser le carbone de la façon suivante (modèle quelque peu simpliste mais qui reste pratique pour la compréhension) : voir figure 1.2.

Rappel

À ce jour, 109 atomes différents ont été répertoriés. Ils sont classés dans un tableau périodique des éléments (cf. annexe 1.1).
Chaque atome y est représenté symboliquement par une lettre majuscule parfois complétée par une lettre minuscule.
Il est intéressant de constater que nos molécules, dans les aliments ou encore dans l'organisme, sont finalement constituées de 4 principaux atomes : **carbone** (C), **hydrogène** (H), **oxygène** (O), et **azote** (N).

Pour la troisième couche (couche M) : n = 3 → on peut y retrouver $2.(3)^2 = 18\ e^-$ maximum.
Ce qui donne pour le sodium : voir figure 1.3.
Que ce soit dans les aliments ou dans l'organisme, les atomes ne sont pas présents sous cette forme, isolément. Ils sont liés entre eux de façon à compléter leur dernière couche électronique, dite **couche de valence**.
Pour être stable, un atome doit présenter au niveau de sa couche de valence 8 e^-. C'est ce que l'on appelle la **règle de l'octet**. Si cette couche ne répond pas à cette règle (cas de tous les atomes sauf les gaz rares) l'atome perd, gagne ou partage des e- avec d'autres atomes de façon à bien avoir 8 e- au niveau de leur dernière couche. Ces mouvements d'e^- de valence permettent de créer des **liaisons chimiques** entre atomes voisins qui ainsi se stabilisent. **Cette association d'atome donne ainsi naissance aux molécules.**

L'hydrogène est une exception à cette règle puisque sa couche électronique de valence se limite à la couche K donc à 2 e^- (règle du duet).

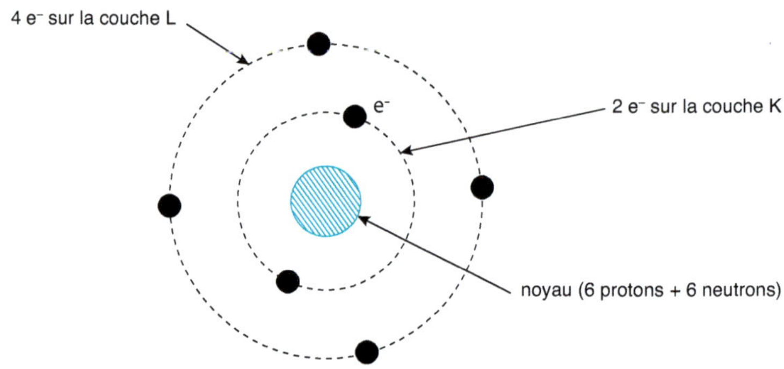

Figure 1.2. Structure électronique de l'atome de carbone.

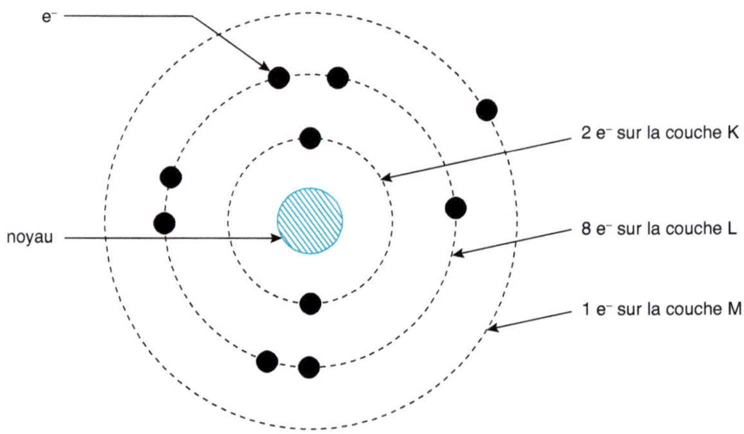

Figure 1.3. Structure électronique du sodium.

1.2. Les liaisons chimiques

On distingue deux types de liaison chimique permettant aux atomes de se lier entre eux.

1.2.1. *La liaison covalente*

Dans ce cas, les électrons de valence sont échangés entre atomes voisins. On dit que les électrons sont mis en commun, et ce pour que chaque atome ait bien 8 e^- en périphérie (2 e^- pour l'hydrogène).

Ainsi, un atome de carbone peut s'associer à quatre atomes d'hydrogène, formant alors une molécule de méthane (figure 1.4).
Cette mise en commun d'une paire d'e- constitue une liaison covalente simple. Dès lors, on peut déterminer la **valence des atomes**, c'est-à-dire le nombre de liaisons covalentes qu'ils doivent établir pour se stabiliser au sein des molécules (figure 1.5). Cette notion est importante pour bien comprendre la construction de nos différentes molécules.
Les atomes peuvent aussi établir des doubles liaisons voire des triples (beaucoup plus rares en biochimie) (figure 1.6).
Ces liaisons covalentes sont de forte énergie, c'est-à-dire qu'elles sont relativement difficiles à rompre ; cela nécessite un traitement thermique ou chimique, grâce à des enzymes par exemple.

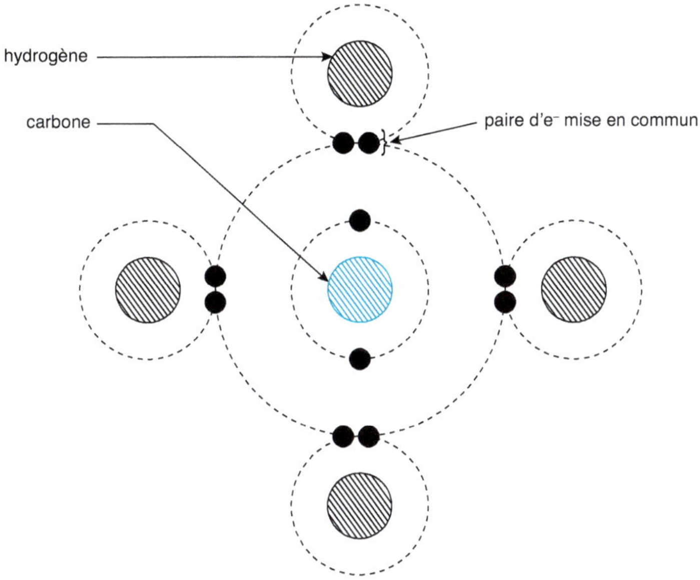

Figure 1.4. Structure électronique du méthane.

H : 1 liaison simple : il est dit monovalent.

O : 2 liaisons simples : il est dit divalent.

S : 2 liaisons simples : il est dit divalent.

N : 3 liaisons simples : il est dit trivalent.

C : 4 liaisons simples : il est dit tétravalent.

P : 5 liaisons simples : il est dit pentavalent.

Figure 1.5. Valence des atomes.

Une molécule se définit donc par la nature des atomes présents, leur nombre respectif et la nature des liaisons chimiques établies entre eux.

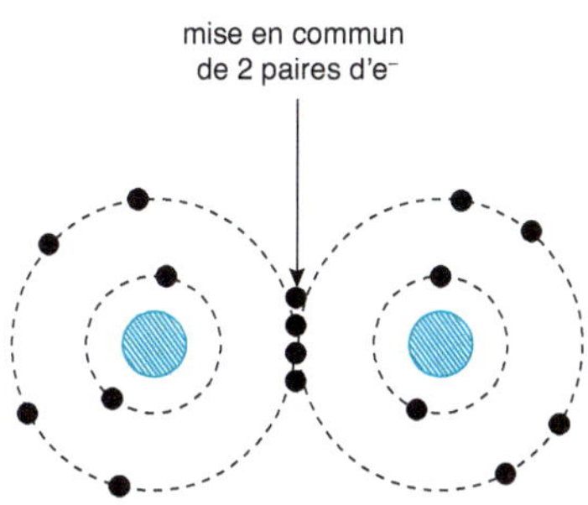

Figure 1.6. Structure électronique du dioxygène.

Pour simplifier la représentation des molécules, on représente la liaison covalente par un simple trait (qui est doublé pour une double liaison) (figure 1.7).
On peut écrire une molécule de trois façons différentes.

- **Écriture par la formule brute :** on ne fait alors apparaître que la composition atomique. Exemples : CH_4, O_2, CO_2 (à noter que le chiffre après l'atome ne s'applique qu'à l'atome concerné. Alors qu'un chiffre avant la molécule donne le nombre de molécule et s'applique à l'ensemble des atomes constitutifs. C'est ce que l'on appelle alors le coefficient stoechiométrique).

Cette notation est bien souvent insuffisante pour déterminer la nature de la molécule à cause de l'isomérie. En effet, certaines molécules ont la même formule brute mais une formule développée différente. Exemple : $C_6H_{12}O_6$ correspond tout autant au glucose qu'au fructose ou encore au galactose. On dit que ce sont des isomères.

- **Écriture développée :** on représente alors toutes les liaisons covalentes. Cette technique permet de détailler au mieux la molécule mais elle devient vite fastidieuse pour des molécules de composition complexe.
- **Écriture semi-développée :** celle que nous utiliserons le plus souvent. On ne mentionne alors que les principales liaisons covalentes. Ce sont souvent celles établies entre les atomes de carbone entre eux ou encore celles établies entre les atomes de carbones et les groupements fonctionnels (figure 1.8).

Figure 1.7. Exemple de simple et double liaison.

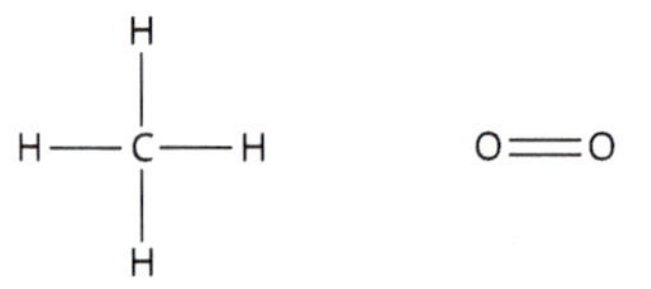

Méthane Dioxygène

Figure 1.8. Écriture moléculaire.

- Exemple : le glycérol
  - formule brute : $C_3H_8O_3$
  - formule développée : 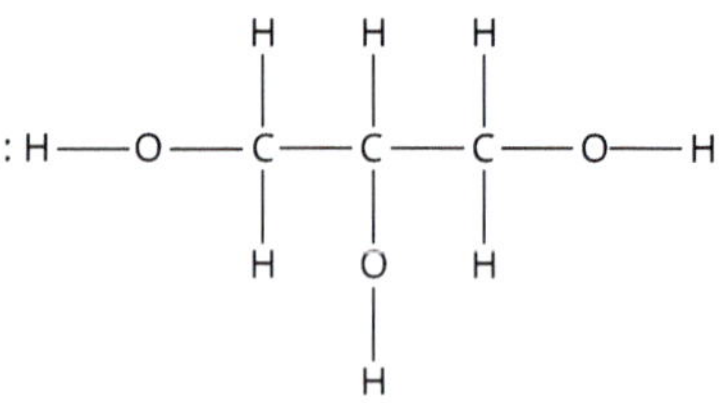
  - formule semi-développée : CH_2OH—CHOH—CH_2OH
- Exemple : l'acétone
  - formule brute : C_3H_6O
  - formule développée : 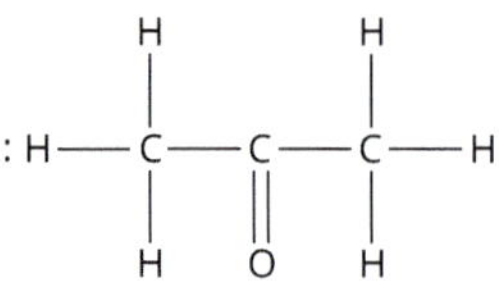
  - formule semi-développée : 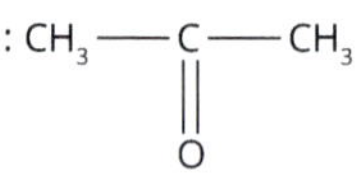

1.2.2. *La liaison ionique*

Certains atomes ne mettent pas en commun une paire d'e$^-$, comme dans la liaison covalente, mais perdent ou gagnent un ou plusieurs e$^-$ pour compléter leur couche électronique de valence (toujours d'après la règle de l'octet).
Du coup, la somme des protons n'est plus égale à la somme des électrons. L'atome présente alors une charge électrique nette. C'est un **ion**.
En perdant un ou plusieurs e$^-$, il devient un **cation** (atome ou groupement d'atome chargé positivement).
En gagnant un ou plusieurs e$^-$, il devient un **anion** (atome ou groupement d'atome chargé négativement).
Selon le principe élémentaire d'électricité, les charges de signe opposé s'attirent alors que celles de signe identique se repoussent. Ainsi, un cation pourra s'associer à un anion par une liaison dite ionique.
C'est le cas du chlorure de sodium (NaCl), c'est-à-dire le sel de cuisine (figure 1.9).
Quand l'ion porte une charge unique (Na^+, Cl^-) il est dit monovalent. S'il en porte deux (Ca^{2+}, Mg^{2+}, Fe^{2+}, Cu^{2+}), il est dit divalent.

Figure 1.9. Formation d'une liaison ionique entre le sodium et le chlore.

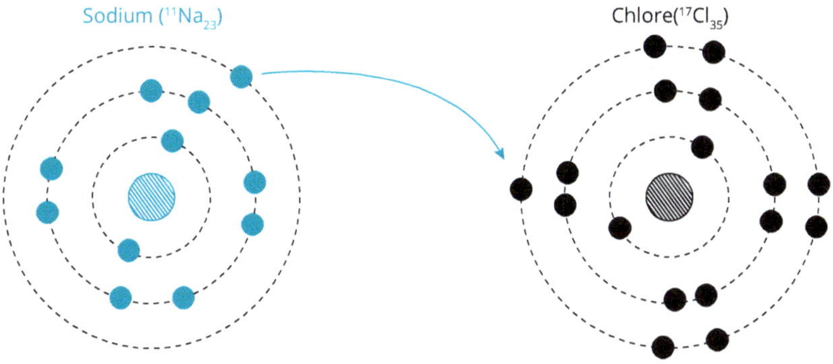

Ici, le sodium cède un électron et devient un cation : Na^+. Le chlore gagne cet e^- et devient un anion : Cl^-. S'établit entre eux une liaison ionique permettant de répondre à la règle de l'octet.

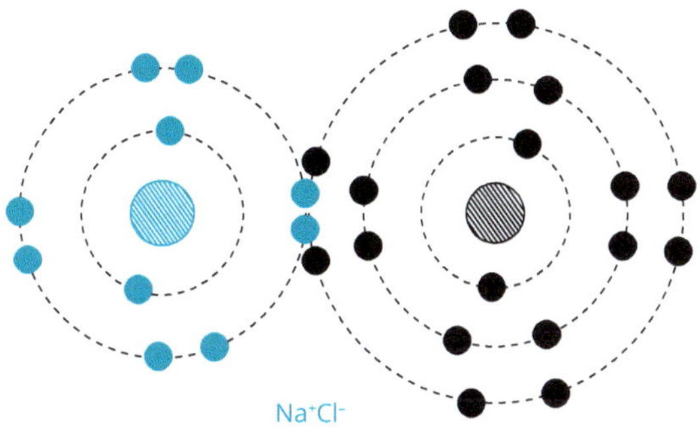

2. Les groupements fonctionnels

> **›› Définition**
>
> Les molécules se définissent dans un premier temps par leur composition atomique (donnée par leur formule brute).
> Toutefois, certaines associations d'atome, au sein de la molécule, lui confèrent des propriétés physico-chimiques remarquables. On parle alors de groupements fonctionnels. En les connaissant, en les repérant cela permet de mieux comprendre à quels types de réactions biochimiques ces molécules vont pouvoir participer.

2.1. La fonction alcool —OH

Appelée aussi **fonction hydroxyle**, elle se trouve fixée sur un carbone ayant quatre liaisons covalentes simples (ce qui exclut le —OH de la fonction carboxylique). En biochimie, on rencontre principalement deux types de fonctions alcools (figure 1.10).
Si la molécule porte seulement une ou plusieurs fonctions alcools, elle fait partie de la famille des alcools.

> **Attention**
>
> Le **glucose**, par exemple, porte plusieurs fonctions alcools mais également une fonction aldéhyde. Dès lors, ce n'est pas un alcool mais un ose, appartenant à la famille des glucides.

Applications

Exemples :
- l'éthanol (CH_3—CH_2OH, alcool des boissons fermentés)
- le glycérol (possédant plusieurs fonctions alcools, on le qualifie de polyol), cf. figure 1.8
- le cholestérol (cf. figure 5.22 p. 89).

La fonction alcool peut faire l'objet d'une réaction d'**oxydation** (cf. p. 12).
Si c'est une fonction alcool primaire, cela conduira à la formation d'une fonction aldéhyde.
Si c'est une fonction alcool secondaire, cela conduira à la formation d'une fonction cétone.

Figure 1.10. Fonctions alcool primaire et secondaire.

- La fonction alcool primaire : R — CH_2 — OH
  Elle est située aux extrémités de la chaîne carbonée,
  c'est-à-dire sur un carbone rattaché à un seul autre carbone.
- La fonction alcool secondaire : R — CH(OH) — R'
  Elle est située en milieu de chaîne carbonée,
  c'est-à-dire sur un carbone lui-même rattaché à deux autres carbones.

Ex : Le glycérol

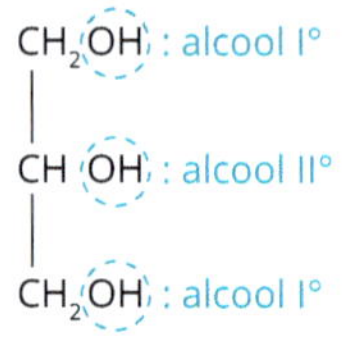

Il peut exister des fonctions alcool III° mais sans réel intérêt en biochimie.

La fonction alcool primaire peut faire l'objet d'une réaction d'**estérification** avec la fonction carboxylique d'une autre molécule (cf. p. 10, figure 1.21).
La fonction alcool secondaire peut faire l'objet d'une réaction de **déshydratation** intramoléculaire ce qui va générer une double liaison entre deux carbones. Inversement elle peut se former par **hydratation** d'une double liaison.
La fonction alcool présente une liaison covalente (entre O et H) dite **polaire**. En effet, l'atome d'oxygène présente un comportement électronégatif plus fort que celui de l'hydrogène. Cela signifie que les e^- de valence (ceux mis en commun) ne sont pas équidistants entre les deux atomes. Ils sont plus proches de l'atome d'oxygène que de l'hydrogène. On considère alors que l'atome d'oxygène porte une charge négative partielle (notée δ^-), en contrepartie l'atome d'hydrogène porte une charge partielle positive (notée δ^+). Ce n'est pas pour autant une structure ionique mais il s'en dégage une polarité (figure 1.11).

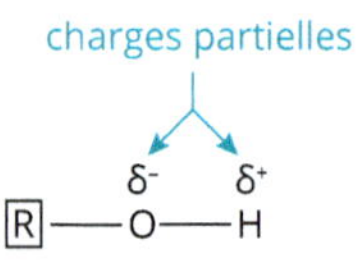

Figure 1.11. Polarité de la fonction alcool.

L'eau présentant une structure analogue peut facilement s'associer à ces fonctions alcools, grâce à des liaisons hydrogènes (cf. p. 18, figure 2.3), d'où leur comportement dit hydrophile.
Les liaisons covalentes établies entre C et H ont leurs électrons parfaitement répartis, d'où l'absence de charges partielles et donc de polarité. Dès lors, il ne peut s'établir de liaisons hydrogènes avec l'eau. Ces régions moléculaires sont hydrophobes.
Si la chaîne carbonée est courte, c'est la région hydrophile qui l'emporte sur la région hydrophobe alors la molécule sera soluble dans l'eau. C'est le cas de l'éthanol, du glycérol. De ce fait, ces molécules pourront facilement être transportées dans l'organisme via le plasma, essentiellement composé d'eau. En revanche, le cholestérol présente une structure carbonée très imposante non polaire et donc hydrophobe. La présence de la fonction alcool ne suffit pas à rendre l'ensemble soluble dans l'eau. Ainsi le cholestérol ne pourra pas être transporté librement dans le sang. Il devra être associé à des protéines (cf. Les lipoprotéines p. 128).

2.2. La fonction carbonyle >C=O

En fonction de sa position sur la chaîne carbonée, on distingue la fonction aldéhyde et la fonction cétone.
La **fonction aldéhyde** : située en bout de chaîne carbonée, son carbone n'est relié qu'à un seul carbone (figure 1.12).

Figure 1.12. Fonction aldéhyde.

Ex : le glycéraldéhyde (glucide, ose)

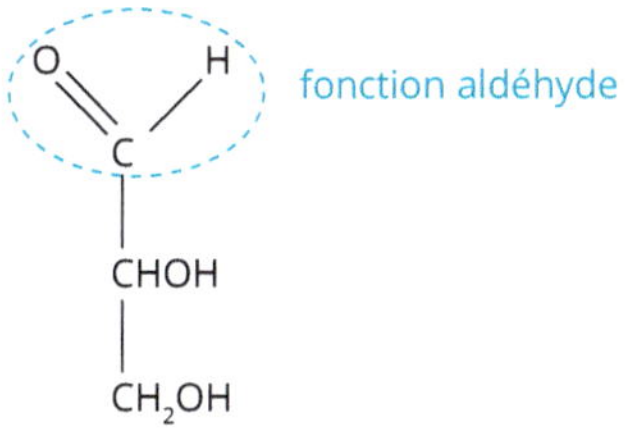

La **fonction cétone** : située en milieu de chaîne carbonée, son carbone est relié à deux autres carbones (figure 1.13).

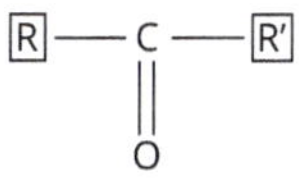

Figure 1.13. Fonction cétone.

Ex : le dihydroxyacétone (glucide, ose)

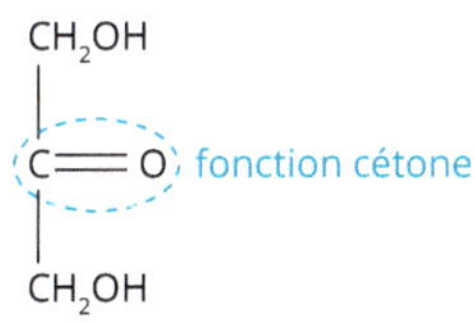

La **fonction aldéhyde** peut facilement s'oxyder, ce qui conduit à la formation d'une fonction carboxylique. La fonction aldéhyde peut réagir avec la liqueur de Fehling qui est utilisée comme indicateur coloré. Initialement bleue, elle réagit en donnant un précipité rouge brique. Elle a un comportement **hydrophile**.
La **fonction cétone** ne peut pas s'oxyder dans un contexte biochimique.
Sa présence peut être révélée par un indicateur coloré tel que le DNPH. Initialement jaune, il forme un précipité orangé avec une fonction cétone ou encore aldéhyde. Ces fonctions carbonyles sont présentes dans la famille des glucides et contribuent à leur définition. On les retrouve également dans la famille des acides α cétoniques (pyruvate, citrate, oxaloacétate...).

2.3. La fonction carboxylique —COOH

Elle est le plus souvent située en bout de chaîne carbonée (figure 1.14).
Cette fonction carboxylique peut facilement perdre un proton (H^+) et de ce fait présente un **comportement d'acide faible** (cf. p. 15).
À pH physiologique (7,3-7,4), elle sera sous sa forme anionique, ce qui la rend très hydrophile. Toutefois, si la région carbonée, hydrophobe, est longue la molécule sera insoluble dans l'eau ce qui est le cas des acides gras longs (cf. p. 75).

Figure 1.14. Fonction carboxylique.

Cette fonction est présente au niveau des acides gras, des acides aminés ou encore des acides α cétoniques

Ex : L'acide butyrique (acide gras)
$CH_3 — CH_2 — CH_2 — COOH$

Ex : L'alanine (acide aminé)

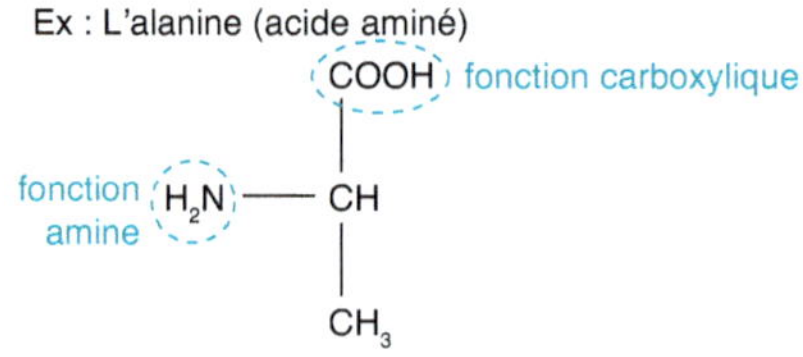

Ex : L'acide pyruvique (acide α cétonique)

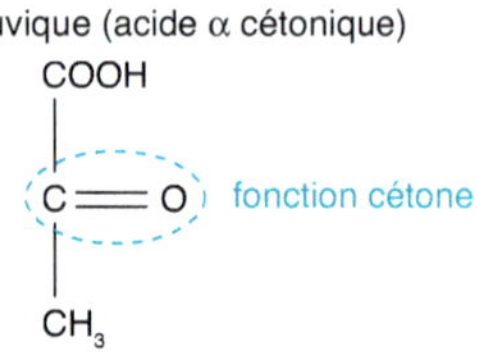

La fonction carboxylique peut participer à une réaction d'**estérification** avec une fonction alcool d'une autre de molécule avec formation d'une liaison ester (cf. La formation des triglycérides p. 117). Cela peut également avoir lieu avec une fonction thiol (cf. La formation de l'acyl CoA p. 96).
Elle peut faire l'objet d'une réaction de **condensation** avec une fonction amine (cf. La formation de la liaison peptidique p. 148).
La fonction carboxylique peut aussi subir une réaction de **décarboxylation** conduisant à la libération d'une molécule de CO_2. (cf. le cycle de Krebs p. 53) (figure 1.15).

$$\boxed{R} — COOH \rightleftharpoons \boxed{R} — COO^- + H^+$$
acide faible — base faible

Figure 1.15. Dissociation de la fonction carboxylique.

2.4. La fonction amine — NH_2

$$\boxed{R} — NH_2 + H^+ \rightleftharpoons \boxed{R} — NH_3^+$$
base faible — acide faible

Figure 1.16. Dissociation de la fonction amine.

Elle entre dans la composition des acides aminés (figure 1.14).
Elle a un **comportement alcalin**, c'est-à-dire qu'elle peut fixer un proton (figure 1.16).
À pH physiologique, la fonction amine est avant tout présente sous sa forme cationique ce qui renforce son caractère **hydrophile**.
Elle peut contribuer à la **formation d'une liaison peptidique**.
On la retrouve également dans les **déchets azotés** (figure 1.17).

NH_4^+

ion ammonium

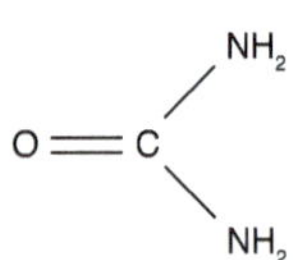

urée

Figure 1.17. Déchets azotés.

2.5. La fonction amide

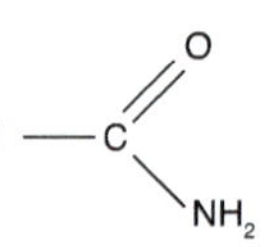

On la retrouve essentiellement dans deux acides aminés : la glutamine et l'asparagine. Elle joue un rôle important dans le métabolisme azoté.
Elle est **hydrophile** (figure 1.18).

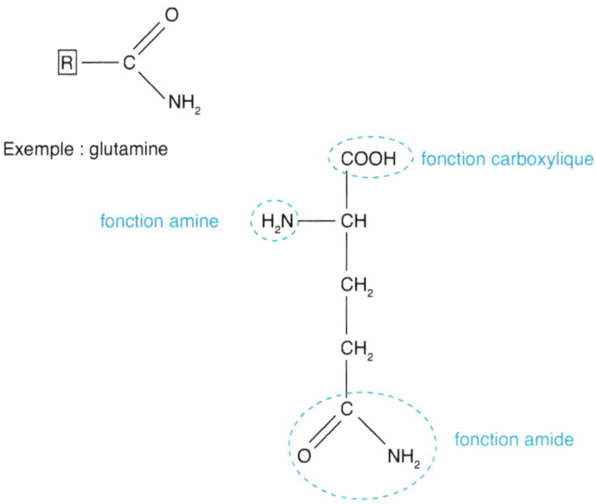

Figure 1.18. Fonction amide.

2.6. La fonction thiol — SH

On la retrouve avant tout dans un acide aminé, la **cystéine** (figure 1.19). Elle va jouer un rôle important dans la formation des **ponts disulfures** (cf. La structure des protéines p. 157).
On la retrouve aussi dans la **coenzyme A** (noté CoA-SH). C'est une coenzyme de transfert impliqué dans de nombreuses réactions (cycle de Krebs, β-oxydation...). Dans ce cas, elle s'estérifie avec une fonction carboxylique conduisant à la formation d'une **liaison thio-ester**.

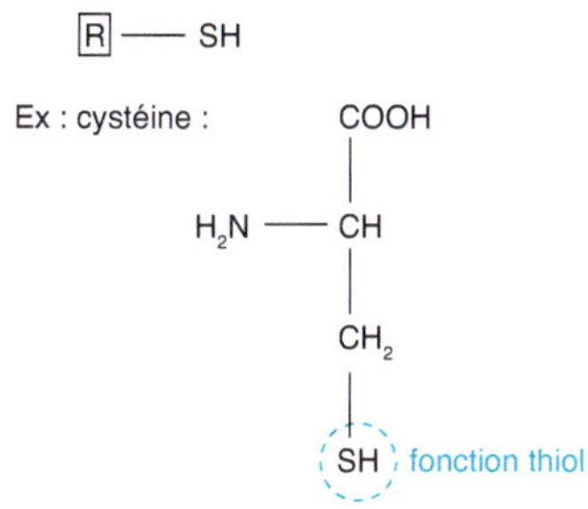

Figure 1.19. Fonction thiol.

3. Les principaux types de réactions chimiques rencontrés en biochimie

Le premier point commun de toutes ces réactions est d'avoir lieu dans l'eau. C'est-à-dire que les molécules sont sous la forme de **solutés** dans le **sang**, le **liquide interstitiel** (liquide présent entre la cellule) ou encore le **cytosol**, ce qui représente les trois grands compartiments liquidiens de l'organisme.
L'autre grand point commun est que toutes ces réactions, mis à part quelques exceptions, sont catalysées par des enzymes. Ces molécules, de nature protéique, ont pour rôle d'augmenter considérablement la vitesse de la réaction, la rendant alors compatible avec l'activité cellulaire.

3.1. Les réactions chimiques impliquant l'eau

L'eau joue initialement le rôle de **solvant**. Les molécules (solutés) alors mobiles se rencontrent plus facilement, ce qui augmente leur réactivité. C'est une des raisons pour laquelle la congélation, en faisant passer les molécules à l'état solide (donc statique), ralentit énormément leur réactivité et permet ainsi d'augmenter la conservation des aliments.

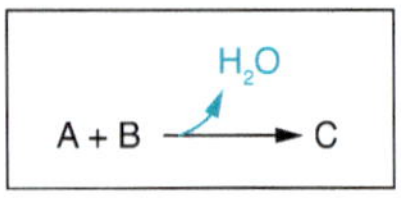

Figure 1.20. Réaction de condensation.

L'eau participe aussi à de nombreuses réactions chimiques où elle apparaît comme **réactif** ou comme **produit**.

C'est le cas lors d'une réaction de **condensation** aussi appelée réaction **d'addition** (figure 1.20). Les molécules A et B sont complètes sur le plan électronique. Tous leurs atomes se sont associés en respectant leur valence respective. Pour que deux molécules puissent alors se lier, avec formation d'une nouvelle liaison covalente, elles doivent perdre des atomes de façon à laisser des liaisons vacantes. Ces atomes perdus de part et d'autre s'associent eux-mêmes pour former une molécule d'eau (figure 1.21).

Figure 1.21. Réaction de condensation avec libération d'H_2O. Exemple de l'estérification.

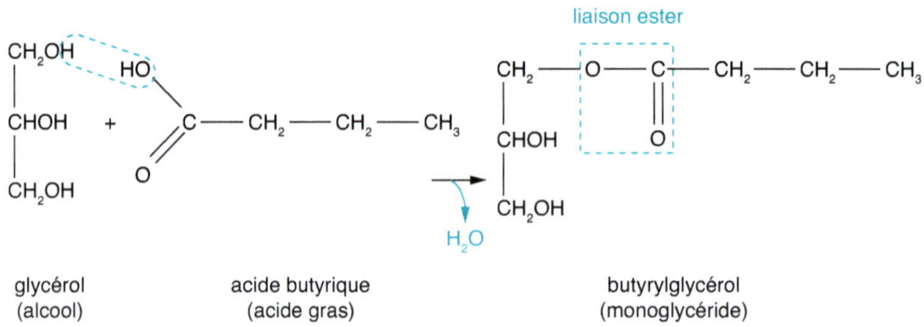

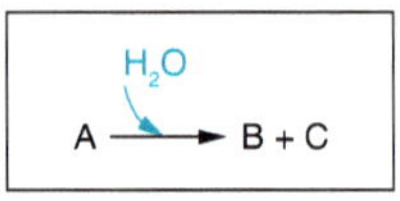

Figure 1.22. Réaction d'hydrolyse.

Cette réaction se rencontre lors de la formation d'une **liaison ester** mais aussi lors de la formation d'une **liaison osidique**, d'une **liaison peptidique** ou encore lors de la phosphorylation de l'ADP en ATP.

L'eau intervient comme réactif lors d'une **réaction d'hydrolyse** (lyse = qui coupe, hydro = avec l'eau) (figure 1.22).

En coupant une liaison covalente, on aboutit à la formation de deux molécules. Les atomes de l'eau servent à compléter la structure atomique de chaque molécule (figure 1.23).

C'est finalement la réaction inverse de la réaction de condensation.

Figure 1.23. Hydrolyse du saccharose.

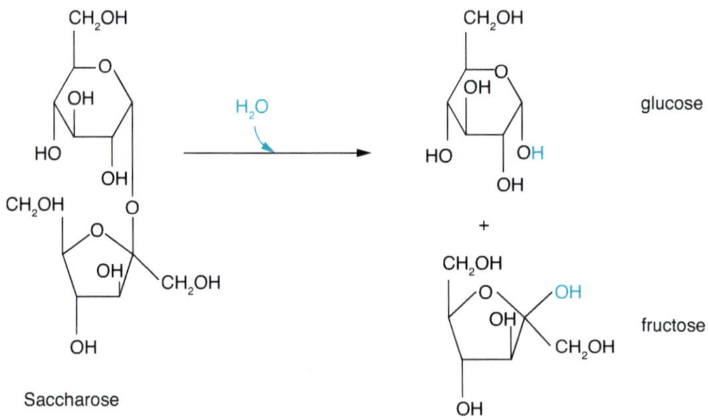

Cette réaction d'hydrolyse est très fréquente lors de la digestion. Ainsi, c'est grâce à des hydrolases que les aliments sont transformés en nutriments (forme assimilable par l'organisme).
Ainsi, cette réaction d'hydrolyse a lieu au niveau de l'intestin grêle grâce à une enzyme liée aux entérocytes : la saccharase.

L'eau est également un réactif de la réaction d'**hydratation** (figure 1.24). L'eau est intégrée dans la molécule A sans provoquer de coupure. Cela a souvent lieu sur une double liaison (-C=C-) ce qui conduit à la formation d'une fonction alcool secondaire (figure 1.25).

Cette réaction est catalysée par la fumarase dans l'exemple choisi.

On retrouve également cette réaction d'hydratation dans la β-oxydation.

Enfin, l'eau peut être le produit d'une réaction de **déshydratation** (figure 1.26) ; c'est l'inverse de l'étape précédente. On la retrouve notamment lors de la biosynthèse des acides gras.

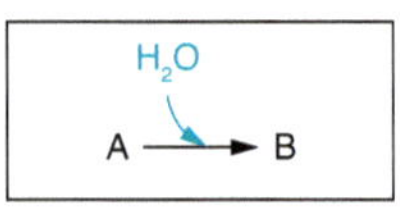

Figure 1.24. Réaction d'hydratation.

Exemple : Dans le cycle de Krebs, lors du passage du fumarate au malate on a cette réaction.

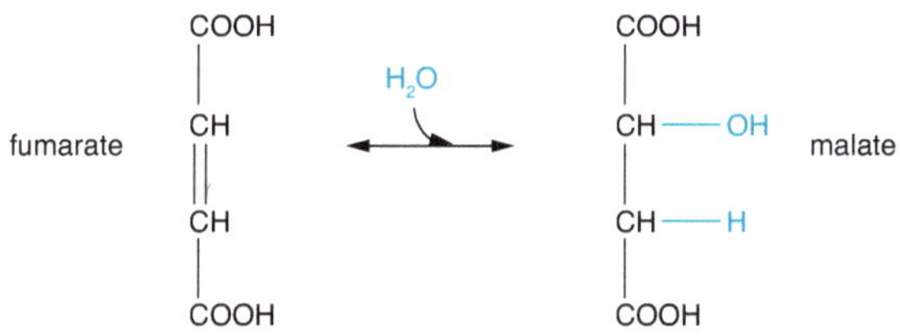

Figure 1.25. Réaction d'hydratation du fumarate.

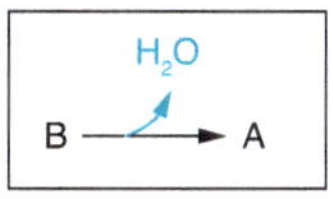

Figure 1.26. Réaction de déshydratation.

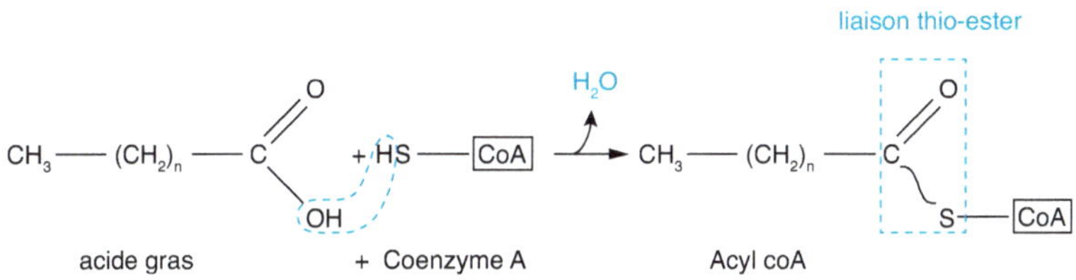

Pour que cette étape soit possible il faut lui apporter de l'énergie chimique. Cela est obtenu par l'hydrolyse d'une molécule d'ATP, ce qui conduit ici (cas particulier) à la formation d'AMP + PP_i (pyrophosphate inorganique).

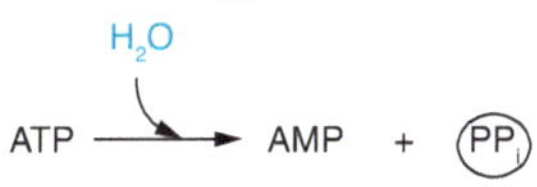

Soit globalement :

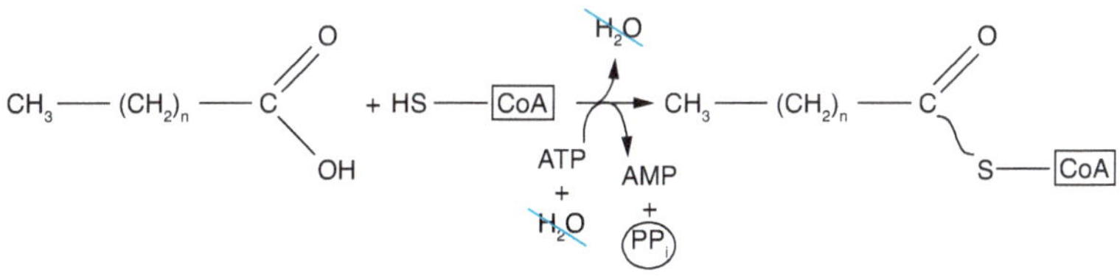

On produit et on consomme une molécule d'H_2O, ce qui s'annule finalement, d'où l'écriture à retenir :

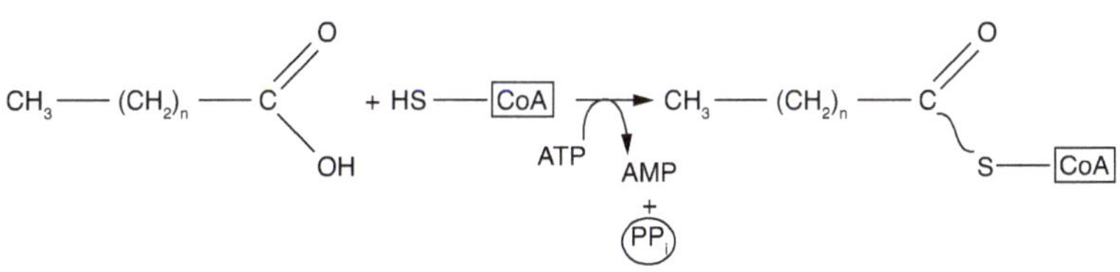

Figure 1.27. Formation de la liaison thio-ester.

Attention

Dans certaines réactions biochimiques, il y a des mouvements d'eau mais, qui n'apparaissent pas dans l'équation. En effet, il arrive parfois que la molécule d'eau libérée soit utilisée immédiatement pour permettre un autre évènement de la réaction comme par exemple l'hydrolyse de l'ATP.

C'est ce que l'on retrouve lors de la réaction d'activation d'un acide gras en acyl CoA.

On a une réaction de condensation entre la fonction carboxylique de l'acide gras et la fonction thiol du coenzyme A, d'où la libération d'une molécule d'eau. On aboutit à la formation d'une nouvelle liaison covalente : une liaison thio-ester (figure 1.27).

L'eau n'apparaît pas dans l'équation finale bien qu'il ait eu un mouvement d'eau.

Cette réaction est catalysée par l'acyl CoA synthéase notamment lors du contexte de la β-oxydation ou encore lors de la lipogenèse.

3.2. Réactions d'oxydoréduction

On les retrouve très souvent en biochimie, notamment lors du métabolisme énergétique. Il s'agit alors de dégrader un substrat énergétique (glucose, acide gras, corps cétonique…) dans l'objectif de fabriquer de l'ATP. C'est l'énergie nécessaire à la plupart des activités cellulaires.

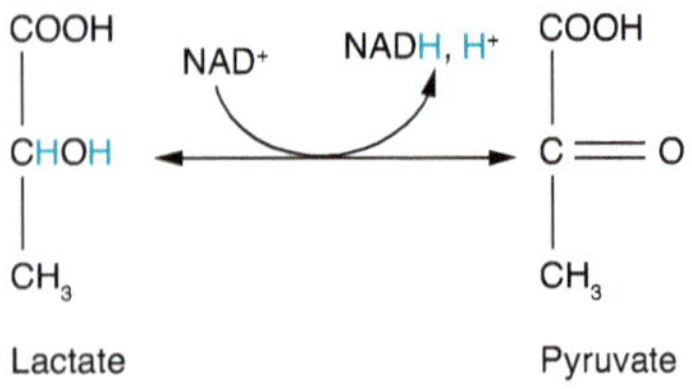

Figure 1.28. Oxydation du lactate, réduction de NAD+.

En biochimie, on parle d'**oxydation** quand la molécule (le substrat) **perd deux électrons** (e^-) et **deux protons** (H^+). On peut aussi parler d'**oxydation avec déshydrogénation**.

Si ces deux types de particules étaient libérés directement dans le milieu (le cytoplasme), elles seraient rapidement toxiques. Les e^- entraîneraient rapidement la formation de radicaux libres très délétères pour la cellule. Les H^+ libres provoqueraient une acidification du milieu néfaste pour le fonctionnement correct de la cellule.

Pour éviter ou plutôt limiter cela, dès qu'il y a une réaction d'oxydation intervient une **coenzyme d'oxydoréduction** (**NAD+** ou **FAD**, dans la majorité des cas). Leur **premier rôle** est de prendre en charge les deux e^- et les deux H^+. La molécule qui **gagne alors des électrons subit par définition une réduction**. On peut parler d'une réduction avec hydrogénation (figure 1.28).

Globalement, on a donc une **réaction d'oxydoréduction**.

Le lactate a perdu deux e^- et deux H^+ au niveau de sa fonction alcool secondaire, ce qui conduit à la formation d'une fonction cétone au niveau du pyruvate.

En parallèle, le NAD^+ passe de sa forme oxydée à sa forme réduite. On voit dans l'écriture des molécules le mouvement des H^+ ; le mouvement des e^- n'apparaît pas mais est sous-entendu.

En absence de NAD^+, cette réaction devient impossible. Il faut une réaction chimique capable de régénérer NADH, H^+ en NAD^+.

C'est là qu'intervient le **deuxième grand rôle** de certaines coenzymes d'oxydoréduction. Leur **régénération** peut avoir lieu au niveau des **mitochondries** grâce aux **chaînes respiratoires**. Cela fonctionne exclusivement en présence d'**O_2** qui va jouer le rôle d'accepteur final d'e^- et de H^+ avec au final formation d'eau (cf. p. 212).

En sollicitant les chaînes respiratoires, on active l'**ATPase**, complexe enzymatique permettant la biosynthèse d'ATP à partir d'ADP + Pi. On parle globalement de réactions de **phosphorylation oxydative**.

On retrouve cela lors de la glycolyse, du cycle de Krebs ou encore lors de la β-oxydation...

On peut ainsi dire que le NAD^+ est l'oxydant (car provoque l'oxydation du lactate) et que le lactate est le réducteur (car provoque la réduction du NAD^+).
Cette réaction est catalysée par la lactate déshydrogénase. Elle a lieu par exemple au cours de la néoglucogenèse.

3.3. Réactions de phosphorylation-déphosphorylation

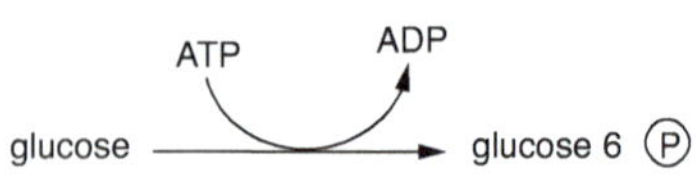

Figure 1.29. Réaction de phosphorylation.

On retrouve très souvent dans les suites réactionnelles la présence de molécules phosphorylées, c'est-à-dire des molécules sur lesquelles a été fixé un groupement phosphate.

C'est le cas de la première étape de la glycolyse (figure 1.29).

Le groupement phosphate est apporté par une molécule d'ATP et va se fixer sur la fonction alcool du carbone 6 du glucose.

Au passage, l'ATP apporte également de l'énergie rendant cette réaction possible. Ici, il n'y a pas d'eau intervenant dans la réaction, on n'hydrolyse pas l'ATP comme c'est parfois le cas. On a en fait une réaction de transfert du groupement phosphate sur le glucose. Pour qu'il puisse s'y fixer, le glucose libère un hydrogène (celui de la fonction alcool) qui vient ensuite compléter la structure de l'ADP (figure 1.30).

D'une manière générale, les réactions de **phosphorylation** sont catalysées par des enzymes appelées **kinases**. On les retrouve lors de la glycolyse, lors de la néoglucogenèse à partir du glycérol, ou encore lors de la lipogenèse.

Ce type de réaction peut aussi avoir lieu sur une enzyme, ce qui va modifier son activité. En modifiant l'état de phosphorylation d'une enzyme, on peut ainsi contrôler l'ensemble d'une voie métabolique.

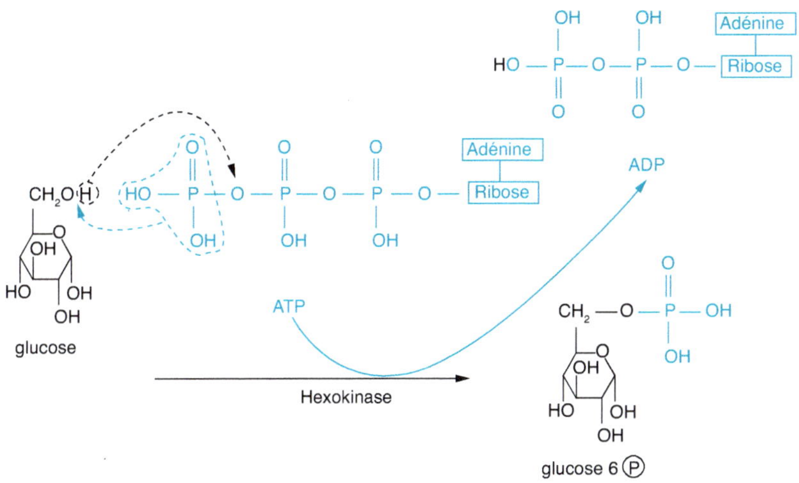

Figure 1.30. Réaction de phosphorylation du glucose, 1re étape de la glycolyse.

La régulation du métabolisme du glycogène est un bon exemple pour illustrer ce propos (cf. p. 63).
La **déphosphorylation** se fait par une réaction d'hydrolyse, ce qui conduit à la libération d'un groupement phosphate.
L'enzyme qui intervient alors est une **phosphatase**. On retrouve cela lors de la néoglucogenèse ou encore lors de la glycogénolyse.

3.4. Réactions d'isomérisation

Ce type de réaction permet de transformer une molécule sans qu'il y ait de changement de la composition atomique. Seul l'agencement des atomes est modifié. Cette réaction se caractérise donc par l'absence d'arrivée de réactif annexe (aucun atome ne se rajoute) et par l'absence de départ de produit annexe (aucun atome ne part) : voir la figure 1.31.

>> **Définition**
> Deux isomères = deux molécules ayant la même formule brute mais des formules semi-développées différentes.

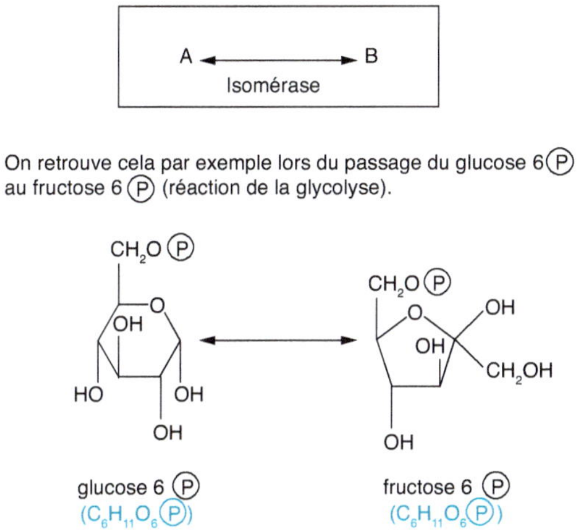

Figure 1.31. Réaction d'isomérisation.

Cette réaction est réversible et catalysée par une **isomérase**.
On la retrouve au cours de la glycolyse, de la néoglucogenèse, du métabolisme du glycogène...

3.5. Réactions de décarboxylation-carboxylation

Lors d'une **décarboxylation**, on a **libération d'un CO_2** qui provient d'une fonction carboxylique de la molécule subissant la réaction.
C'est le cas, par exemple, du passage de l'acétoacétate à l'acétone (cf. la cétolyse p. 108).
Souvent, cette réaction s'accompagne d'une oxydation d'où le nom global de réaction de **décarboxylation oxydative** (figure 1.32).

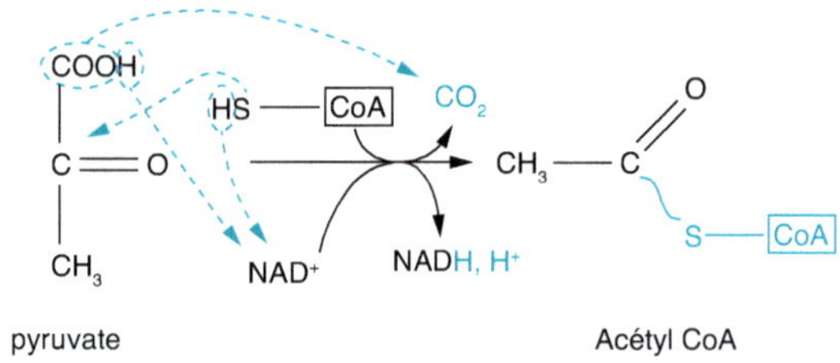

Figure 1.32. Réaction de décarboxylation oxydative.

Le pyruvate perd sa fonction carboxylique, ce qui libère CO_2. L'H^+ et l'e^- alors libérés sont captés par le NAD^+. Pour se fixer sur le carbone n° 2 du pyruvate, le CoA-SH perd lui aussi un H^+ et un e^- qui seront également récupérés par NAD^+.
Cette réaction est catalysée par la pyruvate déshydrogénase.
On retrouve une réaction similaire dans le cycle de Krebs lors du passage de l'α-cétoglutarate au succinylCoA.
L'étape de **carboxylation** consiste à **fixer un CO_2** sur la molécule, ce qui permet la formation d'une nouvelle fonction carboxylique. Cela se rencontre dans la néoglucogenèse lors de la transformation du pyruvate en oxaloacétate. On la rencontre également lors de la biosynthèse de l'acide palmitique.

3.6. La réversibilité des réactions chimiques

Certaines réactions ne peuvent se faire que dans un sens. C'est le cas de l'étape de décarboxylation oxydative, étape faisant le lien entre la glycolyse et le cycle de Krebs (figure 1.32).
La pyruvate déshydrogénase ne peut en aucun cas transformer l'acétylCoA en pyruvate. D'ailleurs, aucune enzyme ne peut faire cela. Cette réaction est totalement **irréversible**.
Autre exemple, la phosphorylation du glucose dans l'hépatocyte : figure 1.33.
Cette étape est catalysée par la glucokinase qui ne peut agir que dans ce sens.
Par ailleurs, il y a dans l'hépatocyte une enzyme, la glucose6-phosphatase, qui peut catalyser la réaction de déphosphorylation : figure 1.34.
Toutefois, cette étape ne doit pas être considérée comme la réversibilité de l'étape de phosphorylation car l'enzyme est différente et les réactifs/produits de la réaction sont différents.
D'autres étapes sont dites **réversibles**. On peut avoir la forme théorique suivante : figure 1.35.
Il s'établit alors un équilibre chimique entre le sens 1 et le sens 2 de la réaction (un peu comme les deux plateaux d'une balance).
La question qui se pose alors est : qu'est-ce qui fait que la réaction peut évoluer vers le sens 1 ou vers le sens 2 ?
Cela est régi par la **loi d'action de masse**.

Figure 1.33. Phosphorylation du glucose dans l'hépatocyte.

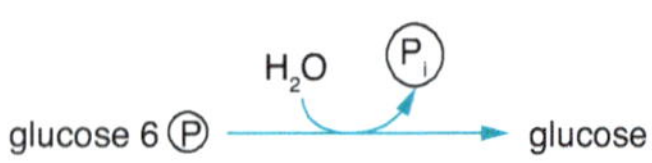

Figure 1.34. Réaction de déphosphorylation.

›› Définition

Loi d'action de masse : Lors d'un équilibre chimique (ce qui sous-entend une réaction réversible), si l'on fait varier la concentration de l'un de ses composants, alors on favorise le sens de la réaction qui s'oppose à la variation (ce qui tend à rétablir l'équilibre).
Ainsi, si on augmente la concentration en A, en B, on favorise le sens 1. Si l'on diminue la concentration en C, en D, on favorise le sens 2.
Ou encore, si l'on diminue la concentration en C, en D, on favorise le sens 1.

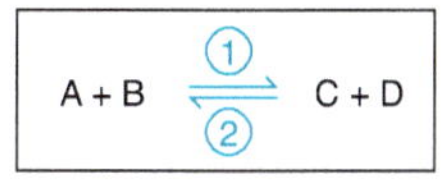

Figure 1.35. Réaction réversible.

Prenons l'exemple de la réaction d'isomérie : figure 1.36.
Si la concentration en glucose 6Ⓟ augmente (du fait de l'entrée de glucose dans la cellule), ou encore si la concentration en fructose 6Ⓟ diminue (car consommé par l'étape suivante de phosphorylation), alors c'est le sens 1 qui a lieu. Voilà ce qui se passe lors de la glycolyse.
Si la concentration en fructose 6Ⓟ augmente ou encore si la concentration en glucose 6Ⓟ diminue (car consommé par l'étape de déphosphorylation), alors c'est le sens 2 qui a lieu. C'est ce qui se passe lors de la néoglucogenèse ou lors de la glycogénolyse.

Figure 1.36. Réaction d'isométrie.

4. Notions de pH

›› Définition

Un **acide** est une molécule capable de céder un ion H^+ (dit aussi proton).
Plus la concentration en H^+ dans le milieu (le sang, le liquide interstitiel, le cytosol...) sera élevée, plus le milieu sera acide.
La valeur pH (sans unité) permet d'apprécier ce niveau d'acidité.

Le pH (potentiel Hydrogène) a pour formule :

$$pH = -\log[H^+]$$

Une fois libéré, H^+ se lie à l'eau donnant H_3O^+ (équivalent à H^+).
On peut donc aussi écrire : $pH = -\log[H_3O^+]$.

À cause de l'effet mathématique de – log, plus la concentration en H^+ augmente plus la valeur pH diminue et plus le caractère acide est prononcé.
On peut distinguer les **acides forts**, c'est le cas l'acide chlorhydrique (HCl) :

$$HCl \longrightarrow H^+ + Cl^-$$

Ils se caractérisent par une dissociation complète une fois dans l'eau. La réaction est irréversible.
On peut aussi distinguer les **acides faibles**, comme les acides carboxyliques (figure 1.37).
Dans ce cas, la réaction est réversible et répond donc à la **loi d'action de masse** ; Le sens de la réaction va être fonction du pH du milieu. Chaque acide faible est défini par une constante d'acidité notée K_A.
On peut alors calculer $pK_A = -\log K_A$; pK_A correspond au pH auquel on a : concentration en R–COOH = la concentration en R–COO^- = 50 %. C'est aussi ce que l'on appelle le pH de demi-dissociation. Si le pH du milieu est supérieur au pK_A alors le sens 1 est dominant et inversement.

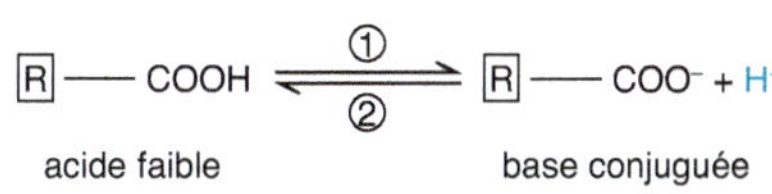

Figure 1.37. Dissociation d'un acide faible.

> **Attention**
>
> D'une manière générale, on définit la gamme des pH de la façon suivante : figure 1.41
> La notion de pH neutre est relative. En effet, le pH sanguin doit être compris entre 7,35 et 7,45. Ainsi, à pH = 7 (pourtant considéré comme un pH neutre), l'organisme sera en situation d'acidose.

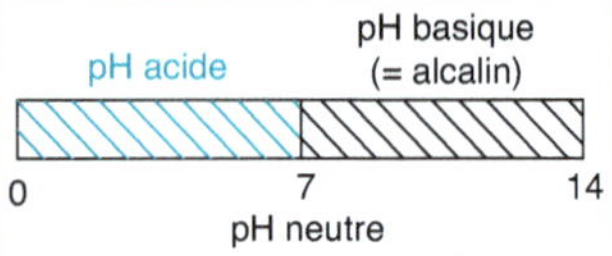

Figure 1.41. Gamme des pH.

On peut aussi dire que l'état ionique de la molécule est fonction du pH (cf. le cas particulier des acides aminés p. 143).

> **›› Définition**
>
> Une **base** est une molécule capable de fixer un proton. En diminuant ainsi la concentration en H⁺, elle a un **effet alcalinisant,** c'est-à-dire qui tend à rendre le pH basique.
> Dans l'organisme, on rencontre avant tout des bases faibles (figure 1.40).

Prenons l'exemple de l'ammoniaque présent dans l'urine :

$$\text{ammoniac} \quad NH_3 + H^+ \underset{②}{\overset{①}{\rightleftharpoons}} NH_4^+ \quad \text{ion ammonium}$$

base faible — Acide conjugué

Cet équilibre de dissociation a un pK_A = 9, or l'urine a un pH allant de 4,5 à 7,8. Autrement dit, il s'y trouve une concentration en proton favorisant sens 1 de la réaction. Ce sont donc les ions NH_4^+ qui seront présents dans l'urine (cf. L'ammoniogenèse p. 198).
Là encore, le sens de la réaction suit la loi d'action de masse.
Les acides aminés peuvent, eux aussi, se comporter comme des bases faibles (cf. p. 143).

Applications

Quelques exemples de pH :
- suc gastrique = 2
- citron = 2,5
- vinaigre = 3
- jus de tomate = 4
- jus de carotte = 6
- salive = 6,5 à 7
- eau distillée = 7
- sang = 7,35 à 7,45
- bile = 7,5 à 8
- blanc d'œuf = 8

Composition de la matière vivante

Chapitre 2

Les substances retrouvées dans l'organisme ou les aliments peuvent se répartir en deux grandes catégories :

- les **composés inorganiques** (absence de l'atome de carbone) : eau et sels minéraux ;
- les **composés organiques** (caractérisés par la présence de l'atome de carbone) : glucides, lipides, protides, composés nucléotidiques et vitamines. En fonction des cellules, on obtient les différents pourcentages du poids sec :
  - protéines : 55 à 85 % ;
  - acides nucléiques : 10 à 20 % ;
  - lipides : 10 à 15 % ;
  - glucides : 2 à 5 %.

Ces molécules étant étudiées dans les chapitres suivants, seuls l'eau et les sels minéraux seront ici traités.

Objectifs

- ✔ **Connaître la répartition des substances retrouvées dans l'organisme ou les aliments.**
- ✔ **Étudier l'eau et les sels minéraux.**

1. Eau

L'eau est de loin le principal constituant de l'organisme. On considère qu'un **adulte** est composé d'environ **65 % d'eau** (un peu plus chez l'enfant : 70 % ; un peu moins chez les personnes âgées : 60 %).
On considère aussi que cette eau se répartit dans différents compartiments liquidiens (figure 2.1).

Rappel

Pour un individu de 70 kg, cela représente environ 46 l d'eau. Sa répartition dans l'organisme varie considérablement en fonction des organes et des tissus :
- 20 % dans le tissu adipeux
- 23 % dans les os
- 70 % au niveau de la peau
- 75 % dans le cerveau
- 80 % dans le sang (plasma).

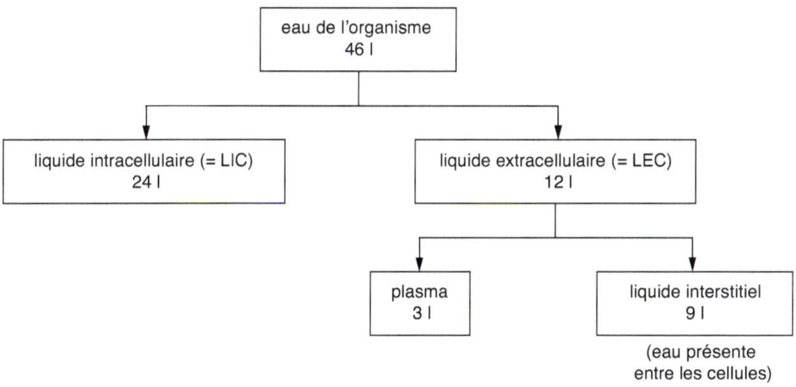

Figure 2.1. Répartition de l'eau dans différents compartiments liquidiens.

1.1. Structure de l'eau

L'eau est un composé moléculaire constitué d'un atome d'oxygène et de deux atomes d'hydrogène. L'ensemble est relié par des liaisons covalentes (figure 2.2).

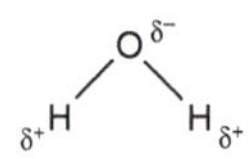

Figure 2.2. Structure et polarité de l'eau.

> **Attention**
> À 0 °C, les molécules se figent en une position cristalline, l'édifice devient solide (formation de glace).
> À 100 °C, l'énergie thermique entraîne une telle agitation moléculaire que les interactions moléculaires (= liaisons hydrogène) sont rompues. Les molécules passent alors à l'état gazeux (formation de vapeur d'eau).

La particularité est que l'atome d'oxygène a un comportement électronégatif c'est-à-dire qu'il attire préférentiellement dans son entourage les électrons de valence (ceux impliqués dans les liaisons covalentes avec l'hydrogène).
Même si la molécule est globalement neutre, cette particularité entraîne une **polarité** avec apparition de charges partielles (notée delta : δ).
À l'état liquide, les molécules d'eau établissent entre elles des interactions du fait des charges partielles (figure 2.3). Il y a formation de **liaisons hydrogène**, liaisons de faible énergie. Les régions δ^- sont attirées par les régions δ^+. Même si les molécules sont continuellement en déplacement (propre aux fluides, absent à l'état solide), elles mettent au mieux en vis-à-vis leurs charges partielles de signe opposé.

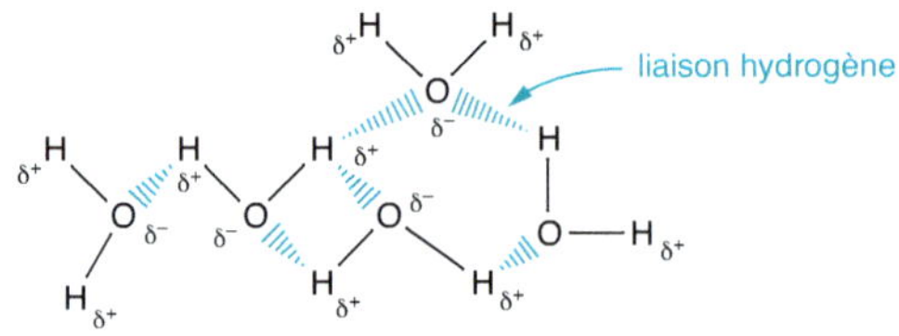

Figure 2.3. Interaction entre les molécules d'eau.

1.2. Propriétés biologiques de l'eau

1.2.1. *Propriétés de solvant et de milieu réactionnel*

La particularité d'un milieu biologique est que la grande majorité des molécules doivent être en solution pour que les réactions biochimiques puissent avoir lieu. L'eau, de par son abondance et ses propriétés structurales, joue le rôle de solvant. Elle assure la dissociation et la dispersion des solutés. Prenons l'exemple du chlorure de sodium (NaCl, ou sel de cuisine) ; initialement à l'état solide (sous forme de cristaux) mis en solution aqueuse, il subit une dissociation des ions Na^+ et Cl^-. Leur structure ionique attire les molécules d'eau qui se disposent en fonction des charges électriques et assurent ensuite la dispersion des ions dans le milieu (figure 2.4).

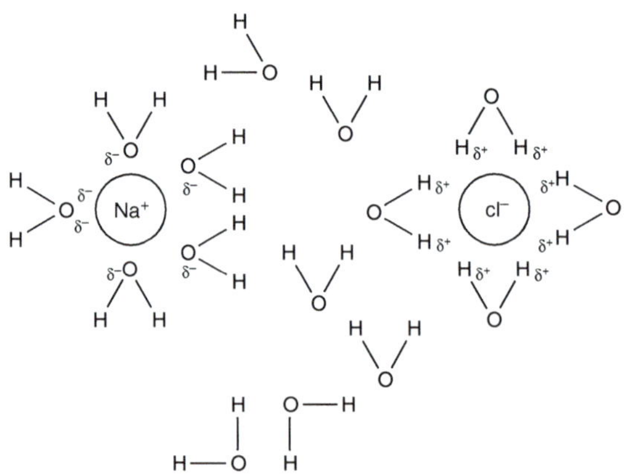

Figure 2.4. Rôle de solvant de l'eau.

Les molécules ioniques ou présentant un groupement fonctionnel polaire prédominant seront donc solubles dans l'eau (ions, glucose, acides aminés, lactate...). En revanche, les molécules présentant une région apolaire forte – notamment celles qui possèdent un groupement aliphatique (constitué de carbones et d'hydrogènes) – ne pourront pas s'associer à l'eau. Elles seront insolubles dans l'eau. C'est le cas des acides gras longs ou encore des vitamines liposolubles. De plus, ces molécules se disposent de façon à limiter au maximun la surface de contact avec l'eau.

Ce rôle de solvant permet à l'eau de servir de **milieu de transport**. Cette capacité se retrouve de façon importante au niveau du plasma, qui permet le transport de molécules solubles : nutriments (glucose, acides aminés...), déchets métaboliques (urée, CO_2,...).

1.2.2. *Propriétés de réactivité*

L'eau peut aussi jouer le rôle de réactif en intervenant dans certaines réactions biochimiques : c'est le cas des réactions d'**hydrolyse**.
Lors de cette réaction, l'eau permet la rupture d'une liaison covalente au sein d'une molécule qui est donc coupée en deux.

1.2.3. *Propriétés de volant thermique*

Au niveau de l'organisme, l'eau est capable d'absorber et de libérer une certaine quantité de chaleur de façon à compenser de trop fortes variations de la température corporelle.
Ainsi, l'eau (*via* le sang) joue un rôle important dans les mécanismes de **thermorégulation**.
Au cours d'un effort musculaire, de l'énergie thermique se dégage au niveau des muscles. Elle est répartie au niveau de l'organisme notamment au niveau cutané grâce à la circulation sanguine. À ce niveau, la transformation de l'eau liquide en eau vapeur permet l'élimination d'un excédent d'énergie thermique.

1.2.4. *Propriétés de protection mécanique*

L'eau peut jouer le rôle de lubrifiant (cas du mucus protégeant les muqueuses). Elle facilite par exemple le processus de la déglutition.
Elle peut aussi jouer le rôle d'amortisseur mécanique : ainsi, le liquide céphalorachidien protège le cerveau et la moelle épinière ; de même, le liquide amniotique entoure le fœtus.

2. Minéraux

Dans les liquides biologiques, les minéraux se dissolvent, présentant alors une structure ionique, anionique ou cationique. On parle également dans ce cas d'**électrolytes**.
Certains peuvent toutefois être présents dans l'organisme sous la forme de cristaux (exemple : cristaux de phosphate de calcium stockés au niveau des os).
On peut classer les minéraux selon un critère quantitatif.

2.1. Macroéléments

Les macroéléments sont (pour une masse corporelle de 70 kg) :

- calcium (Ca) : environ 1 000 g chez l'adulte ;
- phosphore (P) : 700 g ;
- potassium (K) : 250 g ;
- soufre (S) : 200 g ;
- sodium (Na) : 100 g ;
- chlore (Cl) : 100 g ;
- magnésium (Mg) : 40 g.

2.2. Microéléments

Les microéléments sont présents en moindre quantité (< 10 g). Il s'agit de l'iode (I), du fluor (F), du fer (Fe), du zinc (Zn) et du brome (Br).

2.3. Oligoéléments

Les oligoéléments sont présents dans l'organisme à l'état de traces (< 0,1 g) : cuivre (Cu), manganèse (Mn), cobalt (Co), silicium (Si), chrome (Cr), étain (Sn), molybdène (Mo)...
Sous la forme d'électrolytes, ils jouent divers rôles importants dans l'organisme dont voici quelques exemples :

- transmission de l'influx nerveux (K^+, Na^+, Ca^{2+}) ;
- contraction musculaire (Ca^{2+}) ;
- mouvement cellulaire (Ca^{2+}) ;
- transport de l'oxygène (Fe^{2+}) ;
- cofacteur enzymatique (Fe^{2+}, Mg^{2+}, Cu^{2+}, Zn^{2+}).

Structure des glucides

Chapitre 3

1. Présentation générale

Les glucides sont des molécules organiques très importantes car ils constituent, grâce à leur catabolisme, la **principale source d'énergie pour l'organisme.**

Les glucides sont d'autant plus intéressants qu'ils peuvent être **stockés** (en quantité limitée toutefois) sous forme de **glycogène** au niveau du **foie** et des **muscles striés**.
Ils peuvent également avoir un **rôle structural** ; ils entrent dans la composition des mucopolysaccharides, constituants de la matrice extracellulaire (substance fondamentale) du tissu conjonctif et dans celle de la membrane plasmique où ils sont fixés à des lipides ou des protéines (on parle alors de glycolipides et de glycoprotéines). Ils peuvent alors être impliqués dans des processus de reconnaissance cellulaire. C'est le cas par exemple du système ABO, sorte de carte d'identité des globules rouges.
Ils participent enfin, sous forme de ribose (ou de désoxyribose pour l'ADN), à la **structure des acides nucléiques** (ARN, ADN) et des **composés nucléotidiques** (ATP, GTP, NAD^+, FAD, coenzyme A...).
Ils sont essentiellement apportés par les aliments d'**origine végétale**, sauf pour le nourrisson pour qui la seule source glucidique est le lactose, puisque son alimentation est exclusivement lactée.
Les glucides présents dans l'organisme peuvent aussi avoir une **origine endogène**. Par exemple, le glucose peut provenir de la mobilisation des réserves (cf. Glycogénolyse), ou encore d'une biosynthèse à partir de molécules non glucidiques (cf. Néoglucogenèse).
Les glucides ont pour plus petite sous-unité constitutive (monomère) **l'ose**.
En fonction du nombre et de la nature de ces oses, on peut proposer la classification des glucides suivante (figure 3.1).
D'autres éléments de classification des glucides peuvent être rencontrés.
On parle souvent en diététique de **glucides simples**. Ils correspondent aux oses et aux diholosides dont la digestion et l'absorption sont rapides. En contrepoint, on parle aussi de **glucides complexes** (polyholosides comme l'amidon et le glycogène) dont la digestion et l'absorption sont plus lentes.
L'objectif est ici de prévoir la répercussion que va avoir l'ingestion de tel ou tel type de glucide sur **l'évolution de la glycémie** (notion de pic glycémique). Cela a toutefois un intérêt limité car la vitesse d'absorption des glucides n'est pas seulement liée à leur structure biochimique. L'absorption des oses ayant lieu dans l'intestin grêle (par les entérocytes), un élément déterminant va être la durée du séjour gastrique.

Objectifs

- ✔ Connaître et comprendre l'organisation de cette famille biochimique.
- ✔ Faire le lien avec la connaissance des aliments.
- ✔ Connaître les propriétés physiques et chimiques des différents glucides.

Attention

Ils doivent représenter 50 à 55 % de l'apport énergétique de la ration.
1 g de glucide apporte 4 kcal (= 17 kJ)

Applications

Plus un aliment, en cours de digestion, reste longtemps dans l'estomac, plus son absorption sera retardée, moins le pic glycémique sera prononcé. Ainsi, un morceau de pain blanc (amidon) consommé isolément entraîne une augmentation importante de la glycémie et ce, presque autant qu'une consommation de saccharose. En revanche, la consommation de 200 g (par exemple) de lentilles, composée également d'amidon, aura une répercussion bien plus modérée sur la glycémie avec une absorption du glucose plus étalée sur le temps.

Plusieurs facteurs influencent ainsi le séjour gastrique, il est augmenté par :

- le volume de l'ingesta d'où l'intérêt d'éviter les prises alimentaires isolées et de privilégier les repas complets ;
- la présence de protéines (cas des lentilles) ;
- la présence de fibres alimentaires (cas des lentilles) ;
- la présence de lipides.

Autrement dit, la prise en compte du volume du repas, des effets liés aux associations d'aliments, a certainement plus d'impact sur l'évolution de la glycémie que la trop simpliste notion de glucides simples-glucides complexes.

Figure 3.1 Classification des glucides.

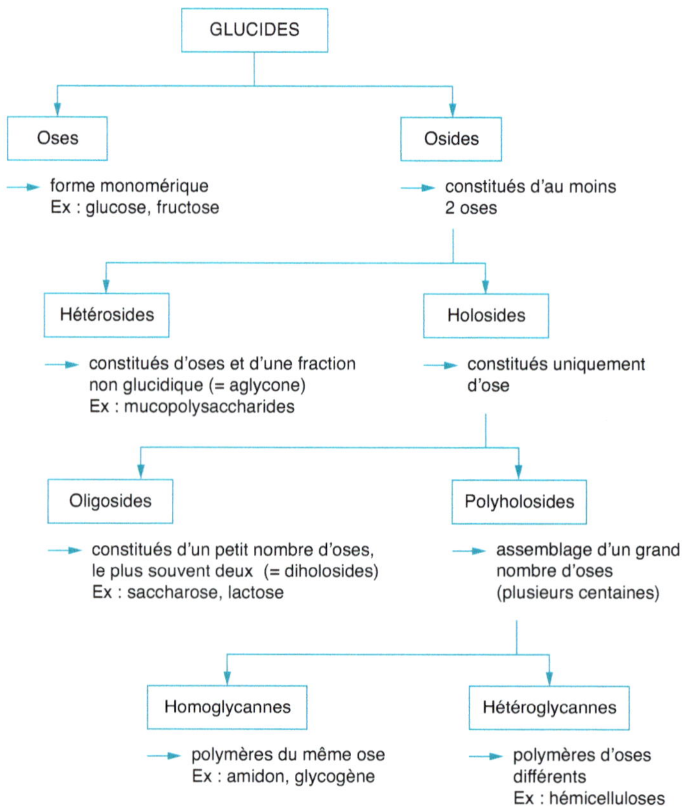

Attention

Enfin, vient le terme de **sucre**. Souvent rencontré dans le langage courant et sur l'étiquetage des produits alimentaires, il prête bien souvent à confusion.

Le **sucre** (au singulier) fait référence au saccharose.

Les **sucres** (au pluriel) regroupent différents types de glucides, mono- et disaccharides.

Sur le plan physiologique, on peut également classer les glucides selon leur digestibilité, sur le fait qu'ils soient assimilables ou pas.

On peut ainsi distinguer :
- les glucides assimilables (car digestibles par nos propres enzymes) : ce sont les disaccharides (maltose, isomaltose, saccharose, lactose) et certains polyholosides (amidon, glycogène) ;
- les glucides non assimilables (car non digestibles par nos propres enzymes), souvent regroupés sous le terme de fibres alimentaires. Ce sont la cellulose, les hémicelluloses, la pectine...

Les oses n'ont pas besoin d'être digérés donc ils sont directement assimilables.

2. Oses

2.1. Structure des oses

›› Définition

Les oses constituent l'unité structurale des glucides.
Sur le plan atomique les oses sont composés de **carbone**, **d'hydrogène** et **d'oxygène** et ce dans des proportions relatives. Leur formule générale peut d'ailleurs s'écrire **$Cn(H_2O)n$**, d'où leur ancien nom d'hydrates de carbone.
Ils se caractérisent par la présence d'une **fonction carbonyle** ($>C=O$) (**aldéhyde** ou **cétone**), et de plusieurs **fonctions alcool** (= fonctions hydroxyle).
La distinction entre les différents oses va donc porter sur le nombre d'atomes de carbone, la nature de la fonction carbonyle et la position des fonctions alcool.

Attention

Certaines molécules répondent à cette formule sans appartenir aux oses ; c'est le cas de l'acide lactique : $COOH—CHOH—CH_3$. De plus, le désoxyribose ($C_5H_{10}O_4$) n'y répond pas mais fait partie des glucides.

Les oses les plus simples sont constitués de trois carbones, on parle alors de **trioses**.
Il en existe deux :
- le **glycéraldéhyde**, qui présente une fonction aldéhyde, fait donc partie de la famille des aldoses ;
- le **dihydroxyacétone**, qui présente une fonction cétone, est donc un **cétose** (figure 3.2).

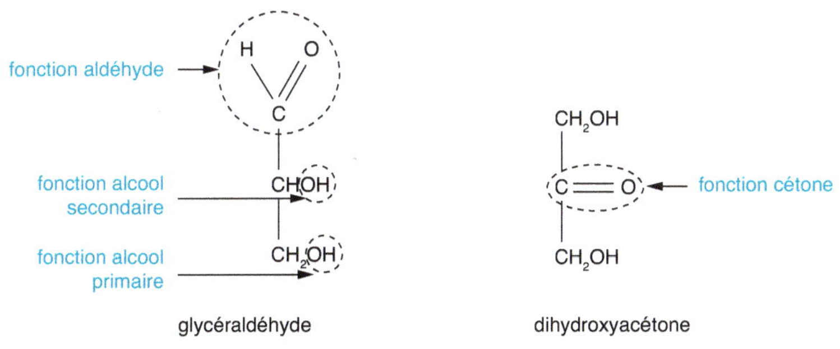

Figure 3.2. Trioses.

Ces deux composés ne présentent pas d'intérêt sur le plan alimentaire ; toutefois, nous les retrouverons comme intermédiaires métaboliques, notamment dans la glycolyse.
Le glycéraldéhyde présente la particularité de posséder un atome de **carbone asymétrique**, c'est-à-dire un atome ayant établi quatre liaisons covalentes simples avec 4 atomes ou groupement d'atome différents (figure 3.3).
Cela amène une isomérie particulière appelée **stéréo-isomérie** qui va définir la série de la molécule : D ou L. Pour définir la **série d'un ose**, on écrit la molécule selon la **représentation de Fischer** : écriture linéaire et verticale de la chaîne carbonée avec la fonction carbonyle en haut. Si la fonction alcool secondaire

la plus éloignée de la fonction carbonyle est à droite de l'axe carboné, c'est la série D ; si elle est à gauche, c'est la série L (figure 3.4).
On constate que ces deux molécules sont l'image l'une de l'autre mais ne sont pas pour autant superposables. On dit que c'est un couple d'**isomères optiques** ou encore d'**énantiomères**.

Figure 3.3. Carbone asymétrique du glycéraldéhyde.

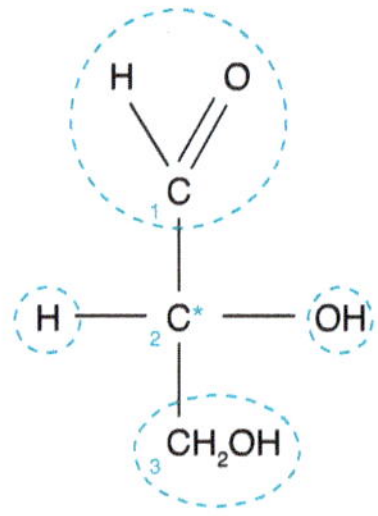

Le carbone central (n° 2) est bien rattaché à 4 atomes ou groupements d'atomes ( ) différents d'où son caractère de carbone asymétrique (C*).

Figure 3.4. Série des oses.

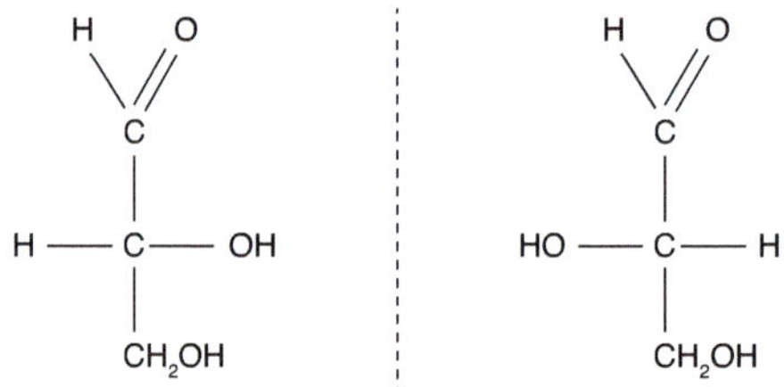

D-glycéraldéhyde | L-glycéraldéhyde

Attention

À partir des deux trioses cités, en augmentant le nombre de carbones et en tenant compte de la position des fonctions alcools secondaires (c'est-à-dire à droite ou à gauche de l'axe carboné en position verticale), on obtient les différents oses : on établit ainsi la **filiation des oses** (cf. annexe 2 Filiation des oses en fin d'ouvrage).

Le D-glucose et le D-galactose ne diffèrent que par la position d'un carbone asymétrique (celui en position 4). Cette isomérie est appelée épimérie ; on dit alors que ces deux oses sont des épimères.

Tous les oses rencontrés dans l'alimentation et dans l'organisme sont de la série D (la série L se rencontre rarement, chez certains végétaux et micro-organismes).

De tous les oses existants, nous ne retiendrons que les oses présentant un intérêt alimentaire et biochimique. Parmi les **pentoses** (oses à cinq atomes de carbone), nous retiendrons essentiellement le **ribose**, parmi les **hexoses**, trois seront fréquemment rencontrés : le **glucose**, le **fructose** et le **galactose**.

La voie des pentoses phosphates, métabolisme particulier du glucose, fait apparaître comme intermédiaires métaboliques des oses rarement rencontrés : l'érythrose (tétrose), le xylulose (pentose) ou encore l'heptulose (heptose : ose à 7 atomes de carbone).

Applications

Le **glucose** est le glucide simple le plus important pour l'organisme où il est essentiellement utilisé à des fins énergétiques, certaines cellules sont mêmes incapables d'utiliser un autre substrat énergétique (cellules dites glucodépendantes). C'est le cas des neurones, des globules rouges et des cellules musculaires en contexte anaérobie.

Dans les aliments, il est peu fréquent sous forme libre. On le retrouve ainsi dans certains fruits (cerise, raisin) ou encore le miel. La grande majorité du glucose alimentaire est donc sous forme polymérisée (amidon, cellulose).

Le **fructose** est présent à l'état libre dans certains fruits (pomme, poire, raisin, cerise), le miel (environ 40 % du poids frais) ou associé au glucose pour former le **saccharose** (canne à sucre, betterave sucrière).

Le **galactose**, rarement présent à l'état libre dans les aliments, est associé au glucose, donnant le **lactose**, glucide du lait (lait et certains produits laitiers).

Lorsque les pentoses et les hexoses sont en solution (c'est-à-dire dissous, comme dans les liquides physiologiques de l'organisme), ils optent pour une disposition cyclique. Cette **cyclisation des oses** implique la fonction carbonyle et une fonction alcool secondaire, ce qui amène à la formation d'un **groupement hémiacétal**.

Pour le glucose et le galactose le cycle formé présente 6 côtés : on parle alors d'un **cycle pyrane**. Comme pour la représentation de Fischer, il convient de respecter la position des fonctions hydroxyles secondaires. On applique alors la règle : les fonctions –OH situées à droite en représentation de Fischer seront en dessous du plan dessiné par le cycle, celles situées à gauche seront au dessus. On obtient ainsi la **représentation de Haworth**. Cette cyclisation fait apparaître une nouvelle isomérie appelée **anomérie** : lorsque la fonction alcool du groupement hémiacétal est sous le plan, le cycle est dit α, au-dessus il est dit β (figure 3.5).

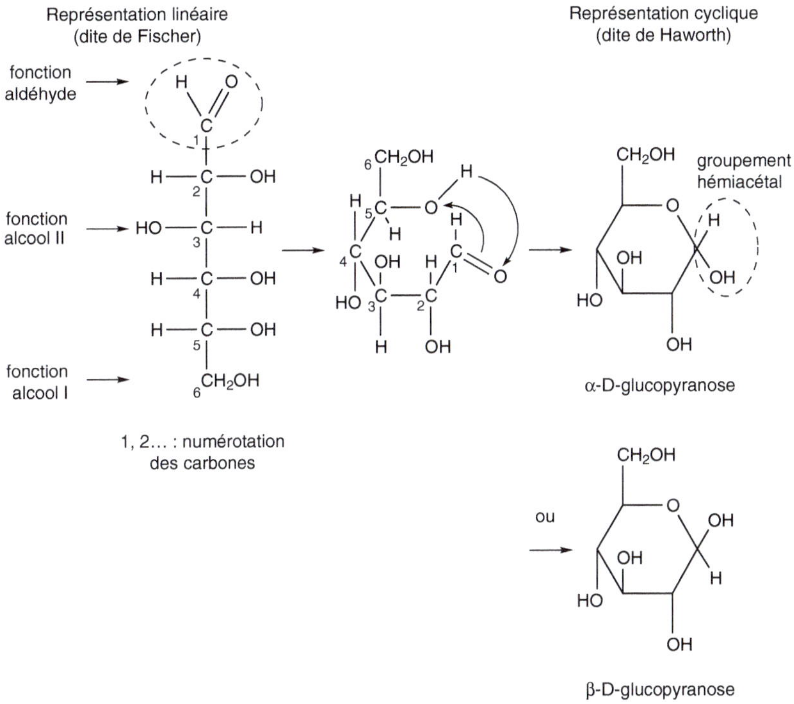

Figure 3.5. Cyclisation du glucose.

En milieu aqueux, les formes anomériques présentent une interconversion (phénomène de mutarotation). Le passage de l'anomère α à l'anomère β nécessite une rupture du pont oxygène et une recyclisation. Une solution de glucose est en fait un mélange en équilibre entre les deux formes cycliques et la forme linéaire (figure 3.7).

La cyclisation du **fructose** et du **ribose** donne des **cycles furanes**, donc à 5 côtés (figure 3.6).

La représentation cyclique telle qu'on la propose n'est qu'une approximation. En effet, le cycle pyrane (6 côtés) existe sous deux formes non planes, interchangeables sans rupture de liaisons covalentes. Cela fait apparaître deux nouveaux isomères appelés **conformères**, la forme chaise étant la plus fréquente (figure 3.8).

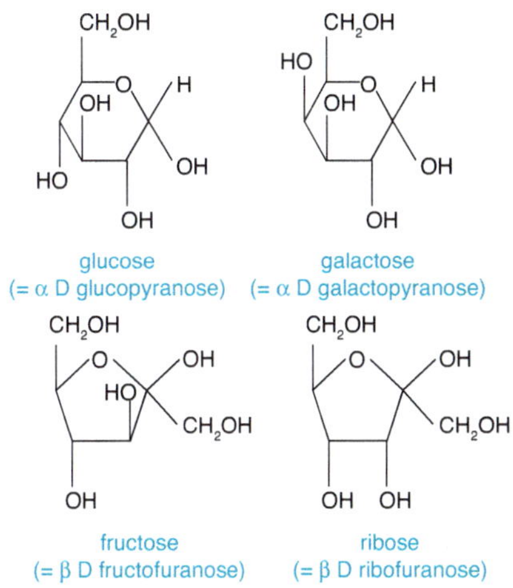

Figure 3.6. Principaux oses en représentation cyclique.

Un récapitulatif des principaux oses à connaître en représentation cyclique est présenté figure 3.5.

α-D-glucopyranose (environ 36 %) ⟷ forme linéaire (< 0,1 %) ⟷ β-D-glucopyranose (environ 64 %)

Figure 3.7. Phénomène de mutarotation.

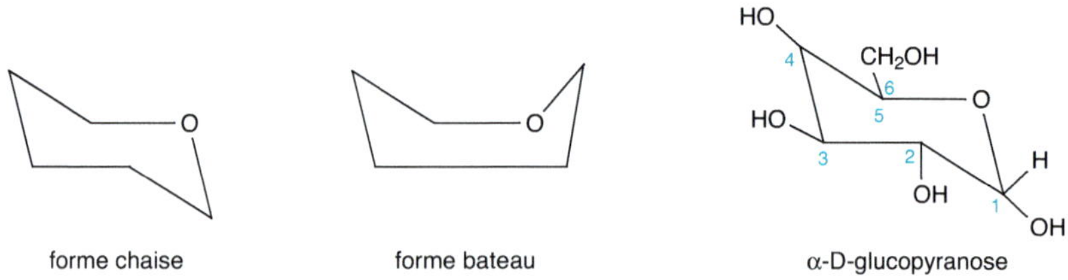

Figure 3.8. Conformation des oses.

2.2. Propriétés physiques et chimiques des oses

2.2.1. *Propriétés optiques*

La présence d'au moins un carbone asymétrique fait que les oses en solution dévient la lumière polarisée. Cela peut permettre leur identification et leur dosage par polarimétrie. On définit ainsi le **pouvoir rotatoire** de la molécule : pour le glucose on trouve + 52,5° (la valeur étant positive, la molécule est dite **dextrogyre**) ; pour le fructose on mesure un pouvoir rotatoire de – 92° (la molécule est dite alors **lévogyre**).

2.2.2. *Solubilité*

Rappel

Étant donné leurs groupements fonctionnels hydrophiles (fonction carbonyle, fonction alcool).

Les oses (ainsi que les diholosides) sont très solubles dans l'eau. Pour apprécier cette propriété, on détermine la quantité maximale pouvant être dissoute dans 100 g d'eau à 20 °C (glucose : 107 g, fructose : 375 g). Cette solubilité augmente avec la température.

Applications

Dans certaines préparations alimentaires (confiture, sirop...), on recherche de fortes concentrations en glucose, fructose ou saccharose (diholoside). Au-delà de l'aspect gustatif, cette technique limite la disponibilité de l'eau (par pression osmotique) de l'aliment, ce qui permet d'empêcher le développement des bactéries et de limiter celui des levures et moisissures.

2.2.3. *Sensibilité thermique*

Les oses peuvent être dégradés par la température. L'exemple le plus connu en est la caramélisation.

2.2.4. *Propriétés oxydoréductrices*

La présence d'un groupement hémiacétal (issu d'une fonction aldéhyde ou cétone) pouvant être oxydé confère à ces molécules un pouvoir réducteur. Ils peuvent notamment réagir avec des sels métalliques en solution alcaline et à chaud. Un des réactifs d'utilisation facile pour la mise en évidence de

sucres réducteurs est la **liqueur de Fehling**. Cette solution initialement bleue (contenant des ions Cu^{2+}) présente alors un précipité rouge brique (formation de Cu_2O) caractéristique.
La mise en évidence d'un ose peut également se faire par réduction de composés organiques comme les nitrophénols (figure 3.9).

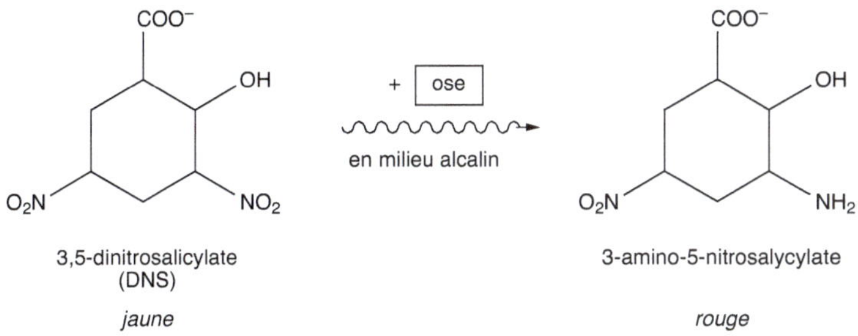

Figure 3.9. Réduction du DNS.

Le changement de couleur du produit de la réduction peut, en plus de la mise en évidence, permettre un dosage par colorimétrie.
Les réactions de réduction ne fonctionnent que si le groupement hémiacétal reste libre, c'est-à-dire non impliquée dans une liaison covalente (cas des liaisons osidiques).

2.2.5. *Réaction d'estérification*

Le groupement alcool des oses peut réagir avec une fonction acide pour former un ester.
C'est le cas des esters phosphoriques : réaction par exemple entre le glucose et un groupement phosphate (figure 3.10).

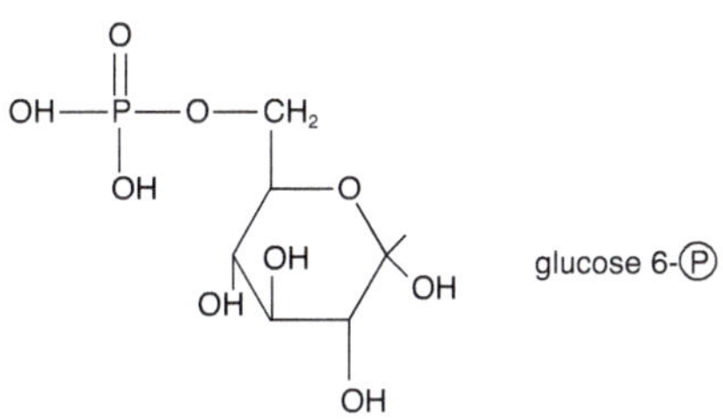

Figure 3.10. Glucose phosphorylé.

2.3. Dérivés des oses

Le but n'est pas ici de produire une liste exhaustive de ces molécules mais d'en présenter les principales, pouvant avoir un intérêt alimentaire et/ou physiologique.

2.3.1. *Acides uroniques*

Ils dérivent des aldoses par oxydation de la fonction alcool primaire en fonction carboxylique. Ainsi, le glucose devient l'**acide glucuronique**. Cette molécule joue un rôle important au niveau du foie, en participant au processus de détoxification et d'inactivation de molécules endogènes.
Ce processus permet, par exemple, l'élimination du paracétamol, des hormones stéroïdes ou encore de la bilirubine qui provient de la dégradation de l'hémoglobine (figure 3.11).

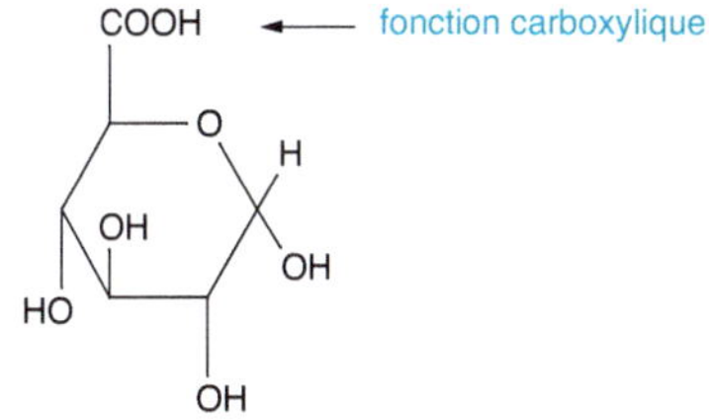

Figure 3.11. Acide glucuronique.

2.3.2. *Polyols*

Ils dérivent des oses par une réduction de la fonction carbonyle (aldéhyde ou cétone) en une fonction hydroxyle. Dès lors, chaque atome de carbone porte une fonction alcool, d'où leur nom.

L'un des plus importants au niveau de l'organisme est certainement le **glycérol** (provenant de la réduction des trioses) : $CH_2OH–CHOH–CH_2OH$. Ce trialcool est impliqué dans d'importants métabolismes comme la lipogenèse (mise en réserve d'acides gras sous forme de triglycérides) ou la néoglucogenèse (biosynthèse hépatique de glucose).

Le **sorbitol** est un polyalcool dérivant du glucose, naturellement présent dans certains fruits (poire, prune, pruneau, cerise, pêche...). Il peut aussi être produit industriellement par hydrogénation du glucose. Il est alors utilisé comme additif alimentaire, notamment dans les confiseries pour sa propriété d'édulcorant non cariogène (ne favorisant pas la formation des caries). Lors de son métabolisme dans l'organisme, il est transformé en fructose dont l'utilisation cellulaire est indépendante de l'insuline, d'où son intérêt dans certains aliments de régime pour diabétique.

Le **mannitol** est présent en faible quantité dans certains légumes (endive, choux, oignon, champignon). Obtenu industriellement par hydrogénation du fructose, il est, pour les mêmes raisons que le sorbitol, utilisé comme additif alimentaire dans les confiseries.

Le **xylitol** est présent dans les prunes, les framboises, les bananes ou les choux-fleurs. Il peut être produit par hydrogénation du xylose, issue de l'hydrolyse d'hémicelluloses contenues dans certaines fibres végétales. Il peut également être utilisé comme édulcorant non cariogène.

Certains polyols peuvent avoir une structure cyclique. C'est le cas de l'**inositol**, présent à l'état libre mais surtout sous la forme d'ester hexaphosphorique (c'est-à-dire que chaque fonction alcool est estérifiée avec une molécule d'acide phosphorique). On obtient ainsi l'**acide phytique**, présent dans certains végétaux, notamment au niveau de l'enveloppe des graines de céréales (donc dans les pains complets par exemple). Cette molécule a tendance à pénaliser l'absorption intestinale de certains minéraux. Ayant une structure fortement anionique, elle s'associe aux cations bivalents comme le calcium (Ca^{2+}) ou le magnésium (Mg^{2+}) formant des sels insolubles et donc non assimilables.

L'inositol présente un intérêt structural au niveau cellulaire puisqu'il entre dans la composition de certains phospholipides membranaires (phosphatidyl inositol).

3. Liaison osidique

› Définition

Grâce à leur groupement hémiacétal, les oses peuvent établir une liaison covalente avec une fonction alcool d'un autre ose.

Il s'agit d'une réaction de condensation s'accompagnant de la perte d'une molécule d'eau. Celle nouvelle liaison covalente porte le nom de liaison osidique.

La réaction inverse, permettant de couper cette liaison grâce à une molécule d'eau, sera alors une hydrolyse (figure 3.12). Une fois engagée dans une liaison osidique, la fonction hémiacétale est bloquée et perd son pouvoir réducteur. La condensation peut avoir lieu entre un ose et une base azotée. C'est ce que l'on retrouve aux niveaux des nucléosides (exemple de l'adénosine qui résulte de la condensation entre un ribose et une adénine).

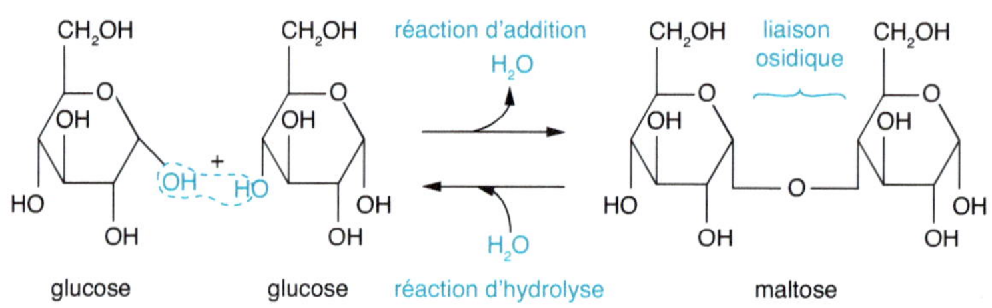

Figure 3.12. Formation d'une liaison osidique.

On parle dans ce cas d'une liaison N-osidique (figure 3.13).

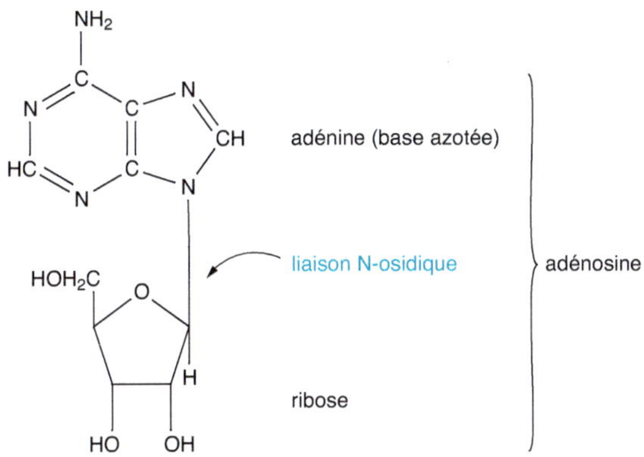

Figure 3.13. Structure d'un nucléoside : ici l'adénosine.

Par la suite, la fonction alcool primaire du ribose peut faire l'objet de phosphorylation, ce qui donnera naissance aux composés nucléotidiques tels que l'ATP.

4. Diholosides

Ils résultent de l'association de deux oses grâce à une liaison osidique.

Rappel

Les plus fréquents sont le **saccharose**, le **lactose**, le **maltose** et l'**isomaltose**. Ce sont des **isomères puisqu'ils répondent à la même formule brute : $C_{12}H_{22}O_{11}$**.

4.1. Saccharose

Appelé aussi sucrose, il correspond au sucre de table. On le retrouve essentiellement dans la canne à sucre ou encore la betterave sucrière.
Il est constitué d'une molécule de **glucose** et de **fructose** reliées par une **liaison osidique de type α-1,2**. Cette notation indique que la liaison s'est établie entre la fonction alcool (position α) du carbone n° 1 du glucose et la fonction alcool (position β) du carbone n° 2 du fructose (figure 3.14).

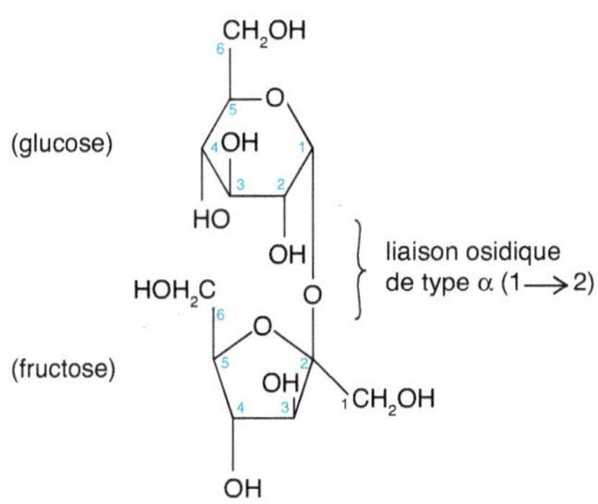

Figure 3.14. Saccharose (= α-D-glucopyranosyl (1→2) βD-fructofuranoside).

Comme les deux fonctions réductrices sont engagées dans la liaison osidique, la molécule **n'est plus réductrice** et ne réagit pas à la liqueur de Fehling.

Applications

Le saccharose présente une saveur sucrée qui sert de référence pour définir le **pouvoir sucrant (PS)** d'une molécule édulcorante, naturelle ou de synthèse.

On détermine le PS du saccharose pour une solution de 30 g par litre d'eau. On a alors un PS égal à 1 (valeur sans unité). Comme il faut 23 g/L de fructose pour avoir la même saveur sucrée, on constate que le PS du fructose est supérieure à celui du saccharose et vaut 30/23 = 1,3.

Voici quelques valeurs de PS :

- glucose :	0,7	- lactose :	0,2	
- sorbitol :	0,9	- aspartam :	195	(édulcorant de synthèse)
- maltose :	0,4	- saccharine :	400	(-)

Le mélange ainsi obtenu est appelé sucre inverti car le pouvoir rotatoire de la solution passe de +66,5° (valeur initiale du saccharose) à −19,5 ° (valeur finale du mélange). Le miel est un sucre inverti naturel. Les abeilles étant équipées d'une invertase agissant sur le saccharose du nectar.

Le saccharose est aussi utilisé comme agent de saveur et de coloration en participant aux réactions de Maillard et de caramélisation, notamment en pâtisserie et en biscuiterie.

L'hydrolyse du saccharose donne un mélange équimolaire de glucose et de fructose. Elle peut être provoquée par un catalyseur acide (HCl) ou par une enzyme active au niveau de la muqueuse de l'intestin grêle : la **saccharase**, appelée aussi invertase.

Cette hydrolyse augmente la saveur sucrée mais aussi la solubilité, ce qui retarde donc la cristallisation du sucre. Ces propriétés sont utilisées pour améliorer la conservation de certains aliments, comme les confitures, les confiseries ou les sirops. En augmentant la concentration en soluté, on diminue la disponibilité, donc l'activité de l'eau (A_w), ce qui contribue à limiter, voire empêcher le développement microbien.

4.2. Lactose

Il résulte de la condensation d'une molécule de **galactose** avec une molécule de **glucose** grâce à une **liaison osidique de type β-1,4** (figure 3.15).

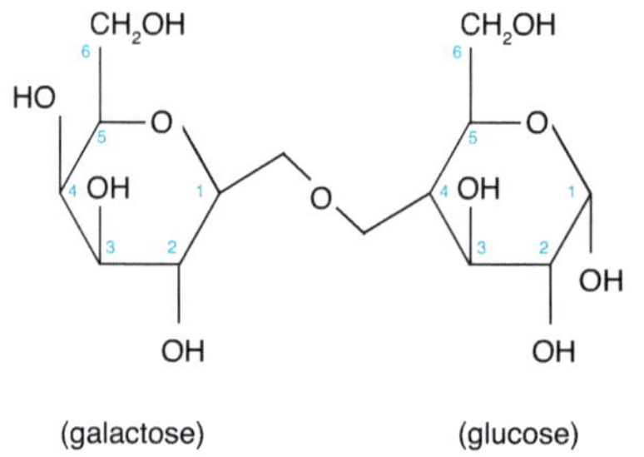

Figure 3.15. Lactose (β-D-galactopyranosyl (1→4) α-D-glucopyranose).

Un groupement hémiacétal reste libre (celui du glucose), le lactose est donc un **diholoside réducteur**. Dix fois moins soluble que le saccharose, il présente de plus un faible pouvoir sucrant. **L'hydrolyse enzymatique** est assurée par une **lactase** localisée au niveau de la muqueuse de l'intestin. Elle est présente et très active chez l'enfant mais régresse, et peut même disparaître chez l'adulte, d'où des troubles digestifs pouvant être associés à la consommation de lait et de ses dérivés. Le lactose non hydrolysé reste dans la lumière intestinale où il exerce un pouvoir osmotique. De ce fait, il attire l'eau notamment au niveau de gros intestin d'où des problèmes de diarrhée.

De plus, en restant dans le chyme, le lactose va être dégradé par le microbiote (flore intestinale du gros intestin). Cela conduit à la formation d'acides organiques et autres déchets moléculaires pouvant agresser la muqueuse colique et aggraver considérablement les problèmes de diarrhée.

Le lactose est présent dans le lait et certains produits laitiers. Il est également présent dans certaines préparations alimentaires (biscuits, pâtisseries, soupes, sauces...). Il peut aussi être utilisé comme excipient, ce qui est le cas dans environ 20 % des médicaments.

4.3. Maltose et isomaltose

Très rarement rencontrés à l'état libre dans les aliments, ce sont avant tout des **produits de l'hydrolyse de l'amidon**. Le maltose provient de la digestion des parties linéaires de l'amidon, alors que l'isomaltose est issu des ramifications (cf. paragraphe 5.1.1. « Amidon »). Cette hydrolyse digestive est assurée par l'amylase salivaire et l'amylase pancréatique qui coupent spécifiquement les liaisons osidiques de type α-1,4. Le maltose peut ensuite être hydrolysé par la maltase présente au niveau de la muqueuse de l'intestin grêle.
Ces deux diholosides ont la même composition (**deux molécules de glucose**), mais diffèrent de par leur liaison osidique (figure 3.16A et 16B).
Dans les deux cas, il s'agit de **sucres réducteurs**.

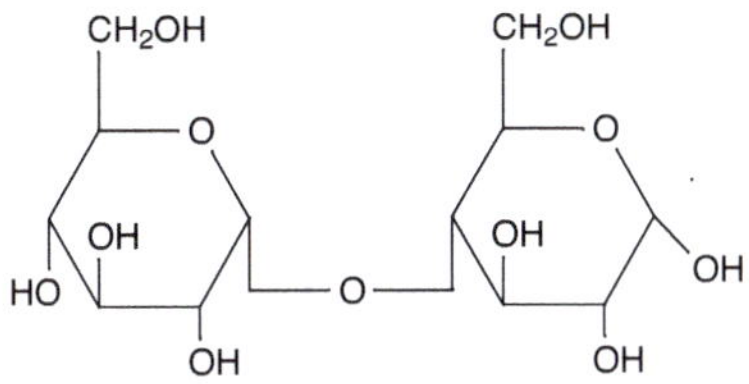

maltose
α-D-glucopyranosyl (1→4) α-glucopyranose

Figure 3.16A. Maltose

isomaltose

α-D-glucopyranosyl (1→6) α-D-glucopyranose

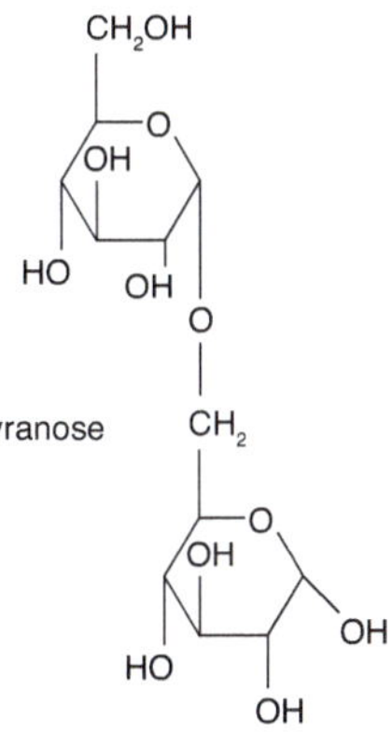

Figure 3.16B. Isomaltose.

5. Polyosides

Appelées aussi **polysaccharides** ou encore **glycanes**, ces grosses molécules sont constituées d'un assemblage de plusieurs centaines à plusieurs milliers d'oses identiques (homoglycanes) ou différents (hétéroglycanes).
Mis à part le glycogène, on les retrouve dans l'alimentation d'origine végétale. Ils font partie des réserves de la cellule végétale (par exemple l'amidon), où ils sont constitutifs de la paroi cellulaire (par exemple la cellulose, l'hémicellulose…), d'où leur nom de glucides pariétaux.

5.1. Polyosides assimilables

Cette catégorie regroupe les molécules qui peuvent être digérées par notre équipement enzymatique pour être absorbées (assimilées) au niveau intestinal.

5.1.1. *Amidon*

Rappel

On le retrouve dans les **graines de céréales** (blé, maïs, orge, riz, seigle...), les **graines de légumineuses** (pois, haricot, lentille...), les **tubercules** (pomme de terre, manioc [base du tapioca]...) et **certains fruits** (châtaigne, banane...).
C'est la source de glucose alimentaire la plus répandue.

C'est un **glucide de réserve** (élaboré grâce à la photosynthèse) accumulé dans la **cellule végétale** sous forme de grains de morphologie et de taille variables selon les espèces.
L'amidon est un **homoglycane** composé de **deux polymères de glucose** : l'**amylose** et l'**amylopectine**, dont les proportions et l'agencement dépendent de l'espèce végétale.
L'**amylose** est un enchaînement **linéaire** de plusieurs centaines de molécules de glucose reliées par des **liaisons osidiques de type α-1,4** (figure 3.17).

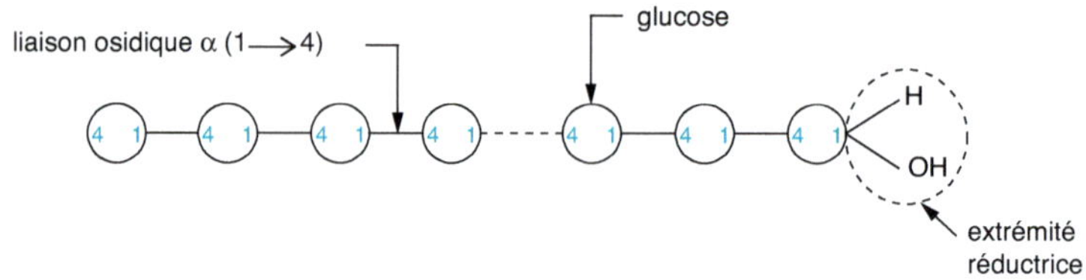

Figure 3.17. Représentation schématique de l'amylose.

Cette structure présente en réalité un arrangement spatial hélicoïdal où chaque tour de spire est une région hydrophobe pouvant se complexer avec certains ions. Cette propriété permet de vérifier la présence d'amylose par une technique de coloration. On utilise pour cela de l'iode en solution, incolore, qui devient bleuté en présence d'amylose.

L'**amylopectine** est un **polymère** de plusieurs milliers de molécules de glucose reliées par des **liaisons** osidiques de type **α-1,4** mais avec des **ramifications** grâce à des **liaisons α-1,6** (figure 3.18A et 18B).

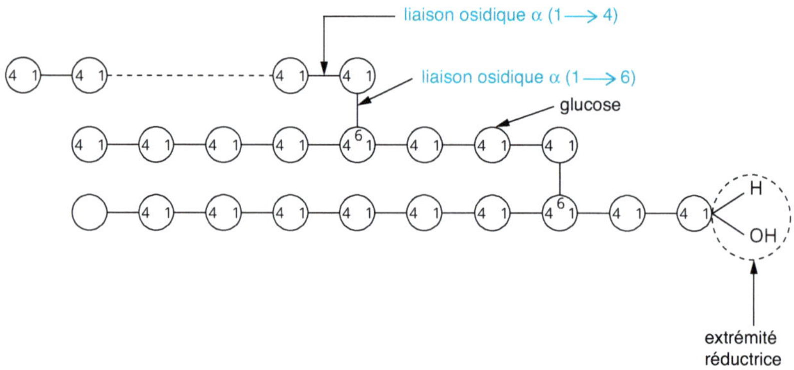

Figure 3.18A. Structure schématique de l'amylopectine.

Cette structure présente un arrangement spatial arborescent réagissant également avec une solution iodée mais donnant une coloration rouge.

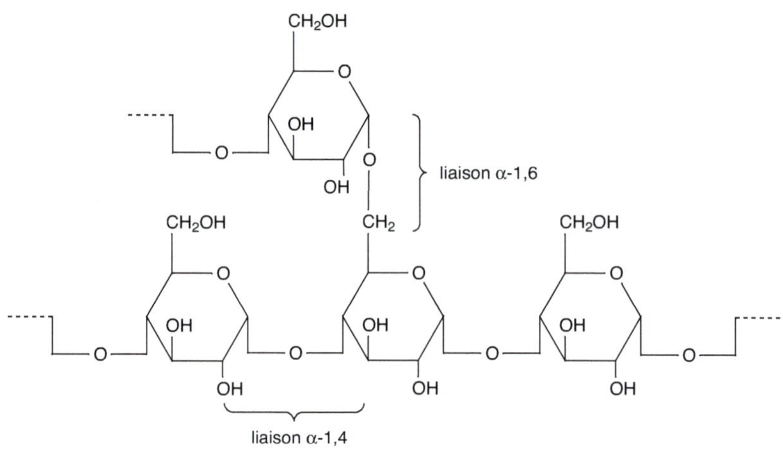

Figure 3.18B. Structure de l'amylopectine.

L'amidon est insoluble dans un milieu aqueux avec toutefois une capacité de rétention d'eau d'environ 40 %. Néanmoins, en chauffant la préparation (70 °C à 80 °C), on désolidarise les deux types de polymères ; la solution devient visqueuse, on parle alors d'empois d'amidon (réaction de gélatinisation = empesage). Ainsi, la cuisson rend l'amidon plus digestible en facilitant l'action hydrolytique des amylases salivaire et pancréatique.

5.1.2. *Glycogène*

C'est un **polysaccharide de réserve** spécifique de la cellule animale, stocké dans le cytosol sous forme de grains. Chez l'homme, le stockage a essentiellement lieu au niveau **hépatique** et **musculaire**. **Sa structure est similaire à celle de l'amylopectine**, mais avec un plus grand nombre de ramifications. Cela permet de compacter la molécule et, d'une manière générale, d'optimiser son stockage et son métabolisme.
Sa digestion est assurée par le suc pancréatique et le suc intestinal, ce qui aboutit à la formation de glucose assimilable au niveau de la muqueuse intestinale.
La structure spatiale du glycogène permet là aussi une réaction colorée avec une solution iodée aboutissant à une coloration brune.

Son apport alimentaire est faible car la maturation des viandes de boucherie provoque sa disparition. On le retrouve quand même dans le foie, la viande de cheval (consommée sans maturation) et certains mollusques (huîtres, moules).

5.2. Fibres alimentaires

›› Définition

Les fibres alimentaires sont des constituants d'origine végétale (le plus souvent) non digestibles, c'est-à-dire non hydrolysables par l'équipement enzymatique propre à notre organisme. Ces molécules ne sont pas fractionnées au niveau de l'intestin grêle. Leur absorption y est alors impossible, elles suivent donc la progression du chyme vers le gros intestin où elles seront partiellement dégradées par le microbiote.

Ces fibres sont essentiellement des glucides pariétaux. La cellule végétale présente la particularité d'être équipée, en plus d'une membrane plasmique, d'une paroi de structure semi-rigide. Elle se compose de cellulose, d'hémicellulose, de pectine et de lignine (composé non glucidique).
On considère également comme des fibres alimentaires certains extraits végétaux utilisés comme additifs alimentaires (agents texturants). C'est le cas des gommes extraites d'arbre (gomme arabique, issue de l'acacia) ou de graines (gomme guar, issue du haricot) ou encore des mucilages (carraghénanes, agar, alginate...), issus de certaines algues.
On place aussi dans les fibres alimentaires la partie de l'amidon qui n'a pas été digérée dans l'intestin grêle. On parle alors d'amidon résistant (à l'action des amylases) ; c'est le cas :
- de l'amidon ingéré cru (cas de celui contenu dans la banane) ;
- d'une partie de l'amidon des graines de légumineuses ; leur richesse en glucides pariétaux constitue un gène physique (problème d'accessibilité) pénalisant l'activité des amylases ;
- de l'amidon cuit ayant subi le phénomène de rétrogradation, c'est une modification structurale partielle (par cristallisation de l'amylose) qui entrave là aussi l'activité enzymatique digestive (pain rassis et aliments ayant subi une période de réfrigération ou de congélation).

L'inuline (polymère de fructose présent dans les artichauts, les pissenlits) et l'acide phytique (cf. Dérivés des oses), non assimilables, sont aussi considérés comme des fibres alimentaires.

5.2.1. *Cellulose*

C'est un polyoside linéaire constitué d'un grand nombre de molécules de glucose (jusqu'à 10 000) reliées par des liaisons osidiques de type β-1,4. Cette structure n'est pas reconnue par les amylases qui agissent spécifiquement sur les liaisons de type α-1,4, d'où sa non-digestibilité (figure 3.19). Cette remarque permet de souligner la précision qu'une enzyme peut avoir vis-à-vis d'un substrat.
Ces molécules de grande taille sont insolubles dans l'eau mais présentent un pouvoir de rétention d'eau.

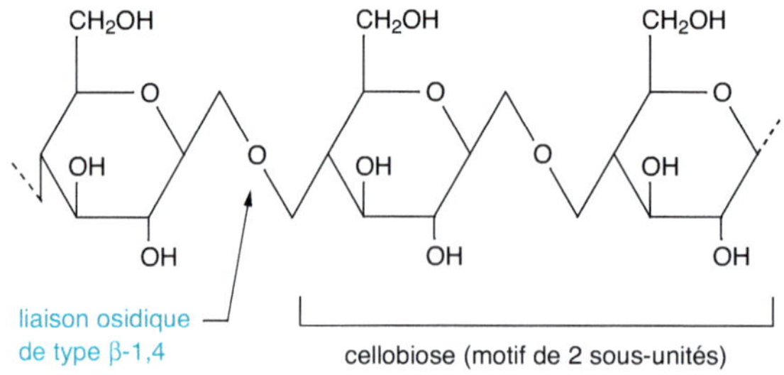

Figure 3.19. Structure moléculaire de la cellulose.

5.2.2. *Hémicelluloses*

Ce sont des polysaccharides complexes hétérogènes de composition variée. On retrouve comme oses constitutifs des hexoses (glucose, mannose, galactose), des pentoses (xylose, arabinose), et l'acide uronique (acide glucuronique). La polymérisation est ici beaucoup moins importante (100 à 200 sous-unités) mais la molécule présente des ramifications, ce qui contribue à la rendre plus ou moins soluble en fonction de leur importance. Les liaisons osidiques sont le plus souvent de type β-1,4.

5.2.3. *Pectines*

Les pectines sont des molécules complexes constituées d'une chaîne d'acide uronique (acide galacturonique) sur laquelle viennent se greffer des oses (arabinose, galactose). La molécule est très soluble dans l'eau, donnant à la solution un aspect visqueux.

5.2.4. *Lignine*

Ce composé non glucidique complexe (polymère phénolique) est très insoluble dans l'eau. On la retrouve dans le son des céréales et les légumes secs.

5.2.5. *Effets des fibres alimentaires*

La présence de fibres dans l'alimentation entraîne plusieurs modifications de la physiologie de la digestion.

Non digestibles au niveau de l'intestin grêle, elles ne contribueront pas directement à l'apport de nutriments assimilables.
Premier effet : les fibres permettent de diminuer la densité énergétique d'un aliment et donc de diminuer la quantité à ingérer pour une même sensation de satiété.

Deuxième effet : les fibres ont une répercussion importante sur le transit digestif en le régulant. S'il est trop rapide elles le ralentissent (notamment en augmentant le séjour gastrique) ; s'il est trop lent, elles l'accélèrent ; ceci étant essentiellement dû aux fibres insolubles (la cellulose, certaines hémicelluloses, et la lignine). Elles agissent en stimulant l'activité contractile de la paroi du gros intestin, facilitant ainsi la progression du chyme. Cette stimulation vient, pour une part importante, de l'augmentation du volume du contenu intestinal liée à la **capacité de rétention d'eau des fibres**, ce qui contribue par la même occasion à une fluidification du chyme, d'où l'intérêt contre la constipation. Autre fait important, le côlon héberge quelque 10^9 à 10^{11} bactéries par gramme de contenu (flore intestinale, appelée maintenant microbiote). Cette population bactérienne possède un équipement enzymatique capable de digérer partiellement ces fibres : une partie de la cellulose (60 %), de l'hémicellulose (80 %) et la totalité des pectines ainsi que l'amidon résistant. Ces fibres sont alors dites fermentescibles. Cette dégradation fournit des sucres simples qui favorisent le développement de la flore intestinale (ce qui contribue également à l'augmentation du volume des selles). L'activité bactérienne amène en contrepartie à la production d'acides gras volatils (acide acétique, acide propionique, acide butyrique) dont une partie importante est récupérée par la muqueuse intestinale à des fins énergétiques, et de divers gaz (méthane, hydrogène, dioxyde de carbone) pouvant entraîner des problèmes de flatulence. Les fibres ont également un effet sur l'absorption des glucides et des lipides. **Elles diminuent l'assimilation des oses et donc amoindrissent l'hyperglycémie post-prandiale**, d'où leur intérêt pour les diabétiques. Cette propriété est essentiellement due à leur effet gélifiant (pectines, gommes) qui pénalise le contact chyme/muqueuse et donc l'efficacité habituelle des entérocytes. En **augmentant le séjour gastrique**, les fibres alimentaires peuvent permettre de retarder, d'étaler l'absorption des oses et ainsi d'amoindrir le pic glycémique post-prandial. **Elles diminuent également l'assimilation des lipides** en gênant l'activité des lipases intestinales (provoquant une moins bonne hydrolyse des triglycérides) et en piégeant (par adsorption) des molécules de cholestérol et de sels biliaires, d'où leur intérêt dans la prévention des maladies cardiovasculaires.

Chapitre 4

Métabolisme des glucides

Objectifs

- ✔ Connaître et comprendre l'origine et l'utilisation des différents glucides dans l'organisme.
- ✔ Connaître les différentes régulations métaboliques et faire le lien avec la physiologie.

L'étude du métabolisme des glucides s'appuie essentiellement sur celui du glucose, principal ose assimilable au niveau intestinal, transporté au niveau sanguin et ainsi distribué au niveau cellulaire. Par sa dégradation oxydative, il fournit une grande partie de l'énergie nécessaire au bon fonctionnement de la cellule. De plus, il peut dans certaines cellules spécialisées être stocké sous forme de glycogène.
Les atomes de carbone constitutifs du glucose peuvent aussi servir à l'élaboration de molécules non glucidiques : acides gras, glycérol, cholestérol, acides aminés...
Il est important de constater dès à présent que, même si pour des soucis de clarté les différents métabolismes sont présentés séparément, au sein de la cellule, ils sont étroitement liés.

1. Digestion des glucides alimentaires

Rappel

Les glucides alimentaires sont avant tout composés d'amidon, de saccharose, de lactose et de fibres alimentaires (cellulose, hémicelluloses, pectines...), ces dernières étant par définition non digestibles.

La digestion commence pour **l'amidon** et le **glycogène** au niveau de la cavité buccale grâce à une enzyme contenue dans la salive : l'**α-amylase salivaire**. Cette enzyme fait partie de la famille des **hydrolases**. Elle va donc agir par hydrolyse et ce précisément au niveau des liaisons osidiques α ($1 \rightarrow 4$). Dès lors, on peut aussi la qualifier d'**enzyme glycolytique**.
Comme toutes les enzymes, son action dépend du pH du milieu. Elle a un **pH optimal** (pH auquel son activité est à 100 %) autour de 7, ce qui est le cas dans la cavité buccale. En revanche, du fait de la déglutition, le bol alimentaire passe dans la cavité gastrique où il sera mélangé au suc gastrique. Cela conduit à la formation du chyme dont le pH est très acide (environ 3). Dans un tel milieu, l'amylase est dénaturée. En perdant sa structure native, elle perd sa fonction hydrolytique. Cela réduit considérablement son temps d'action qui se limite finalement au temps de la mastication et de la déglutition. Cela ne permet qu'une hydrolyse partielle de l'amidon (et du glycogène) conduisant à la formation de fragments d'amidon plus ou moins longs (appelés aussi **dextrines**), plus quelques molécules de maltose (figure 4.1).

Figure 4.1. Hydrolyse partielle de l'amidon.

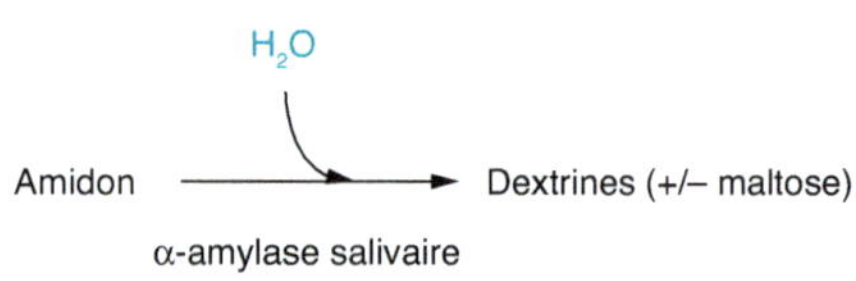

On parle d'hydrolyse partielle car seules quelques liaisons osidiques ont été coupées et les produits alors obtenus sont alors non absorbables.
Au niveau gastrique, il ne se passe rien de significatif concernant la digestion des glucides si ce n'est la transformation du bol alimentaire en chyme, ce qui va faciliter le transit digestif vers l'intestin grêle.

C'est justement à son niveau que les principaux évènements vont avoir lieu. C'est au niveau du duodénum, grâce au canal de Wirsung, que vient se déverser le **suc pancréatique**. Il contient une **α-amylase pancréatique** qui va poursuivre le travail digestif amorcé par l'α-amylase salivaire.
Son action a lieu au niveau de la lumière intestinale où le chyme a retrouvé un pH adéquat à son action, environ 6-7 (grâce à l'action alcalinisante du suc pancréatique et de la bile).
Là encore, l'amylase ne permet qu'une hydrolyse des liaisons osidiques α(1 → 4) et ce en s'arrêtant au stade des diholosides. Cela conduit à la formation de **maltose** et d'**isomaltose** (figure 4.2).

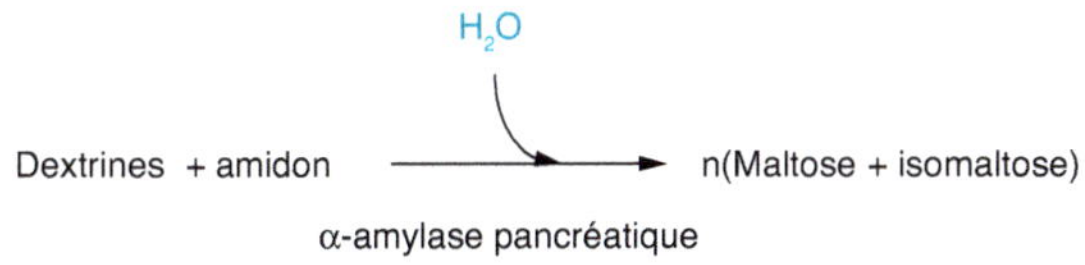

Figure 4.2. Hydrolyse au niveau intestinal.

> Les isomaltoses résultent des points de ramification, liaisons osidiques α(1 → 6) présents dans l'amylopectine.

Mais là encore, **l'hydrolyse** est considérée comme partielle ; les molécules obtenues ne sont toujours pas absorbables.
Seuls les **oses**, forme monomérique, peuvent être **absorbés par les entérocytes**. La digestion des glucides va être finalisée par des glucidases, biosynthétisées par les entérocytes eux-mêmes. Ces enzymes viennent se localiser au niveau de la membrane apicale c'est-à-dire au niveau des **microvillosités**. Elles sont particulièrement efficaces tout le long du jéjunum. Ces enzymes entrent dans la composition de ce qui peut être appelé le **suc intestinal**.
On y retrouve la **maltase**, l'**isomaltase**, la **saccharase** et la **lactase** (figure 4.3).
La **lactase** est très fonctionnelle à la naissance, mais son activité diminue chez l'adolescent et chez l'adulte et ce d'autant si l'apport en lactose se raréfie.
Chez de nombreuses personnes (+ de 50 % des adultes), elle est même absente. Les raisons de cette déficience peuvent être favorisées sur le plan génétique, ce qui est le cas pour certaines populations (asiatique, africaine par exemple).
En n'étant pas hydrolysé, le lactose reste dans la lumière intestinale où il exerce un pouvoir osmotique. Du fait se son comportement hydrophile il attire et retient l'eau dans le chyme. Cela entraîne des douleurs abdominales et diarrhées. Le lactose se retrouve ensuite dans le gros intestin où il sera digéré par le **microbiote** local. Cette action bactérienne va conduire à la formation d'acides gras volatils, de CO_2, de méthane et d'acide lactique, d'où une acidification locale accentuant les problèmes de diarrhées).

> **Rappel**
> La saccharase est qualifiée d'enzyme inductible au sens où plus son substrat (le saccharose) est présent dans le chyme plus elle sera présente et efficace. D'où la grande facilité de digérer le saccharose en grande quantité et ce d'autant plus si l'on est habitué à en consommer beaucoup.

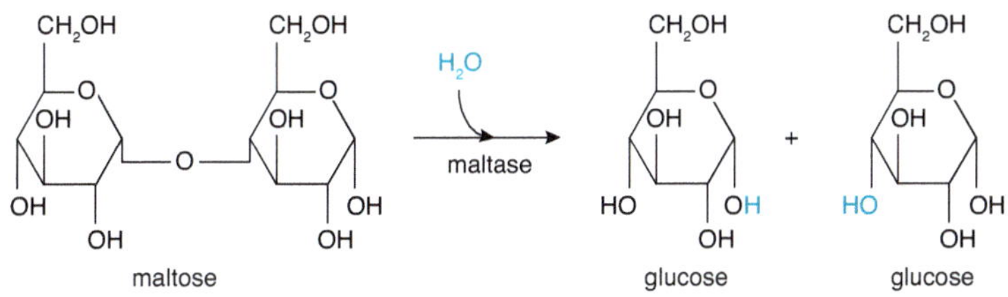

Figure 4.3. Hydrolyse des diholosides.

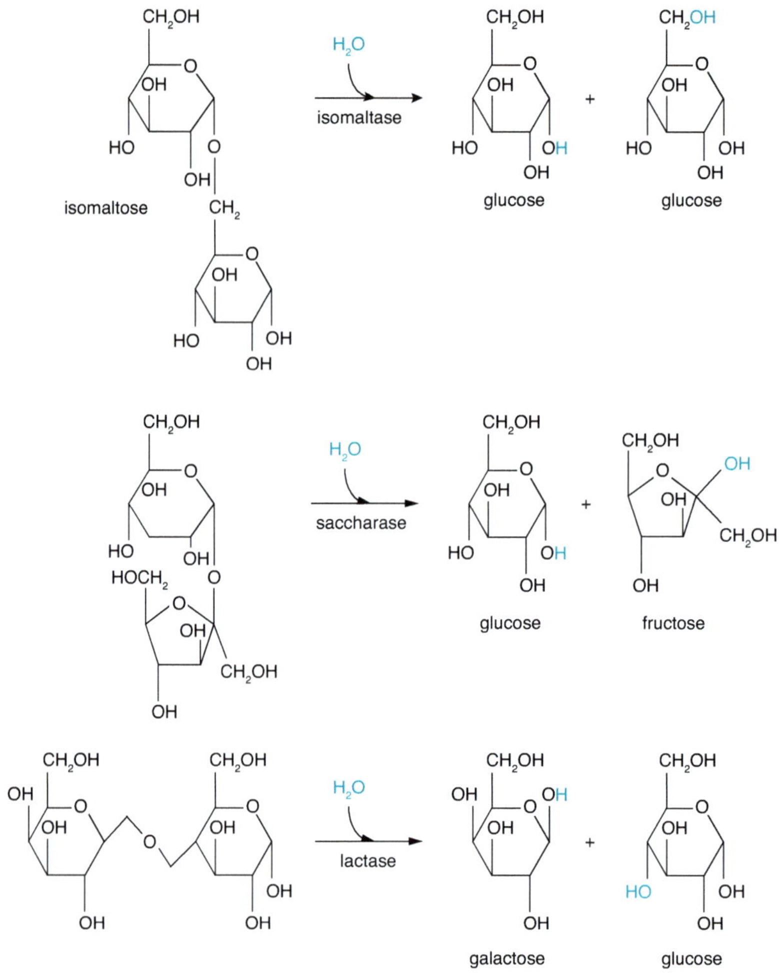

2. Absorption et distribution du glucose

Rappel

La très grande majorité du glucose est absorbée au niveau de l'intestin grêle suite à l'hydrolyse enzymatique des glucides alimentaires.
Il est important de rappeler que l'absorption des glucides n'est possible que sous la forme monomérique.

Le glucose, principal ose de l'alimentation, est assimilé grâce aux entérocytes de la muqueuse intestinale.
Pour être absorbé, le glucose doit traverser l'épithélium de revêtement composé d'entérocytes (figure 4.4). On parle alors d'un passage transépithélial. Le glucose doit franchir dans un premier temps la membrane apicale de l'entérocyte. Sa taille ne lui permet pas de passer librement entre les phospholipides membranaires. Son passage est conditionné par la présence d'une protéine membranaire appelée SGLT (*sodium glucose transporter*).
Ce transport facilité du glucose est couplé à celui des ions sodium (Na^+). Il s'agit donc d'un cotransport, et comme les molécules vont dans le même sens, de type symport.
Une fois dans l'entérocyte, le glucose migre vers le pôle basal. Son passage est alors conditionné par une protéine membranaire appelée GLUT2. Il s'agit ici d'un transport facilité simple, c'est-à-dire de type uniport. À chaque fois, le

mouvement du glucose s'est fait en suivant le gradient de concentration, d'où l'absence de consommation d'énergie à ce niveau. Pour que ce mécanisme puisse perdurer, il faut assurer en parallèle la sortie de Na^+. Son accumulation dans l'entérocyte finirait par bloquer les SGLT. Pour cela, on sollicite les pompes Na^+/K^+ présentes côté basal. Comme toute pompe membranaire, son fonctionnement nécessite de l'énergie chimique obtenue par hydrolyse d'ATP. De ce fait, on considère que, globalement, l'absorption du glucose par les entérocytes répond à un transport actif même si cela est indirect. On dit parfois transport actif secondaire.

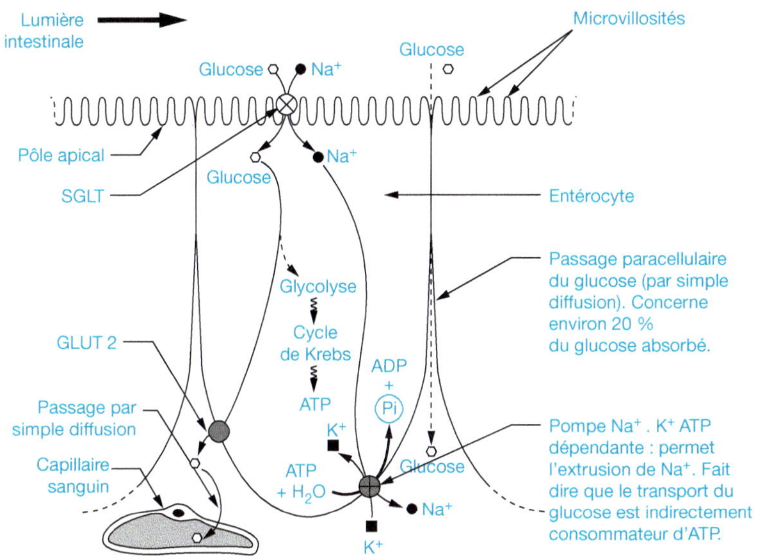

Figure 4.4. Schéma d'absorption du glucose (idem pour le galactose).

À noter qu'une petite partie du glucose (environ 10 %) parvient à passer entre les entérocytes par simple diffusion malgré les jonctions présentes côté apical. Ce passage est dit paracellulaire.

Le glucose et le Na^+ ont pour point commun d'avoir un fort pouvoir osmotique. Ainsi, leur absorption, leur passage dans les capillaires sanguins génèrent un mouvement osmotique. Autrement dit, cela génère un mouvement d'eau de la lumière intestinale vers le plasma, ce qui en retour créé un courant liquidien facilitant le déplacement des solutés.

Côté basal, le glucose passe dans les capillaires sanguins.

Étant très hydrosoluble, il est transporté librement dans le plasma et suit ainsi la dynamique du sang. À la sortie de l'intestin grêle, il se retrouve canalisé par la veine porte en direction du foie.

Le foie va récupérer une partie importante du glucose (30 à 40 %), ce qui permet de rapidement limiter l'hyperglycémie alors constatée.

Quel que soit le tissu utilisateur, le glucose entre dans une cellule par l'intermédiaire d'un transporteur membranaire spécifique appelé GLUT.

Au niveau des neurones et des globules rouges, on a des GLUT 1 et des GLUT 3. Ces transporteurs ont la particularité de fonctionner de façon efficace même avec des faibles glycémies. Le passage du glucose est alors toujours assuré. Cela est en relation avec le fait que les cellules citées sont glucodépendantes.

Les hépatocytes et les cellules β du pancréas endocrine sont équipés de GLUT 2 qui fonctionnent de façon très efficace quand la glycémie est élevée. Au niveau du foie, cela facilite la récupération de l'excès de glucose en vue de son stockage

(en glycogène) ou de sa transformation (en acides gras et triglycérides). Au niveau du pancréas, cela permet aux cellules β de réagir graduellement à l'augmentation de la glycémie en sécrétant de l'insuline.
Le muscle cardiaque, les muscles striés et le tissu adipeux sont équipés de GLUT 4. Ces transporteurs fonctionnent de façon optimale pour une glycémie classique mais sont assez rapidement saturés quand la glycémie augmente (figure 4.5). Dans ce cas, l'insuline va agir sur les cellules concernées en provoquant une augmentation, par incorporation au niveau membranaire, du nombre de GLUT 4. Ainsi, le glucose entre plus rapidement dans les cellules citées, ce qui permet de corriger l'hyperglycémie. Seuls les GLUT 4 sont régulés par l'insuline.

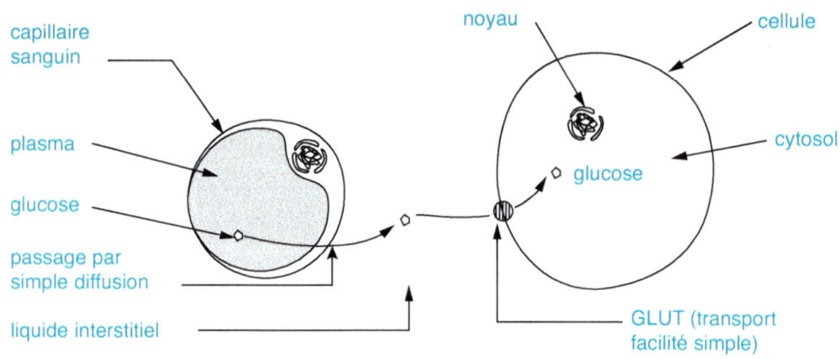

Figure 4.5. Distribution du glucose à l'échelle cellulaire.

Le sens de déplacement du glucose est conditionné par le gradient de concentration c'est-à-dire que le glucose se déplace de la région la plus concentrée vers la région la moins cocentrée. Autrement dit pour que le sens des flèches ici soit légitime il faut que :
[glucose] plasma > [glucose] liquide interstitiel > [glucose] cytosol

2. Glycolyse – Voie d'Embden-Meyerhof

2.1. Étapes de la glycolyse

> **›› Définition**
>
> C'est une voie catabolique qui permet la **dégradation, par oxydation,** du glucose. La glycolyse aboutit précisément à la formation de deux molécules d'acide pyruvique, de deux ATP (adénosine triphosphate) et de deux coenzymes réduites (NADH, H^+). Il s'agit d'une succession de réactions chimiques, catalysées par des enzymes, qui se déroulent dans le cytosol. Son principal rôle est donc de participer au métabolisme énergétique en permettant la biosynthèse d'ATP.

Afin d'en faciliter l'apprentissage, les étapes seront d'abord présentées sans l'écriture semi-développée des molécules concernées, puis un schéma général sera proposé afin de mieux visualiser ce qui se passe sur le plan atomique.

2.1.1. *Transformation du glucose en fructose 1,6-bisphosphate*

Dès que le glucose entre dans la cellule, il subit une **première réaction de phosphorylation** et ce, quelle que soit son utilisation à venir. Cela se fait par le transfert d'un groupement phosphate (noté P), d'un ATP, sur la fonction alcool du carbone n° 6 du glucose, on obtient donc du glucose 6-phosphate. Cette réaction est catalysée par une enzyme : l'**hexokinase** (sauf au niveau des cellules hépatiques et des cellules β du pancréas, où c'est la **glucokinase** qui intervient).

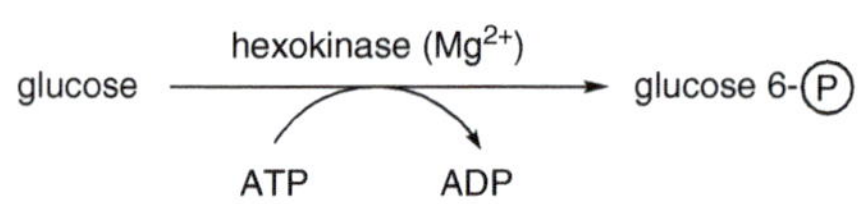

Comme toutes les kinases, l'hexokinase et la glucokinase nécessitent pour fonctionner un cofacteur qui est ici un cation bivalent Mg^{2+} (ou encore Mn^{2+}). Une fois phosphorylé, le glucose ne peut plus franchir la membrane plasmique (elle est imperméable à toute molécule phosphorylée) et sera donc être utilisé par la cellule. La réaction est considérée comme **irréversible**.

Toutefois, la cellule hépatique, et dans une moindre mesure la cellule rénale et l'entérocyte, possède l'équipement enzymatique permettant la déphosphorylation du glucose 6-Ⓟ et donc sa sortie de la cellule.

Ces deux enzymes fonctionnent de la même façon. Toutefois, la glucokinase (typique des hépatocytes) présente une affinité (quantifiée par le Km, cf. chap. 8) vis-à-vis de son substrat plus faible que celle de l'hexokinase. Il lui faut donc une concentration en glucose relativement élevée pour être efficace. On constate en effet que son activité est importante en phase post-prandiale, période où la glycémie est élevée (> 1 g/L de sang) ; en revanche, elle diminue parallèlement au retour à une glycémie normale (et *a fortiori* en hypoglycémie). En situation d'hyperglycémie, les hépatocytes consomment une quantité importante de glucose en vue de son stockage (sous la forme de glycogène) ou encore en vue de sa conversion en acide gras *via* l'acétylCoA. En revanche, en situation d'hypoglycémie, le foie devient producteur de glucose.

L'étape suivante de la glycolyse est une réaction d'isomérisation du glucose 6-Ⓟ en fructose 6-Ⓟ par la **phosphoglucose isomérase** :

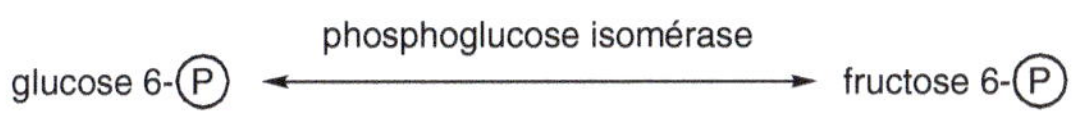

Cette réaction qui permet donc la conversion d'un aldose en un cétose est réversible.

Ensuite se produit une **deuxième réaction de phosphorylation**, à partir d'une molécule d'ATP, grâce à la **phosphofructokinase** (= PFK), ce qui conduit à la formation de fructose 1,6-biⓅ.

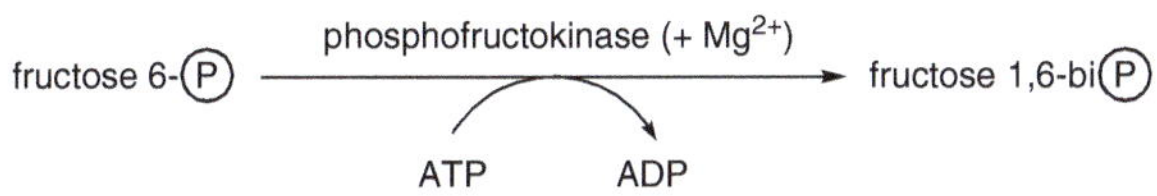

Cette réaction est **irréversible** et constitue un point important dans la régulation de la glycolyse.

2.1.2. *Clivage du fructose 1,6-biⓅ en deux trioses-Ⓟ*

Cette deuxième phase de la glycolyse est catalysée par l'**aldolase**, qui scinde le fructose 1,6-bi Ⓟ en deux trioses-Ⓟ (molécules à 3 carbones) : le glycéraldhéhyde 3-Ⓟ et le dihydroxyacétone-Ⓟ.

Le glycéraldhéhyde 3-Ⓟ suit la phase suivante de la glycolyse. Pour qu'il en soit de même pour le dihydroxyacétone-Ⓟ, il va subir une réaction d'isomérisation par la **triose-Ⓟ isomérase**. On va donc se retrouver avec deux molécules de glycéraldéhyde 3-Ⓟ. Toutes ces réactions sont **réversibles**.

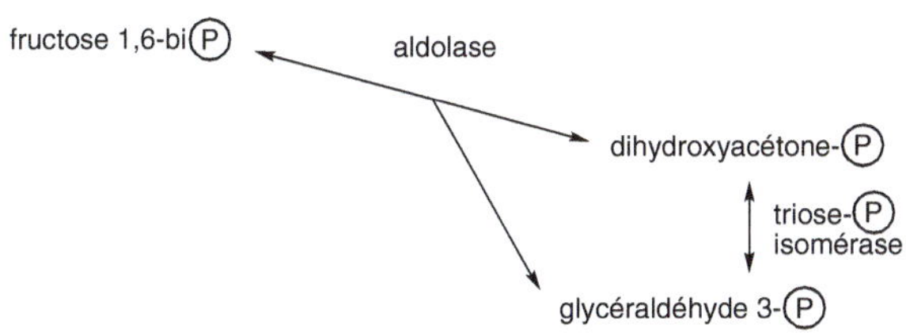

2.1.3. *Transformation du glycéraldéhyde 3-Ⓟ en pyruvate*

Les étapes suivantes vont être décrites pour une molécule de glycéraldhéhyde 3-Ⓟ. Il ne faut donc pas oublier qu'à partir d'une molécule de glucose on en forme deux. Pour écrire l'équation bilan ou calculer le bilan énergétique de la glycolyse, il faudra par conséquent comptabiliser les réactions suivantes deux fois.

Le glycéraldéhyde 3-Ⓟ subit une **phosphorylation** couplée à une **oxydation** grâce à la **glycéraldéhyde 3-Ⓟ déshydrogénase** (**notée dH**). Elle agit en association avec une coenzyme, le NAD^+, qui joue le rôle d'accepteur d'électrons et de protons au cours de l'oxydation. La réaction est là aussi **réversible**.

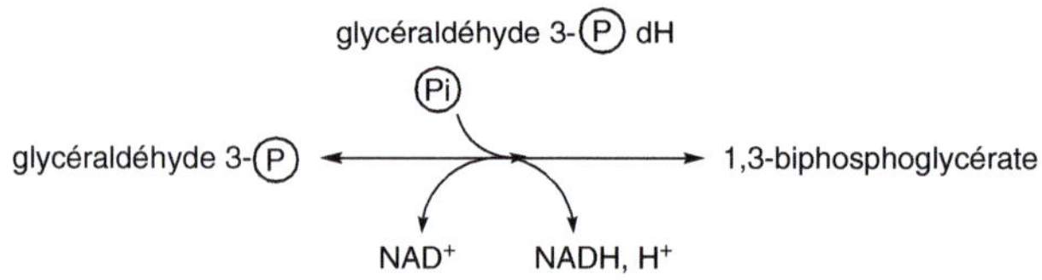

On constate que la phosphorylation se fait à partir d'une molécule d'acide phosphorique libre notée «Pi» (pour phosphate inorganique).
Le 1,3-biⓅ glycérate obtenu est une molécule présentant un haut potentiel énergétique, ce qui va permettre au cours de l'étape suivante la formation d'une molécule d'ATP à partir d'ADP, par **transfert du phosphate du carbone n° 1**. Cette réaction réversible est catalysée par la **phosphoglycérate kinase**.

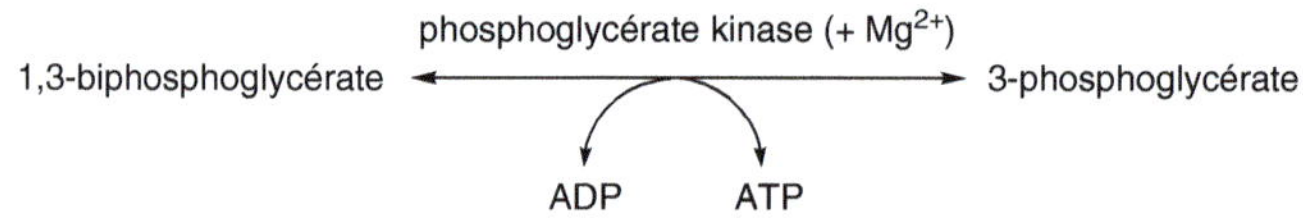

Une réaction **d'isomérisation** grâce à la **phosphoglycérate mutase** transfert ensuite le groupement phosphate du carbone 3 sur le carbone 2, d'où l'obtention de 2-Ⓟglycérate.

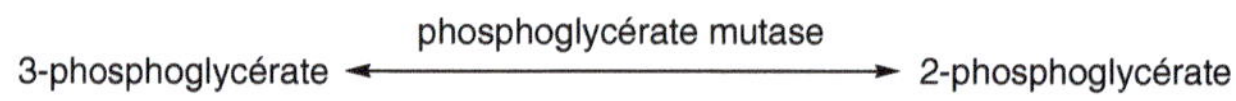

L'**énolase** provoque alors une réaction, réversible, de **déshydratation** (départ d'une molécule d'eau), ce qui augmente du même coup le potentiel énergétique de la molécule obtenue : le phosphoénolpyruvate.

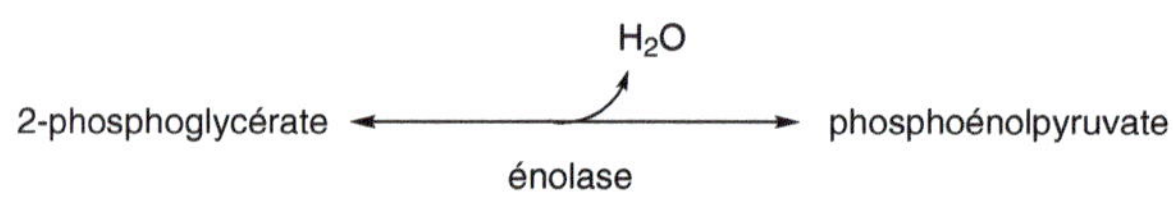

Ce potentiel énergétique élevé permet une fois de plus le transfert d'un groupement phosphate sur l'ADP pour donner de l'ATP. Cette dernière étape de la glycolyse, catalysée par la **pyruvate kinase**, amène parallèlement à la formation de pyruvate.

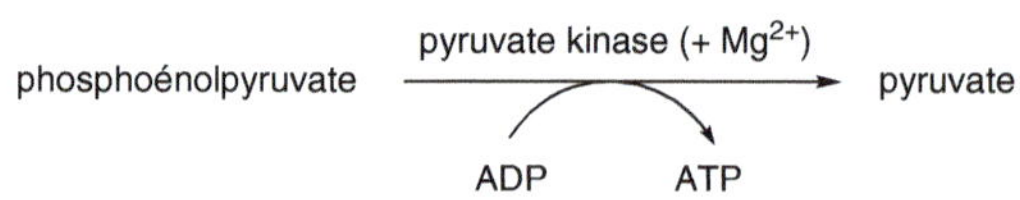

Il est important de noter qu'ici la réaction est irréversible et ce, même dans la cellule hépatique.

> Au cours de cette glycolyse, **trois étapes** sont donc considérées comme **irréversibles** : celles catalysées par l'hexokinase, la phosphofructokinase et la pyruvate kinase.

2.2. Vue d'ensemble de la glycolyse

Cf. figure 4.6.

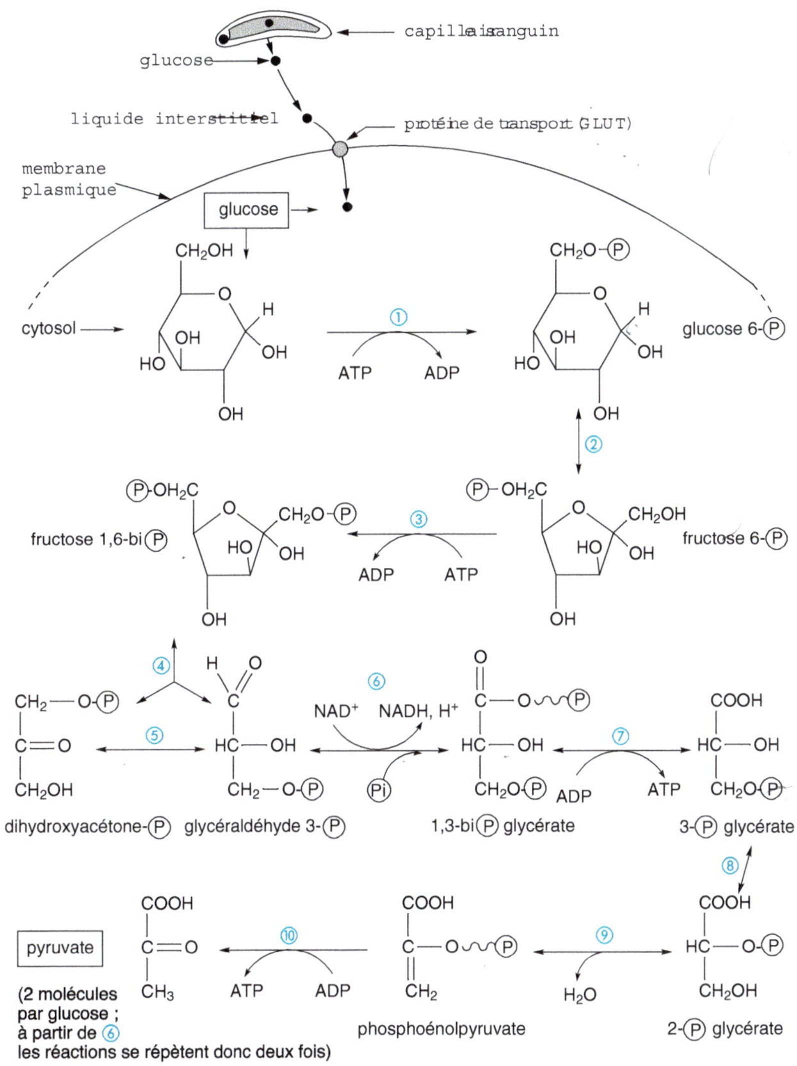

Figure 4.6. Vue d'ensemble de la glycolyse.
① hexokinase (ou glucokinase dans le foie) ; ② phosphoglucose isomérase ; ③ phosphofructokinase ; ④ aldolase ; ⑤ triose-Ⓟ isomérase ; ⑥ glycéraldéhyde 3-Ⓟ dH ; ⑦ phosphoglycérate kinase ; ⑧ phosphoglycérate mutase ; ⑨ énolase ; ⑩ pyruvate kinase.

2.3. Équations bilans et bilans énergétiques de la glycolyse

À partir d'une molécule de glucose ont donc été générées deux molécules de pyruvate, consommées deux molécules d'ATP, réduits deux NAD^+ en NADH, H^+ et formées quatre molécules d'ATP. D'où l'équation bilan globale :

$$\text{glucose} + 2\,(\text{ADP} + \text{Pi}) + 2\,NAD^+ \longrightarrow 2\ \text{pyruvate} + 2\ \text{ATP} + 2\ \text{NADH},\ H^+ + 2\,H_2O$$

La répétition de la glycolyse nécessite la régénération de NADH, H^+ en NAD^+. Cette condition est indispensable pour permettre à cette coenzyme de participer à de nouvelles réactions d'oxydation.
En fonction du niveau d'oxygénation, deux possibilités s'offrent à la cellule.

2.3.1. *Contexte aérobie*

La cellule est dite en contexte aérobie (aérobiose) lorsqu'elle est suffisamment approvisionnée en O_2.
La régénération des coenzymes impliquées dans la glycolyse va alors se faire dans la **mitochondrie** grâce aux **chaînes respiratoires**. Toutefois, la membrane interne des mitochondries est d'une perméabilité très sélective et ne laisse pas passer les coenzymes. Dès lors, un **système de navette** intervient de façon à transférer les H^+ et e^- sur des enzymes déjà présentes dans la matrice mitochondriale. Une fois dans la matrice, les coenzymes réduites (NADH,H^+) sont régénérées en coenzymes oxydées (NAD^+) grâce à la chaîne respiratoire avec consommation d'O_2. L'O_2 joue le rôle d'accepteur final d'e^- et de H^+, ce qui conduit à la formation d'H_2O. D'avoir ainsi sollicité la chaîne respiratoire, cela active un autre complexe protéique voisin : l'ATPase. À chaque NAD^+ régénéré, l'ATPase fabrique 3 ATP. Dans ce contexte aérobie, sont donc formées 6 ATP (3 x 2) au niveau de la mitochondrie, auxquels s'ajoutent les 2 ATP directement issus de la glycolyse, soit un bilan énergétique de **8 ATP par molécule de glucose** (figure 4.7).

Rappel

Cet O_2 est apporté aux cellules grâce à la proximité des capillaires sanguins où l'on retrouve les globules rouges (remplis d'hémoglobine). Ils sont spécialisés dans le transport de l'O_2, des poumons vers les différents tissus de l'organisme.

Ce rendement de 3 ATP est obtenu par l'intermédiaire de la navette malate-aspartate qui nous servira de référence mais il faut savoir qu'il existe un autre système, la navette glycérol phosphate, qui, elle, permet un rendement de 2 ATP (cf. p. 211).

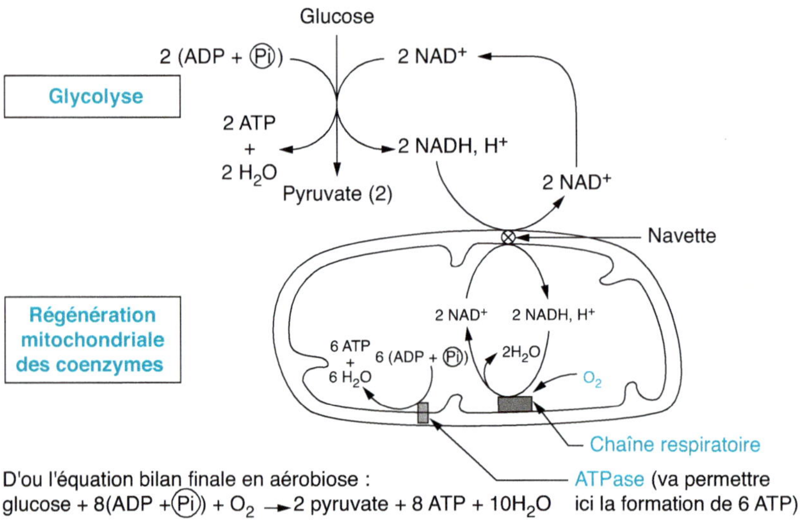

Figure 4.7. Glycolyse en contexte aérobie.

2.3.2. *Contexte anaérobie*

Lorsque l'approvisionnement de la cellule en oxygène est insuffisant, les chaînes respiratoires mitochondriales sont inefficaces et ne permettent donc plus la régénération des NAD^+. Ce phénomène peut survenir au niveau du muscle squelettique lors d'un effort intensif. Pour éviter de bloquer malgré tout la glycolyse par accumulation de NADH, H^+, une autre voie métabolique se met en place : la **fermentation lactique**. La régénération des NAD^+ est alors assurée par le pyruvate lui-même, qui joue le rôle d'accepteur d'électrons et de protons et donne ainsi du **lactate**. La réaction, qui est réversible, est catalysée par la **lactate déshydrogénase** (dH) au niveau du cytosol (figure 4.8).

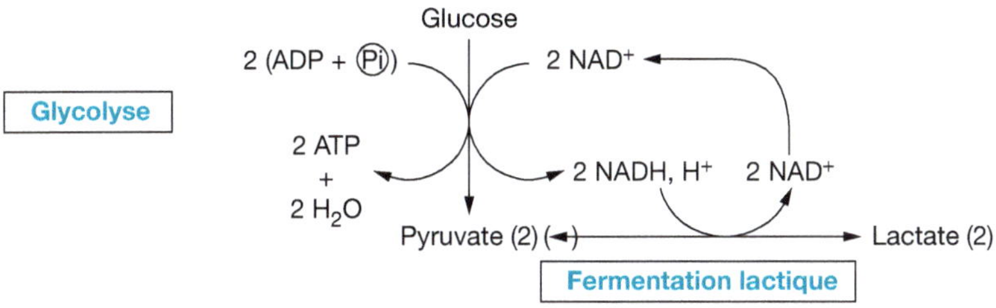

Figure 4.8. Glycolyse en contexte anaérobie.

Les NAD^+ ainsi reformés peuvent participer de nouveau à la glycolyse, le lactate apparaît pour la cellule comme un déchet métabolique. Il peut être, *via* la circulation sanguine, recyclé par le foie (cf. Cycle de lactate). Il peut également être récupéré par le cœur où il sera utilisé à des fins énergétiques après avoir été retransformé en pyruvate. Toutefois, une production importante peut entraîner des problèmes d'**acidification** plus ou moins étendus, pouvant par exemple occasionner des crampes au niveau des muscles squelettiques.
Le bilan énergétique est alors limité à la production d'ATP par la glycolyse elle-même, dans ce contexte 2 ATP sont donc produits par molécule de glucose.
L'équation bilan de la glycolyse, en contexte anaérobie, devient :

$$\text{glucose} + 2\,(\text{ADP} + \text{Pi}) \longrightarrow 2\ \text{lactate} + 2\ \text{ATP} + 2\ H_2O$$

> **Les globules rouges**, au cours de leur formation (hématopoïèse), sont dépourvus de noyau et d'organites (donc de mitochondries).
> Bien qu'ils soient riches en oxygène, leur métabolisme énergétique ne peut alors s'appuyer que sur la glycolyse et la fermentation lactique. L'absence de mitochondrie empêche d'ailleurs ces cellules d'utiliser tout autre substrat énergétique, d'où leur qualification de **cellules glucodépendantes.**
> Les globules rouges présentent une autre particularité vis-à-vis de la glycolyse. Une partie du 1,3-biphosphoglycérate est détournée de son utilisation habituelle. Sous l'effet d'une enzyme cytosolique (la glycérophosphate mutase), environ 10 % est transformée en 2,3-biphosphoglycérate. D'une part, cette nouvelle molécule est un inhibiteur de la mutase d'où une réaction limitée à 10 % ; d'autre part, elle diminue l'affinité de l'hémoglobine pour l'oxygène. Cela n'affecte pas la prise en charge de l'O_2 au niveau des poumons mais facilite toutefois sa libération au niveau des tissus.

2.4. Régulation de la glycolyse

La glycolyse est l'une des rares voies métaboliques pouvant avoir lieu dans toutes les cellules. Toutefois, son importance peut être modulée en fonction du contexte nutritionnel.

2.4.1. *En phase post-prandiale*

En phase post-prandiale (à partir d'une alimentation équilibrée classique), l'organisme se retrouve en **situation d'hyperglycémie** du fait de la digestion des glucides et de l'absorption du glucose. Cet excès au niveau sanguin entraîne une utilisation du glucose de façon préférentielle par nos cellules.

- **La première raison** pour cela est le **gradient de concentration**. Le glucose, comme tout soluté, se déplace de la région la plus concentrée vers la région la moins concentrée. Plus l'hyperglycémie est élevée plus le glucose passe facilement par simple diffusion du plasma vers le liquide interstitiel. Puis il passe dans la cellule grâce à un transport facilité simple de type uniport (grâce à un GLUT) (cf. figure 4.5 p. 40).
- **La deuxième raison** pour cela est que l'hyperglycémie a pour effet de stimuler le **pancréas endocrine** (**îlots de Langerhans**) précisément au niveau des **cellules** β. Cela entraîne la sécrétion d'une hormone, **l'insuline**, qui passe ensuite dans le sang pour aller agir sur ces tissus cibles dont les principaux sont ici le foie, les muscles et le tissu adipeux.

Au niveau des myocytes et des adipocytes, l'insuline va stimuler l'incorporation des **GLUT** (ici des GLUT4, transporteurs du glucose facilement saturables en hyperglycémie) au niveau membranaire. Cela passe par une mobilisation de vésicules golgiennes contenant des GLU.T. Ainsi l'insuline augmente la perméabilité membranaire au glucose. En faisant passer le glucose dans les cellules, cela permet, rapidement, de diminuer l'hyperglycémie et de

favoriser dans la continuité la glycolyse par une meilleure disponibilité du substrat.
De plus, l'insuline stimule la **biosynthèse de la glucokinase** (au niveau des hépatocytes), de la **PFK** et de la **pyruvate kinase** ce qui globalement accentue le déroulement de la glycolyse. Ces enzymes clés dans la régulation correspondent aux étapes irréversibles de la glycolyse (figure 4.9).

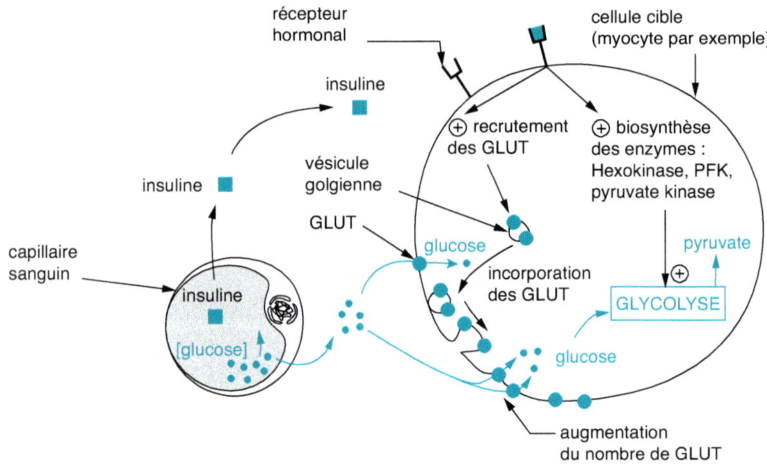

Figure 4.9. Schéma de régulation de la glycolyse par l'insuline.

Si les muscles squelettiques (par exemple) sont au repos, leur consommation d'ATP est modérée. La glycolyse, et le métabolisme énergétique en général, vont entraîner une augmentation de la concentration en ATP, ce qui révèle que la cellule a atteint un niveau d'énergie important, suffisant. Dès lors, se met en place une **régulation de type allostérique**.
L'ATP, en concentration élevée, joue alors le rôle d'inhibiteur allostérique au niveau de la **PFK**. L'inhibition de cette étape à deux répercussions. On a une diminution de la formation des produits, en aval, ce qui permet de ralentir globalement le métabolisme énergétique donc la production d'ATP. On a également une accumulation des réactifs, en amont. On assiste alors à une augmentation de la concentration en fructose6-Ⓟ. Selon le principe d'action de masse (cf. p. 15), cela se traduit par une augmentation de la concentration en glucose6-Ⓟ (et ce car la réaction d'isomérisation est réversible). Cela est favorable à la glycogenèse (stockage du glucose sous forme de glycogène, option qui s'avère limitée quantitativement ce qui fait que la concentration en glucose6-Ⓟ peut malgré tout continuer à augmenter.
Le glucose6-Ⓟ joue à son tour le rôle d'inhibiteur allostérique qui s'exprime maintenant sur l'**hexokinase**. Dès lors, on a augmentation de la concentration du glucose dans le cytosol. Cela finit par pénaliser l'entrée du glucose dans la cellule par annulation du gradient de concentration. Par répercussion, la concentration du glucose augmente dans le liquide interstitiel ce qui pénalise maintenant sa sortie du capillaire sanguin. Ainsi, le glucose reste dans le plasma, suit la dynamique du sang, et pourra être distribué à d'autres cellules où cette régulation ne s'est pas encore exprimée.
Autrement dit, même si la cellule reçoit le message insulinique l'incitant à consommer du glucose, la régulation interne (allostérique) liée aux propres besoins de la cellule va alors primer (figure 4.10).

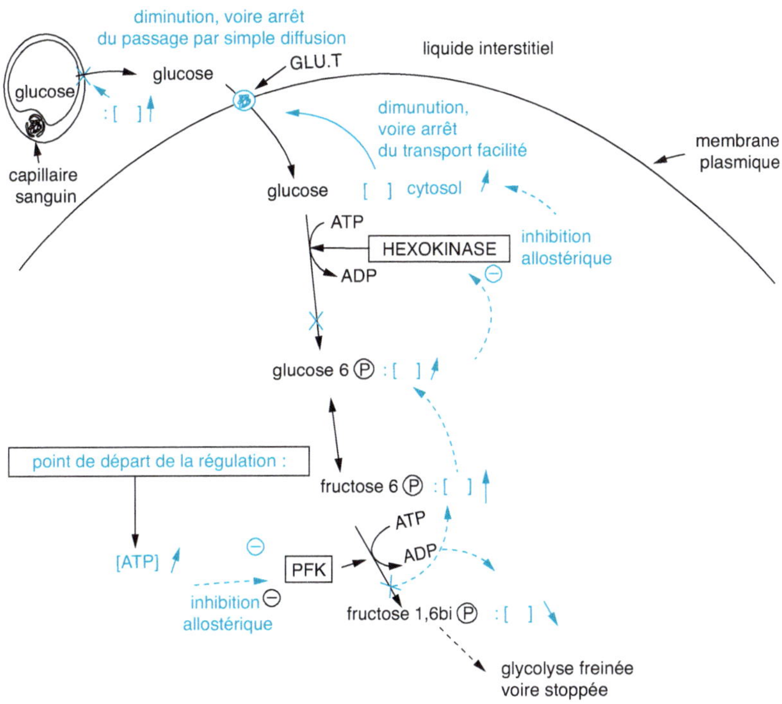

Figure 4.10. Schéma de l'inhibition allostérique de la glycolyse.

2.4.2. *En situation de jeûne ou d'adaptation à l'effort*

La glycolyse n'est plus stimulée au profit de la β-oxydation. Et ce d'autant plus qu'il y a en parallèle sécrétion de glucagon par les cellules α du pancréas endocrine. L'objectif est de préserver le glucose restant pour les cellules glucodépendantes (neurones, hématies, myocytes en situation d'anaérobie). Les autres cellules sont incitées à consommer les acides gras comme substrat énergétique. Le glucagon agit notamment au niveau des hépatocytes en inhibant la pyruvate kinase, ce qui inhibe localement la glycolyse au profit de la néoglucogenèse.

En situation de jeûne ou d'adaptation à l'effort (ou au stress), on rencontre une situation physiologique commune qui est alors l'**hypoglycémie.** Dans ce cas, les cellules β ne sont plus stimulées, d'où une diminution de la concentration d'insuline au niveau sanguin. Cela contribue à faciliter l'activité sécrétrice des cellules α.

3. Voie des pentoses phosphates

Tout comme la glycolyse, ce métabolisme utilise le glucose 6-Ⓟ, mais pas pour la production d'énergie sous forme d'ATP : la voie des pentoses phosphates permet la **formation de NADPH, H+ et de ribose 5-Ⓟ**.

Le $NADP^+$ est une coenzyme d'oxydoréduction très proche sur le plan structural du NAD^+ : il présente en plus une molécule d'acide phosphorique sur le carbone n° 2 du ribose lié à l'adénine (figure 4.11).

Contrairement au NADH, H^+, qui est oxydé au niveau de la chaîne respiratoire pour finalement permettre la formation d'ATP, NADPH, H^+ sert à certaines voies anaboliques, notamment lors de la biosynthèse des acides gras ou du cholestérol.

Le ribose 5-Ⓟ est utilisé pour la création des acides nucléiques (ARN, ADN) et des composés nucléotidiques (ATP, NAD^+, FAD, CoA-SH...).

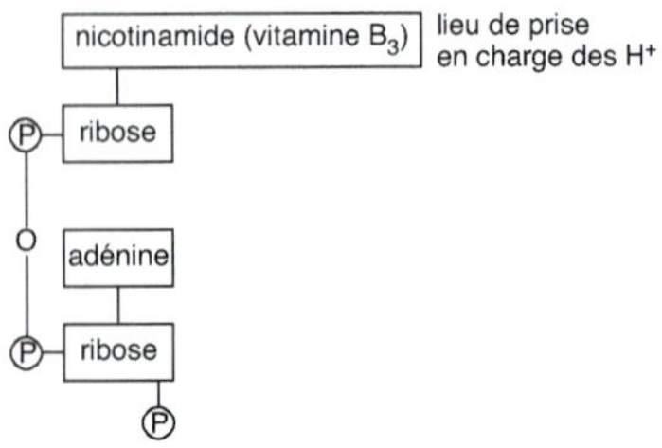

Figure 4.11. Structure du $NADP^+$.

À partir d'une molécule de glucose 6-Ⓟ il se forme 2 NADPH, H^+ et un ribose 5-Ⓟ ; la première et principale enzyme intervenant est le **glucose 6-Ⓟ déshydrogénase.**

Cela peut se résumer par l'équation suivante :

$$\text{glucose 6-Ⓟ} + 2\ NADP^+ + H_2O \longrightarrow \text{ribose 5-P} + 2\ NADPH,\ H^+ + CO_2$$

Même si elles sont dissociées dans leur présentation, la voie des pentoses phosphates et la glycolyse peuvent être liées. Dans certaines cellules (les adipocytes par exemple), les besoins en NADPH, H^+ (pour la biosynthèse d'acides gras) sont plus importants qu'en ribose 5-Ⓟ. Dans ce cas, l'excès de pentoses phosphates est converti en glycéraldéhyde 3-Ⓟ et en fructose 6-Ⓟ, qui peuvent être utilisés par la glycolyse.

Deux enzymes permettent cette conversion de 3 pentoses-Ⓟ en deux hexoses-Ⓟ et un triose-Ⓟ :

pentose-Ⓟ + **pentose-Ⓟ** ⟷ (transcétolase) triose-Ⓟ + heptulose-Ⓟ

triose-Ⓟ + heptulose-Ⓟ ⟷ (transaldolase) tétrose-Ⓟ + **hexose-Ⓟ**

tétrose-Ⓟ + **pentose-Ⓟ** ⟷ (transcétolase) **triose-Ⓟ** + **hexose-Ⓟ**

Toutes les réactions propres à la voie des pentoses phosphates ont lieu dans le cytosol.

Cette voie présente un **bilan énergétique nul**, c'est-à-dire qu'elle ne produit et ne consomme pas d'ATP.

La régulation de ce métabolisme passe par les besoins de la cellule en NADPH, H^+. Cette coenzyme d'oxydoréduction joue ici le rôle d'effecteur allostérique vis-à-vis de le glucose 6-Ⓟ déshydrogénase : l'augmentation du rapport NADPH, $H^+/NADP^+$ conduit à l'inhibition de l'enzyme et de la voie (et inversement si le rapport diminue).

La voie des pentoses phosphates a lieu dans la quasi-totalité des cellules. Elle est surtout importante dans :

- le foie : lieu de biosynthèse d'acide gras et de cholestérol ;
- le tissu adipeux : lieu de biosynthèse d'acide gras ;
- la glande mammaire : lieu de biosynthèse d'acide gras en phase de lactation.

Ce métabolisme se produit aussi **dans les globules rouges**, mais avec une finalité différente. Le NADPH, H^+ est utilisé pour permettre la **réduction du glutathion oxydé** grâce à la glutathion réductase. Le glutathion joue un rôle majeur dans les globules rouges, notamment pour la neutralisation de produits toxiques liés au contexte aérobie. Le glutathion réduit permet la détoxication du peroxyde d'hydrogène (H_2O_2), transformé en H_2O grâce à la glutathion peroxydase (figure 4.12).

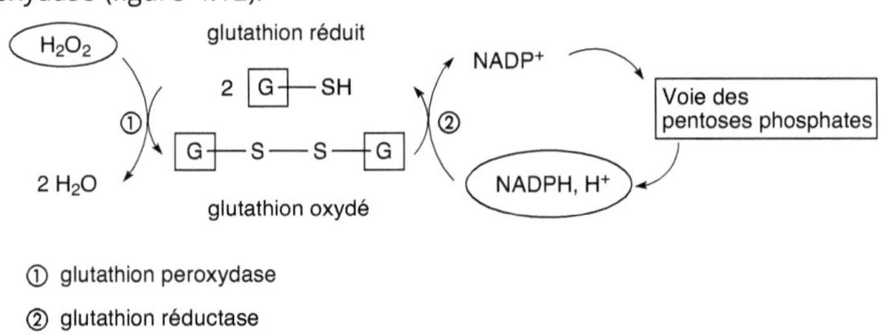

Figure 4.12. Intérêt de la voie des pentoses phosphates au niveau des hématies.

Ce processus est important car l'accumulation d'H_2O_2 peut provoquer une oxydation de l'hémoglobine et de la membrane plasmique des globules rouges, responsable d'une hémolyse (cf. chapitre sur les radicaux libres p. 237).

4. Métabolisme du fructose

Présent en quantité non négligeable dans l'alimentation (sucre de table, miel, fruits...), le fructose est absorbé au niveau de l'intestin grêle grâce aux entérocytes. Étant très hydrophile, le fructose est transporté librement par le plasma, au niveau des capillaires sanguins. Il gagne ainsi la veine porte (figure 4.13). Une grande majorité du fructose est **métabolisée au niveau du foie**, où il est transformé pour participer à la glycolyse. Il peut également être récupéré par le tissu musculaire ou encore le tissu adipeux.

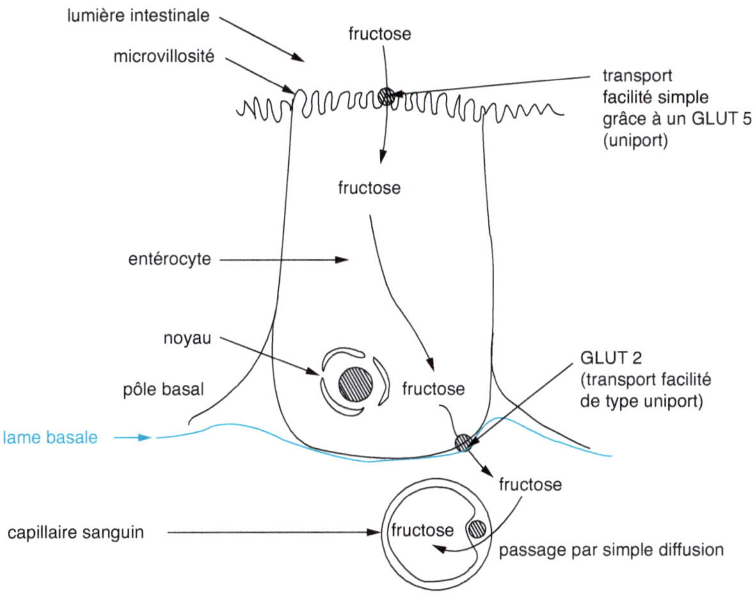

Figure 4.13. Schéma d'absorption du fructose.

> La fructokinase est une enzyme présente également au niveau de la muqueuse de l'intestin grêle (entérocytes) et du rein mais en faible quantité. Le tissu adipeux est aussi capable d'utiliser le fructose grâce à l'hexokinase, ce qui aboutit à la formation de fructose 6-(P) qui devient alors disponible pour la glycolyse.

> Le fructose a peu d'effet sur le déclenchement de la satiété (contrairement au glucose). De plus, une consommation importante de fructose serait impliquée dans les mécanismes de l'insulinorésistance tissulaire.

L'entrée dans la cellule consommatrice est permise par un transporteur membranaire spécifique, noté GLUT5 et indépendant de l'insuline.
Une fois dans le cytosol de l'hépatocyte, le fructose est phosphorylé grâce à la **fructokinase** et à une molécule d'ATP :

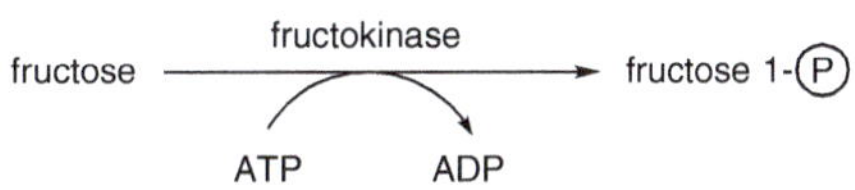

Cette étape irréversible aboutit donc à la formation de fructose 1-(P).
Le fructose 1-(P) est ensuite clivé par le **fructose 1-(P) aldolase**, donnant une molécule de dihydroxyacétone-(P), qui peut participer à la glycolyse, et une molécule de glycéraldéhyde :

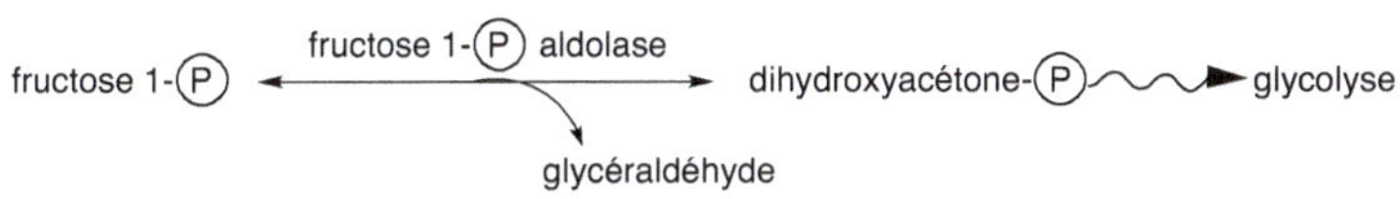

Pour pouvoir contribuer à la glycolyse, le glycéraldéhyde doit être phosphorylé. C'est là le rôle dévolu à une **triose kinase**, avec consommation d'un ATP :

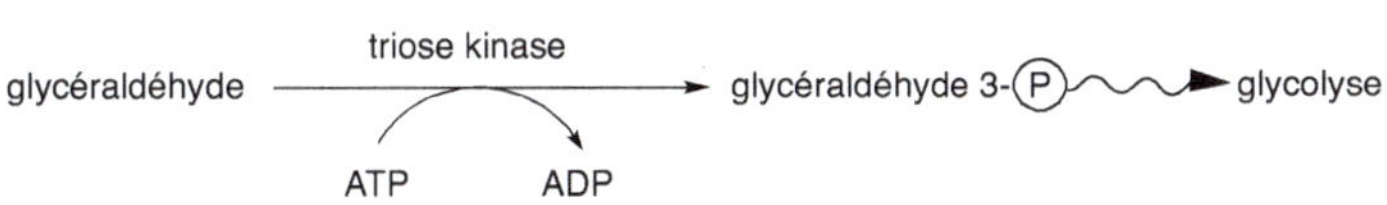

> Certaines pathologies métaboliques (très rares), d'origine génétique, sont liées à une perturbation du métabolisme du fructose. L'absence de la fructokinase cause une maladie bénigne nommée fructosurie essentielle. L'absence de fructose 1-Ⓟ aldolase est responsable de l'intolérance héréditaire au fructose. Comme beaucoup de déficiences enzymatiques, elle entraîne une carence des produits de la réaction et une accumulation en amont des réactifs. Ainsi, l'absence de trioses-Ⓟ pouvant éventuellement servir à la néoglucogenèse conduit à un déficit énergétique hépatique et à une plus grande sensibilité à l'hypoglycémie. À cela s'ajoute une accumulation de fructose 1-Ⓟ essentiellement dans la cellule hépatique. Il devient dans ce cas un inhibiteur allostérique, notamment vis-à-vis des phosphorylases, ce qui accentue les risques d'hypoglycémie par perturbation de la néoglucogenèse. Cette accumulation de fructose 1-Ⓟ est toxique pour la cellule et conduit à une hépatomégalie.

Constatons que l'équation bilan et le bilan énergétique sont finalement identiques aux résultats obtenus avec le glucose au cours de la glycolyse.
La particularité du métabolisme de fructose est donc triple :

- il est très rapide, car la fructokinase est plus active que la glucokinase ;
- il est indépendant du contrôle hormonal, notamment de l'insuline, d'où son intérêt dans l'alimentation du diabétique. Son utilisation est toutefois revue à la baisse du fait de sa toxicité en cas d'excès notamment dans les rétinopathies ;
- le fructose est catabolisé en pyruvate, qui peut ensuite produire de l'acétylCoA. De ce fait, un excès de fructose favorise la biosynthèse d'acides gras. Cela peut conduire au niveau hépatique à une plus grande production de VLDL pouvant entraîner une hypertriacylglycérolémie et une hypercholestérolémie.

5. Métabolisme du galactose

> **›› Définition**
>
> Cet hexose est peu abondant dans l'alimentation de l'adulte ; c'est en revanche un apport glucidique important chez le nouveau-né dont l'alimentation est exclusivement lactée. **Issu de l'hydrolyse du lactose**, le galactose est, après son absorption intestinale (même mécanisme que pour le glucose (*voir* figure 4.4), transporté librement dans le sang avant d'être récupéré par les hépatocytes. Le passage dans le cytosol est assuré par une protéine de transport membranaire spécifique, dans le sens du gradient de concentration.

La première réaction est une phosphorylation irréversible, catalysée par la **galactokinase**, avec utilisation d'une molécule d'ATP :

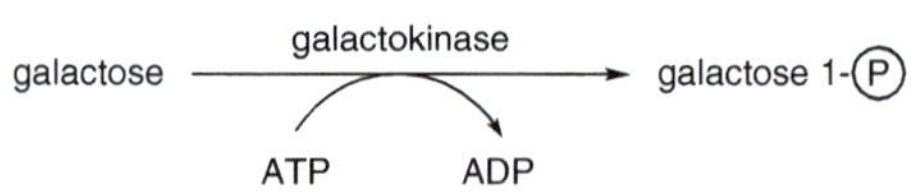

> Cette réaction est réversible : il est possible de fabriquer de l'UDP-galactose à partir D'UDP-glucose quand l'apport alimentaire en galactose est insuffisant. L'UDP-galactose peut servir à la biosynthèse de certaines glycoprotéines ou de glycolipides.

Le galactose 1-Ⓟ est ensuite transféré sur un groupement uridyle venant de l'uridine diphosphate glucose (notée UDP-glucose), grâce à la **galactose 1-Ⓟ uridyltransférase**.

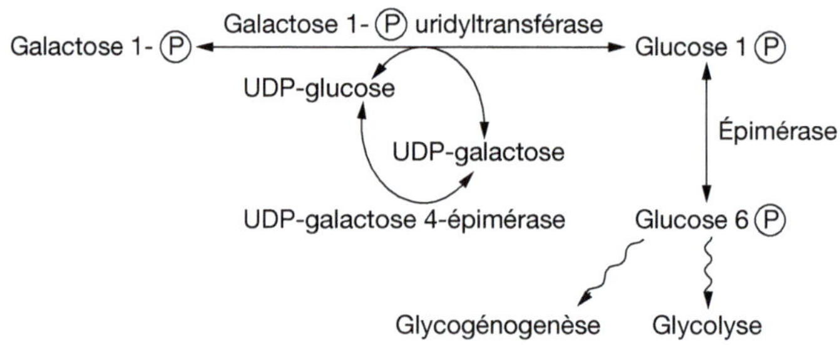

> De même, ce métabolisme peut faire l'objet d'une perturbation d'origine génétique. C'est le cas de l'intolérance héréditaire au galactose, responsable de la galactosémie.
> Cette pathologie est due à l'absence de la galactokinase et/ou du galactose 1-Ⓟ uridyltransférase. Cela entraîne l'impossibilité de transformer le galactose en glucose. De plus, l'accumulation de galactose 1-Ⓟ est toxique pour la cellule entraînant une insuffisance hépatique. Au niveau hépatique, la néoglucogenèse et la glycogénolyse s'en trouvent inhibées.
> De plus, l'accumulation de galactose favorise sa transformation en galactitol qui va contribuer à opacifier le cristallin (cataracte).

Le glucose 1-Ⓟ est transformé, par une épimérase, en glucose 6-Ⓟ qui peut, par exemple, participer à la glycolyse ou encore à la glucogenèse au niveau hépatique.
L'UDP-galactose subit ensuite une réaction d'isomérisation en UDP-glucose par l'**UDP-galactose 4-épimérase**.
Au cours de la synthèse du lactose, dans la glande mammaire en phase de lactation, le glucose est converti en UDP-galactose.
Grâce à la **lactose synthase**, on a ensuite la réaction :

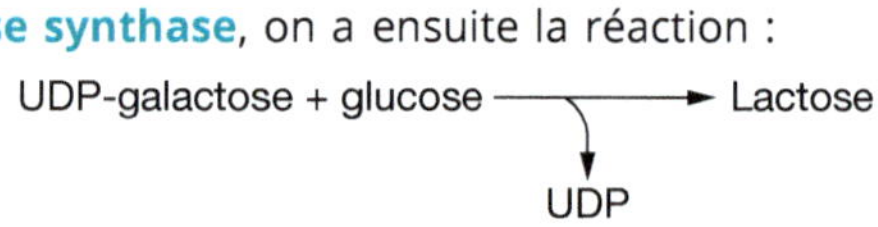

L'UDP-glucose est une forme active du glucose, qui peut dès lors participer à la biosynthèse du glycogène.

6. Cycle de Krebs

›› Définition

Appelé aussi « **cycle de l'acide citrique** », il constitue la voie d'utilisation oxydative complète des substrats énergétiques de la cellule. Il s'agit donc de la **voie de dégradation complète des glucides, des acides gras, des acides aminés ou encore des corps cétoniques.**
Ce métabolisme se déroule exclusivement dans la **matrice mitochondriale**. Il contribue au métabolisme énergétique en permettant la formation d'ATP, en association avec les chaînes respiratoires et l'ATPase.
Le cycle de Krebs peut aussi avoir un **rôle anabolique** en participant à la fourniture de précurseurs nécessaires à certaines biosynthèses (néoglucogenèse, formation de certains acides aminés...). Ayant une activité à la fois catabolique et anabolique, le cycle est qualifié **d'amphibolique**.

La plupart des molécules devant être dégradées entrent dans le cycle de Krebs grâce à un intermédiaire commun, **l'acétylCoA**.
L'étude de la glycolyse nous a conduit à l'obtention de pyruvate, qui doit donc être transformé en acétylCoA pour participer au cycle de Krebs.

6.1. Transformation du pyruvate en acétylCoA : étape à décarboxylation oxydative

La glycolyse se déroulant dans le cytosol, la première étape permet le passage du pyruvate dans la matrice mitochondriale. La membrane interne des mitochondries présente la particularité d'être très sélective. Le passage du pyruvate est rendu possible grâce à une protéine membranaire spécifique avec un transport de type facilité. Une fois dans la matrice, le pyruvate subit une **décarboxylation oxydative** grâce à un **complexe enzymatique** : la **pyruvate déshydrogénase** (pyruvate dH). On parle ici d'un complexe, car cette structure protéique oligomérique (c'est-à-dire constituée de plusieurs sous-unités polypeptidiques) présente plusieurs activités enzymatiques.
Dans un premier temps se produit une réaction de décarboxylation du pyruvate grâce à une association avec la thiamine pyrophosphate. Cette molécule, qui est la forme active de la vitamine B_1, joue le rôle de coenzyme dans cette étape qui provoque le départ d'une molécule de CO_2.
Dans un deuxième temps, le résidu en acétyl est oxydé grâce au coenzyme NAD^+ (contenant la vitamine B_3).
Cette transformation n'est pas directe : elle suppose un transfert sur l'acide lipoïque, qui passe alors à l'état réduit. Cette coenzyme est ensuite régénérée grâce à FAD (forme active de la vitamine B_2), lui-même finalement régénéré grâce au NAD^+.
Le groupement acétyl est finalement transféré sur une coenzyme A (qui contient la vitamine B_5). Lorsque cette coenzyme est libre, elle peut être notée CoA-SH, faisant ainsi apparaître la fonction thiol (-SH) qui permet, grâce à une liaison covalente, la fixation du groupement acétyl, aboutissant à la formation de l'acétylCoA.

Au total, il faut donc 5 coenzymes pour assurer cette transformation : thiamine pyrophosphate, acide lipoïque, FAD, NAD^+ et CoA-SH. Ce nombre permet d'apprécier l'importance des vitamines du groupe B dans le métabolisme énergétique.

Cet enchaînement réactionnel donne globalement :

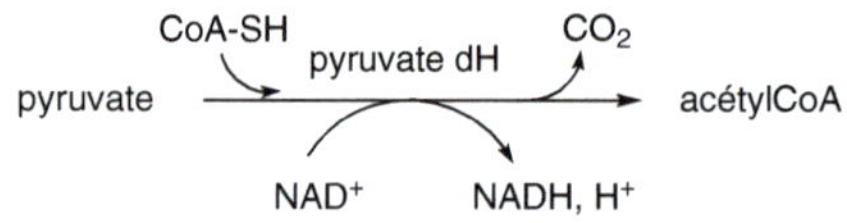

Cette transformation est totalement **irréversible** (même au niveau des hépatocytes) et constitue de ce fait un **point de régulation** important.
L'acétylCoA présente la particularité de posséder une **liaison thioester**, liaison de haut potentiel énergétique nécessaire pour son entrée dans le cycle de Krebs (figure 4.14).

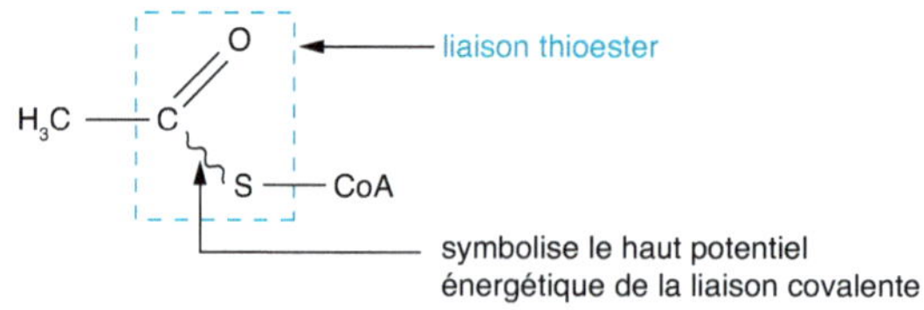

Figure 4.14. Structure de l'acétylCoA.

6.2. Différentes étapes du cycle de Krebs

6.2.1. *Entrée de l'acétylCoA*

Le cycle de Krebs a pour point de départ la **condensation** de l'acétylCoA avec l'oxaloacétate, ce qui forme le citrate. Cette réaction **irréversible** est catalysée par la **citrate synthase**. Elle consomme une molécule d'eau et provoque le départ du CoA-SH :

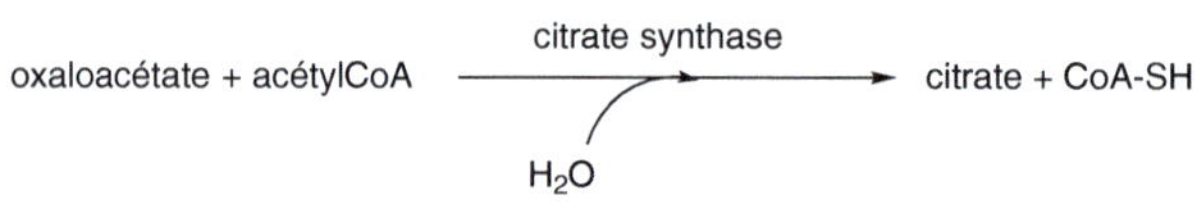

6.2.2. *Isomérisation du citrate en isocitrate*

Cette réaction d'isomérisation provoque un réarrangement atomique du citrate en isocitrate de façon à préparer l'étape suivante de décarboxylation. Cette réaction **réversible** est assurée par l'**aconitase** avec pour cofacteur l'ion ferreux (Fe^{2+}) :

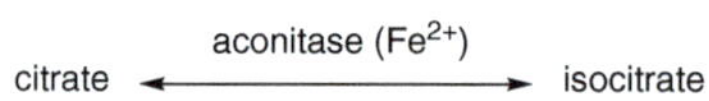

6.2.3. *Décarboxylation oxydative de l'isocitrate*

Cette étape **irréversible** est catalysée par l'**isocitrate déshydrogénase** qui agit en deux temps.
Dans un premier temps se produit une déshydrogénation avec NAD^+ comme coenzyme accepteur d'électrons et de protons. L'oxalosuccinate ainsi formé est une molécule intermédiaire, qui est ensuite décarboxylée pour donner l'α-cétoglutarate :

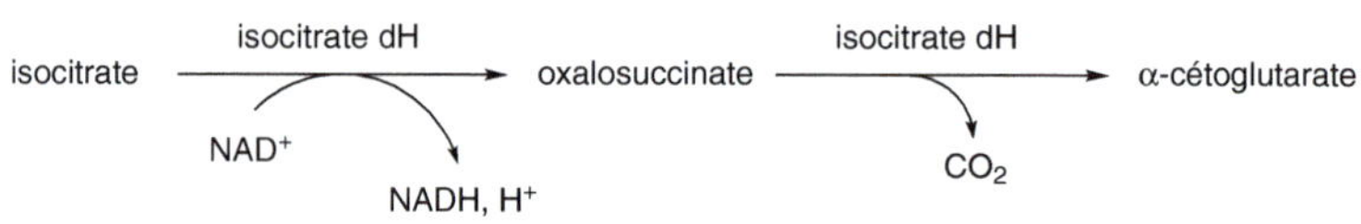

6.2.4. *Formation du succinylCoA*

L'α-cétoglutarate déshydrogénase est responsable de la formation de succinylCoA. C'est un complexe enzymatique dont le fonctionnement est similaire à celui de la pyruvate dH (qui permet le passage du pyruvate à l'acétylCoA). De la même façon, survient une **décarboxylation**, avec **oxydation** avec NAD^+ et transfert sur un CoA-SH aboutissant au succinylCoA.

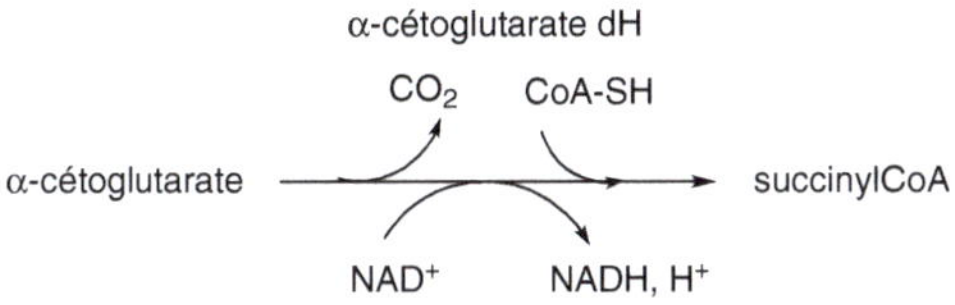

L'intervention de 5 coenzymes est là aussi nécessaire : thiamine pyrophosphate, acide lipoïque, FAD, NAD^+ et CoA-SH. Une foie de plus, les vitamines du groupe B (précurseurs de ces coenzymes) jouent un rôle majeur dans le métabolisme énergétique.

6.2.5. *Transformation du succinylCoA en succinate*

Le succinylCoA présente (comme l'acétylCoA) une **liaison thioester** de haut potentiel énergétique, dont la rupture permet le transfert d'un phosphate inorganique (Pi) sur un GDP pour former un GTP. Cette réaction **réversible** est catalysée par la **succinate thiokinase**.

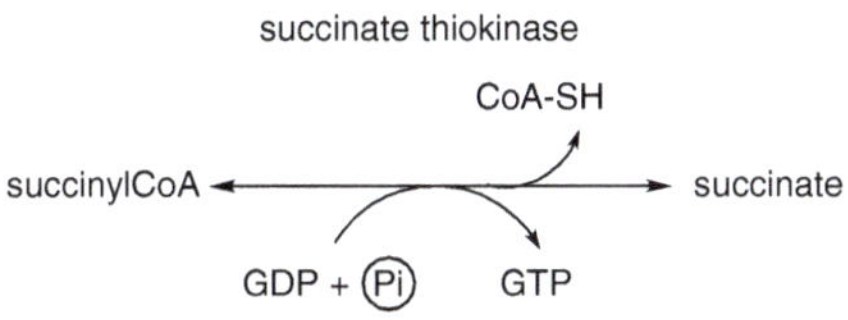

Le GTP est considéré sur le plan énergétique comme équivalent à un ATP, d'autant que la phosphokinase permet facilement la conversion :

$$\text{GTP + ADP} \longrightarrow \text{ATP + GDP}$$

Le succinylCoA peut aussi être orienté pour l'activation de l'acétoacétate en acétoacétylCoA lors de la cétolyse (cf. métabolisme des corps cétoniques).

6.2.6. *Déshydrogénation du succinate*

Le succinate est oxydé en fumarate grâce à la **succinate dH**, dont la coenzyme (FAD) prend en charge protons et électrons. Cette enzyme nécessite de plus l'intervention de l'ion ferreux (Fe^{2+}) comme cofacteur.

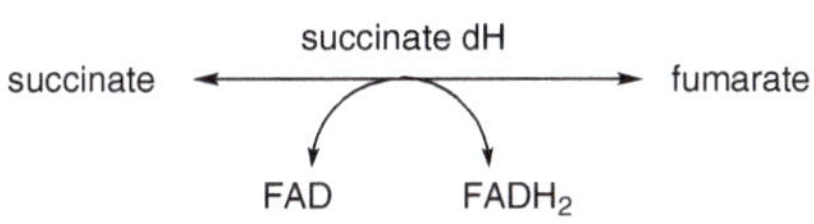

La succinate dH présente la particularité de faire partie intégrante de la membrane interne de la mitochondrie. Elle entre dans la composition de la chaîne respiratoire et le FAD lui est associé par liaison covalente.

6.2.7. *Hydratation du fumarate*

La **fumarase** catalyse l'addition d'une molécule d'eau sur la double liaison du fumarate, aboutissant à la formation du malate :

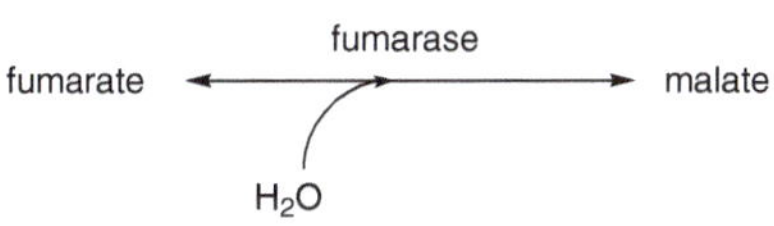

6.2.8. *Régénération de l'oxaloacétate*

La dernière étape est une oxydation du malate, qui aboutit de nouveau à la formation d'oxaloacétate. Cette réaction **réversible** est due à la **malate déshydrogénase**, dont la coenzyme est le NAD+ :

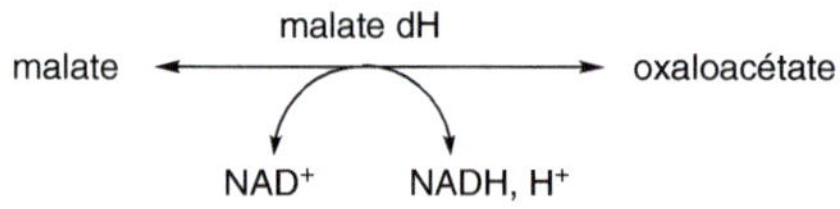

L'oaxaloacétate ainsi régénéré peut participer à une nouvelle condensation avec l'acétylCoA, autrement dit participer à un nouveau cycle de Krebs.

6.3. Vue d'ensemble du cycle de Krebs (figure 4.15)

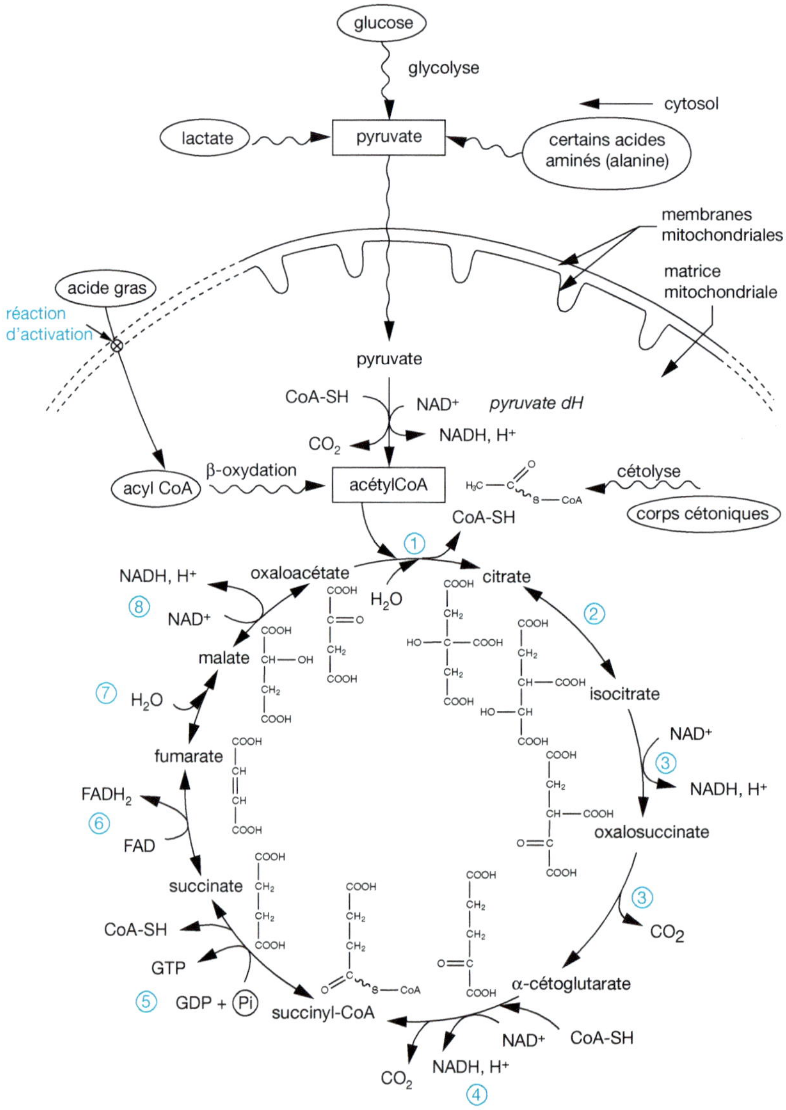

Figure 4.15. Vue d'ensemble du cycle de Krebs en liaison avec les différents substrats énergétiques.
① citrate synthase ; ② aconitase ; ③ isocitrate dH ; ④ α-cétoglutarate dH ; ⑤ succinate thiokinase ; ⑥ succinate dH ; ⑦ fumarase ; ⑧ malate dH.

6.4. Équation bilan et bilan énergétique du cycle de Krebs

acétylCoA + 3 NAD^+ + FAD + (GDP + Ⓟi) + 2 H_2O ⟶ 2 CO_2 + 3 NADH, H^+ + $FADH_2$ + GTP + CoA-SH

Les deux atomes de carbone de l'acétyl se trouvent finalement au niveau du CO_2, qui apparaît ici comme un déchet métabolique. Il est pris en charge par la circulation sanguine et éliminé au niveau pulmonaire.
Le NADH, H^+ et $FADH_2$ sont réoxydés au niveau de la chaîne respiratoire où l'oxygène joue le rôle d'accepteur final d'électrons et de protons (cf. figure 10.1 p. 212). En parallèle, grâce à l'ATP synthase, sont formés 3 ATP par NAD^+ régénéré et 2 ATP par FAD.
Si on fait le bilan énergétique, on obtient donc (3 × 3) pour NAD^+, (1 × 2) pour FAD, plus un pour GTP (équivalent ATP) soit une production de **12 ATP par molécule d'acétylCoA**.
L'oxygène n'intervient pas directement au niveau du cycle de Krebs ; ce cycle ne fonctionne néanmoins que dans des conditions aérobies. **L'oxygène est indispensable** au niveau des **chaînes respiratoires** de façon à permettre la régénération du NAD^+ et du FAD. La glycolyse peut être aérobie ou anaérobie, **le cycle de Krebs est strictement aérobie**.

6.5. Bilan énergétique de la dégradation oxydative complète d'une molécule de glucose

La glycolyse, en contexte aérobie, permet la formation de 8 ATP.
La décarboxylation oxydative du pyruvate permet la formation de 3 ATP grâce à la régénération de NAD^+ (chaîne respiratoire + ATPase). On obtient 2 pyruvates par molécule de glucose, soit 6 ATP.
Le cycle de Krebs permet la formation de 12 ATP/acétylCoA. Comme cela se produit deux fois, on a alors 24 ATP.
Le total est donc de 38 ATP par molécule de glucose.
Cela peut être résumé par l'équation bilan finale suivante :

$$\text{glucose} + 6\ O_2 + 38(\text{ADP} + \text{Ⓟi}) \rightarrow 6\ CO_2 + 44\ H_2O + 38\ \text{ATP}$$

Lors d'une dégradation oxydative complète, tous les atomes de carbone du substrat se retrouvent sous la forme de CO_2, soit ici un total de 6 CO_2.
Tous les atomes d'hydrogène du substrat (glucose) se retrouvent sous la forme d'H_2O, soit la formation de 6 H_2O dans un premier temps. Dès lors, on peut calculer le nombre d'atome d'oxygène dans les produits : 6 CO_2 + 6 H_2O ; soit 18 atomes d'O. Selon le principe de conservation de la matière, ces atomes doivent être présents dans les réactifs. Il y en a 6 dans le glucose, il manque donc 12 atomes d'O. On en déduit qu'il a été utilisé, au cours de cette dégradation, 6 molécules d'O_2. Ce travail a permis la production de 38 ATP, donc l'utilisation de 38 (ADP + Ⓟi) toujours selon le principe de conservation de la matière. Cette condensation de 38 (ADP + Ⓟi) amène à la libération de 38 molécules d'H_2O, soit un total de 44 H_2O (38 + 6).

6.6. Régulation du cycle de Krebs

Cette voie métabolique présente la particularité d'avoir lieu tout le temps, quel que soit le contexte nutritionnel (état post-prandial ou situation de jeûne/

adaptation à l'effort). Ce qui change, c'est la provenance de l'acétylCoA qui va alimenter le cycle de Krebs.

> Si le niveau énergétique de la cellule est déjà élevé ([ATP] élevé), l'acétylCoA pourra être utilisé pour fabriquer des acides gras (hépatocytes, adipocytes) ou encore du cholestérol (hépatocytes). Ainsi en excès, le glucose favorise la formation de pyruvate puis d'acétylCoA et donc la formation de lipides avec développement du tissu adipeux.

6.6.1. *En situation post-prandiale*

Suite à la prise d'un repas classique, étant en **hyperglycémie**, le glucose va être utilisé de façon prioritaire (sous l'influence de l'insuline). L'acétylCoA provient alors majoritairement du pyruvate (produit par la glycolyse) grâce à l'étape de décarboxylation oxydative.
L'**insuline**, véhiculée par le sang, agit au niveau de la cellule cible (hépatocyte par exemple) via un récepteur hormonal membranaire spécifique. Une fois occupé par l'hormone, le récepteur déclenche une cascade enzymatique qui va activer une **phosphatase**. Elle va entraîner la **déphosphorylation de la pyruvate d'H** et ainsi la rendre active (figure 4.16).

Figure 4.16. Régulation en situation post-prandiale.

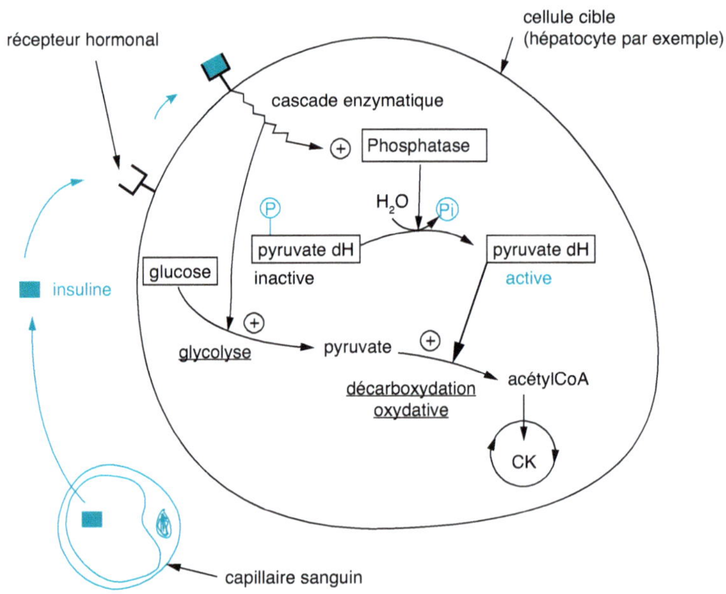

6.6.2. *En situation de jeûne/adaptation à l'effort*

Dès lors, on se retrouve en situation d'**hypoglycémie**. Le glucose se raréfie et doit être préservé pour les cellules glucodépendantes (globules rouges, neurones). Sous l'influence du **glucagon**, les autres cellules vont utiliser préférentiellement les acides gras (provenant essentiellement de la lipolyse adipocytaire) comme substrat énergétique. Le glucagon favorise le catabolisme des acides gras (β-oxydation), ce qui va fournir une quantité importante d'acétylCoA pouvant alimenter le cycle de Krebs.
En parallèle, le glucagon va ralentir la glycolyse (surtout au niveau des hépatocytes) et inhiber la pyruvate d'H via une kinase et l'AMPc. Le glucagon agit là aussi via un récepteur hormonal membranaire spécifique. Celui-ci est couplé à une enzyme : l'adénylate cyclase. Une fois activée, elle déclenche la formation d'AMPc qui active la kinase, qui va ensuite phosphoryler la pyruvate d'H et la rendre inactive (figure 4.17).

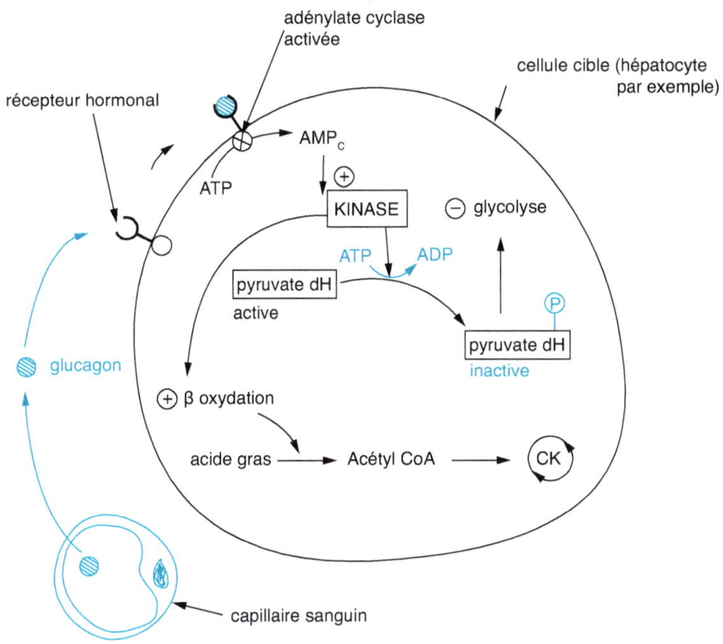

Figure 4.17. Régulation en situation de jeûne/adaptation à l'effort prolongé.

En situation de jeûne, l'action du glucagon peut être renforcée par d'autres hormones : adrénaline, cortisol ou encore les hormones thyroïdiennes (T3, T4).

6.6.3. *En situation anaérobie*

Le cycle de Krebs a lieu tout le temps à condition toutefois d'être en situation d'aérobie. Si la cellule vient à manquer d'O_2 (situation d'effort intensif au niveau musculaire), alors les chaînes respiratoires mitochondriales se bloquent.
Comme leur travail est de régénérer les coenzymes réduites en coenzymes oxydées, alors la concentration en $NADH,H^+$ augmente. Cela déclenche une **régulation allostérique**. L'excès de $NADH,H^+$ va inhiber **l'isocitrate d'H et l'α-cétoglutarate d'H**, ce qui va bloquer le cycle de Krebs.
En parallèle, cela va aussi inhiber de façon allostérique la **pyruvate dH**, bloquant alors l'étape de décarboxylation oxydative. Le pyruvate n'étant plus transformé en acétylCoA, il est alors disponible pour participer à la fermentation lactique dans la continuité de la glycolyse. Dans ce contexte anaérobie, c'est le seul métabolisme énergétique qui reste possible dans la cellule. Elle devient dès lors **glucodépendante**.

7. Métabolisme du glycogène

Le glycogène représente une réserve glucidique de 350 à 400 g avec environ 250 g au niveau du muscle et 150 g au niveau du foie. L'hépatocyte possède malgré tout la plus grande capacité de stockage : s'il y a plus de glycogène au niveau du tissu musculaire, c'est en raison de sa plus grande masse.
Cette réserve d'énergie est limitée sur le plan quantitatif, mais elle présente la particularité d'être rapidement constituée (**glycogénogenèse**) et rapidement mobilisée (**glycogénolyse**), ce qui en fait un métabolisme important pour une régulation efficace de la glycémie.

» **Définition**

Le glycogène est un grand **polymère de glucose**, permettant sa mise en réserve. Son stockage est essentiellement assuré au niveau du **muscle strié** et du **foie**, dans le cytosol sous forme de grains, en association avec le système enzymatique responsable de son métabolisme.

Le glucose est un composé présent en quantité relativement faible dans l'organisme ; on estime que l'organisme contient 35 g de glucose libre, 5 g au niveau du plasma et environ 15 g dans le liquide interstitiel, le reste étant réparti dans les muscles, le foie et les reins.

> **Rappel**
> Le glycogène d'origine alimentaire (en très faible quantité) fait l'objet d'une hydrolyse digestive, comme l'amidon, grâce aux α-amylases. Cela aboutit, grâce à de s glucidases, à la formation de glucose qui sera alors absorbé par les entérocytes.

7.1. Glycogénogenèse

La biosynthèse du glycogène se déroule dans le **cytosol**. Elle consiste en l'addition de molécules de glucose, par leur fonction hémiacétale, sur un résidu glucose d'une extrémité non réductrice d'une chaîne de glycogène préexistante (on utilise le terme de « résidu » quand la molécule a fait l'objet d'une polymérisation).

7.1.1. *Phosphorylation du glucose*

La polymérisation du glucose présuppose son activation préalable. Grâce à l'**hexokinase** au niveau du **muscle** et la **glucokinase** au niveau du **foie**, le glucose subit avant toute utilisation une réaction de phosphorylation. Un groupement phosphate (provenant de l'ATP) est ainsi transféré sur la fonction alcool du carbone n° 6, d'où l'obtention de glucose 6-Ⓟ :

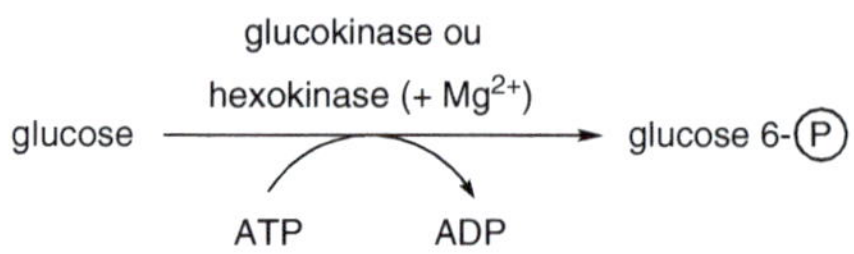

7.1.2. *Réaction d'isomérisation*

Le glucose 6-Ⓟ est ensuite transformé en glucose 1-Ⓟ grâce à la **phosphoglucomutase**, enzyme transférant le groupement phosphate sur la fonction alcool du carbone 1, réaction réversible.

7.1.3. *Formation de l'UDP-glucose*

L'UDP-glucose est synthétisé grâce à une condensation entre le glucose 1-Ⓟ et l'UTP (uridine triphosphate). Cette étape est catalysée par l'**UDP-glucose phosphorylase** et permet l'activation du glucose nécessaire à la biosynthèse du glycogène. Au cours de cette réaction, une molécule de pyrophosphate (notée PPi) est libérée, puis hydrolysée pour donner deux Ⓟi.

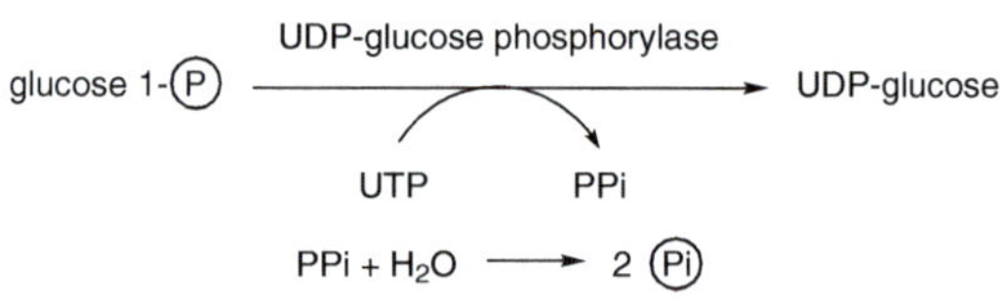

L'UDP-glucose est donc constitué d'une base azotée (l'uracile), d'un ribose (l'association des deux donnant l'uridine), de deux groupements phosphate et d'un glucose (figure 4.18).

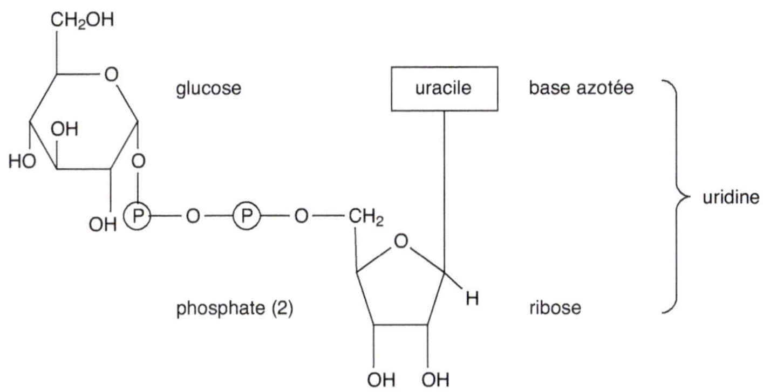

Figure 4.18. Structure d'UDP-glucose.

7.1.4. *Élongation de la chaîne de glycogène*

L'élongation consiste en un transfert de la fraction glucidique de l'UDP-glucose à une extrémité non réductrice du glycogène. Cette réaction permet la formation d'une liaison osidique α-1,4 avec libération de l'UDP, grâce à la **glycogène synthase**, enzyme d'autant plus importante qu'elle est le point de régulation de la glycogénogenèse :

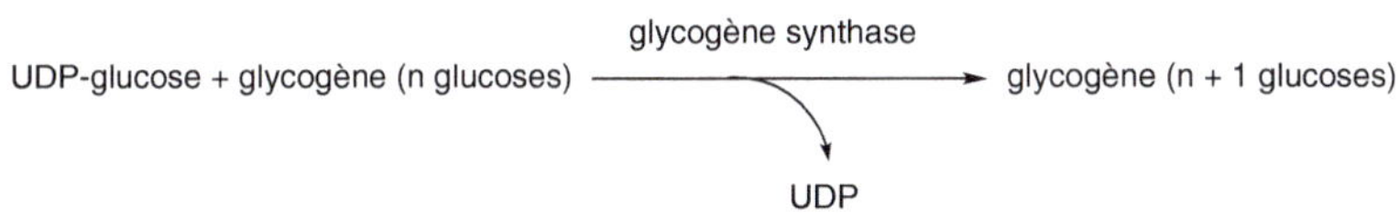

D'où la représentation schématique suivante : figure 4.19.

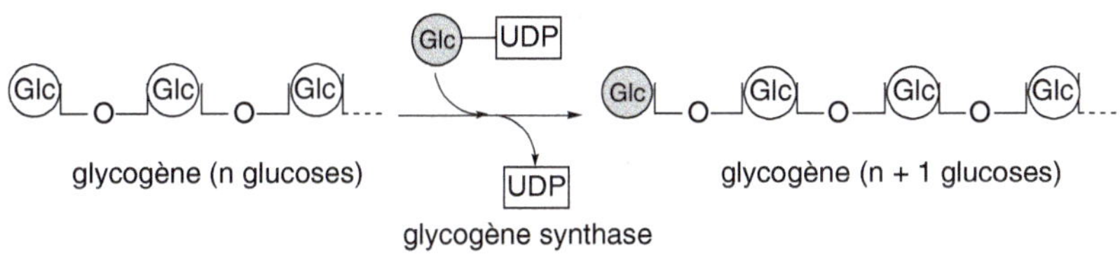

Figure 4.19. Élongation du glycogène.

7.1.5. *Ramification du glycogène*

La glycogène synthase ne permet que la formation de liaisons osidiques de type α-1,4. Or, pour augmenter la capacité de stockage (et la rapidité du métabolisme) par condensation de la molécule, le glycogène présente des ramifications grâce à des liaisons α-1,6. Une **enzyme branchante** (appelée « **enzyme de ramification** ») coupe dans un premier temps un fragment oligosidique (5 à 10 sous-unités) par rupture d'une liaison α-1,4 ; dans un deuxième temps, elle transfère le fragment sur une sous-unité glucidique en établissant une liaison osidique α-1,6 (figure 4.20).

Cette polymérisation du glucose en glycogène a un **coût énergétique**. Il faut consommer deux ATP par résidu glucidique :

- 1 ATP pour la phosphorylation du glucose ;
- 1 ATP pour la régénération de l'UTP :

$$UDP + ATP \rightarrow UTP + ADP$$

Deux ramifications sont séparées par au moins quatre sous-unités glucidiques.

Au niveau de l'hépatocyte, l'UDP glucose peut être issu du métabolisme du galactose (cf. p. 50).

Le glucose polymérisé provient de la circulation sanguine. La glycogénogenèse joue donc un rôle important dans le maintien de la glycémie en s'opposant à l'hyperglycémie.

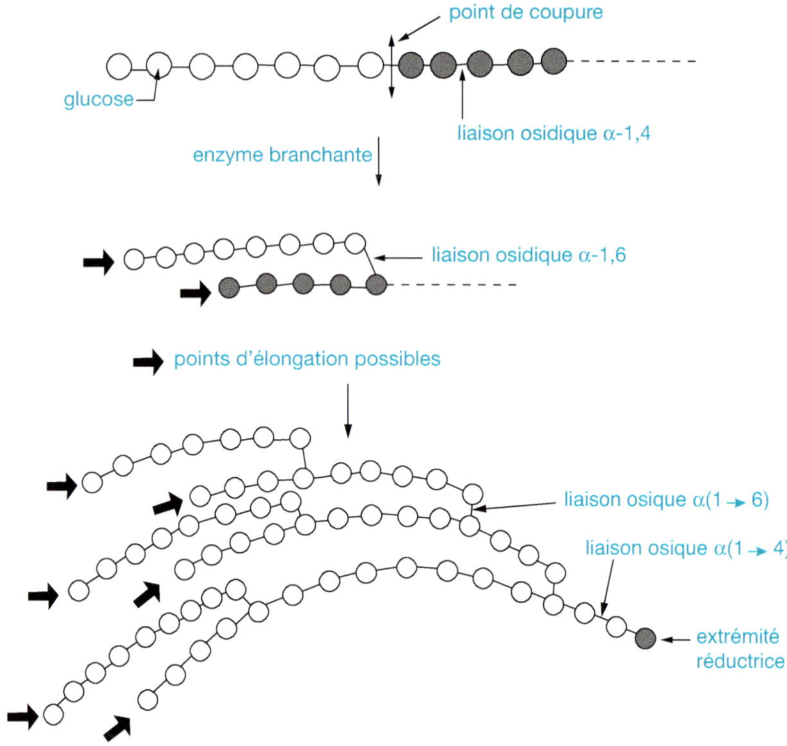

Figure 4.20. Ramification du glycogène.

7.2. Glycogénolyse

Cette voie métabolique permet la **mobilisation des réserves glucidiques**, c'est-à-dire le catabolisme du glycogène aboutissant à la formation du glucose 6-Ⓟ. Elle a également lieu au niveau du **cytosol**, mais ne doit pas être simplement considérée comme la voie inverse de la glycogénolyse. Elle fait appel à un autre équipement enzymatique, ce qui permet une régulation de la voie catabolique différente de celle de la voie anabolique.

7.2.1. *Clivage du glycogène en glucose 1-Ⓟ*

Cette réaction est catalysée par la **glycogène phosphorylase**, qui provoque la coupure séquentielle des liaisons α-1,4. En parallèle, un phosphate inorganique (Ⓟi) se fixe au niveau de la fonction alcool du carbone n° 1 du glucose. Le glucose 1-Ⓟ est finalement libéré. Son action débute au niveau des extrémités glucidiques non réductrices, d'autant plus nombreuses qu'il y a de ramifications. L'activité de cette enzyme nécessite la présence de pyridoxal phosphate (dérive de la pyridoxine : vitamine B_6) qui joue le rôle de coenzyme de transfert permettant la phosphorylation :

$$\text{glycogène (n résidus)} + \text{Pi} \xrightarrow[\text{(+ pyridoxal phosphate)}]{\text{glycogène phosphorylase}} \text{glycogène (n – 1 résidus)} + \text{glucose 1-P}$$

7.2.2. *Isomérisation du glucose 1-Ⓟ*

La **phosphoglucomutase** permet l'isomérisation du glucose 1-Ⓟ en glucose 6Ⓟ, réaction éventuellement réversible.

$$\text{glucose 1-Ⓟ} \xrightleftharpoons{\text{phosphoglucomutase}} \text{glucose 6-Ⓟ}$$

7.2.3. *Réaction de déramification*

Lorsque la glycogène phosphorylase arrive à moins de 4 résidus d'un point de ramification, elle se bloque. Intervient alors une **enzyme dite débranchante** (ou encore **enzyme de déramification**) ; il s'agit en fait d'un complexe enzymatique possédant deux activités enzymatiques. Dans un premier temps, elle effectue une transglycosylation, c'est-à-dire qu'elle prélève un oligosaccharide en coupant la liaison osidique juste avant le résidu impliqué dans la ramification. Il est ensuite transféré sur une extrémité non réductrice avec formation d'une liaison α-1,4. Dans un deuxième temps, le complexe exerce une activité de glucosidase qui permet l'hydrolyse du résidu présentant la liaison α-1,6. Une molécule de glucose est alors libérée, puis phosphorylée.
Une fois la ramification enlevée, la glycogène phosphorylase peut reprendre son activité (figure 4.21).
La glycogénolyse ne consomme pas d'énergie.

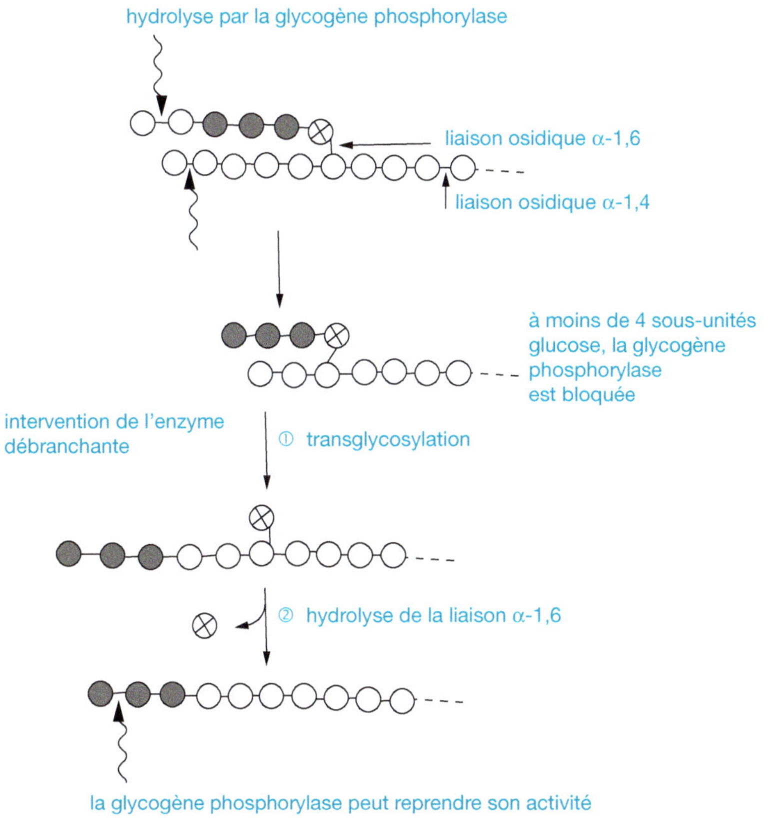

Figure 4.21. Déramification du glycogène.

7.2.4. *Devenirs possibles du glucose 6-Ⓟ*

Même si la plupart des cellules sont capables de métaboliser le glycogène, le foie et les muscles striés en restent les principaux acteurs.
La glycogénolyse est enclenchée dans un contexte d'hypoglycémie.
Au niveau du foie, le glucose 6-Ⓟ subit l'action de la **glucose 6-phosphatase**. Cette enzyme propre aux hépatocytes (et de façon plus anecdotique aux cellules rénales) permet la déphosphorylation du glucose 6-Ⓟ. C'est une enzyme très importante car seul le glucose peut franchir les membranes plasmiques, par un transport facilité. Il peut ainsi passer dans le sang et contribuer au **maintien de la glycémie**.
Au niveau du muscle, l'absence de la glucose 6-phosphatase empêche la déphosphorylation du glucose 6-Ⓟ. Dans un contexte d'activité musculaire, le glucose 6-Ⓟ est utilisé sur place à des **fins énergétiques**. Il est donc orienté vers la glycolyse puis, si la cellule est correctement oxygénée, vers le cycle de Krebs. Il ne faut pas oublier qu'une quantité suffisante d'oxygène est indispensable pour le fonctionnement des chaînes respiratoires et, par répercussion, du cycle de Krebs. Dans un contexte d'hypoxie cellulaire, le pyruvate subit la fermentation lactique (cf. paragraphe 2.3.2., « Contexte anaérobie » de la glycolyse). Le lactate peut ensuite passer dans le sang et être récupéré par le foie pour la néoglucogenèse (cf. Cycle du lactate, p. 72).
La glycogénolyse joue donc un rôle important pour corriger l'hypoglycémie avec, en outre, un intérêt directement énergétique au niveau des muscles striés actifs. Ce métabolisme peut présenter des dysfonctionnements dus à diverses défaillances enzymatiques ; on parle alors de glycogénose.

7.3. Régulation du métabolisme du glycogène

Le métabolisme du glycogène fait l'objet d'une régulation hormonale importante. Les deux principaux médiateurs en sont l'insuline et le glucagon.

7.3.1. *Rôles de l'insuline*

L'**hyperglycémie** (révélatrice de l'état post-prandial) stimule la sécrétion d'insuline par le pancréas endocrine. Cette hormone peptidique agit sur de nombreux tissus, dont le foie et le muscle (figure 4.22).

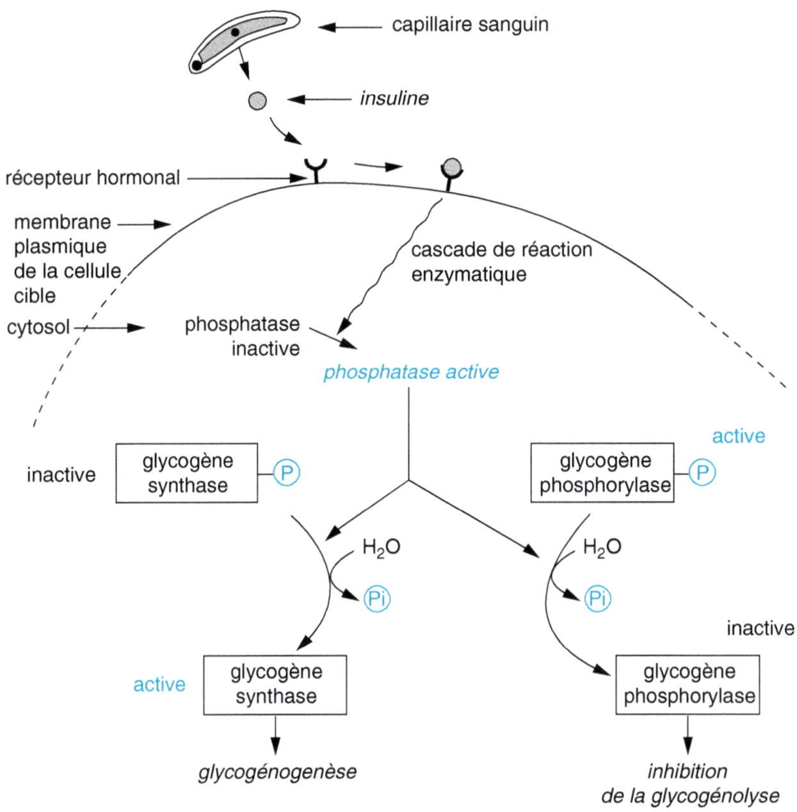

Figure 4.22. Régulation en situation post-prandiale.

Une fois fixée sur un récepteur membranaire spécifique, elle provoque une cascade de réactions enzymatiques au niveau du cytosol de la cellule cible. **L'activation d'une phosphatase** provoque la déphosphorylation de la **glycogène synthase**. Elle devient **active**, la glycogénogenèse est alors amorcée. Parallèlement, la phosphatase agit sur la **glycogène phosphorylase** qui, une fois déphosphorylée, devient **inactive**. La glycogénolyse est ainsi inhibée.

7.3.2. *Rôles du glucagon*

Le glucagon, dont la sécrétion pancréatique est stimulée par l'hypoglycémie, a pour principal organe cible le foie. *Via* un récepteur membranaire spécifique, cette hormone provoque l'activation d'une enzyme membranaire, côté cytosolique, l'**adénylate cyclase**. Elle entraîne à son tour la transformation d'ATP en AMPc (adénosine monophosphate cyclique) (figure 4.23).

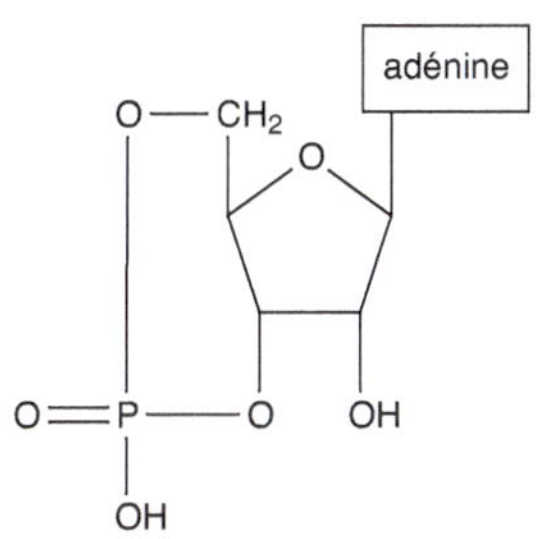

Figure 4.23. Structure d'AMP cyclique (AMPc).

Cette nouvelle molécule joue le rôle de messager secondaire. Elle entraîne l'activation d'une **protéine kinase**, dont l'activité enzymatique phosphoryle la **glycogène phosphorylase**, ce qui la rend **active** et permet donc d'amorcer la glycogénolyse. Parallèlement, elle phosphoryle la **glycogène synthase** qui devient alors **inactive**, ce qui inhibe la glycogénogenèse (figure 4.24).

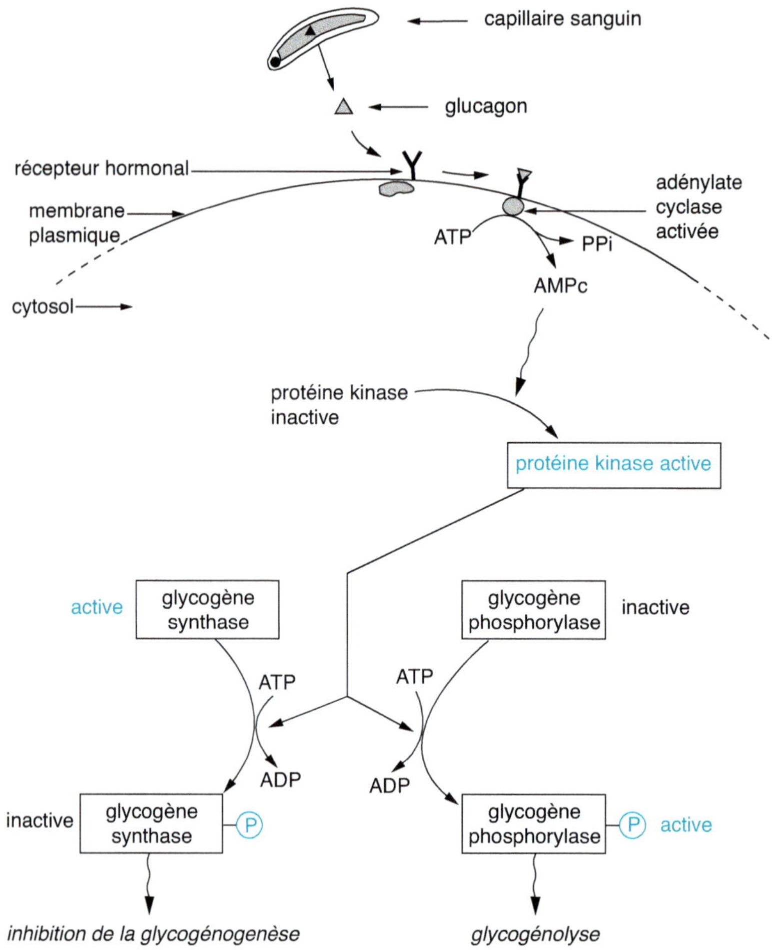

Figure 4.24. Régulation en situation de jeûne.

7.3.3. *Régulations complémentaires*

Même si l'insuline et le glucagon sont les principaux médiateurs permettant la régulation de ce métabolisme, d'autres facteurs sont susceptibles d'intervenir.

Adrénaline

Ce facteur hormonal est produit par la région médullaire des glandes surrénales. L'adrénaline se fixe, au niveau des cellules musculaires (surtout) et des hépatocytes, sur des récepteurs membranaires (de type β-adrénergique) et provoque la formation d'AMPc. De façon similaire au glucagon, l'adrénaline **stimule** donc finalement la **glycogénolyse** tout en **inhibant la glycogénogenèse**. Tel est le mécanisme en œuvre, par exemple, lors d'une contraction musculaire brève en réponse à une situation de stress.

Calcium

Le calcium (Ca^{2+}) peut également jouer un rôle intéressant, notamment au niveau musculaire. Lorsqu'un influx nerveux arrive au niveau du muscle strié, *via* un neurotransmetteur (acétylcholine), il provoque entre autres une **augmentation de la concentration cytosolique en Ca^{2+}**. Ce calcium permet de déclencher la contraction musculaire en débloquant les protéines contractiles actine/myosine. Le Ca^{2+} peut également se fixer sur la protéine kinase (au niveau d'une sous-unité ayant une forte affinité pour le calcium, la calmoduline). Ce cation bivalent joue alors le rôle **d'activateur allostérique**. Comme nous l'avons vu, cette protéine kinase conduit à la **glycogénolyse**, et permet la formation de glucose 6-Ⓟ, qui est utilisé pour le métabolisme énergétique afin de permettre la formation d'ATP indispensable à la contraction musculaire.

Glucose 6-phosphate

Le glucose 6-Ⓟ est un **activateur allostérique de la glycogène synthase**. Son accumulation dans la cellule stimule donc la **glycogénogenèse**.

ATP

Une concentration faible en ATP **stimule le glycogène phosphorylase et inhibe le glycogène synthase**.

8. Néoglucogenèse

Ce métabolisme est capital pour les cellules, tissus et organes **glucodépendants**, c'est-à-dire ne pouvant utiliser que le glucose comme substrat énergétique. Tel est le cas des globules rouges et du cerveau (capable toutefois de s'adapter à l'utilisation des corps cétoniques lors d'un jeûne très long), mais aussi des muscles striés lors d'un effort intensif, c'est-à-dire dans un contexte d'hypoxie cellulaire.

Les précurseurs non glucidiques permettant la néoglucogenèse sont produits au niveau des tissus périphériques :

- le **lactate** est produit par le métabolisme anaérobie au niveau du muscle ou des globules rouges par exemple ;
- les **acides aminés dits glucoformateurs**, le plus fréquent étant ici l'**alanine**, proviennent dans un premier temps du **pool circulant** (acides aminés libres présents dans les liquides physiologiques), puis de la **protéolyse** qui a lieu surtout au niveau hépatique et musculaire ;
- le **glycérol** est libéré essentiellement par le tissu adipeux lors de la **lipolyse**.

Les hépatocytes récupèrent ces précurseurs grâce à la voie sanguine pour les transformer en glucose, le lactate et l'alanine étant les deux principaux substrats glucoformateurs.

> **›› Définition**
>
> Parfois appelée **gluconéogenèse**, cette voie métabolique permet la **biosynthèse de glucose** à partir de molécules non glucidiques. La néoglucogenèse a lieu essentiellement au niveau du foie et, dans une moindre mesure, au niveau du rein. En permettant la fabrication de nouvelles molécules de glucose, la néoglucogenèse hépatique joue un rôle clé dans le maintien de la glycémie, notamment en situation de jeûne.

> **La néoglucogenèse est possible au niveau de l'intestin grêle, ce qui a notamment été constaté lors d'un régime hyperprotidique. La production de glucose alors induite est perçue par l'hypothalamus, ce qui permettait d'expliquer l'effet de satiété provoquée par ce genre de régime.**

8.1. Utilisation du lactate

Une fois dans le cytosol de l'hépatocyte, le lactate est transformé en pyruvate grâce à la **lactate déshydrogénase** (réaction inverse de la fermentation lactique) (figure 4.25).

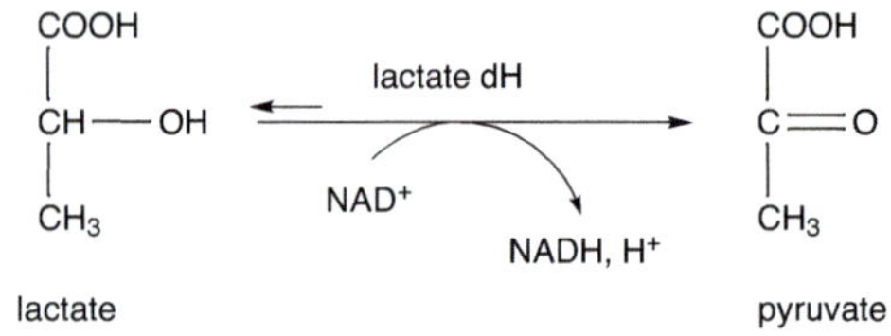

Figure 4.25. Oxydation du lactate.

Le pyruvate est une molécule à 3 atomes de carbone, ce qui le prédispose à redonner un triose-Ⓟ ; à partir de deux trioses-Ⓟ peut se former du glucose (6 atomes de carbone).

Toutefois, la néoglucogenèse ne doit pas être considérée comme une simple inversion de la glycolyse, car certaines réactions sont irréversibles. La transformation du pyruvate en glucose passe donc par des étapes particulières. Dans un premier temps, le pyruvate doit impérativement être transformé en phosphoénolpyruvate (cf. Vue d'ensemble de la glycolyse p. 43). Or, même dans la cellule hépatique, aucune enzyme ne permet directement cette transformation.

8.1.1. *Transformation du pyruvate en phosphoénolpyruvate*

Afin de contourner cette réaction irréversible, le pyruvate passe dans la mitochondrie des hépatocytes grâce à un transport facilité spécifique. Le but est de le transformer en oxaloacétate, molécule permettant la formation directe de phosphoénolpyruvate.

Au niveau de la matrice, le pyruvate subit une réaction de carboxylation grâce à la **pyruvate carboxylase**, aboutissant à la constitution d'oxaloacétate, enzyme ayant pour coenzyme la biotine ou vitamine B_8.

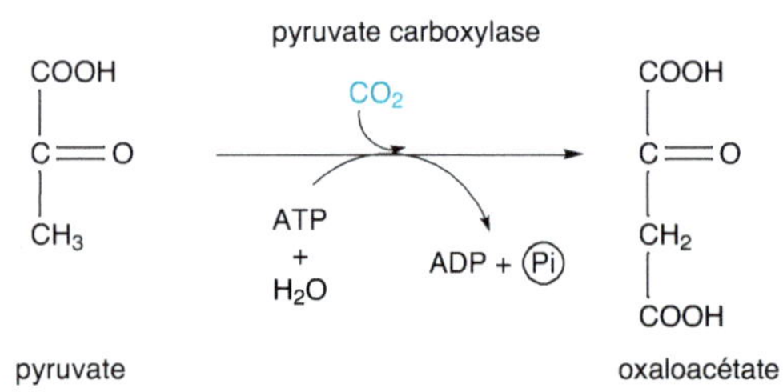

Figure 4.26. Carboxylation du pyruvate.

Cette réaction nécessite de l'énergie apportée par l'hydrolyse d'une molécule d'ATP.

Pour participer à la néoglucogenèse, l'oxaloacétate doit passer dans le cytosol ; or, au niveau de la membrane mitochondriale interne, aucun transporteur n'est spécifique à cette molécule, qui doit donc être transformée en malate. Cette réaction de réduction est assurée par la **malate déshydrogénase** avec utilisation d'un NADH, H^+ (figure 4.27). On utilise ici la réversibilité de la dernière étape du cycle de Krebs.

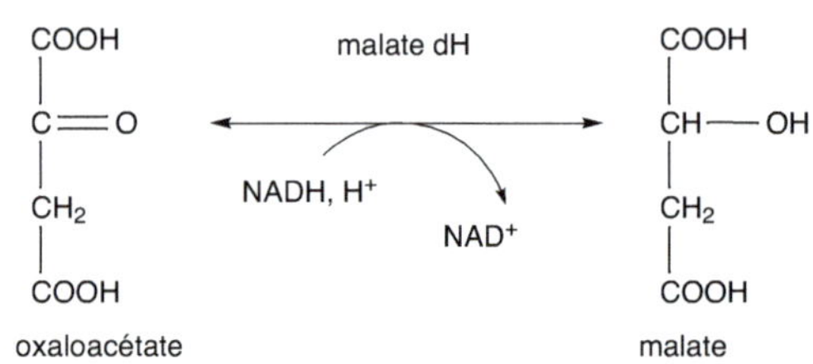

Figure 4.27. Réduction de l'oxaloacétate en malate.

Grâce à un système de transport, le malate passe dans le cytosol où l'intervention d'une nouvelle malate déshydrogénase permet une nouvelle formation d'oxaloacétate, avec cette fois-ci intervention de NAD^+.
C'est alors que l'oxaloacétate est transformé en phosphoénolpyruvate. Cette réaction **irréversible** est catalysée par la **phosphoénolpyruvate carboxykinase** (figure 4.28). Elle passe par une décarboxylation (qui redonne une molécule à trois atomes de carbone) et une phosphorylation, d'où la consommation ici d'un GTP (équivalent de l'ATP, mais utilisant la guanine pour base azotée).

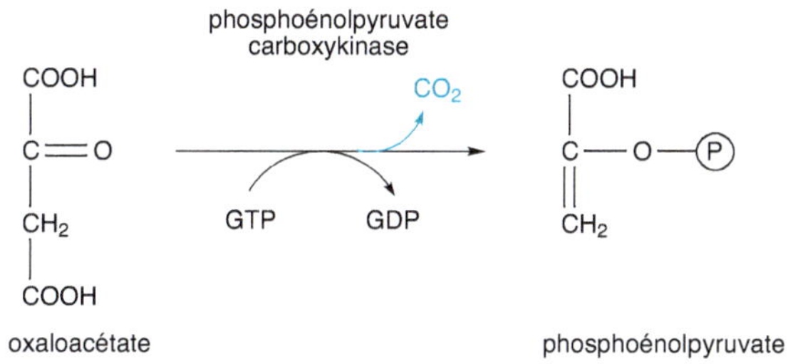

Figure 4.28. Formation du phosphoénolpyruvate (PEP).

8.1.2. *Passage du phosphoénolpyruvate au fructose 1,6-bi(P)*

La transformation du phosphoénolpyruvate passe par les étapes réversibles de la glycolyse, pour aboutir à la formation de glycéraldéhyde 3-(P). Il faut donc utiliser deux molécules de lactate pour parvenir à deux trioses-(P). La triose-(P) isomérase permet de former du dihydroxyacétone-(P). Dès lors, l'aldolase permet d'obtenir du fructose 1,6-bi(P) (figure 4.29).

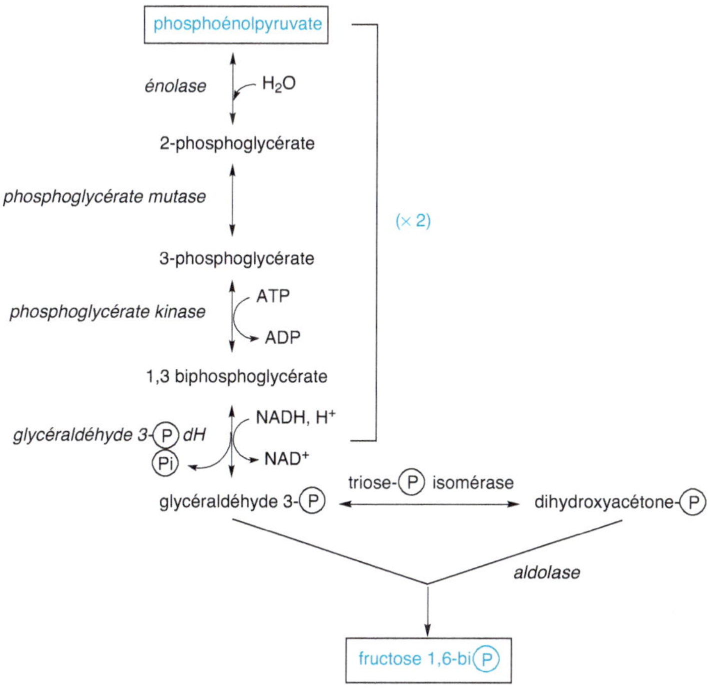

Figure 4.29. Passage du phosphoénolpyruvate au fructose 1,6-bi(P).

8.1.3. *Passage du fructose 1,6-biⓅ au glucose*

L' hépatocyte (tout comme la cellule rénale et l'entérocyte) possède un équipement enzymatique particulier autorisant cette transformation normalement impossible en raison de deux étapes présentées comme irréversibles au cours de la glycolyse.
La **fructose 1,6-biphosphatase**, en catalysant une réaction de déphosphorylation par hydrolyse, permet l'obtention du fructose 6-Ⓟ.

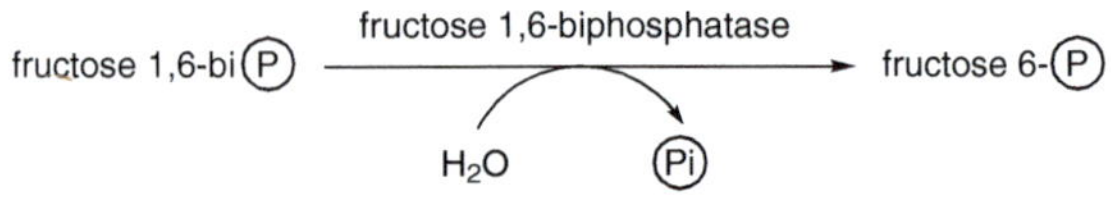

La phosphoglucose isomérase catalysant une réaction réversible on passe facilement au glucose 6-Ⓟ.
Une dernière enzyme propre au foie intervient alors : la **glucose 6-phosphatase** permet une nouvelle déphosphorylation par hydrolyse, aboutissant à la formation de glucose.

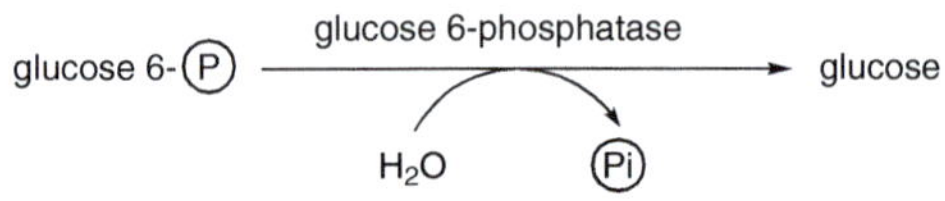

Le glucose peut alors quitter la cellule hépatique, grâce à un transport membranaire facilité, et contribuer au maintien de la glycémie.

8.2. Utilisation des acides aminés glucoformateurs

L'acide aminé le plus fréquemment utilisé pour la néoglucogenèse est indubitablement l'alanine. Sa structure moléculaire (trois atomes de carbone) est relativement proche de celle du pyruvate.
Le passage d'un acide aminé à un acide α-cétonique nécessite une **réaction de transamination**.
L'**alanine-transaminase** (**ALAT**) intervient comme dans la figure 4.30.

Figure 4.30. Réaction de transamination.

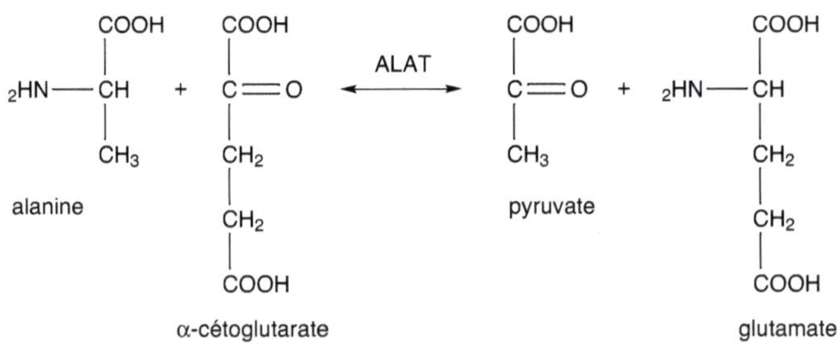

La néoglucogenèse a lieu en quantité importante à partir du lactate et de l'alanine. Dès lors, elle passe par la formation d'oxaloacétate. Cette molécule est donc utilisée de façon importante pour la néoglucogenèse. Comme nous l'avons vu précédemment, elle est également impérative pour le bon déroulement du cycle de Krebs.

Le pyruvate ainsi formé participe ensuite à la néoglycogenèse (cf. supra).
Les autres acides aminés glucoformateurs engendrent, au cours de leur catabolisme, différents intermédiaires du cycle de Krebs, qui aboutissent finalement à la formation d'oxaloacétate, alors utilisable pour la néoglucogenèse (cf. Vue d'ensemble de la néoglucogenèse).

8.3. Utilisation du glycérol

Cette molécule, une fois dans le cytosol de l'hépatocyte, est rapidement transformée en triose-Ⓟ.
Dans un premier temps, le glycérol fait l'objet d'une réaction de phosphorylation nécessitant la consommation d'un ATP. Cette étape est catalysée par la **glycérol kinase** (figure 4.31).

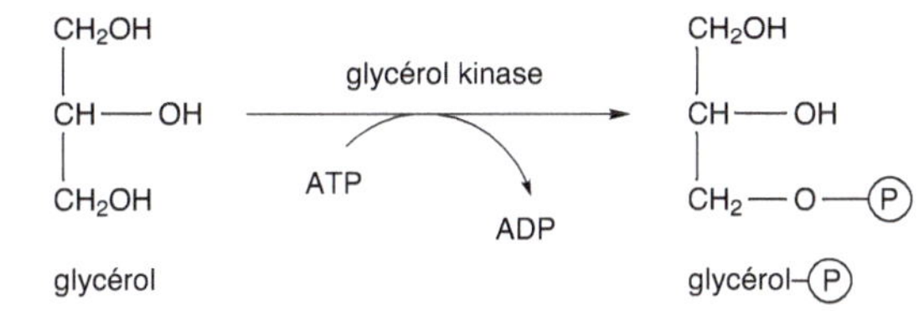

Figure 4.31. Phosphorylation du glycérol.

Dans un deuxième temps, le glycérol-P subit une réaction d'oxydation grâce à la **glycérol-Ⓟ déshydrogénase** utilisant le NAD^+ pour coenzyme (figure 4.32). Dès lors, le dihydroxyacétone-P peut être utilisé pour la néoglucogenèse (cf. *supra*).

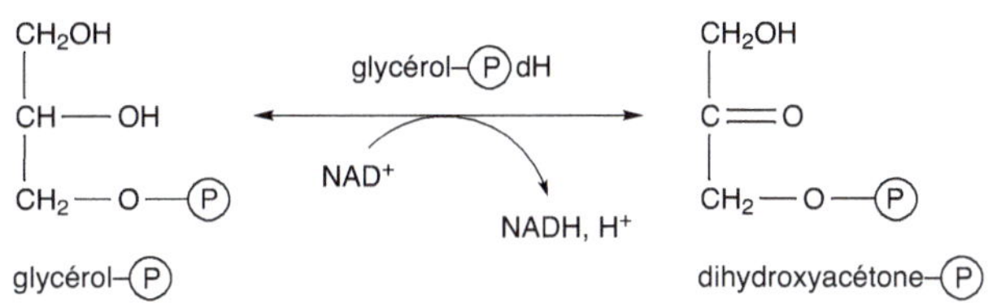

Figure 4.32. Formation du dihydroxyacétone-Ⓟ.

8.4. Vue d'ensemble de la néoglucogenèse (figure 4.33)

En aucun cas, la néoglucogenèse ne peut avoir lieu à partir d'acétylCoA, provenant ici du catabolisme des acides gras. L'acétylCoA est constitué de deux atomes de carbone. Après son intégration dans le cycle de Krebs, aboutissant à la formation de citrate, il faut aller jusqu'au malate pour prétendre pouvoir participer à la néoglucogenèse. Or, durant cette transformation, deux réactions de décarboxylation aboutissent au départ de 2 CO_2 avant même d'arriver au malate. Ces deux atomes de carbone proviennent initialement de l'acétylCoA qui, de ce fait, ne peut contribuer à la formation de glucose.
L'homme est donc incapable de fabriquer du glucose à partir d'acide gras ; néanmoins, nous verrons, dans un tout autre contexte nutritionnel, qu'un excès de glucose peut contribuer à la biosynthèse d'acides gras.
La figure 4.33 montre clairement que l'oxaloacétate est partiellement détourné du cycle de Krebs pour participer à la néoglucogenèse (*via* le malate). L'entrée de l'acétylCoA s'en trouve donc progressivement pénalisée, d'autant que la β-oxydation en produit une quantité importante. C'est cette situation qui conduit à la cétogenèse (cf. Métabolisme des corps cétoniques p. 106).

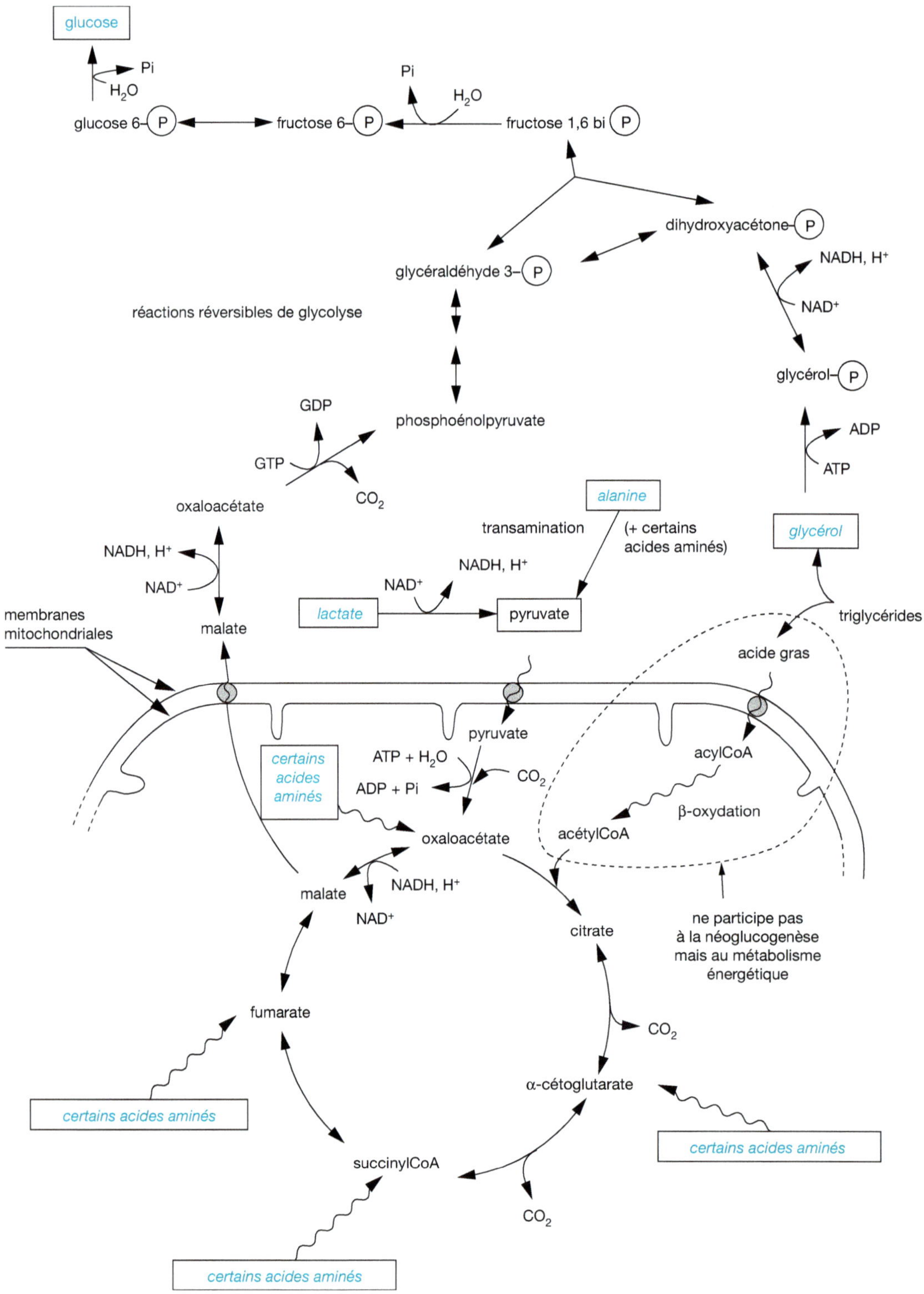

Figure 4.33. Vue d'ensemble de la néoglucogenèse.

8.5. Équation bilan de la néoglucogenèse

L'étude de la néoglucogenèse doit tenir compte du substrat de départ.
Le principal point commun est le passage (pour le lactate et l'alanine) par le pyruvate (cf. *supra*). Nous allons donc travailler à partir de cette molécule :

- le pyruvate ayant 3 atomes de carbone, le glucose 6, il faut donc utiliser 2 molécules de pyruvate ;
- on utilise 2 NADH, H^+ par pyruvate (1 lors du passage oxaloacétate → malate et 1 lors du passage 1,3-biphosphoglycérate → 3-phosphoglycérate). En contrepartie, 1 NAD^+ est consommé au niveau cytosolique pour retransformer le malate en oxaloacétate. Comme 2 molécules de pyruvate sont utilisées, il faut finalement l'intervention de 2 NADH, H^+ ;
- 1 ATP est utilisé lors de la carboxylation du pyruvate en oxaloacétate, 1 GTP (équivalent ATP) pour former du phosphoénolpyruvate, et 1 ATP lors du passage 3-phosphoglycérate → 1,3 biphosphoglycérate ; soit finalement l'équivalent de 6 ATP pour obtenir une molécule de glucose ;
- en tout 6 H_2O sont utilisés (1 pour la carboxylation du pyruvate, 1 lors du passage phosphoénolpyruvate → 2-phosphoglycérate. La réaction, ayant lieu à deux reprises, consomme donc 4 H_2O. Il faut aussi 1 H_2O pour permettre la déphosphorylation du fructose 1,6-bi(P) et 1 H_2O pour la déphosphorylation du glucose 6-(P)) ;
- 1 CO_2 est consommé lors de la carboxylation du pyruvate mais il est libéré lors de la formation du phosphoénolpyruvate. Il n'apparaît donc pas dans l'équation bilan.

On obtient donc finalement :

$$\underset{2(C_3O_3H_4)}{\text{2 pyruvate}} + 2\ NADH, H^+ + 6\ ATP + 6\ H_2O \longrightarrow \underset{(C_6H_{12}O_6)}{\text{glucose}} + 2\ NAD^+ + 6(ADP + (Pi))$$

On peut constater que tous les atomes constitutifs du pyruvate se retrouvent dans le glucose. Les 4 H^+ manquants sont apportés par les coenzymes réduites (2 NADH, H^+). Les 6 H_2O servent finalement à l'hydrolyse des 6 molécules d'ATP aboutissant à la formation d'ADP + (Pi).

8.6. Régulation de la néoglucogenèse

On retrouve les trois principaux mécanismes de régulation permettant un étalement dans le temps.
Seuls les principaux points de régulation sont présentés ici.

La régulation de la néoglucogenèse est étroitement liée à la régulation de la glycolyse. Ces voies métaboliques étant relativement antagonistes, l'une est activée lorsque l'autre est freinée.

8.6.1. *Régulation par allostérie*

La **pyruvate carboxylase** requiert la présence d'acétylCoA comme **activateur allostérique** (il augmente son affinité pour le CO_2). La néoglucogenèse est un métabolisme le plus souvent lié à un contexte de jeûne. L'acétylCoA provient alors essentiellement, au niveau hépatique, de la β-oxydation (catabolisme des acides gras) qui est alors importante. Parallèlement, la concentration mitochondriale élevée en acétylCoA a un effet **inhibiteur sur la pyruvate dH** (responsable de la transformation du pyruvate en acétylCoA), ce qui oriente l'utilisation préférentielle du pyruvate vers la néoglucogenèse.
Ce type de régulation par allostérie est de mise en place très rapide, de l'ordre de la seconde.

8.6.2. *Régulation par phosphorylation réversible*

Le **glucagon** et l'**adrénaline** stimulent au niveau de la cellule hépatique la **formation d'AMPc** qui entraîne l'activation de protéines kinases. Elles provoquent la phosphorylation de la **pyruvate kinase** (enzyme de la glycolyse permettant le passage phosphoénolpyruvate → pyruvate), ce qui la rend inactive. Cette inhibition de la dernière étape de la glycolyse favorise la néoglucogenèse.
En contrepartie, l'insuline (caractéristique de l'état post-prandial) entraîne une déphosphorylation de la pyruvate kinase, ce qui la rend active. Elle stimule ainsi la glycolyse tout en pénalisant la néoglucogenèse.
Ce type de régulation a une mise en œuvre de l'ordre de la minute.

8.6.3. *Régulation par induction ou répression de la biosynthèse d'enzyme*

Une autre modalité de régulation de l'activité enzymatique passe par le contrôle de leur concentration dans la cellule, c'est-à-dire par le contrôle de leur biosynthèse. Elle peut être stimulée (induction) ou inhibée (répression). Ce contrôle a lieu au niveau du noyau par une action au niveau de l'ADN.
Les hormones hyperglycémiantes (glucagon, adrénaline, glucocorticoïdes) stimulent la transcription de certains gènes. C'est le cas des gènes codant la **phosphoénolpyruvate carboxykinase** et la **fructose 1,6-biphosphatase**, qui sont deux enzymes clés de la néoglucogenèse. En revanche, le glucagon inhibe l'expression des gènes codant la phosphofructokinase et la pyruvate kynase, enzymes clés de la glycolyse.
L'insuline peut également agir sur le génome, naturellement dans le sens contraire de façon à inhiber la néoglucogenèse tout en stimulant la glycolyse.
Ce type de contrôle transcriptionnel est opérant au bout de quelques heures.

8.7. Cycle du lactate – Cycle glucose-alanine

Également appelé cycle de Cori, le cycle du lactate met en relation, lors d'un effort intensif (contexte anaérobie), le muscle et le foie.
Sur le plan métabolique, il sollicite d'un côté la fermentation lactique (muscle ou encore hématies) et de l'autre la néoglucogenèse (foie).
Entre le muscle et le foie, peut également s'établir un cycle glucose-alanine. Au niveau musculaire, le pyruvate peut faire l'objet d'une réaction de transamination qui aboutit à la formation d'alanine. L'alanine peut alors quitter la cellule musculaire, passer dans le sang et être récupérée par le foie pour participer à la néoglucogenèse. Le glucose alors formé devient de nouveau disponible, *via* le sang, pour la cellule musculaire qui dans un contexte d'hypoxie est glucodépendante (figures 4.34 et 4.35).

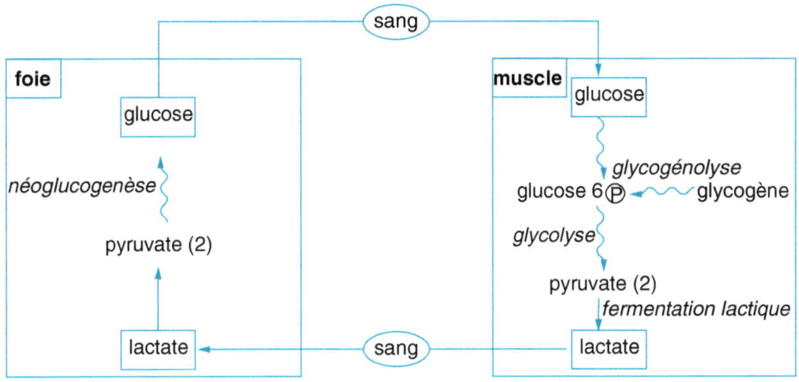

Figure 4.34. Cycle du lactate.

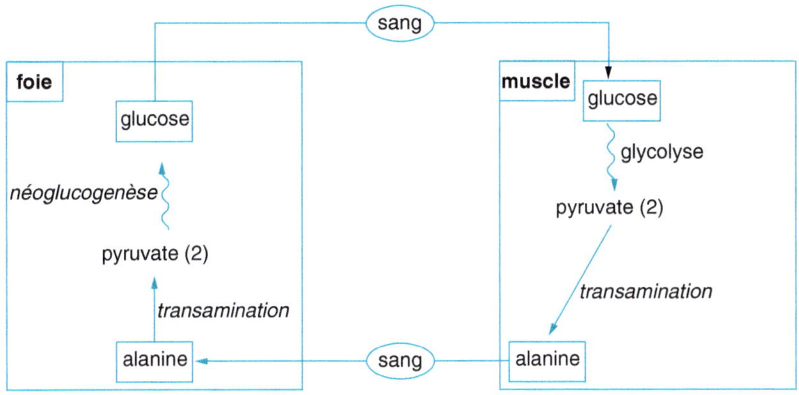

Figure 4.35. Cycle glucose-alanine.

Chapitre 5 Structure des lipides

Objectifs

- Connaître et comprendre l'organisation de cette famille biochimique dont les vitamines liposolubles.
- Connaître la classification des acides gras et faire le lien avec la connaissance des aliments.
- Connaître les propriétés physicochimiques des différents lipides.

1. Présentation générale

›› Définition

Les lipides sont des constituants indispensables pour l'organisme étant donné les différentes fonctions qu'ils assurent. On peut ainsi distinguer :

- les **lipides de structure** : ce sont les **phospholipides** ou encore les sphingolipides, composants de base des membranes biologiques qui permettent de délimiter et de compartimenter la cellule ;
- les **lipides de réserve** : essentiellement localisés au niveau du tissu adipeux, ils constituent la principale réserve énergétique de l'organisme, ce sont les **triglycérides**. La dégradation des acides gras (β-oxydation) va permettre une production importante d'énergie sous forme d'ATP. Ce sont eux qui présentent le meilleur rendement calorique ; les lipides ont donc un rôle énergétique important ;
- les **lipides ayant une activité biologique** : c'est le cas des eicosanoïdes, dérivés de certains acides gras, jouant le rôle de molécules informationnelles de type hormonal ou encore comme médiateur du système immunitaire. On retrouve dans cette catégorie les prostaglandines, la prostacycline, le thromboxane ou encore les leucotriènes.

Sur le plan biochimique, les lipides se caractérisent par leurs propriétés physicochimiques avec pour principal trait **leur comportement hydrophobe**. Ils sont donc insolubles dans l'eau alors qu'ils le sont dans les solvants organiques (alcool, chloroforme, cyclohexane...).

Il est aussi possible de classer les lipides en deux grands groupes en fonction de leur composition atomique :

- les **lipides simples** sont constitués d'atomes de carbone, d'hydrogène et d'oxygène. Cette catégorie recouvre les acides gras, les glycérides, les stérides et les cérides ;
- les **lipides complexes** : à la composition atomique précédente s'ajoute le phosphore, l'azote ou le soufre (glycérophospholipides et sphingolipides).

Toutes ces molécules contiennent au moins un acide gras, qui peut être considéré comme l'élément de base commun à tous les lipides.

On peut distinguer un troisième groupe, celui des **composés à caractère lipidique**, qui regroupe les **dérivés des stérols** et les **vitamines liposolubles**. L'absence d'acide gras dans leur structure fait que ce ne sont pas de vrais lipides. Toutefois, leur comportement hydrophobe (et liposoluble) fait qu'on les rattache aux lipides.

2. Acides gras

2.1. Classification des acides gras

›› Définition

Ces molécules organiques sont constituées d'un seul groupement fonctionnel : une **fonction carboxylique**. Le reste de la molécule est constitué d'une chaîne carbonée plus ou moins longue, dite **chaîne aliphatique**. Ils font donc partie de la famille des acides carboxyliques mais avec pour caractéristiques communes :
- d'être à nombre pair d'atome de carbones (sauf de rares exceptions) ;
- d'avoir une chaîne aliphatique linéaire, c'est-à-dire non ramifiée.

Les différents acides gras (AG) se différencient d'une part par le **nombre de carbones**, d'autre part par la présence ou non d'**insaturations** (c'est-à-dire de doubles liaisons au sein de la chaîne carbonée).
Plus d'une centaine d'acides gras sont actuellement répertoriés, dont nous ne présenterons que les plus importants sur les plans alimentaire et physiologique. La nomenclature systémique est souvent délaissée au bénéfice des noms usuels. Une notation est tout de même utilisée pour préciser le nombre de carbone, ainsi que le nombre et la position d'éventuelles doubles liaisons.
L'écriture (16:0) signifie qu'un acide gras possède 16 atomes de carbone et 0 double liaison. Il s'agit ici de l' **acide palmitique** (figure 5.1).

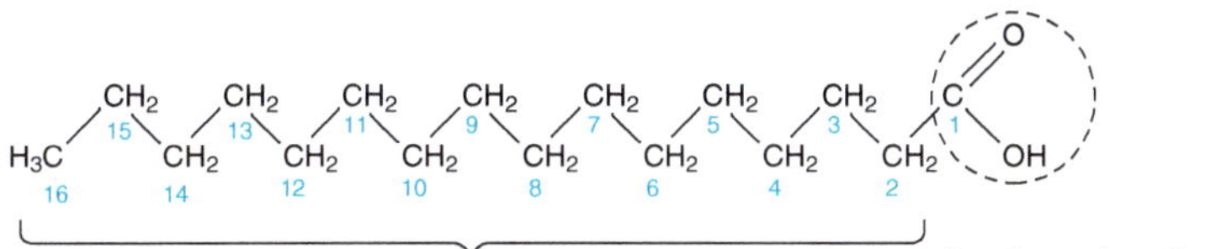

Ce qui peut être noté, en plus condensé : $H_3C—(CH_2)_{14}—COOH$

Figure 5.1. Structure de l'acide palmitique (16:0).

La notation (16:1 Δ^9) précise qu'une double liaison est placée sur le carbone 9. C'est le cas de l'**acide palmitoléique**.
Deux autres notations peuvent être utilisées pour préciser la position des doubles liaisons. On note n (nombre total de carbones) ou encore ω (oméga, numéro du dernier carbone) moins un chiffre. Le résultat de cette soustraction donne la position de la double liaison. Cela donne pour notre exemple (16:1 n-7) ou (16:1 ω-7). n-7 → 16 – 7 = 9 : donc la double liaison est située sur le carbone n° 9 et établie avec le suivant (carbone n° 10 ici). Lorsqu'il y a plusieurs doubles liaisons, le résultat obtenu donne la position de la dernière ; on en déduit la position des autres en sachant qu'elles sont positionnées tous les 3 carbones. Par exemple, cela donne pour l'**acide linoléique** : (18:2 $\Delta^{9,12}$) ou (18:2 n-6) ou encore (18:2 ω-6). 18 – 6 = 12, donc la dernière double liaison est sur le carbone n° 12 et la précédente sur le carbone n° 9 (figure 5.2).

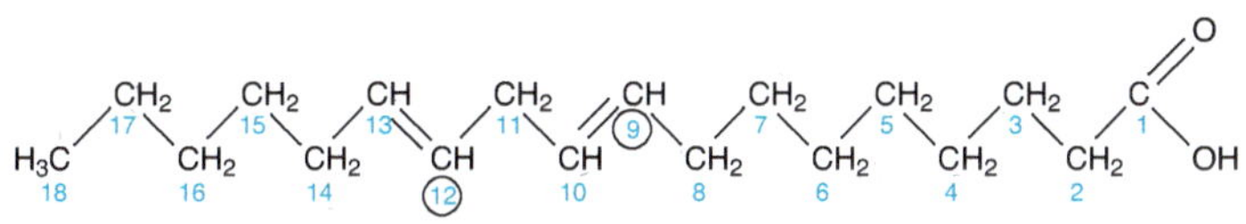

ou encore : $H_3C—(CH_2)_4—CH{=}CH—CH_2—CH{=}CH—(CH_2)_7—COOH$ (12) (9)

Figure 5.2. Structure de l'acide linoléique (18:2 ^{9,12}).

2.1.1. *Acides gras volatils*

›› Définition

Ce sont des acides gras particuliers car ils sont très courts (2 à 4 carbones). De ce fait, ils passent facilement à l'état gazeux, d'où leur nom générique. Cette singularité est encore renforcée par leur **hydrosolubilité**. On en distingue trois :
- l'**acide acétique** (2:0), nom usuel de l'**acide éthanoïque** ;
- l'**acide propionique** (3:0), également appelé **acide propanoïque** ;
- l'**acide butyrique** (4:0) ou **acide butanoïque**.

Ces molécules peuvent se retrouver au niveau du côlon, produites par la flore intestinale (microbiote), et être absorbées par la muqueuse intestinale à des fins énergétiques. Étant à la fois liposolubles et hydrosolubles, les AG sont absorbés par les entérocytes par simple diffusion. Ils passent directement au niveau des capillaires sanguins où ils sont véhiculés librement dans le plasma pour rejoindre la veine porte. Autrement dit, ils ne suivent pas le cheminement des acides gras longs via les chylomicrons et le système lymphatique.
L'acide butyrique entre dans la composition du beurre. L'acide propionique se retrouve dans les fromages affinés. L'acide acétique est présent dans le vinaigre.

2.1.2. *Acides gras saturés*

Les chaînes aliphatiques des acides gras saturés ne présentent pas de double liaison, d'où leur nom générique. De ce fait, seule la fonction carboxylique est dotée de propriétés réactionnelles.
Les acides gras saturés les plus fréquents sont :
- l'**acide laurique** (12:0) qui doit son nom à sa présence dans le laurier ;
- l'**acide myristique** (14:0) présent dans la muscade ;
- l'**acide palmitique** (16:0) abondant dans les graisses animales et dans les huiles végétales (huile de palme). C'est une molécule importante car c'est sous cette forme que s'effectue la biosynthèse des acides gras dans l'organisme ;
- l'**acide stéarique** (18:0) abondant dans les graisses animales ;
- l'**acide arachidique** (20:0) présent dans l'arachide.

2.1.3. *Acides gras insaturés*

La présence d'une seule double liaison au niveau de la chaîne carbonée fait qualifier l'acide gras de **mono-insaturé**. Dès qu'il y en a au moins deux, on parle d'acide gras **poly-insaturé**.
Les plus fréquemment rencontrés sont :
- l'**acide palmitoléique** (16:1 Δ^{9}) ou (16:1 ω-7) ou encore (16:1 ω-7), présent dans certaines graisses animales (poissons marins) ;
- l'**acide oléique** (18:1 Δ^{9}) ou (18:1 ω-9), très abondant dans les huiles végétales, notamment dans l'huile d'olive. Quantitativement, c'est le principal acide gras mono-insaturé de l'organisme ;
- l'**acide linoléique** (18:2 $\Delta^{9,12}$) ou (18:2 ω-6), présent dans le lin, d'où son nom, et retrouvé dans les huiles végétales (tournesol, soja, maïs...) ;
- l'**acide α-linolénique** (18:3 $\Delta^{9,12,15}$) ou (18:3 ω-3), présent dans les huiles végétales (colza, soja...) ;
- l'**acide arachidonique** (20:4 $\Delta^{5,8,11,14}$) ou (20:4 ω-6), présent dans les viandes ;
- l'**acide eicosapentaénoïque (EPA)** (20:5 $\Delta^{5,8,11,14,17}$) ou (20:5 ω-3), retrouvé dans les graisses de poissons ;
- l'**acide docosahexaénoïque (DHA)** (22:6 $\Delta^{4,7,10,13,16,19}$) ou (22:6 ω-3), présent également dans les poissons gras.

La plupart des acides gras insaturés naturels présentent des doubles liaisons cis. Cette notation témoigne d'une isomérie de position des chaînes carbonées de part et d'autre de la double liaison.

Si elles sont du même côté, la liaison est dite **cis**, si elles sont au-dessus et en dessous la liaison et dite **trans**.

Les acides gras trans (AGT) peuvent avoir une origine naturelle *via* l'alimentation. Ils se forment au niveau du rumen (hydrogénation bactérienne) chez les ruminants d'élevage (vache, chèvre, brebis). On retrouve les AGT dans le lait et ses produits dérivés et dans une moindre mesure dans les viandes.

Attention

L'acide linoléique et **l'acide α-linolénique** ne peuvent être biosynthétisés par l'organisme (seuls les végétaux en sont capables). Comme ils sont nécessaires au fonctionnement de l'organisme, ils doivent être impérativement apportés par l'alimentation. On parle alors d'**acides gras indispensables** (cf. Biosynthèse des acides gras insaturés).

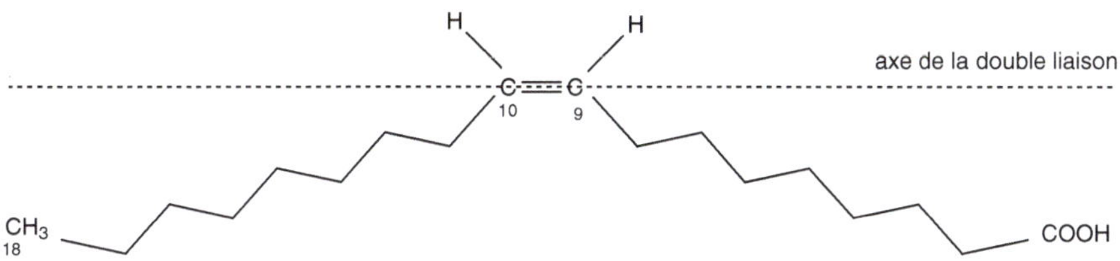

Forme cis (acide oléique)

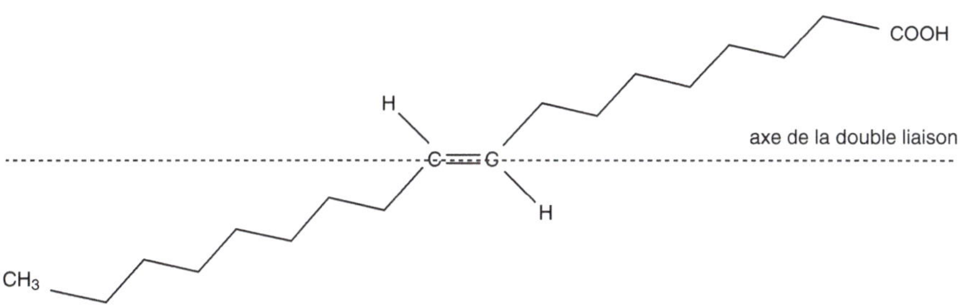

Forme trans (acide élaïque)

Attention

La principale origine des AGT est technologique : elle est due à la transformation industrielle par hydrogénation partielle des acides gras présents dans les huiles végétales. Ils permettent ainsi la fabrication des margarines ou bien sont incorporés en biscuiterie, viennoiserie et confiserie.

De nombreuses études tendent à montrer la corrélation positive qu'il y a entre la consommation d'AGT et les complications cardiovasculaires et ce d'autant plus quand ils ont une origine industrielle car leurs apports sont alors quantitativement significatifs.

2.2. Propriétés physicochimiques des acides gras

Les propriétés des acides gras proviennent essentiellement de leur structure dite bipolaire, c'est-à-dire qu'ils possèdent deux pôles :

- un **pôle hydrophile**, dû à la fonction carboxylique qui, à pH physiologique (environ 7), est sous sa forme dissociée c'est-à-dire anionique ($R\text{-}COO^-$), ce qui renforce son attraction pour l'eau ;
- un **pôle hydrophobe**, dû à la chaîne carbonée qui, même avec des doubles liaisons, reste apolaire, et ne supporte donc pas le contact avec l'eau.

À partir de 12 carbones, l'acide gras est considéré comme long et devient totalement insoluble en milieu aqueux.
Cette propriété est importante car elle conditionne les modalités de transformation et de distribution des acides gras dans l'organisme :
- nécessité des sels biliaires pour assurer l'émulsion des lipides alimentaires afin de permettre leur digestion par les lipases pancréatiques et de faciliter leur absorption intestinale ;
- nécessité d'une prise en charge des lipides par des lipoprotéines ou l'albumine pour permettre leur transport plasmatique (ou lymphatique).

2.2.1. *Propriétés physiques*

2.2.1.1. Densité et solubilité

Densité

Les acides gras ont une densité inférieure à celle de l'eau (densité de référence), ce qui explique pourquoi l'huile remonte à la surface de l'eau (ou du vinaigre) quand l'émulsion n'est pas stabilisée (cas de la vinaigrette).

Solubilité

Les acides gras étant bipolaires (c'est-à-dire qu'ils présentent un pôle hydrophile et un pôle hydrophobe), le comportement global de la molécule dépend de la taille de la chaîne aliphatique. Si elle est petite, c'est le comportement hydrophile qui l'emporte : la molécule est donc soluble en milieu aqueux, c'est le cas des **acides gras courts**, c'est-à-dire ayant moins de 6 carbones. Cela concerne également les acides gras dits à chaîne moyenne (6 à 10 carbones).

2.2.1.2. Point de fusion

› Définition

Le point de fusion est la température à laquelle l'acide gras change d'état, c'est-à-dire passe de l'état solide à l'état liquide. Cela correspond en fait à l'énergie nécessaire pour agiter les molécules et les faire passer d'une situation fixe, ordonnée (état solide) à une situation où les molécules se déplacent continuellement et de façon aléatoire (état liquide).

Plus la chaîne carbonée est longue (et saturée), plus la température de fusion est élevée. En effet, plus la chaîne aliphatique est longue, plus les régions d'alignement où s'expriment des **forces de Van der Waals** sont importantes et donc plus il faut d'énergie thermique pour dissocier les molécules (sans les casser pour autant) et les faire passer à l'état liquide.
Les forces de Van der Waals sont des interactions entre atomes voisins intermoléculaires. Ces interactions dépendent de la distance qui les sépare. Si les atomes sont trop loin l'un de l'autre, il n'y aura pas d'interaction. S'ils sont trop proches, il y a alors un phénomène de répulsion. Mais à une distance adéquate (de l'ordre du nanomètre), s'établit alors un phénomène d'attraction (figure 5.3).
À l'état solide, les molécules sont, au mieux, à une distance correspondant à la zone d'attraction. Leur bon alignement, à distance adéquate, contribue à la consistance du solide. Plus elle sera importante, plus il faudra d'énergie thermique pour les dissocier.
En revanche, le point de fusion diminue avec le degré d'insaturation.

Figure 5.3. Forces de Van der Waals.

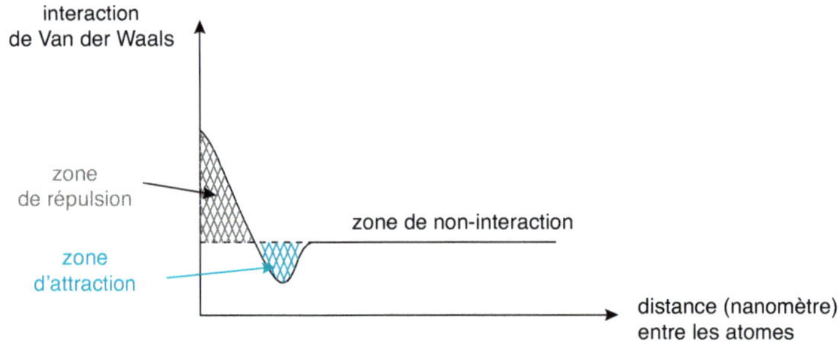

La présence d'une double liaison entraîne une déviation de la chaîne carbonée, d'où une diminution des zones de contacts ; il faut donc moins d'énergie thermique pour séparer les molécules (figure 5.4).

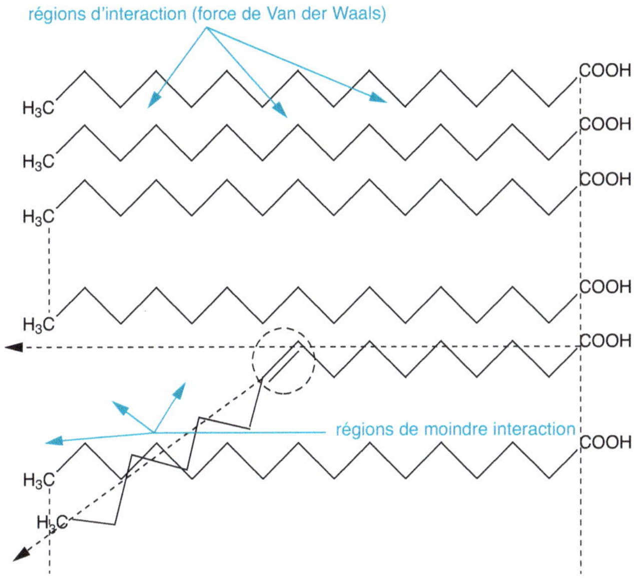

Figure 5.4. Déviation de la chaîne aliphatique par la présence d'une double liaison.

Applications

Voici quelques exemples de point de fusion :
- acide butyrique : −6,5 °C ;
- acide palmitique : +63 °C ;
- acide stéarique : +70 °C ;
- acide oléique : +13,5 °C ;
- acide linoléique : −5 °C.

On comprend mieux pourquoi les graisses animales (riches en acide gras saturés) sont encore solides à température ambiante, alors que les huiles végétales (riches en acides gras insaturés) sont déjà liquides.

2.2.2. *Propriétés chimiques*

2.2.2.1. Fonction carboxylique

La fonction carboxylique a par définition un comportement acide, c'est-à-dire qu'elle est capable de céder un proton ; comme cette dissociation est partielle, on parle alors **d'acide faible** :

$$R-COOH \longleftrightarrow R-COO^- + H^+$$

À pH physiologique (pH = 7,3-7,4), la forme anionique est majoritaire.
Il est possible d'utiliser cette propriété pour calculer l'**indice d'acidité** (ou **indice de saponification**, Is). Il s'agit d'une réaction de neutralisation de l'acidité par l'addition d'hydroxyde de potassium :

$$R-COOH + KOH \longrightarrow R-COO^- K^+ + H_2O$$

On note la formation d'eau et de sels de potassium (savon).

Applications

Is correspond à la masse (en mg) d'hydroxyde de potassium nécessaire pour saponifier (neutraliser) les acides gras contenus dans 1 g de lipide.

Is est utilisé comme critère de qualité pour des corps gras ; plus Is est faible moins il faut de molécules de KOH pour permettre la neutralisation, donc moins il y a de molécules d'acides gras dans 1 g de lipide, donc plus les acides gras sont longs. Is est donc inversement proportionnel à la longueur moyenne des acides gras.

Is peut aussi permettre de renseigner sur la nature d'un corps gras :
- beurre : Is = 226
- saindoux : Is = 196
- huile d'olive : Is = 186

La fonction carboxylique se caractérise également par son implication dans la **réaction d'estérification**. Il s'agit d'une condensation avec une fonction alcool (figure 5.5).

Figure 5.5. Réaction d'estérification.

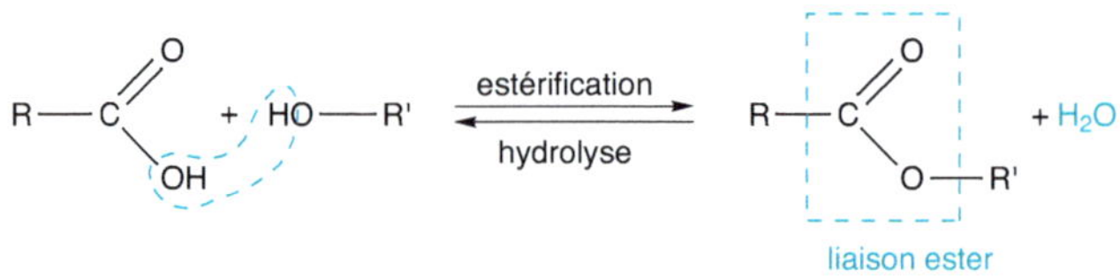

L'estérification peut être utilisée pour permettre une séparation et une analyse des acides gras présents dans un corps gras. On utilise pour cela la technique de chromatographie en phase gazeuse (cf. p. 247).

C'est une réaction importante pour l'utilisation des acides gras dans l'organisme :
- elle permet leur stockage (avec le glycérol, sous forme de triglycéride), essentiellement au niveau du tissu adipeux ;
- elle permet leur utilisation métabolique (cf. β-oxydation) lorsqu'elle a lieu avec la coenzyme A (notée CoA-SH). On forme alors un acylCoA qui présente une liaison thioester. Elle se caractérise par un haut potentiel énergétique permettant d'amorcer les réactions enzymatiques utilisant les acides gras. C'est pourquoi on parle de réaction d'activation des acides gras (figure 5.6).

Figure 5.6. AcylCoA.

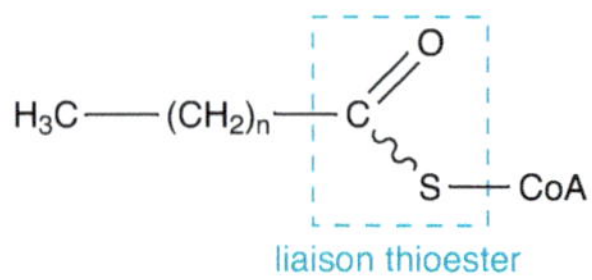

2.2.2.2. Chaîne carbonée

Lorsque la chaîne carbonée est saturée, elle est très peu réactive ; elle exprime uniquement son comportement hydrophobe. À l'inverse, la présence de doubles liaisons confère à cette région de la molécule une certaine réactivité. En effet, les liaisons éthyléniques (**insaturations**) peuvent faire l'objet d'une **réaction d'addition**. Sous l'effet d'un catalyseur, la double liaison s'ouvre et les deux atomes de carbone concernés peuvent fixer un atome ou un groupement d'atomes (figure 5.7).
La réaction d'addition peut avoir lieu avec des halogènes, comme l'iode.

Figure 5.7. Fixation de l'iode sur une double liaison.

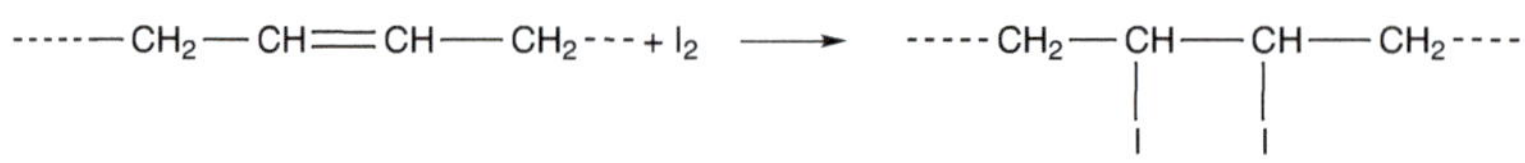

Applications

Cette réaction est utilisée pour définir l'indice d'iode (Ii). Ii correspond à la masse d'iode moléculaire (en g) fixé sur les doubles liaisons pour 100 g de lipides. Cette valeur est précisément définie pour un acide gras donné :

- acide palmitoléique : Ii = 100
- acide oléique : Ii = 89,9
- acide linoléique : Ii = 181

Ii augmente avec le nombre d'insaturations.

On peut aussi mesurer cet indice pour un corps gras :

- huile de tournesol : Ii = environ 132
- huile d'olive : Ii = environ 95

Ii permet d'apprécier la pureté de la matière grasse utilisée dans une préparation alimentaire.

Cette réactivité des doubles liaisons des chaînes carbonées peut aussi être à l'origine de **réactions d'oxydation** (peroxydation) par des radicaux libres entraînant l'altération de ces molécules. Les radicaux libres présentent un nombre impair d'électrons, ce qui les rend très réactifs et cytotoxiques. On parle de **cytotoxicité** car ces réactions peuvent avoir lieu avec des acides gras insaturés constitutifs des membranes plasmiques, ce qui favorise leur fragilisation (cf. p. 237).
L'exposition des lipides alimentaires à l'oxygène entraîne également leur altération, c'est le rancissement.

3. Glycérolipides

3.1. Glycérides

Appelés aussi **acylglycérols**, les glycérides sont des esters d'acides gras et de glycérol. Le glycérol est un alcool constitué de trois atomes de carbone présentant chacun une fonction alcool donc trois sites potentiels d'estérification. On peut donc former des **monoglycérides** (glycérol + 1 acide gras), des diglycérides (glycérol + 2 acides gras) et des triglycérides (glycérol + 3 acides gras) ou triacylglycérol (figure 5.8).

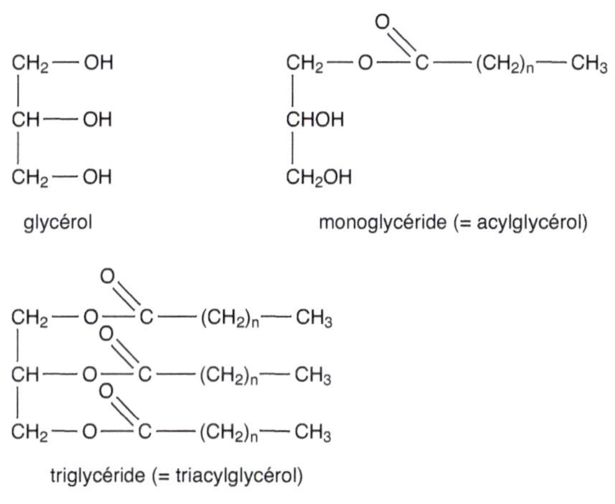

Figure 5.8. Structure des glycérides.

> Lorsque qu'un acide gras est estérifié, il prend la terminaison **-yl** (l'acide palmitique devient ainsi le palmityl). Le terme **acyl** est utilisé comme terme générique, lorsque la nature de l'acide gras n'est pas précisée. Ensuite, on précise l'autre molécule ayant participé à l'estérification. On obtient donc ici le palmitylglycérol (c'est un monoacylglycérol).

Pour les **diglycérides**, on utilise un préfixe multiplicateur quand les acides gras sont les mêmes (exemple : distéaryl glycérol) ; en revanche, on précise la composition lorsqu'ils sont différents (exemple : palmityl-oléyl glycérol).
Pour être plus précis on peut noter la position des acides gras sur le squelette carboné du glycérol (exemple : 1-palmityl-2-oléyl glycérol).
Les **triglycérides** obtenus sont qualifiés **d'hétérogènes** (acides gras constitutifs différents) ou **d'homogènes** (acides gras constitutifs identiques). Dans ce dernier cas, on peut remplacer la terminaison -yl par la terminaison **-ine**. Ainsi, le tripalmitylglycérol peut être nommé palmitine.
Comme toutes les fonctions alcools sont estérifiées, les **triglycérides** présentent la particularité d'être totalement **hydrophobes**. Ils deviennent **apolaires**, donc particulièrement **insolubles** dans les milieux aqueux.
Les triglycérides sont des molécules importantes car c'est essentiellement sous cette forme :

- que les acides gras sont présents dans l'alimentation ;
- qu'ils sont stockés dans l'organisme, essentiellement au niveau du tissu adipeux ;
- qu'ils sont parfois transportés dans le sang et la lymphe (grâce aux lipoprotéines).

3.2. Glycérophospholipides

3.2.1. *Approche structurale*

Appartenant au groupe des lipides complexes, ils sont constitués d'une molécule de glycérol sur laquelle sont estérifiés deux acides gras. La troisième fonction alcool est estérifiée par une molécule d'acide phosphorique. Cet ensemble forme l'**acide phosphatidique** (= diacylglycérolphosphate), molécule commune aux différents glycérophospholipides :

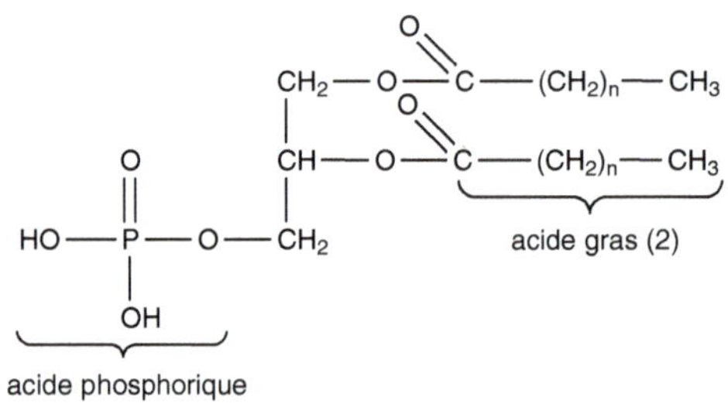

Ce qui peut être schématisé ainsi : voir la figure 5.9.

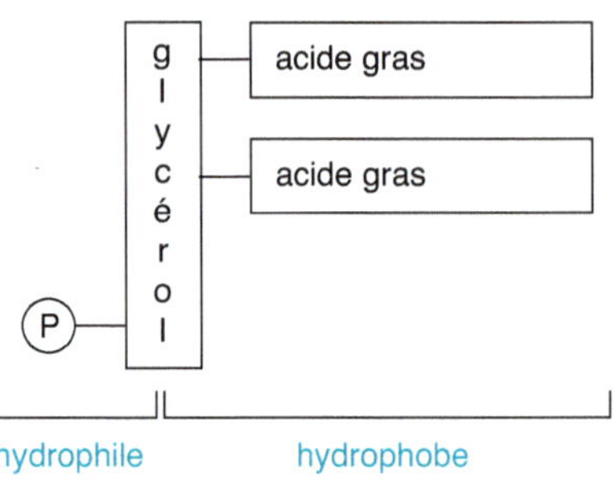

Figure 5.9. Représentation de l'acide phosphatidique (= diacylglycérolphosphate).

L'acide phosphorique fait ensuite l'objet d'une substitution par une molécule présentant une fonction alcool. C'est en fonction de la nature de cette molécule que l'on distingue les **différents glycérophospholipides** (figures 5.10, 5.11, 5.12) :

- substitution par la **choline**, pour former la **phosphatidyl-choline**. Ce composé, également appelé **lécithine** (terme parfois utilisé pour désigner l'ensemble des glycérophospholipides), est retrouvé dans la plupart des membranes plasmiques et, sur le plan alimentaire, au niveau du jaune d'œuf par exemple ;
- substitution par l'**éthanolamine** pour former la **phosphatidyl-éthanolamine** ;
- substitution par la **sérine** pour former la **phosphatidyl-sérine**. La phosphatidyl-étanolamine et la phosphatidyl-sérine sont parfois encore appelées **céphalines**. Ce terme ancien présente l'intérêt de rappeler qu'elles sont localisées de façon importante au niveau du cerveau ;
- substitution par l'inositol, aboutissant au phosphatidyl-inositol.

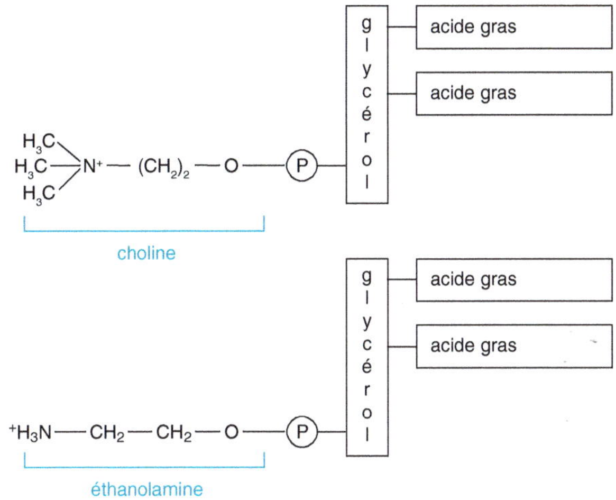

Figure 5.10. Phosphatidyl-choline (lécithine) et phosphatidyl-éthanolamine.

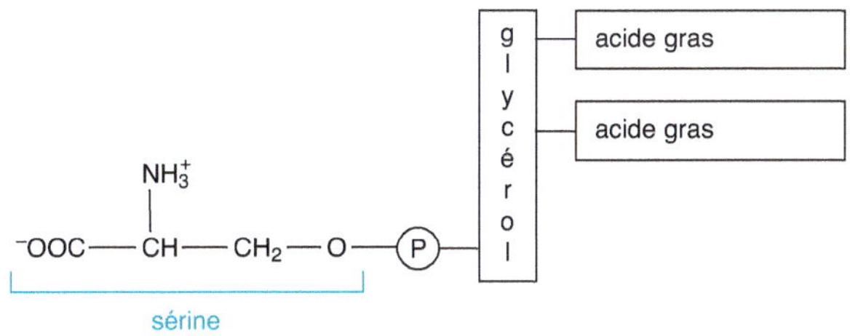

Figure 5.11. Phosphatidyl-sérine.

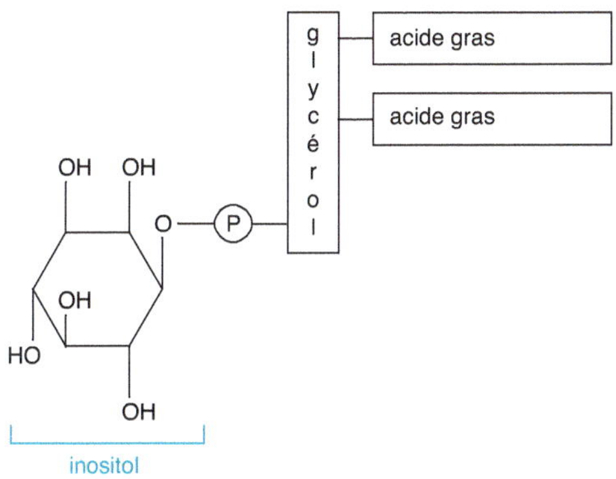

Figure 5.12. Phosphatidyl-inositol.

> On peut constater que ces trois premiers exemples de substitution présentent des charges nettes à pH physiologique. Cet état ionique renforce le comportement hydrophile de la région substituée.

Localisée au niveau de la membrane plasmique (côté cytosolique), cette molécule peut donner naissance à un médiateur chimique (second messager). Sous l'effet d'une phospholipase, dont l'activité est amorcée *via* un récepteur hormonal, il y a libération d'inositol triphosphate (noté IP3). IP3 peut ensuite provoquer l'ouverture de canaux calciques d'où une augmentation de sa concentration dans le cytosol. Ce mécanisme permet par exemple de déclencher la contraction des muscles lisses.
La particularité de tous ces glycérophospholipides est qu'ils présentent un pôle hydrophile important (dû au phosphate et à sa substitution) et bien sûr un pôle hydrophobe, lié aux chaînes aliphatiques des acides gras. On dit alors que la molécule est **amphiphile**.
Ces molécules constituent l'architecture de base de la **membrane plasmique**. Elle a pour rôle initial de séparer le milieu extracellulaire (liquide interstitiel) du milieu intracellulaire (cytoplasme). Dans les deux cas, ce sont des milieux aqueux. De ce fait, pour que la membrane soit stable il est impératif que les glycérophospholipides soient disposés en double couche, de façon à ce que les pôles hydrophobes soient en vis-à-vis et que les pôles hydrophiles soient en contact avec les milieux aqueux (figure 5.13).

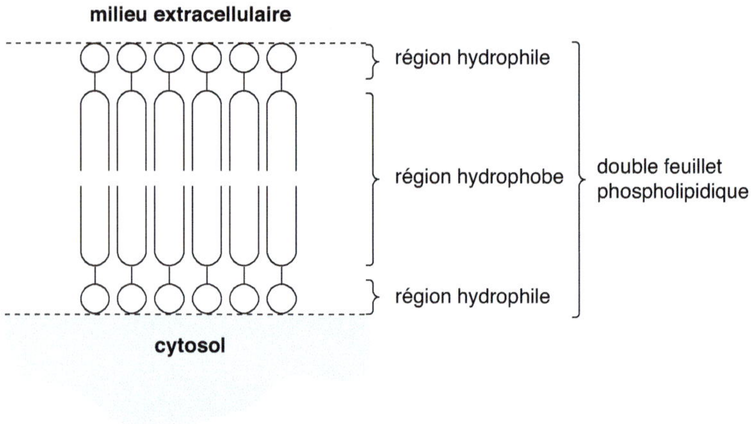

Figure 5.13. Double feuillet phospholipide.

3.2.2. *Approche fonctionnelle : perméabilité de la membrane plasmique*

Par leur disposition particulière en **double feuillet**, les phospholipides créent une **barrière semi-perméable** entre le milieu extracellulaire et le milieu intracellulaire. La région hydrophobe va ainsi s'opposer au passage des molécules de taille importante (comme les protéines par exemple), aux ions (Na^+, Cl^-, Ca^{2+}...) et aux molécules hydrophiles telles que le glucose ou encore les acides aminés.
En revanche, elle pourra laisser passer les molécules liposolubles comme les acides gras, les hormones stéroïdes, les vitamines liposolubles, l'éthanol, le glycérol...
De par leur petite taille, l'eau, l'O_2 et le CO_2 peuvent passer librement entre les phospholipides.
La semi-perméabilité qu'ils imposent est trop restrictive pour permettre un bon développement de la cellule ; certaines **protéines membranaires** vont jouer un rôle capital en permettant le **transport spécifique** de certaines molécules. Elles occupent différents emplacements dans la membrane plasmique, toutefois

les **protéines transmembranaires** sont le plus souvent impliquées dans les mécanismes de transport (figure 5.14).
Dès lors, différentes modalités de passage peuvent se présenter.

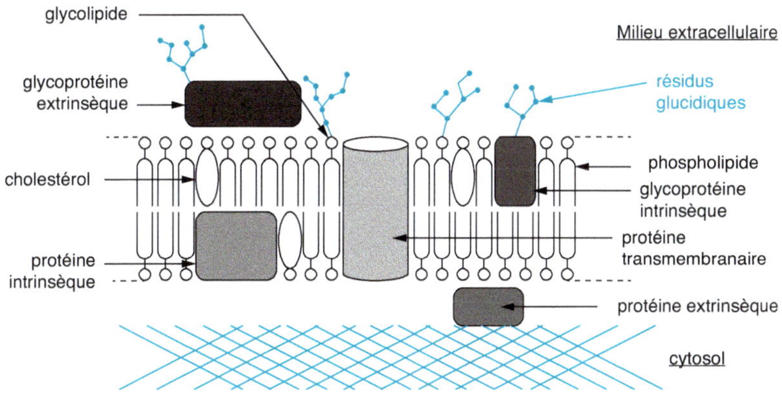

Figure 5.14. Structure de la membrane plasmique.

3.2.2.1. Passage par simple diffusion (eau, O_2, CO_2, acide gras, urée, glycérol, hormones stéroïdes, vitamines ADEK, corps cétoniques...)

Les molécules passent librement, mais le sens de leur déplacement est conditionné par le **gradient de concentration**. C'est-à-dire que les molécules se déplacent de la région la plus concentrée vers la région la moins concentrée et ce jusqu'à l'égalité des concentrations (figure 5.15).

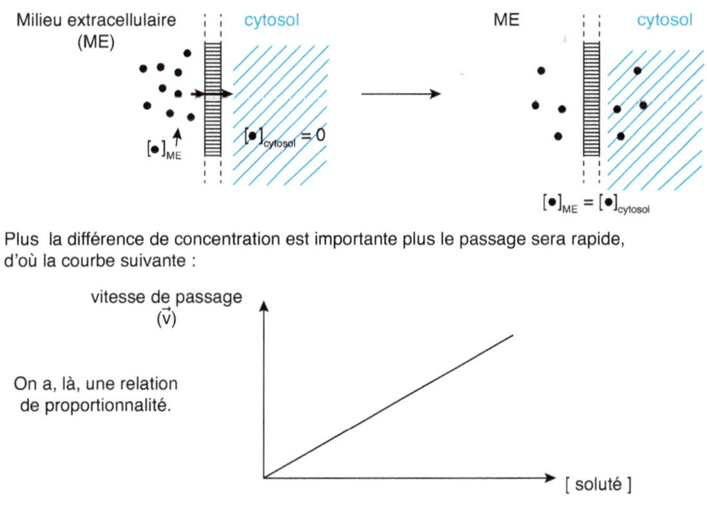

Figure 5.15. Passage par simple diffusion.

3.2.2.2. Passage par un transport facilité (Na^+, K^+, Cl^-, Ca^{2+}, glucose, acide aminé...)

Ce passage implique une **protéine membranaire spécifique**. Cela signifie qu'elle laisse passer une molécule bien particulière. La spécificité s'appuie sur le principe de **complémentarité conformationnelle**, autrement dit il faut que le transporteur et la molécule aient une forme tridimensionnelle complémentaire, un peu comme le système clé-serrure. Cela peut être modélisé comme sur la figure 5.16.

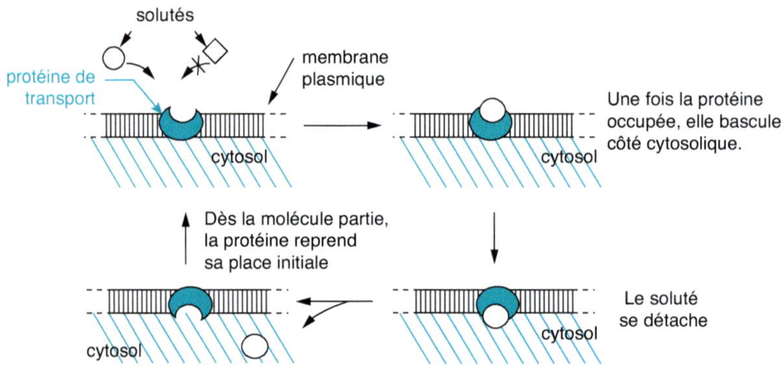

Figure 5.16. Modélisation d'un transport facilité simple, de type uniport.

Si le passage de la molécule se fait en suivant le gradient de concentration alors le transport facilité est dit **simple de type uniport**.
C'est le cas des **GLUT**, protéine spécialisée dans le passage membranaire du glucose.
Une nouvelle cinétique de la vitesse de passage apparaît alors (figure 5.17).

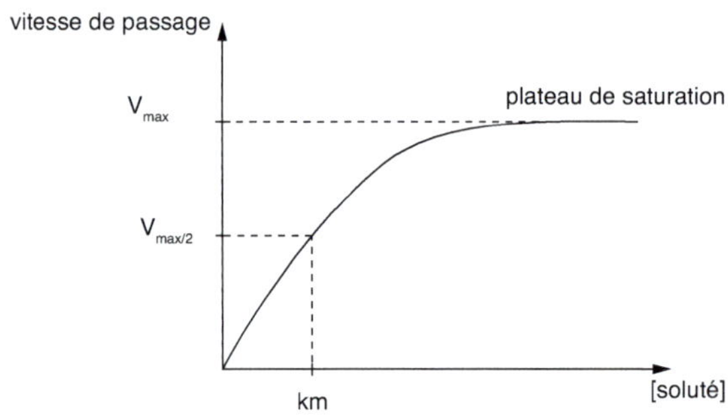

Figure 5.17. Cinétique de passage pour un transport facilité simple.

Cela amène la notion de **saturation**, on a beau continuer à augmenter la concentration en soluté à transporté, la vitesse n'augmentera pas. Cela est lié au fait que toutes les protéines de transport sont déjà occupées par une molécule en train de passer ; les molécules supplémentaires doivent attendre. Il s'en dégage une **vitesse maximale de passage (Vmax)** à partir de laquelle on peut calculer le **Km**, qui correspond graphiquement à Vmax/2. Ce Km traduit l'**affinité** de la protéine pour la molécule à transporté ; plus la valeur Km est faible, plus l'affinité est forte. On retrouve ici un raisonnement tout à fait similaire celui d'une cinétique enzymatique (cf. p. 167).
Si le passage implique deux molécules en même temps, on parle alors de **cotransport**. Si elles vont dans le même sens, il est dit **symport** sinon il est dit **antiport**.
Le passage par transport facilité peut aussi aller contre le gradient de concentration. Il faut alors consommer de l'énergie sous forme d'ATP.
Son hydrolyse en ADP + Ⓟi va permettre de libérer de l'énergie chimique rendant possible le travail de la protéine de transports souvent appelées : pompe. C'est le cas des pompes Na^+/K^+. Le transport est alors qualifié de **transport actif**.
Ces différentes modalités de transport facilité se retrouvent lors de l'absorption du glucose par les entérocytes (cf. p. 39).

3.2.2.3. Endocytose/exocytose (enzymes, immunoglobulines, certaines hormones, lipoprotéines...)

Quand les éléments à faire passer sont trop volumineux, alors un mécanisme bien différent est mis en œuvre pour franchir la membrane plasmique.
L'**endocytose** permet l'entrée dans la cellule via le mouvement d'une portion de la membrane qui se creuse, s'invagine et finit par envelopper la molécule à intégrer. Elle est alors compartimentée dans une vésicule d'endocytose. Le mécanisme est tel qu'à aucun moment, il n'y a discontinuité de la membrane plasmique, ce qui serait fatal pour la cellule (cf. l'endocytose des remnants de chylomicrons par l'hépatocyte p. 134).
L'**exocytose** peut être vue comme le mouvement inverse (figure 5.18). Elle se fait à partir d'une vésicule membranaire dont la structure biochimique est similaire à celle de la membrane plasmique (cf. le schéma de la biosynthèse de l'insuline p. 153).

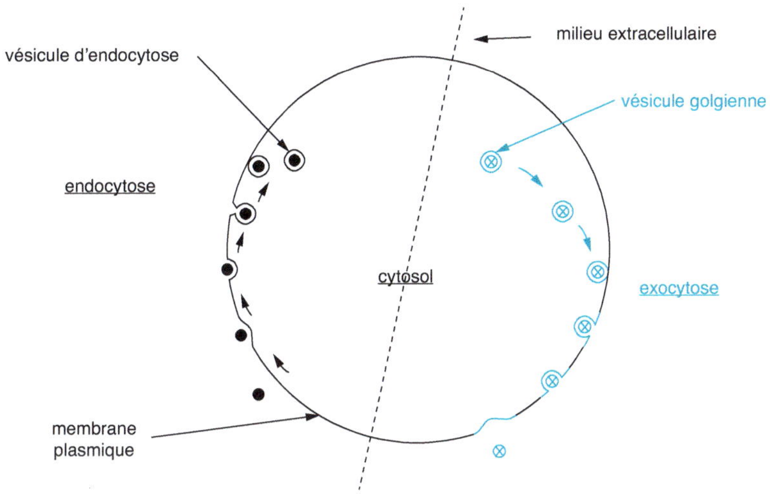

Figure 5.18. Mouvement d'endocytose/exocytose.

4. Sphingolipides

Ces lipides complexes résultent de la condensation d'un acide gras avec un alcool aminé : la **sphingosine** (figure 5.19).

$H_3C — (CH_2)_{12} — CH \quad CH — CHOH — CH(NH_2) — CH_2OH$

Ce qui peut être schématisé par :

[sphingosine] — CH_2OH ← point de substitution
|
NH_2 ← point de fixation d'un acide gras

Figure 5.19. Représentation de la sphingosine.

La liaison avec l'acide gras se produit au niveau de la fonction amine grâce à une liaison amide. On forme alors un **céramide** (figure 5.20).
Assez rares sous cette forme, les céramides font l'objet de substitutions au niveau de la fonction alcool primaire, par fixation d'un phosphate et d'une choline. L'ensemble forme la **sphingomyéline** (figure 5.21).

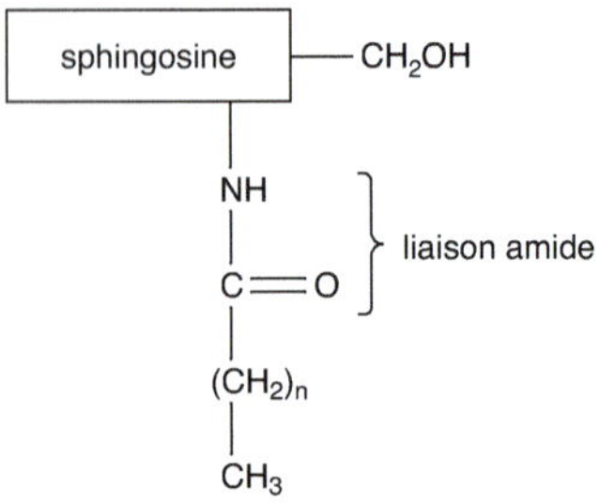

Figure 5.20. Céramide.

Les substitutions (toujours au niveau de la fonction alcool primaire) peuvent également se faire avec un ou plusieurs oses, pour former alors des **sphingo-glycolipides**. On peut ainsi rencontrer la condensation entre une molécule de céramide et une molécule de galactose : cela constitue un **galactocérébroside**. La condensation entre un céramide est plusieurs oses constitue un **ganglioside**. Ces deux exemples se retrouvent de façon importante au niveau du tissu nerveux. Lorsqu'ils sont situés sur la face externe de la membrane plasmique, certains sphingoglycolipides peuvent jouer le rôle de molécules de reconnaissance cellulaire. On parle alors d'**antigènes de surface**, la propriété immunogène est toutefois précisément due à la partie glucidique, la partie lipidique servant de point d'encrage. C'est le cas, au niveau des hématies, des marqueurs des groupes sanguins A, B, O.

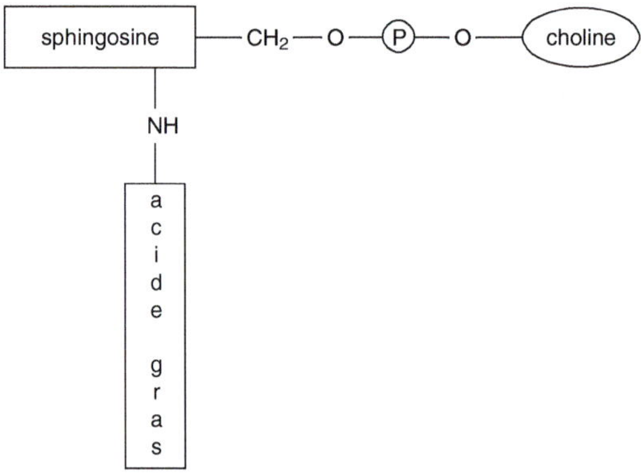

Figure 5.21. Sphingomyéline.

Cette molécule, également amphiphile, entre dans la constitution des membranes plasmiques. On la retrouve notamment au niveau des cellules de Schawnn, qui constituent la gaine de myéline (d'où le nom des molécules) protégeant l'axone des neurones, alors qualifiés de myélinisés.

5. Stérides

Un stéride résulte de l'estérification d'un acide gras avec un alcool complexe : le cholestérol (cf. p. 89).

6. Composés à caractères lipidiques

Ces molécules ne présentent pas d'acide gras dans leur composition, d'où leur classification à part. Toutefois, elles sont apparentées aux lipides par leurs propriétés physicochimiques, notamment vis-à-vis de la solubilité (comportement hydrophobe et lipophile).

6.1. Stéroïdes

Cette famille biochimique se caractérise par la présence d'un noyau **stérane** (succession de 4 cycles carbonés notés A, B, C, D). Les principaux représentants de cette famille sont :

- les **stérols**, dont le principal représentant est le cholestérol ;
- les **hormones stéroïdes** ;
- les **sels biliaires** ;
- la **vitamine D**.

Les trois dernières catégories sont en fait des dérivés du cholestérol.

6.1.1. *Cholestérol*

Il présente, en plus du noyau stérane, une fonction alcool (placée sur le cycle carboné A) et une double liaison (au niveau du cycle B).
Il se caractérise de plus par la présence d'une chaîne carbonée latérale (au niveau du cycle D). Il a finalement pour formule brute : $C_{27}H_{45}OH$ (figure 5.22).

> **›› Définition**
> Le cholestérol est un **alcool** faisant partie de la famille des stérols.

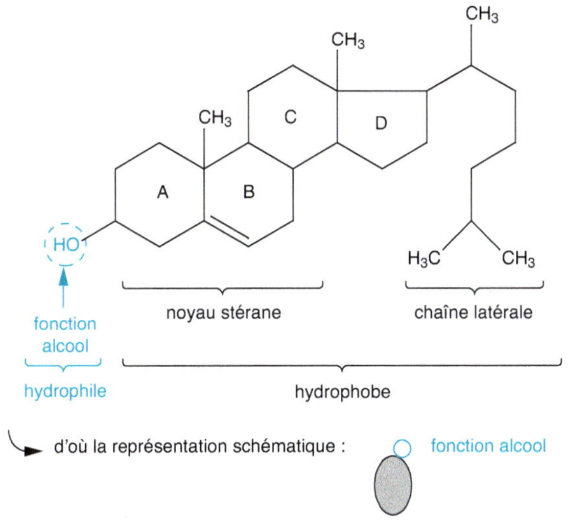

Figure 5.22. Cholestérol.

Même si la fonction alcool constitue un pôle hydrophile, l'imposant squelette carboné, hydrophobe, rend la molécule insoluble en milieu aqueux. Cette particularité structurale impose une orientation bien précise du cholestérol dans la membrane plasmique. Le squelette carboné est forcément enchâssé dans la région hydrophobe délimitée par les phospholipides, alors que la fonction alcool est en contact avec le milieu aqueux.
La fonction alcool du cholestérol peut faire l'objet d'une estérification avec la fonction carboxylique d'un acide gras. On parle alors de **cholestérol estérifié** ou, comme nous l'avons vu précédemment, de **stéride** (figure 5.23).

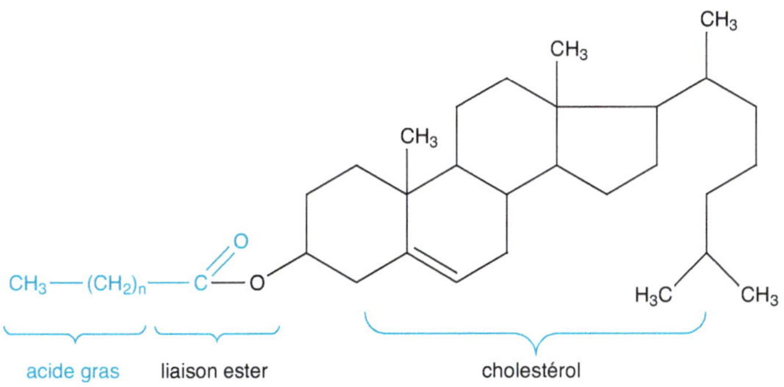

Figure 5.23. Stéride (cholestérol estérifié).

Dans l'organisme, le cholestérol est stocké, en petite quantité, sous cette forme estérifiée. Les principaux lieux de stockage étant le foie et les cellules dites stéroïdogènes (cellules endocrines produisant des hormones stéroïdes).
Cette forme estérifiée est également rencontrée lors de son transport plasmatique, lorsqu'il se retrouve au cœur des lipoprotéines.

> **Rappel**
> Cette molécule devient totalement hydrophobe.
> C'est essentiellement sous cette forme que le cholestérol est présent dans l'alimentation. Sa présence se limite aux produits d'origine animale (jaune d'œuf, abats, beurre...).

6.1.2. *Hormones stéroïdes*

Les hormones stéroïdes ont pour point commun d'être biosynthétisées à partir du cholestérol, qui subit différents types de transformations : hydroxylation, oxydation, modification de la chaîne latérale…
Leur production a lieu au niveau :
- des **glandes sexuelles** (ovaires, testicules) et du **placenta** : c'est le cas pour les progestagènes, les œstrogènes et les androgènes ;
- des **glandes surrénales** (corticosurrénales) : c'est le cas des glucocorticoïdes, des minéralocorticoïdes et de certains androgènes.

Il est intéressant de constater qu'il existe une relation biosynthétique entre les différentes hormones stéroïdes (figure 5.24).

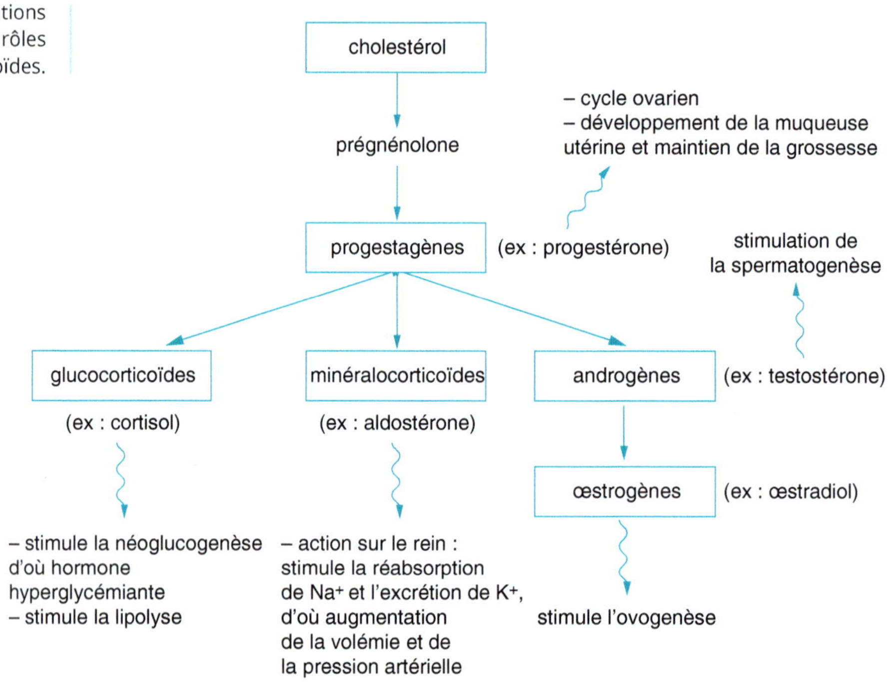

Figure 5.24. Relations biosynthétiques et principaux rôles des hormones stéroïdes.

6.1.3. *Sels biliaires*

Fabriqués par le foie, à partir du cholestérol, les sels biliaires entrent dans la composition de la bile. Ils participent, au niveau de l'intestin grêle, à l'émulsion des lipides, permettant leur digestion enzymatique (par les lipases pancréatiques). Ils facilitent également l'absorption des produits de cette digestion.
La formation des sels biliaires est également une forme d'élimination du cholestérol (cf. Catabolisme du cholestérol p. 127).

›› **Définition**

Les vitamines sont des molécules organiques sans valeur énergétique. Ce sont des composés indispensables au fonctionnement de l'organisme mais qu'il est incapable de biosynthétiser (ou alors, en quantité insuffisante). Par conséquent, elles doivent être, même si c'est en très petite quantité, apportées par l'alimentation.

6.2. Vitamines liposolubles

Quatre vitamines appartiennent à cette catégorie : les vitamines A, D, E, K. Comme les stéroïdes, elles sont apparentées aux lipides par leur insolubilité en milieu aqueux.

6.2.1. *Vitamine A (rétinol)*

Cette molécule est constituée d'un cycle carboné et d'une chaîne aliphatique dont l'extrémité est occupée par une fonction alcool primaire. Il s'agit donc d'un alcool (figure 5.25).

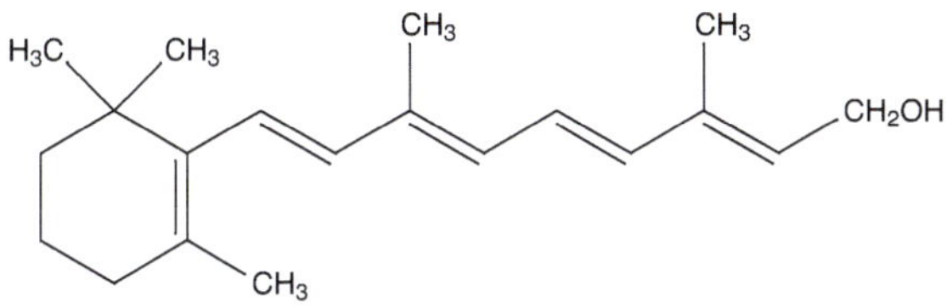

Figure 5.25. Rétinol.

Applications

Dans les **aliments d'origine animale** (huile de foie de poisson, foie, beurre, œuf...), la vitamine A est présente sous la forme estérifiée, le plus souvent avec l'acide palmitique. On parle alors de **palmityl-rétinol**. Tout comme les lipides, il faut l'action combinée des sels biliaires et d'une lipase pancréatique pour permettre la digestion et l'absorption de la vitamine A au niveau de l'intestin grêle par les entérocytes.

Dans les **aliments d'origine végétale** (carotte, épinard, melon...), on la trouve sous la forme de **provitamine A**. Cette molécule fait partie des caroténoïdes dont elle est le principal représentant ; on parle ici de **β-carotène** (figure 5.26).

Après son absorption intestinale, une partie importante du β-carotène est transformée dans l'entérocyte en rétinol (le reste est transformé au niveau du foie).

Figure 5.26. β-carotène (provitamine A).

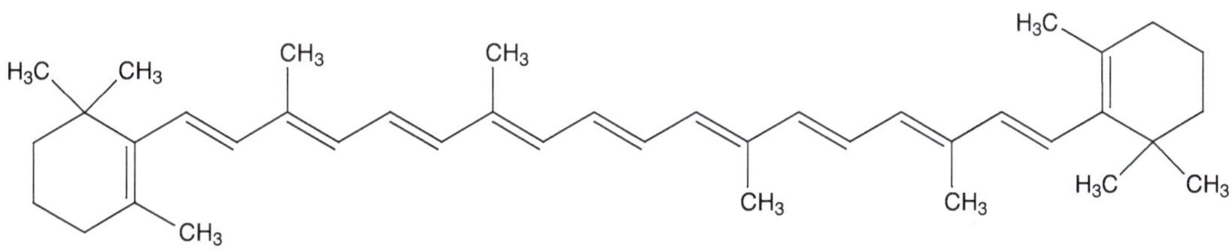

La vitamine A bénéficie d'une efficacité d'absorption d'environ 70 % ; elle n'est que de 50 % pour le β-carotène en raison de son caractère hydrophobe plus important. Une fois dans l'entérocyte, le rétinol est réestérifié et incorporé aux chylomicrons qui passent dans la lymphe puis dans le sang. Ils sont finalement récupérés par le foie. Cet organe assure le stockage du rétinol estérifié, permettant une autonomie de plusieurs mois, ce qui est exceptionnel pour une vitamine.
La distribution tissulaire, *via* le plasma, est assurée par une protéine de transport spécifique notée RBP (*retinol binding protein*). Cette protéine est fabriquée par le foie et le tissu adipeux.
Le principal rôle de la vitamine A concerne la vision, notamment l'adaptation à l'obscurité (on parle de vision crépusculaire).
Elle agit sous la forme de **rétinal** (la fonction alcool primaire est remplacée par une fonction aldéhyde) en association avec une protéine : l'**opsine**. L'ensemble forme la rhodopsine qui est une chromoprotéine photosensible, spécifique à la rétine (cellules à bâtonnets).

Rappel

La vitamine A a aussi une action physiologique sous la forme d'**acide rétinoïque** (la fonction alcool est alors remplacée par une fonction carboxylique). Cette molécule est impliquée dans les processus de croissance et de différenciation cellulaire, ainsi que dans le processus de cicatrisation. Chez la femme enceinte, le rétinol joue un rôle important dans la croissance du fœtus.

Attention

Il est important de préciser qu'un surdosage en vitamine A est toxique. Une telle hypervitaminose entraîne des troubles digestifs et neurologiques. Elle peut entraîner chez la femme enceinte des risques de malformation fœtale.

La **provitamine A** possède, quant à elle, des propriétés antioxydantes, c'est-à-dire qu'elle contribue à la neutralisation des radicaux libres.
L'élimination de la vitamine A se fait en partie par les selles (*via* la bile) et en partie par les urines.

6.2.2. *Vitamine D (calciférol)*

Cette molécule fait partie des stérols. Elle est présente en petite quantité dans l'alimentation d'origine végétale. On parle alors de **vitamine D2** (**ergocalciférol**, issue d'un stérol végétal : l'ergostérol).
On la trouve surtout dans l'alimentation d'origine animale (poisson gras, foie, jaune d'œuf...). On parle alors plus précisément de **vitamine D3** (**cholécalciférol**) (figure 5.27).

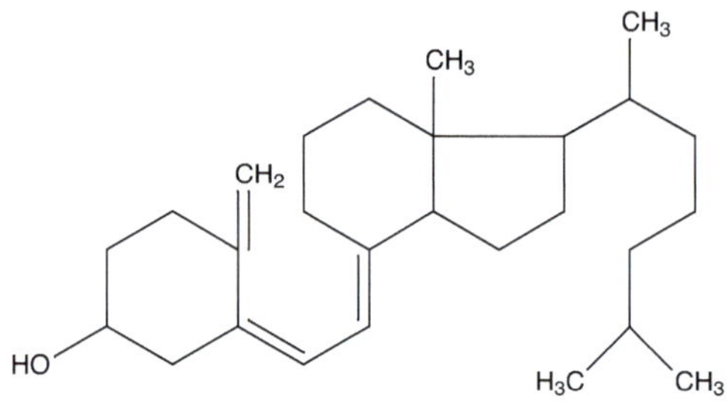

Figure 5.27. Vitamine D (cholécalciférol).

La vitamine D a pour précurseur le cholestérol.
Dans un premier temps, le cholestérol fait l'objet d'une réaction de déshydrogénation (ce qui fait apparaître une deuxième double liaison au niveau du cycle B). On obtient alors du 7-déshydrocholestérol. Sous l'effet d'ultraviolets (réaction photochimique), il y a ouverture du cycle B, ce qui aboutit à la vitamine D_3.
La particularité importante est que l'organisme est capable de réaliser cette biosynthèse. Elle a lieu au niveau du derme ; cela constitue donc une **source endogène**, naturellement dépendante de l'exposition au soleil.
De la même façon que la vitamine A, la vitamine D se retrouve au niveau du **foie**. Elle y fait l'objet d'une réaction **d'hydroxylation** (on parle alors de 25(OH) D car la nouvelle fonction alcool est positionnée sur le carbone 25). Ensuite, grâce à une protéine de transport plasmatique spécifique (notée DBP), cette molécule parvient aux **reins**. Elle y subit une **nouvelle réaction d'hydroxylation**, qui aboutit à la formation de **calcitriol**, forme active de la vitamine D.
Le calcitriol est un **facteur hormonal** qui agit à trois niveaux :

- au niveau intestinal : il stimule l'absorption, par les entérocytes (intestin grêle), du calcium et du phosphore ;
- au niveau du tissu osseux. Le calcitriol a une action sur les ostéoclastes et surtout sur les ostéoblastes. Ainsi il favorise le remaniement du tissu osseux et la minéralisation du cartilage de croissance ;
- au niveau des reins : il stimule la réabsorption tubulaire du phosphore et du calcium. Cette action est toutefois moins marquée.

Le calcitriol a donc pour rôle global d'augmenter la concentration sérique phosphocalcique de façon à faciliter le développement du tissu osseux. Il agit en **synergie avec la parathormone** (produite par les parathyroïdes), qui est également **hypercalcémiante** et ce, d'autant plus qu'elle stimule la réaction d'hydroxylation rénale, donc la formation de calcitriol.
Le calcitriol stimule aussi le transport placentaire du calcium et contribue ainsi à la minéralisation du squelette fœtal.

Il existe également une synergie entre la vitamine D et la vitamine C. En effet, cette dernière sert de coenzyme pour les réactions d'hydroxylation.

Il a également un rôle au niveau des glandes mammaires en contrôlant la concentration du lait en calcium.
L'élimination de la vitamine D se fait par les selles (*via* la bile).
Insistons sur le risque de surdosage de la vitamine D, pouvant entraîner des hypercalcémies. Si elles sont répétées et importantes, elles peuvent provoquer des troubles nerveux et digestifs et des dépôts calciques, notamment au niveau du rein.

6.2.3. *Vitamine E (tocophérol)*

Cette molécule fait partie des phénols (cycle aromatique avec une fonction alcool), présentant de plus une chaîne latérale carbonée renforçant le comportement hydrophobe (figure 5.28).

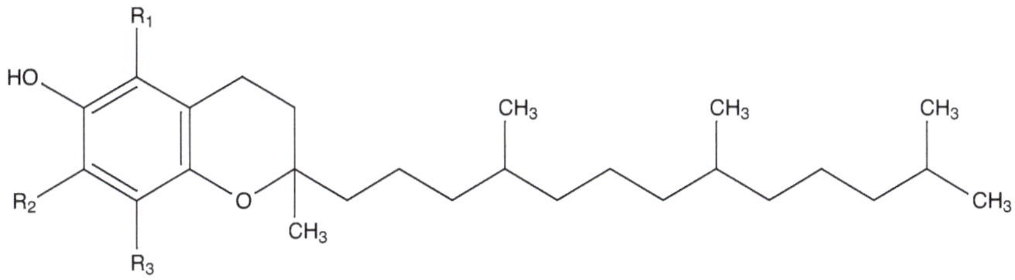

Figure 5.28. Structure de la vitamine E.
En fonction de R_1, R_2, R_3 (–H ou $-CH_3$), on obtient les différentes formes de tocophérols (α, β, γ, δ). La forme la plus fréquente étant l'α-tocophérol ($R_1 = R_2 = R_3 = -CH_3$).

Cette molécule est présente dans l'alimentation sous la forme d'ester de tocophérol (germe de céréale, huile de tournesol, huile d'arachide...).

Son absorption intestinale (essentiellement au niveau du jéjunum) nécessite l'intervention des sels biliaires et d'une lipase pancréatique. Une fois dans l'entérocyte, la vitamine E est incorporée dans les chylomicrons puis passe dans la lymphe et la circulation sanguine (au niveau de la veine thoracique). Elle est ensuite récupérée par le foie et distribuée aux tissus par l'intermédiaire des lipoprotéines (LDL et HDL).
Il existe pour cette vitamine une possibilité de stockage au niveau du tissu adipeux, du foie et des glandes surrénales.
L'élimination se fait essentiellement par les fèces *via* la sécrétion biliaire, une toute petite partie est éliminée par les voies urinaires.
La vitamine E a un rôle **antioxydant**, c'est-à-dire qu'elle est capable de neutraliser les radicaux libres. L'oxygène, bien qu'indispensable à la vie, est aussi à l'origine de la formation de molécules toxiques pour les cellules : les radicaux libres. Ce sont des molécules présentant un nombre impair d'électrons, ce qui leur confère une forte réactivité notamment vis-à-vis des lipides membranaires (mais aussi au niveau des protéines et des acides nucléiques). La cytotoxicité s'exprime par exemple au niveau des acides gras insaturés. La présence de doubles liaisons rend ces molécules particulièrement sensibles aux radicaux libres qui les transforment en peroxydes, fragilisant du même coup les membranes plasmiques.
La vitamine E a donc pour rôle de stabiliser les membranes cellulaires. Cette protection est notamment importante au niveau des cellules sanguines : plaquettes et hématies (limite l'hémolyse). L'action antioxydante de la vitamine E est également importante au niveau des LDL. Elle limite leur transformation en LDL oxydé (lipoprotéine la plus athérogène).

À noter que l'action de la vitamine E a lieu en synergie avec la vitamine C, cette dernière participant à la régénération de la vitamine E suite à la neutralisation de radicaux libres.

6.2.4. *Vitamine K*

Le terme de vitamine K regroupe plusieurs molécules (figure 5.29). Les deux principales formes sont :

- la **vitamine K1** (**phylloquinone**), d'origine végétale (chou, épinard, persil...) ;
- la **vitamine K2** (**ménaquinone**), surtout d'origine animale (foie, viande...).

La particularité de cette vitamine est qu'il existe une **source endogène** puisque la flore intestinale (microbiote) est capable de la biosynthétiser (sous la forme K_2). Par absorption intestinale, la vitamine K se retrouve au niveau des chylomicrons. Elle est ensuite récupérée par le foie où il existe une possibilité de stockage (limitée). La distribution au niveau des différents tissus se fait par les LDL.
Son élimination se fait par les selles (*via* la bile) et en petite partie *via* les urines sous forme de métabolites.
Sur le plan biochimique, la vitamine K agit comme cofacteur de certaines carboxylases. Cela concerne notamment les réactions de carboxylation de certaines protéines au niveau de la chaîne latérale de l'acide glutamique, en augmentant l'affinité de la protéine pour les ions Ca^{2+} et en induisant du coup un effet biologique.

Figure 5.29. Structure de la vitamine K.

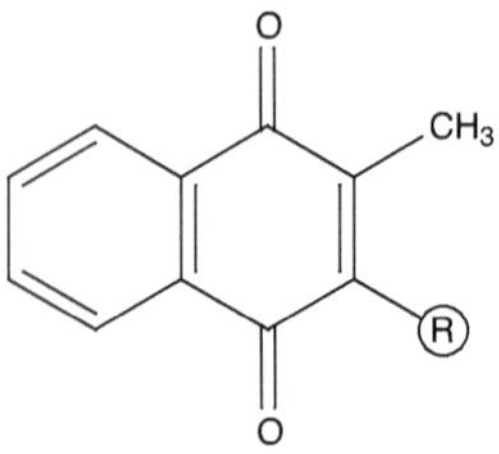

R = chaîne aliphatique : en fonction du nombre de carbones (20 à 60), on obtient K_1 ou K_2

Le principal rôle physiologique de cette vitamine est **antihémorragique**. Elle est indispensable au fonctionnement de certains facteurs de coagulation (protéine subissant la réaction de carboxylation) : prothrombine, proconvertine...

Métabolisme des lipides

Chapitre 6

1. Catabolisme des acides gras

Objectifs

- ✔ Connaître l'origine et l'utilisation des différents lipides de l'organisme.
- ✔ Comprendre le catabolisme des acides gras et leur régularisation.
- ✔ Savoir comment se déroule la biosynthèse des acides gras et autres lipides.
- ✔ Connaître et comprendre les rôles des lipoprotéines.

Le catabolisme des acides gras (ou β-oxydation) est une voie importante du métabolisme énergétique car la finalité de cette dégradation oxydative des acides gras est la formation d'ATP au niveau des mitochondries.
De nombreux tissus ou organes sont capables de réaliser la β-oxydation : le rein, les muscles striés, le cœur, le tissu adipeux, le foie... ; toutefois, certaines cellules en sont incapables : les hématies, les neurones, les muscles en contexte anaérobie (d'où leur qualification de cellules glucodépendantes).
Les acides gras sont apportés aux cellules consommatrices grâce à la vascularisation sanguine. Ils peuvent être apportés par les **lipoprotéines**, surtout les **chylomicrons** pour les acides gras d'origine exogène (c'est-à-dire alimentaire) et les **VLDL** pour les acides gras **d'origine endogène** (c'est-à-dire en provenance du foie). Cette utilisation est rendue possible grâce à la présence au niveau des capillaires sanguins (face interne des cellules endothéliales) d'une enzyme : la **lipoprotéine lipase** (LPL). Lorsque les lipoprotéines viennent au contact de cette enzyme, elles subissent l'hydrolyse partielle de leurs glycérides constitutifs, ce qui provoque la libération d'acides gras alors disponibles pour les cellules. La LPL n'est présente qu'au niveau de certains tissus (muscle strié, cœur, tissu adipeux, placenta...).
Les acides gras peuvent aussi être distribués par l'**albumine**, principale protéine plasmatique. Dans ce cas, ils proviennent du tissu adipeux (lors de la mobilisation des réserves lipidiques) et sont disponibles pour toutes les cellules consommatrices (figure 6.1).

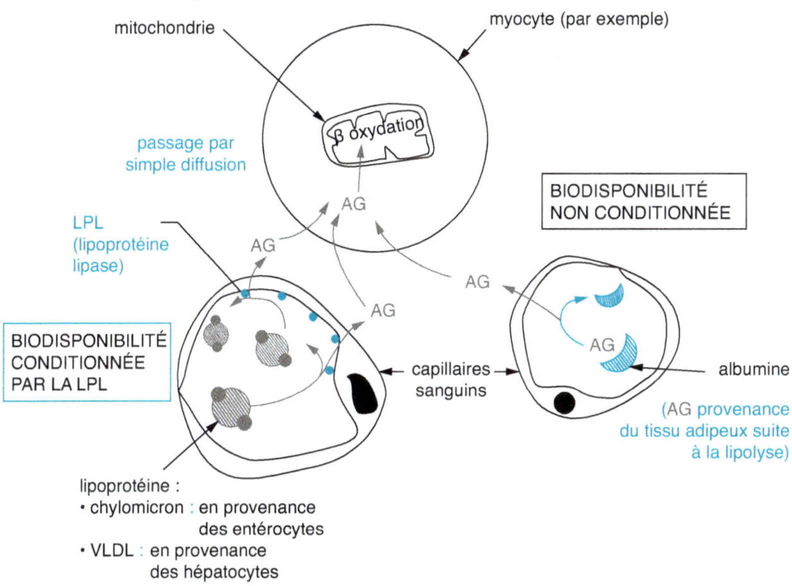

Figure 6.1. Schéma des différentes modalités de transport et de distribution des acides gras.

Une fois dans la cellule, les acides gras doivent être activés et transférés dans les mitochondries pour y subir la β-oxydation.

1.1. Passage des acides gras dans la mitochondrie

La mitochondrie est un organite délimité par une double membrane. Lors du passage de la membrane externe, l'acide gras (sauf s'il comporte moins de 10 atomes de carbone), fait l'objet d'une **réaction d'activation** (les acides gras courts passent par simple diffusion dans la matrice mitochondriale où aura lieu leur activation).

C'est une **réaction de condensation** entre un acide gras et une coenzyme A (noté CoA-SH). Il se forme alors une **liaison thioester** (de haut potentiel énergétique), tandis qu'une molécule d'eau est libérée. Cette dernière n'apparaît pas dans l'équation car elle participe à l'hydrolyse d'une molécule d'ATP qui fournit l'énergie nécessaire à la réaction d'activation.

Point particulier, l'hydrolyse de l'ATP conduit ici à la formation d'AMP et de pyrophosphate inorganique (PPi). Cette réaction pourrait être réversible mais rapidement PPi est hydrolysé en 2Ⓟi ce qui rend globalement cette réaction, catalysée par l'**acylCoA synthétase, irréversible**. En parallèle, l'AMP réagit avec un autre ATP pour redonner de l'ADP (figure 6.2).

Figure 6.2. Réaction d'activation d'un acide gras.

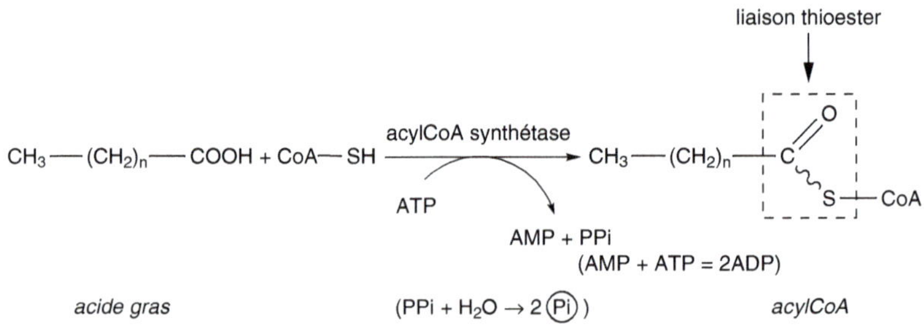

Cette transformation de l'acide gras a lieu lors de la traversée de la membrane externe ; l'acylCoA se retrouve donc dans l'espace intermembranaire. Le problème est que les membranes biologiques sont imperméables aux coenzymes A (libres ou liées à d'autres molécules) ; or, les enzymes de la β-oxydation se trouvent exclusivement dans la matrice mitochondriale.

Le franchissement de la membrane interne de la mitochondrie est assuré grâce à un **système de transporteur** spécifique impliquant la **carnitine**, composé azoté (formé à partir de la lysine) qui présente une fonction alcool. Ce groupement hydroxyle sert de point d'accroche de l'acyl (par une liaison ester) grâce à l'**acylcarnitine transférase I**. Cette enzyme est localisée au niveau de la membrane interne (côté espace intermembranaire). Elle est importante car elle sert de **point de régulation de la β-oxydation**.

Cette réaction de transfert s'accompagne en parallèle du départ du CoA-SH.

L'acylcarnitine passe ensuite dans la matrice mitochondriale grâce à une protéine de transport spécifique membranaire, l'**acylcarnitine translocase** (figure 6.3).

Grâce à l'**acylcarnitine transférase II**, située sur la face matricielle de la membrane interne, l'acyl est réassocié à un CoA-SH (déjà présent dans la matrice), générant un nouvel acyl CoA, qui pourra alors participer à la β-oxydation.

La carnitine alors libérée repasse dans l'espace intermembranaire par la translocase et peut ainsi participer à un nouveau transport d'acyl.

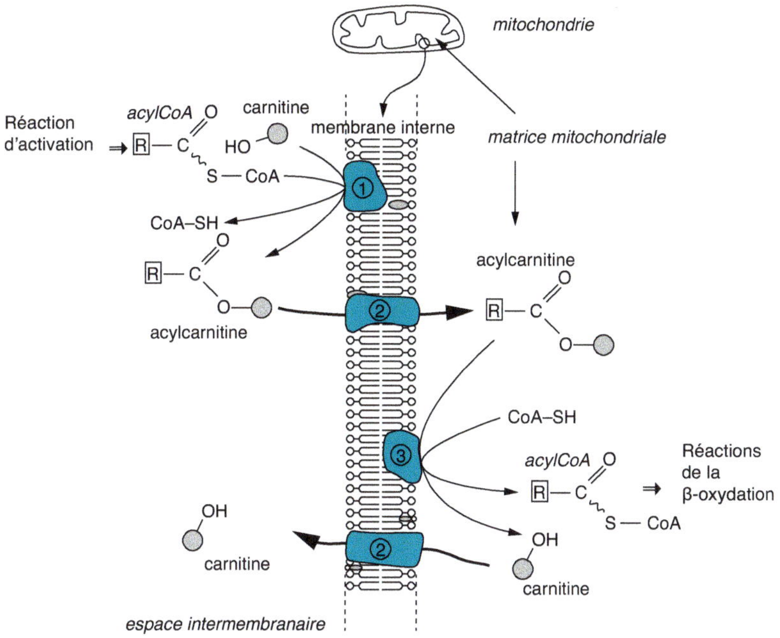

① acylcarnitine transférase I ; ② acylcarnitine translocase ; ③ acylcarnitine transférase II.

Figure 6.3. Transport de l'acyl dans la matrice mitochondriale.

1.2. β-oxydation – Hélice de Lynen

L'acylCoA est dégradée par un cycle récurrent de 4 réactions qui aboutit à la libération d'un acétylCoA qui pourra participer au cycle de Krebs. À chaque cycle, le substrat énergétique est donc raccourci de deux atomes de carbone. On a en parallèle libération de deux coenzymes réduites ($FADH_2$ et NADH, H^+).

1.2.1. *Oxydation de l'acylCoA*

La première réaction est une déshydrogénation par l'**acylCoA déshydrogénase** en association avec la coenzyme FAD. Cela permet la formation d'une double liaison entre le carbone 2 et le carbone 3 de l'acyl conduisant à la formation du Δ^2-énoylCoA :

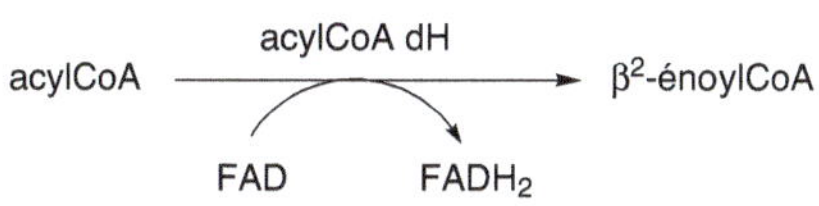

Ce qui donne en formule semi-développée (en prenant l'exemple du palmitylCoA) :

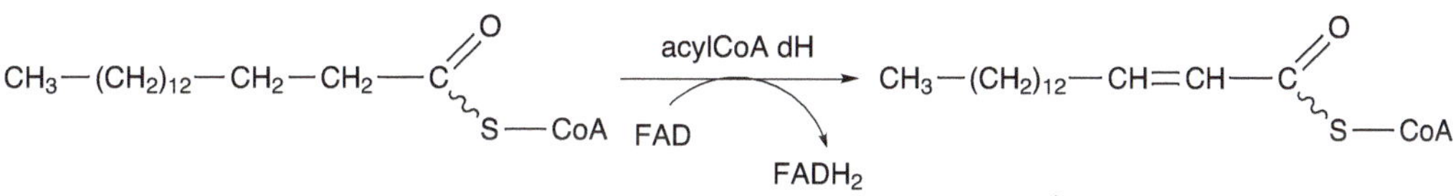

palmitylCoA Δ^2-énoylCoA

1.2.2. *Hydratation de la double liaison*

Sous l'effet de l'**énoylCoA hydratase**, la double liaison s'ouvre, ce qui permet l'incorporation d'une molécule d'eau. Le carbone 3 de l'acyl (carbone β) fixe le groupement hydroxyle alors que le carbone 2 (carbone α) prend en charge l'atome d'hydrogène restant. Cette réaction d'hydratation conduit à la formation de β-OH-acylCoA (= 3-hydroxyacylCoA).

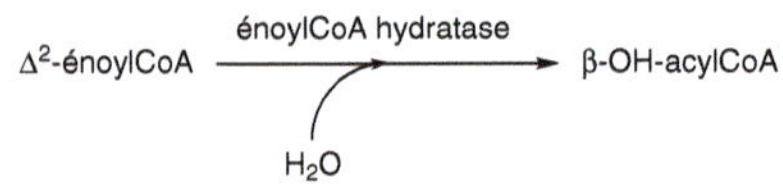

Ce qui donne à partir de notre exemple :

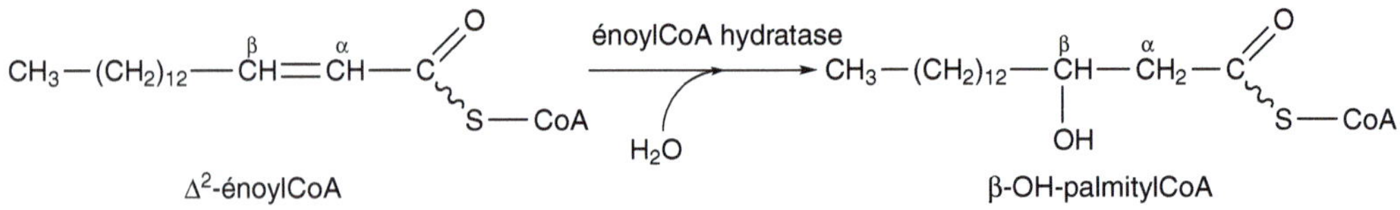

1.2.3. *Oxydation de la fonction alcool*

La troisième étape est l'oxydation de la fonction alcool secondaire (du carbone β), d'où le nom de la voie métabolique, ce qui amène à la formation d'une fonction cétone. C'est grâce à la **β-OH-acylCoA déshydrogénase**, en association avec la coenzyme NAD^+, que se forme le β-cétoacylCoA.

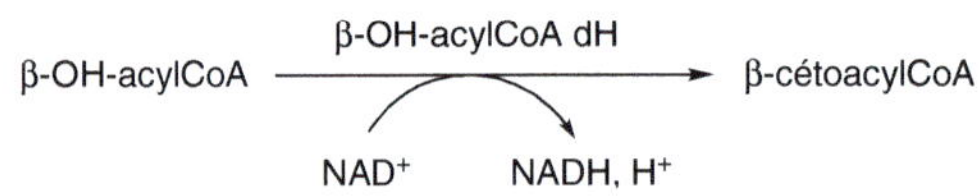

Ce qui donne en formule semi-développée (à partir de notre exemple) :

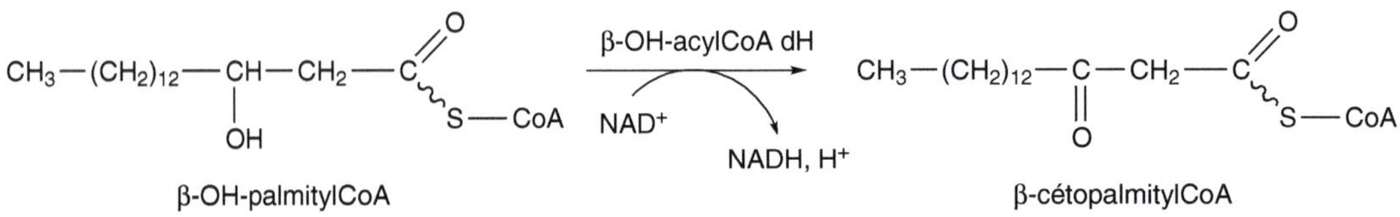

1.2.4. *Réaction de clivage*

Cette quatrième et dernière étape du cycle provoque la coupure du β-cétoacylCoA au niveau du carbone β avec, en parallèle, l'incorporation d'une nouvelle molécule de CoA-SH. Cette réaction, catalysée par la **cétothiolase**, conduit donc à la libération de l'acylCoA mais amputé de deux atomes de carbone puisqu'une molécule d'acétylCoA a également été libérée. Cette dernière peut alors entrer dans le cycle de Krebs et contribuer à la production d'énergie sous forme d'ATP.

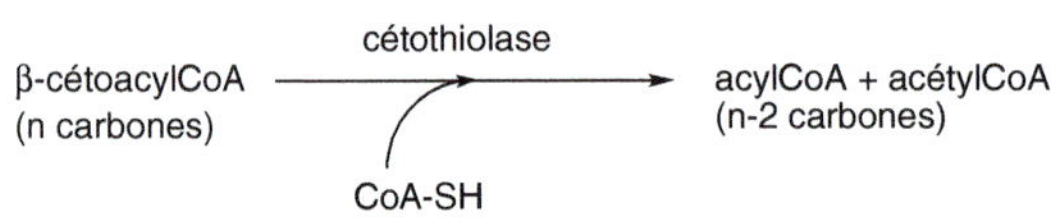

Soit avec notre exemple :

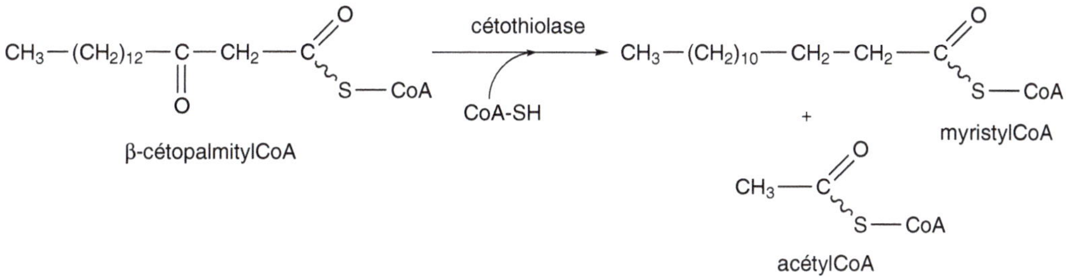

Chaque cycle voit donc la libération d'un acétylCoA, d'un $FADH_2$, d'un NADH, H^+ et la diminution de la chaîne carbonée de l'acylCoA de 2 atomes de carbone qui se retrouvent dans la composition de l'acétylCoA. Le nouvel acylCoA peut ensuite participer à un nouveau cycle de la β-oxydation.
Cette succession de cycles peut être représentée par un enchaînement de tour d'hélice (figure 6.4).

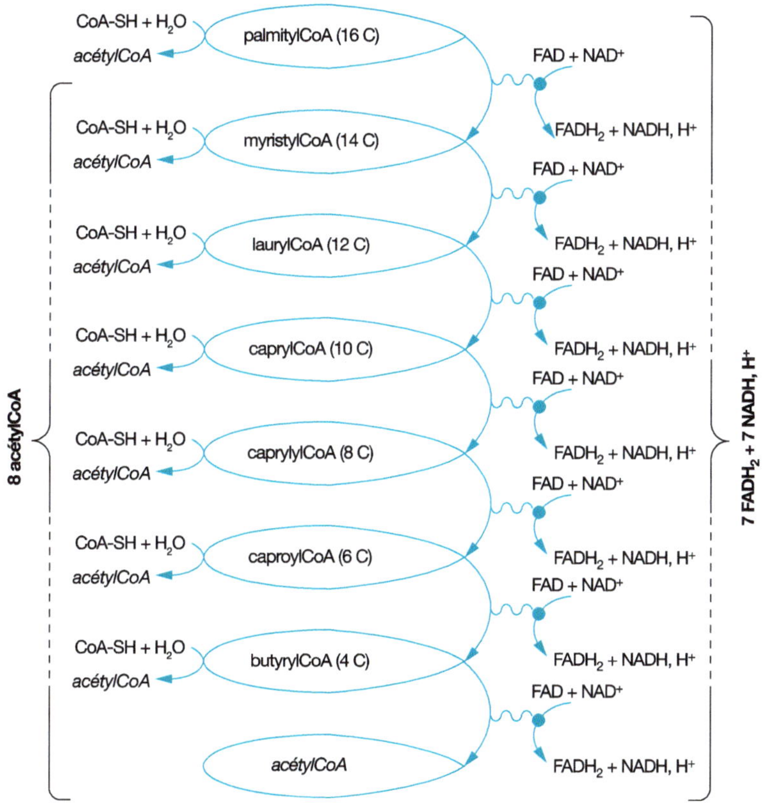

Figure 6.4. Hélice de Lynen.

On constate qu'au dernier tour d'hélice (dernier cycle), à partir du butyrylCoA (4 atomes de carbone), 2 molécules d'acétylCoA sont libérées puisque ce qui devrait être l'acylCoA ne possède maintenant que 2 atomes de carbone.

1.3. Équation bilan de la β-oxydation

L'équation bilan pour un cycle (un tour d'hélice) donne :

$$\underset{\text{(n carbones)}}{\text{AcylCoA}} + \text{FAD} + H_2O + \text{NAD}^+ + \text{CoA-SH} \longrightarrow \underset{\text{(n-2 carbones)}}{\text{AcylCoA}} + \text{acétylCoA} + \text{FADH}_2 + \text{NADH, H}^+$$

Avec le palmytolCoA, on assiste à 7 tours d'hélice.
D'où l'équation bilan de la β-oxydation à partir du palmitylCoA :

$$\text{palmitylCoA} + 7\ \text{FAD} + 7\ H_2O + 7\ \text{NAD}^+ + 7\ \text{CoA-SH} \longrightarrow 8\ \text{acétylCoA} + 7\ \text{FADH}_2 + 7\ \text{NADH, H}^+$$

On peut en déduire l'équation bilan de la dégradation oxydative complète (c'est-à-dire incluant la chaîne respiratoire et l'ATPase) d'une molécule d'acide palmitique :

$$\underset{(C_{16}H_{32}O_2)}{\text{acide palmitique}} + 129\ \text{ADP} + 129\ \text{Pi} + 23\ O_2 \longrightarrow 16\ CO_2 + (16 + 129)\ H_2O + 129\ \text{ATP}$$

Rappel

Chaque molécule d'acétylCoA peut ensuite entrer dans le cycle de Krebs pour y subir une dégradation oxydative complète (cf. Métabolisme des glucides). Ainsi, la chaîne respiratoire et l'ATP synthase permettent la production de 12 ATP/acétylCoA.
Les coenzymes réduites ($FADH_2$, NADH, H^+) sont elles régénérées en coenzymes oxydées (FAD, NAD^+) directement au niveau de la chaîne respiratoire, ce qui permet à partir d'un $FADH_2$ la production de 2 ATP et la production de 3 ATP à partir d'un NADH, H^+.

1.3.1. *Premier constat*

Lors de la dégradation oxydative complète d'un substrat énergétique, se forme de l'ATP (finalité du métabolisme énergétique) avec libération de CO_2 et d'H_2O.
On ne retrouve rien d'autre, ni enzyme, ni coenzyme car ces éléments, lorsque toutes les réactions sont arrivées à leur terme, se retrouvent sous leur forme initiale. Ils rendent les réactions possibles (notamment en accélérant leur vitesse) mais n'interviennent pas sur la nature des produits obtenus.

Rappel

Le CO_2 se dégage au niveau du cycle de Krebs et apparaît pour la cellule comme un déchet métabolique qui sera éliminé via le sang par la ventilation pulmonaire.

L'acide palmitique a pour formule brute : $C_{16}H_{32}O_2$. Pour retrouver facilement les **coefficients stœchiométriques de l'équation**, il est intéressant de s'attacher au devenir des atomes constitutifs de l'acide palmitique :

- les 16 atomes de carbone entrent tous dans la constitution du CO_2 ; on retrouve donc facilement ce coefficient en fonction de la composition de l'acide gras dégradé ;
- les atomes d'hydrogène de l'acide gras se retrouvent tous au niveau de l'eau. On a 32 H, ce qui conduit à 16 molécules d'H_2O.

On a donc pour l'instant 16 CO_2 et 16 H_2O. Il est facile, à partir de là, de calculer le nombre de O_2 nécessaire pour équilibrer l'équation. Il y a donc 48 atomes d'oxygène présents dans nos produits ; 2 proviennent de l'acide gras (issus de la fonction carboxylique). Il en manque 46 côté réactif. Il faut donc utiliser 23 molécules d'O_2 pour équilibrer l'équation (utilisation qui a lieu au niveau de la chaîne respiratoire).
Reste à faire le bilan du nombre d'ATP produits :

- chaque molécule d'acétylCoA, en s'engageant dans le cycle de Krebs, permet la production de 12 ATP. À partir de l'acide palmitique, on forme 8 acétylCoA, donc en tout 96 ATP ;
- grâce aux 7 $FADH_2$ on forme 14 ATP ;
- grâce aux 7 NADH, H^+ on forme 21 ATP.

Ce qui fait un total de 131 ATP. Toutefois il ne faut pas oublier d'en déduire l'énergie qui a été consommée lors de la réaction d'activation de l'acide gras, cette étape occasionne un coût de 2 ATP. Un ATP est utilisé lors de la condensation entre l'acide gras et le CoA-SH, mais celui-ci se retrouve finalement sous la forme d'AMP. Pour être régénéré en ATP, l'AMP doit être préalablement transformé en ADP (seule forme reconnue par l'ATP synthase de la membrane mitochondriale interne). Cette transformation nécessite la consommation d'un ATP :

$$\text{AMP} + \text{ATP} \longrightarrow 2\ \text{ADP}$$

Soit un **bilan énergétique** global de 131 – 2 **= 129 ATP/acide palmitique**.
Comme on obtient 129 ATP au niveau des produits, il faut forcément (« rien ne se crée, rien ne disparaît, tout se transforme »), utiliser 129 ADP et 129 Ⓟi au niveau des réactifs.
Enfin, il faut préciser qu'à chaque condensation entre ADP et Ⓟi il y a libération d'une molécule d'eau, d'où les 129 molécules d'eau apparaissant en plus dans les produits. Cela n'affecte pas le coefficient stœchiométrique attribué à l'O_2 puisque tous les atomes constitutifs de l'eau que l'on vient de former proviennent de la réaction de condensation (figure 6.5).

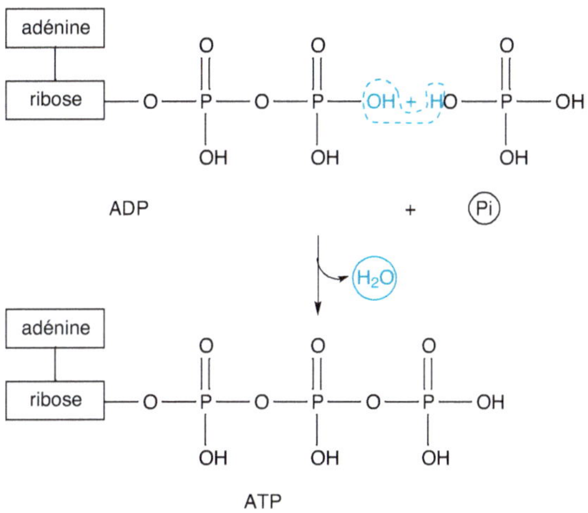

Figure 6.5. Condensation entre ADP et Ⓟi.

1.3.2. *2e constat*

La β-oxydation permet une production intéressante d'ATP, mais aussi d'eau (145 H_2O/acide palmitique) ; c'est ce que l'on appelle l'**eau métabolique**.
Les animaux des milieux désertiques utilisent au maximum cette voie métabolique (la bosse des chameaux est une réserve de graisse) pour résister à la raréfaction de l'eau de boisson.
De plus, pour mieux apprécier l'intérêt énergétique de la β-oxydation, il est possible de comparer son bilan énergétique avec celui de la dégradation oxydative complète d'une molécule de glucose. Pour que cette comparaison ait un sens, il convient d'utiliser le rendement énergétique par atome de carbone :

- pour l'acide palmitique : (129/16) = 8 ATP par carbone ;
- pour le glucose : (38/6) = 6 ATP par carbone

Sur le plan énergétique, la dégradation d'un acide gras est donc plus avantageuse que celle du glucose. En effet, les atomes de carbone du glucose sont plus oxydés que ceux des acides gras ; comme globalement la production d'ATP se fait grâce à des réactions d'oxydation, le rendement énergétique est meilleur avec les acides gras.

1.4. Cas particuliers de la β-oxydation

1.4.1. *Cas des acides gras insaturés*

La dégradation oxydative des acides gras insaturés est très similaire à celle des acides gras saturés. Prenons l'exemple de l'acide palmitoléique (16:1 Δ^9). On retrouve la répétition du cycle des 4 réactions précédemment exposées. De façon séquentielle, la chaîne carbonée de l'acyl est donc écourtée de 2 carbones en 2 carbones. La dégradation s'arrête au moment où la double liaison constitutive de l'acyl se retrouve entre les carbones β et γ (figure 6.6). Le Δ^3-énoylCoA ainsi formé n'est pas reconnu par les enzymes classiques de la β-oxydation. C'est alors qu'intervient une **énoylCoA isomérase** qui le transforme en Δ^2-énoylCoA, qui peut alors s'engager dans la deuxième étape du cycle, la suite étant classique. On a au cours de cette isomérisation court-circuité la première étape du cycle, « économisant » une déshydrogénation donc un $FADH_2$, soit un manque à gagner de 2 ATP.
Le bilan énergétique de la dégradation oxydative complète de l'acide palmitoléique est donc de 127 ATP.

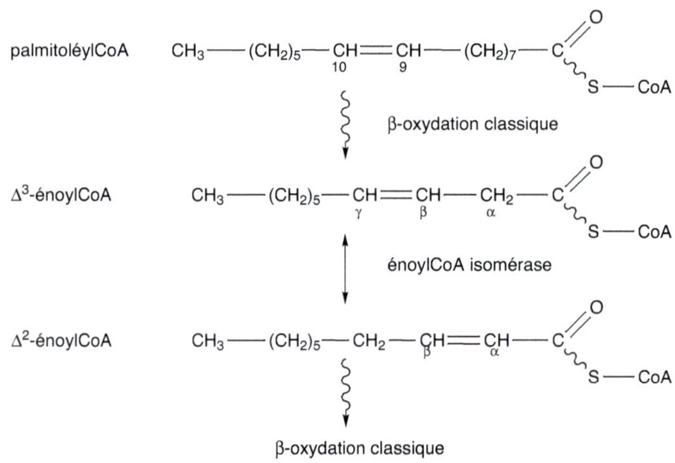

Figure 6.6. β-oxydation des acides gras insaturés (cas de l'acide palmitoléique).

1.4.2. *Cas des acides gras à nombre impair de carbones*

Ils subissent également une β-oxydation classique jusqu'à ce que l'acylCoA ne présente plus que trois atomes de carbone (figure 6.7). On se trouve alors en présence de propionylCoA qui, n'étant pas reconnu par l'acylCoA déshydrogénase (première étape du cycle), fait l'objet d'une réaction de carboxylation grâce à la **propionylCoA carboxylase**, ce qui aboutit à la formation de méthylmalonylCoA. Ensuite, grâce à une réaction d'isomérisation, du succinyl CoA est généré, qui pourra ensuite entrer dans le **cycle de Krebs**.

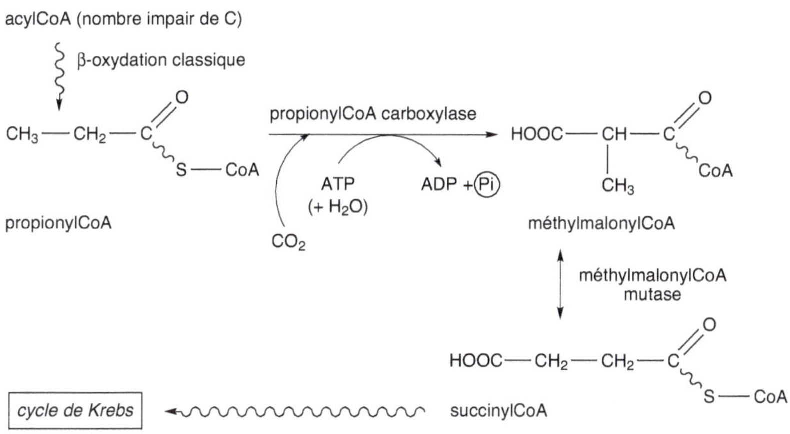

Figure 6.7. β-oxydation des acides gras à nombre impair de carbone.

1.5. Régulation de la β-oxydation

La régulation du catabolisme des acides gras passe par celle de leur biosynthèse. De ce fait, bien que ces deux métabolismes soient antagonistes, ils sont intimement liés. Le principal point de régulation de la β-oxydation est le contrôle du passage des acides gras dans la mitochondrie, ce qui implique le contrôle de l'activité de **l'acylcarnitine transférase I**. Cette enzyme fait l'objet d'une **régulation allostérique** : toute augmentation de la concentration cytosolique en malonylCoA provoque une inhibition de l'activité de l'enzyme.

Le malonylCoA est le produit de la première étape de biosynthèse des acides gras :

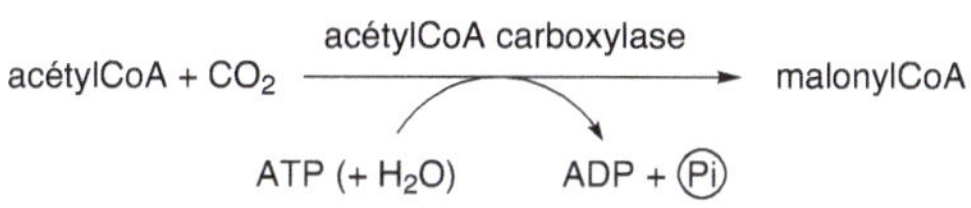

L'**acétylCoA carboxylase** est l'enzyme clé de la régulation de la biosynthèse des acides gras. Elle fait principalement l'objet d'une **régulation hormonale**. Ainsi, l'augmentation de la concentration plasmatique en **insuline** provoque, au niveau des cellules cibles, une déphosphorylation de l'acétylCoA carboxylase, qui devient active. S'amorce ainsi la biosynthèse des acides gras. L'augmentation de la concentration en malonylCoA joue alors son rôle d'inhibiteur allostérique au niveau de l'acylcarnitine transférase, inhibant la β-oxydation.

En revanche, la libération de **glucagon** (ou encore d'**adrénaline**) provoque au niveau des cellules cibles la phosphorylation de l'acétylCoA carboxylase, qui devient inactive. La concentration en malonylCoA diminue alors, levant l'inhibition de l'acylcarnitine transférase I. Elle amorce alors l'activation et le transport des acides gras dans la mitochondrie, et initie de ce fait la β-oxydation.

Cet exemple intéressant illustre un point fréquemment rencontré en biochimie métabolique : l'activation d'une voie métabolique s'accompagne souvent de l'inhibition de sa voie antagoniste.

Attention

Pour que la β-oxydation puisse participer au métabolisme énergétique, il faut aussi que la cellule soit correctement approvisionnée en O_2, sinon les chaînes respiratoires se bloquent. Les coenzymes ne sont plus réoxydées entraînant du même coup le blocage du cycle de Krebs, d'où l'incapacité d'utiliser l'acétylCoA à des fins énergétiques. C'est ce qui se passe dans la cellule musculaire striée lors d'un effort intensif. La cellule, en contexte anaérobie, ne peut plus fabriquer d'ATP via la mitochondrie. La seule voie métabolique permettant la production d'ATP est la glycolyse, suivie de la fermentation lactique.

1.5.1. *En situation post-prandiale*

Dès que l'insuline occupe son récepteur hormonal membranaire spécifique, cela déclenche une cascade enzymatique entraînant l'activation d'une phosphatase (figure 6.8).

(*) <u>En situation post-prandiale</u> → hyperyglycémie → stimulation du pancréas endocrime (cellule β) → sécrétion d'insuline qui réagit sur ces cellules cibles (hépatocytes par exemple) via la circulation sanguine.

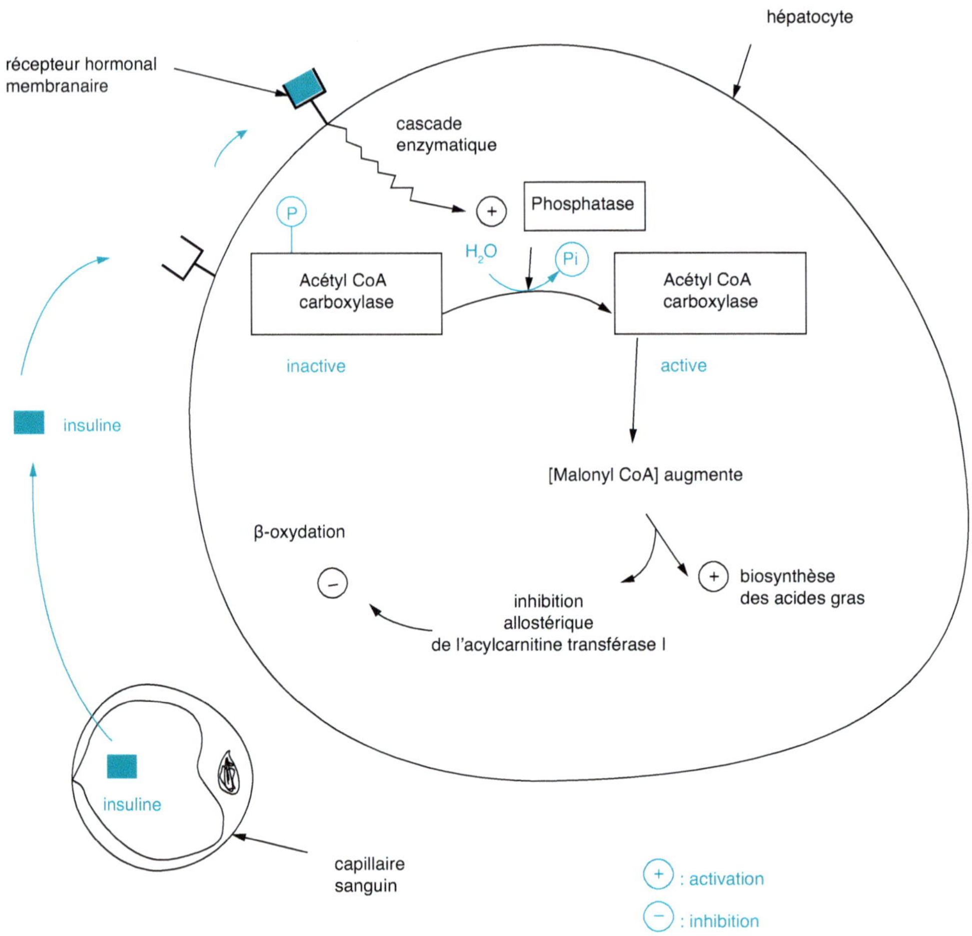

Figure 6.8. Régulation de la β-oxydation en situation post-prandiale.

1.5.2. *En période de jeûne ou d'adaptation à l'effort*

Le glucagon agit au niveau de la cellule cible par activation d'une kinose.

(*) En période de jeûne ou d'adaptation à l'effort :
→ hypoglycémie → stimulation du pancréas endocrine (cellule α)
→ sécrétion de glucagon qui va agir sur ces cellules cibles (hépatocytes par exemple) via la circulation sanguine.

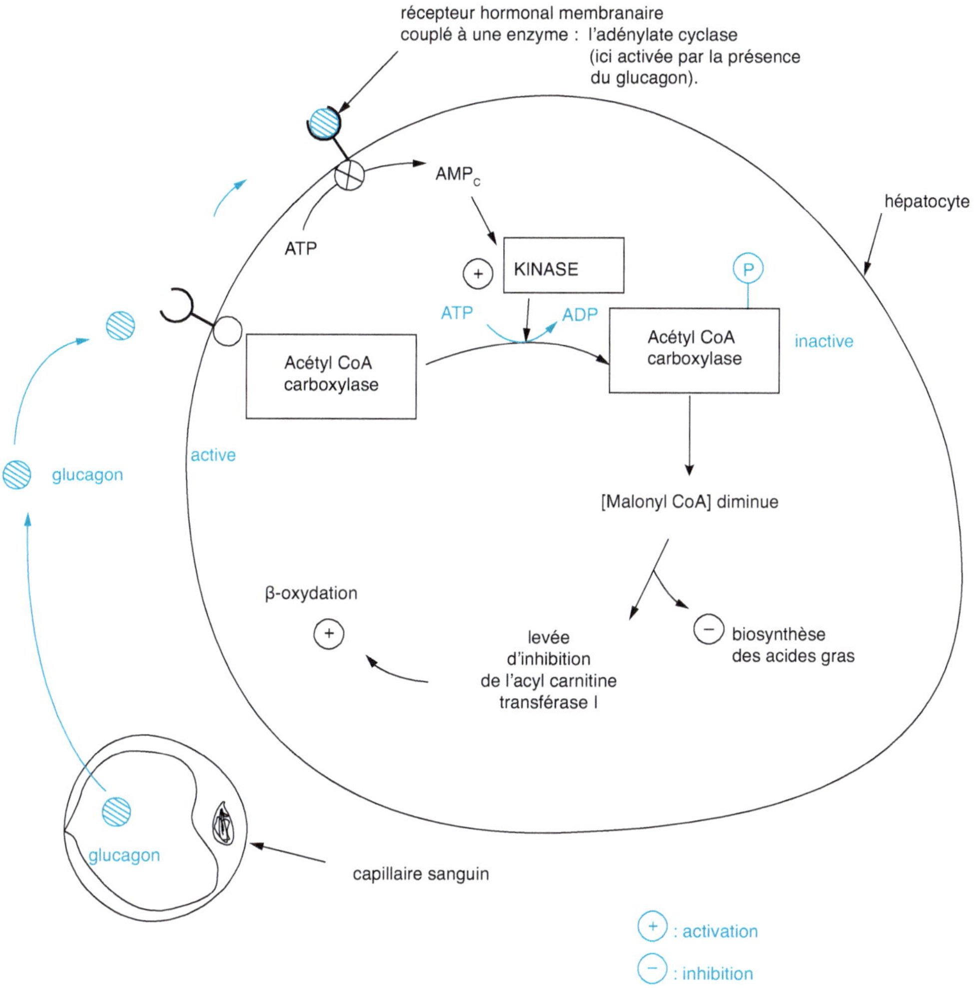

Figure 6.9. Régulation de la β-oxydation en situation de jeûne ou d'adaptation à l'effort.

Le mécanisme est similaire avec l'adrénaline qui, elle, provient des glandes surrénales (partie médullaire) (figure 6.9).

> Les corps cétoniques ne sont pas de nature lipidique ; il s'agit de petites molécules très diffusibles à travers les membranes biologiques et solubles dans les liquides physiologiques. Si ce métabolisme est abordé ici, c'est qu'il est étroitement lié à la β-oxydation.

2. Métabolisme des corps cétoniques

2.1. Cétogenèse

Ce métabolisme **typiquement hépatique** consiste en la formation de corps cétoniques (à ne pas confondre avec les acides α-cétoniques), qui a lieu dans la matrice mitochondriale. On distingue 3 corps cétoniques dans l'organisme :

- l'**acétoacétate** : $COOH-CH_2-C(=O)-CH_3$
- la β-**hydroxybutyrate** : $COOH-CH_2-CHOH-CH_3$
- l'**acétone** : $CH_3-C(=O)-CH_3$

La cétogenèse se rencontre dans un contexte nutritionnel particulier : le jeûne, c'est-à-dire l'arrêt des apports alimentaires et l'absence d'absorption de nutriments. L'organisme doit donc couvrir ses besoins en mobilisant ses réserves en substrat énergétique. Cette mobilisation doit être assurée sur le plan quantitatif mais aussi et surtout sur le plan qualitatif.

En effet, dans ce contexte le principal problème à résoudre est l'hypoglycémie, à cause des cellules glucodépendantes (hématies, neurones). Pour y remédier rapidement, il se met en place la **glycogénolyse** surtout au niveau hépatique, car seule la cellule hépatique (avec la cellule rénale, mais dans une moindre mesure) est capable de libérer du glucose au niveau sanguin en période de jeûne. Toutefois, ces réserves glucidiques sont vite épuisées. Pour assurer malgré tout la production de glucose, le foie développe un autre métabolisme : la **néoglucogenèse**. Par définition, cette voie permet la fabrication de glucose à partir de molécules non glucidiques (acide lactique, glycérol, certains acides aminés).

Parallèlement, il se produit une mobilisation des réserves adipeuses ; la **lipolyse** fournit des acides gras alors disponibles pour être distribués aux cellules consommatrices grâce à l'albumine. Elle permet aussi la libération de glycérol véhiculé librement par le sang et récupéré par le foie pour la néoglucogenèse. L'utilisation énergétique des acides gras, par la β-oxydation, permet d'une part une production intéressante d'ATP et d'autre part permet d'éviter la consommation de glucose alors « réservé » aux cellules glucodépendantes. Cette adaptation au jeûne présente toutefois une limite hépatique : cette double activité métabolique (β-oxydation et néoglucogenèse) tend finalement à être incompatible. Le foie doit assurer la néoglucogenèse. Mis à part pour le glycérol, cette voie transforme des molécules non glucidiques en glucose en passant (plus ou moins directement) par le cycle de Krebs (cf. Néoglucogenèse). Le principal point de passage reste le pyruvate qui est ensuite transformé en **oxaloacétate**. Celui-ci est détourné de son utilisation classique (cycle de Krebs) pour participer au niveau cytosolique, à la formation de glucose. Parallèlement à cette activité, le foie doit également assurer son propre métabolisme énergétique. Évidemment, l'utilisation du glucose est évitée, la production d'ATP s'effectue essentiellement grâce à la β-oxydation des acides gras qui devient alors très importante sur le plan quantitatif. Comme nous l'avons vu, la β-oxydation conduit à la formation d'acétylCoA. Pour que sa dégradation oxydative se poursuive, ce substrat énergétique intermédiaire doit entrer dans le cycle de Krebs, donc se lier à l'**oxaloacétate** (ce qui permet la formation de citrate).

Or, cette molécule n'est plus assez disponible, étant donné son orientation vers la néoglucogenèse.
On assiste donc à une **accumulation d'acétylCoA** dans la matrice mitochondriale, ce qui **amorce la cétogenèse**.
Cette biosynthèse a donc lieu dans l'hépatocyte, au niveau de la matrice mitochondriale, avec pour précurseur l'acétylCoA.
La **première étape** (théoriquement réversible) est une condensation de 2 molécules d'acétylCoA s'accompagnant de la libération d'un CoA-SH (on ne retrouve jamais 2 CoA-SH au sein d'une même molécule). Cette réaction est catalysée par la **cétothiolase** et aboutit à la formation d'acétoacétylCoA (figure 6.10).

Figure 6.10. 1re étape de la cétogenèse.

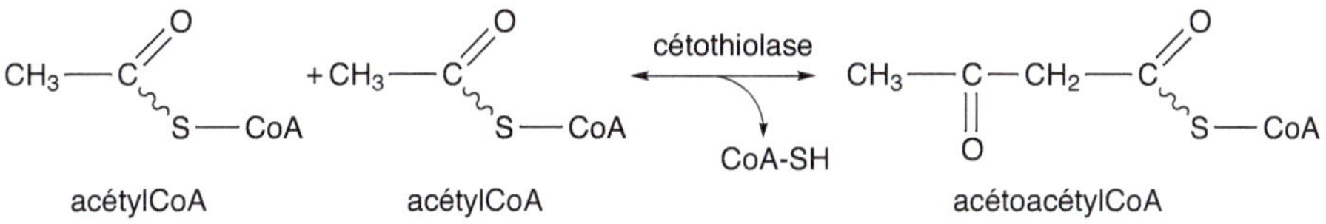

La **deuxième étape** (réversible) est la condensation d'une troisième molécule d'acétylCoA amenant à la formation d'HMG-CoA (β-hydroxy β-méthylglutarylCoA) grâce à l'**HMG-CoA synthase** (figure 6.11).

Figure 6.11. Formation de HMG-CoA.

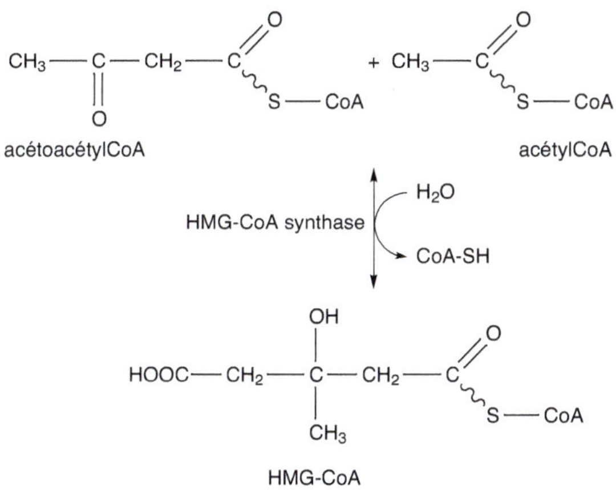

Ces deux premières étapes ont la particularité d'être communes à la biosynthèse du cholestérol.
La **troisième étape** (irréversible), propre à la cétogenèse, est une réaction de clivage, catalysée par l'**HMG-CoA lyase** (figure 6.12).

Figure 6.12. Formation de l'acétoacétate.

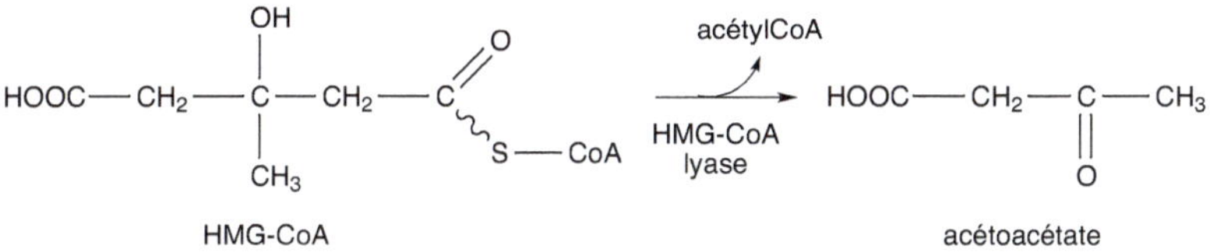

L'acétylCoA qui se dégage ici peut participer à d'autres réactions de condensation (étape 1 ou 2).
L'**acétoacétate** constitue un premier corps cétonique, susceptible de diverses utilisations :
- très diffusible, il peut quitter la mitochondrie et l'hépatocyte par simple diffusion. Une fois dans le sang, il devient disponible pour les cellules consommatrices ;

- une partie de l'acétoacétate subit une réaction spontanée (c'est-à-dire sans intervention d'enzyme) de décarboxylation, aboutissant à la formation d'**acétone** (réaction ayant surtout lieu dans le sang) (figure 6.13) ;

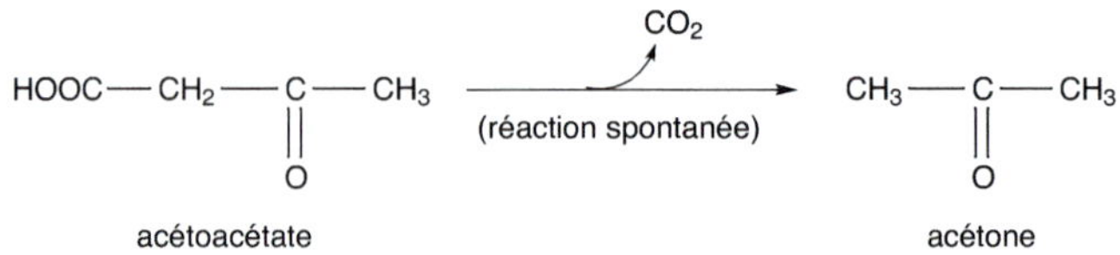

Figure 6.13. Formation de l'acétone.

- une autre partie subit une réaction de réduction avec pour coenzyme NADH, H^+ grâce à la **β-hydroxybutyrate dH**, ce qui permet la formation du troisième corps cétonique : le β-hydroxybutyrate (figure 6.14).

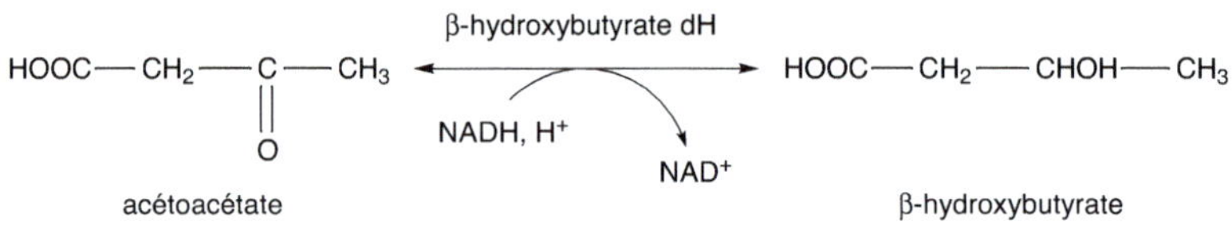

Figure 6.14. Formation de β-hydroxybutyrate.

> **L'acétone** n'est en fait qu'un **déchet métabolique**, éliminé soit par voie urinaire, soit par la ventilation pulmonaire. Cette molécule est volatile et passe facilement dans l'air expiré (donnant à l'haleine une odeur caractéristique de « pomme verte »).

L'importance de cette troisième possibilité est en fait fonction du rapport NADH, H^+/NAD^+ dans la mitochondrie. Plus ce rapport est élevé, plus cette possibilité est sollicitée de façon à contrôler l'état d'oxydation des coenzymes afin de les rendre utilisables dans d'autres métabolismes.
Ces trois corps cétoniques se retrouvent finalement dans le sang.
Seuls **l'acétoacétate** et le **β-hydroxybutyrate** sont considérés comme de **nouveaux substrats énergétiques**, disponibles pour les tissus périphériques capables de les utiliser (muscles striés, cœur, rein...).

2.2. Cétolyse

Cette voie correspond à la **dégradation oxydative** des corps cétoniques à des fins énergétiques.
Ces molécules entrent par simple diffusion dans la cellule consommatrice et sont catabolisées dans la mitochondrie.
Le β-hydroxybutyrate est retransformé en acétoacétate grâce à la **β-hydroxybutyrate déshydrogénase** avec pour coenzyme NAD^+ :

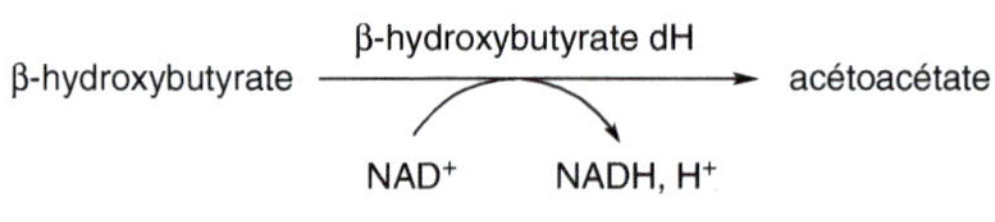

L'acétoacétate est ensuite transformé en acétoacétylCoA grâce à la **succinylCoA transférase**. Cette réaction d'activation se fait à partir du succinylCoA détourné du cycle de Krebs. Il en résulte la formation d'acétoacétylCoA et de succinate. Ce dernier peut alors réintégrer le cycle de Krebs. Cette étape entraîne un manque à gagner d'un équivalent ATP puisque le passage succinylCoA → succinate permet normalement la production d'un GTP (cf. cycle de Krebs). Il faut en tenir compte lors du calcul du bilan énergétique de la cétolyse.
L'acétoacétylCoA subit ensuite une réaction de clivage, catalysée par la cétothiolase. Cette coupure s'accompagne de l'incorporation d'une molécule de CoA-SH, ce qui permet la formation de deux molécules d'acétylCoA qui pourront ensuite entrer dans le cycle de Krebs. À noter que dans les tissus périphériques, la problématique n'est plus la même que dans le foie. Ces tissus ne participant

pas à la néoglucogenèse (typique du foie), il n'y a pas de problème de disponibilité de l'oxaloacétate, point d'entrée obligatoire de l'acétylCoA dans le cycle de Krebs (figure 6.15).

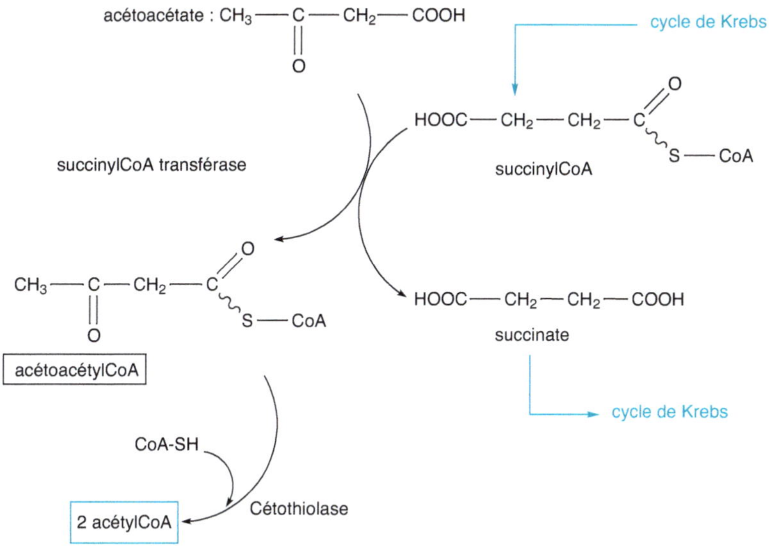

> Lorsque le taux plasmatique de corps cétoniques est faible (jeûne court), ce sont surtout les muscles squelettiques et le cœur qui les utilisent comme substrat énergétique.
> Lorsque le jeûne se prolonge, la concentration en corps cétoniques augmente progressivement pour atteindre un seuil qui permettra leur utilisation par le cerveau.
> Le foie ne peut pas utiliser les corps cétoniques du fait d'un équipement enzymatique inadapté ; quand bien même, cela n'aurait aucun intérêt puisque la cétolyse aboutit à l'acétylCoA dont l'excès est à l'origine de la cétogenèse.

Figure 6.15. Cétolyse.

2.3. Régulation du métabolisme des corps cétoniques

Le but de ce métabolisme n'est autre que de transférer l'excès d'acétylCoA de l'hépatocyte vers les cellules consommatrices périphériques.
Le métabolisme des corps cétoniques peut se résumer ainsi :

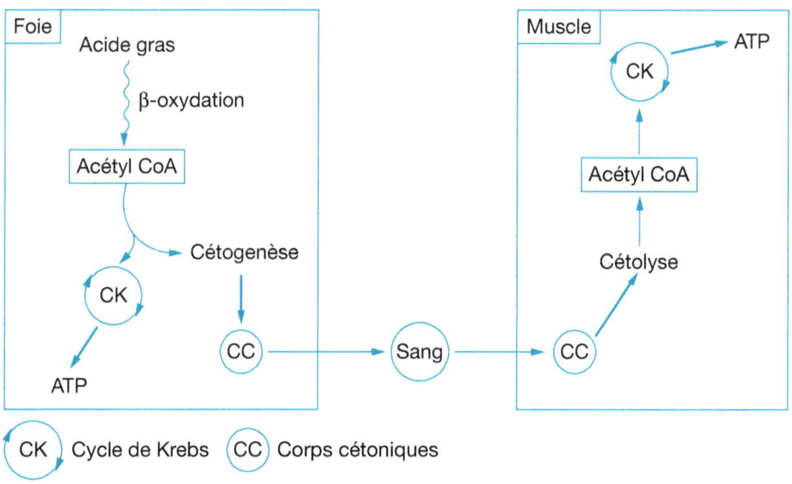

> **Rappel**
> La particularité de la cétogenèse et de la cétolyse réside dans le fait que se sont pas des voies métaboliques antagonistes pouvant avoir lieu en même temps mais à des endroits différents. La formation des corps cétoniques dans le foie s'accompagne dans la continuité de leur utilisation par les tissus périphériques.

La régulation s'applique essentiellement au niveau de deux tissus : le foie et le tissu adipeux.
Au niveau du foie, la cétogenèse est fonction de la disponibilité de l'oxaloacétate, qui conditionne l'utilisation de l'acétylCoA pour le cycle de Krebs. Cette

disponibilité est étroitement liée à celle du pyruvate (la pyruvate carboxylase permettant de passer de l'un à l'autre). Dans un contexte de jeûne, et d'autant plus au niveau du foie, le pyruvate ne provient pas de la glycolyse mais du lactate et de certains acides aminés, notamment l'alanine (cf. Néoglucogenèse). Ainsi, quand la concentration en lactate et en alanine diminue (au niveau plasmatique, donc au niveau des hépatocytes), la formation mitochondriale d'oxaloacétate diminue, ce qui amorce l'accumulation de l'acétylCoA et donc la cétogenèse. D'autant que l'oxaloacétate qui se forme malgré tout est utilisé préférentiellement pour la néoglucogenèse.

Au niveau du tissu adipeux s'applique une régulation hormonale liée au contrôle de la lypolyse. La diminution de la glycémie stimule la libération de glucagon, qui stimule la lipolyse adipocytaire (tout en inhibant la lipogenèse). Cela entraîne une augmentation de la concentration en acides gras circulants, ce qui favorise leur β-oxydation au niveau hépatique (d'autant que l'acétylCoA carboxylase qui initie la biosynthèse des acides gras est alors inhibée).

L'**insuline** stimule quant à elle la lipogenèse et inhibe la lipolyse. On dit de ce fait que c'est un **facteur anticétogénique**.

Lorsque la concentration plasmatique en corps cétonique augmente de façon importante, il y a un **risque d'acidification** (mise à part l'acétone, les corps cétoniques sont des acides faibles) au niveau sanguin. On parle alors d'**acidocétose**. Ce dérèglement se constate quand le jeûne est très long, car un système de régulation permet normalement de retarder ce déséquilibre acidobasique. En effet, l'augmentation importante de la concentration plasmatique en corps cétoniques a un effet stimulateur sur la sécrétion d'insuline, diminuant la lipolyse adipocytaire. En diminuant le taux d'acides gras circulants, la β-oxydation hépatique diminue, ce qui permet de limiter l'importance de la cétogenèse et de favoriser la cétolyse périphérique.

De ce fait, l'acidocétose est une complication métabolique rencontrée chez le diabétique (surtout de type I).

> La production importante de corps cétoniques se constate également chez l'éthylique lors d'une consommation massive d'alcool.

3. Biosynthèse des acides gras

Cette biosynthèse peut avoir lieu dans de nombreux tissus, mais elle a lieu préférentiellement dans le **tissu adipeux** et dans le **foie**.

Elle se déroule dans le cytoplasme, au niveau du cytosol, pour la formation d'acides gras saturés en l'occurrence l'acide palmitique (on parle alors de synthèse de novo).

Le précurseur de cette biosynthèse est l'acétylCoA. Il provient alors essentiellement du métabolisme glucidique par glycolyse, puis décarboxylation oxydative du pyruvate. Il peut aussi se former à partir de certains acides aminés (alanine, sérine, glycine, leucine, isoleucine...) ou encore à partir du catabolisme de l'alcool. La grande majorité de cet acétylCoA se forme dans la mitochondrie. Or, les membranes mitochondriales sont totalement imperméables à ce composé. Pour sortir et être disponible au niveau cytosolique, l'acétylCoA doit donc passer par un système de transport particulier : la **navette citrate-malate-pyruvate**. Nous verrons par la suite que la biosynthèse des acides gras insaturés se déroule au niveau du réticulum endoplasmique lisse (appelé aussi système microsomial), où auront lieu les réactions d'élongation et de désaturation.

3.1. Navette citrate-malate-pyruvate

L'acétylCoA ne peut pas franchir en tant que tel la membrane mitochondriale étant donné l'absence de protéine de transport spécifique à son égard.
Suite à la glycolyse, le pyruvate entre dans la mitochondrie. Une partie se transforme en acétylCoA (grâce à la pyruvate déshydrogénase), une autre partie fait l'objet d'une réaction de carboxylation par la **pyruvate carboxylase**. Grâce à la consommation d'une molécule d'ATP, cette réaction aboutit à la formation d'oxaloacétate.

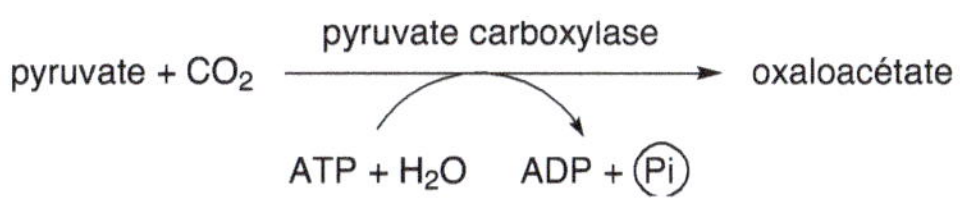

Cette enzyme a pour cofacteur la biotine (vitamine B_8) et son activité est stimulée (par allostérie) quand la concentration en acétylCoA augmente.
Ensuite, la condensation entre l'oxaloacétate et l'acétylCoA sous l'action de la **citrate synthase** correspond à la première étape du cycle de Krebs.

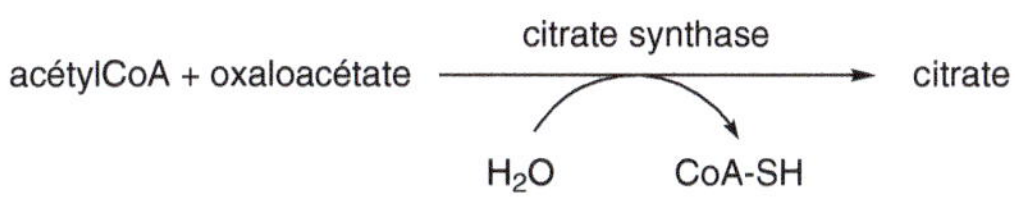

Grâce à un transporteur membranaire spécifique, le citrate peut sortir de la mitochondrie. Ce transport facilité a lieu quand la concentration en citrate est élevée dans la matrice. Une fois dans le cytosol, il subit l'action de la **citrate lyase**. Grâce à l'utilisation d'un ATP et d'un CoA-SH (déjà présent dans le cytosol), le citrate est clivé en oxaloacétate et en acétylCoA. Ce dernier est dès lors disponible pour la biosynthèse *de novo* d'acides gras.

Il est important de constater que finalement seule la partie carbonée sort de la mitochondrie, le CoA-SH initial reste dans la matrice mitochondriale.

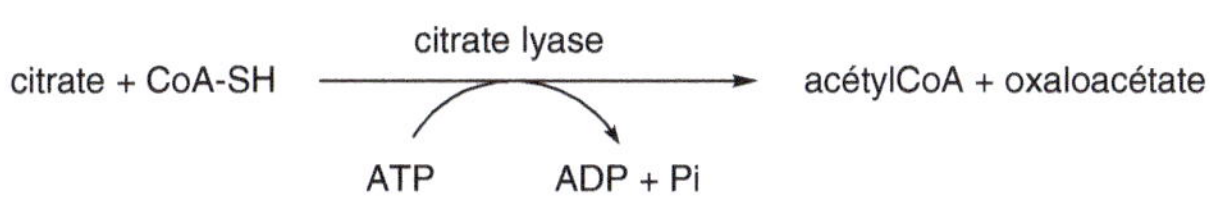

Pour que le système de navette forme un cycle (c'est-à-dire s'autorégénère), l'oxaloacétate doit être réorienté vers la mitochondrie. Pour cela, il est réduit en malate par la **malate déshydrogénase** :

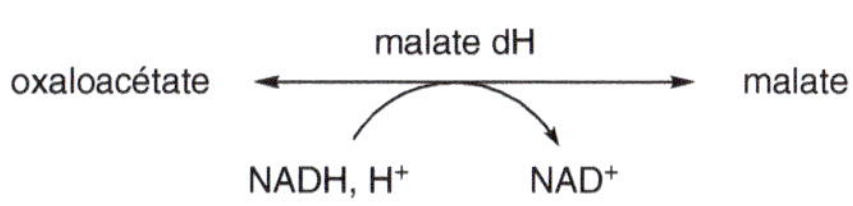

Le malate fait ensuite l'objet d'une décarboxylation oxydative grâce à l'**enzyme malique** (décarboxylase malique), ce qui permet de reformer du pyruvate.
Cette réaction a pour particularité d'utiliser le $NADP^+$ comme coenzyme d'oxydoréduction (figure 6.16).

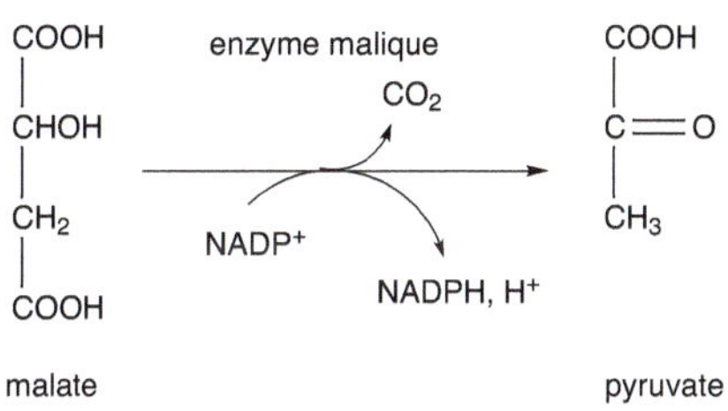

Figure 6.16. Décarboxylation oxydative du malate en pyruvate.

Ensuite, le pyruvate peut repasser dans la mitochondrie et redonner de l'oxaloacétate (figure 6.17).

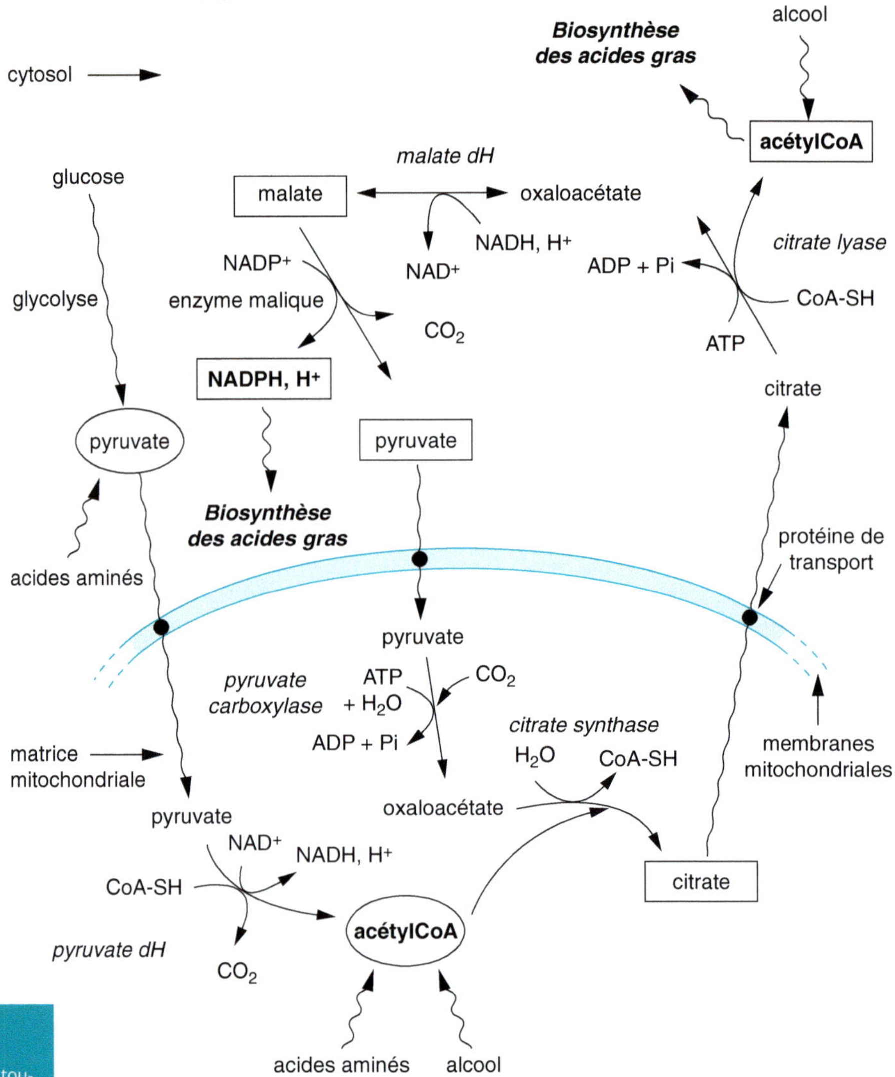

Figure 6.17. Vue d'ensemble de la navette citrate-malate-pyruvate.

Cette navette présente donc un double intérêt, en permettant la formation côté cytosolique :
- d'acétylCoA servant de précurseur ;
- de NADPH, H+ (forme réduite), indispensable à la biosynthèse des acides gras.

Attention

Cette source de NADPH, H+ est toutefois insuffisante : elle ne couvre qu'environ la moitié des besoins biosynthétiques. Le reste est fourni par la voie des pentoses phosphate, ce qui est un argument supplémentaire pour justifier qu'un excès de glucose dans la ration favorise la formation des lipides.

3.2. Biosynthèse de l'acide palmitique

Toutes les étapes qui suivent ont lieu au niveau du cytosol.

La particularité de la biosynthèse *de novo* des acides gras est qu'elle conduit à la formation d'acide palmitique.

Elle commence par la carboxylation de l'acétylCoA, qui permet la formation de malonylCoA. Cette réaction est catalysée par un **complexe multienzymatique** regroupé sous le nom d'**acétylCoA carboxylase**. Il a pour groupement prosthétique la biotine (vitamine B_8) et son action **irréversible** nécessite la consommation d'un ATP (figure 6.18).

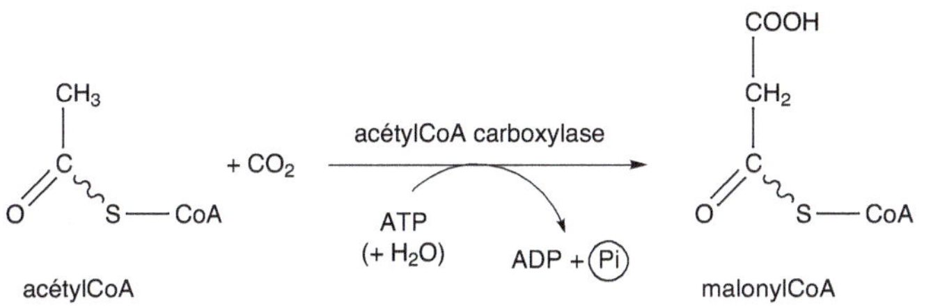

Figure 6.18. Formation du malonylCoA.

C'est une étape importante, impliquée dans la régulation du métabolisme des acides gras (anabolisme et catabolisme).
La biosynthèse se poursuit par la succession et la répétition de quatre étapes. Cette répétition des événements porte le nom d'**hélice de Wakil**. Elle est catalysée par un complexe multienzymatique appelé **acyl synthase** (ou encore acide gras synthase), constitué de deux sous-unités dont l'une est parfois notée ACP (pour *acyl carrier protein*), protéine découverte chez les bactéries. Il est important de retenir que chacune de ces deux sous-unités présente une fonction thiol permettant la prise en charge des substrats et ce, avec formation de liaisons covalentes.
Dans un premier temps, l'enzyme prend en charge le malonylCoA, ce qui s'accompagne du départ du CoA-SH (figure 6.19).

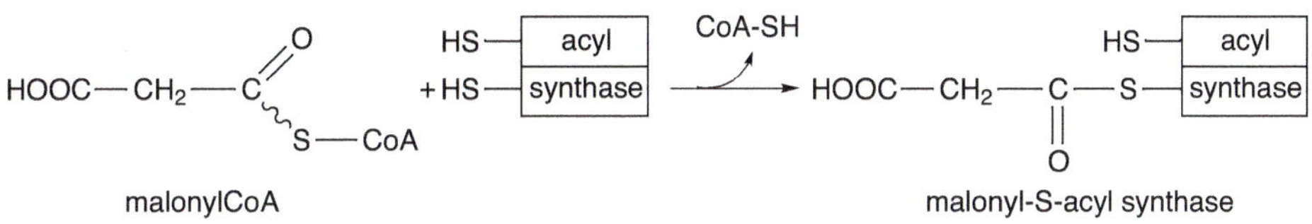

Figure 6.19. Fixation du malonyl sur l'acyl synthase.

Ensuite, de la même façon, l'acétylCoA se fixe au niveau de la deuxième fonction thiol de l'acyl synthase (figure 6.20).

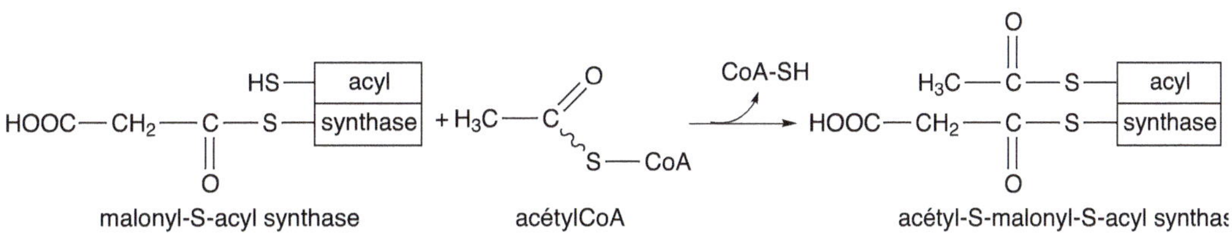

Figure 6.20. Fixation de l'acétyl.

Dès que les deux substrats sont fixés, l'enzyme provoque la décarboxylation du malonyl et le transfert de l'acétyl (figure 6.21).

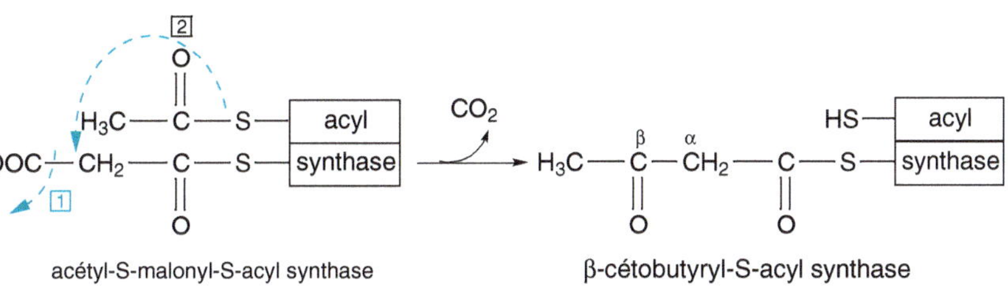

Figure 6.21. Condensation.

L'enzyme porte alors un acyl de quatre carbones avec une fonction cétone sur le carbone β (= carbone n° 3) d'où le nom de **β-cétobutyryl** (ou **acétoacétyl**). Le carbone 1 est celui de la fonction carboxylique de l'acide gras final. Les autres carbones constituent donc la chaîne aliphatique saturée. Les trois réactions suivantes permettent de se débarrasser de la fonction cétone du carbone 3, ce qui induit dans un premier temps sa réduction avec NADPH, H^+ pour coenzyme (figure 6.22).

Figure 6.22. Réduction.

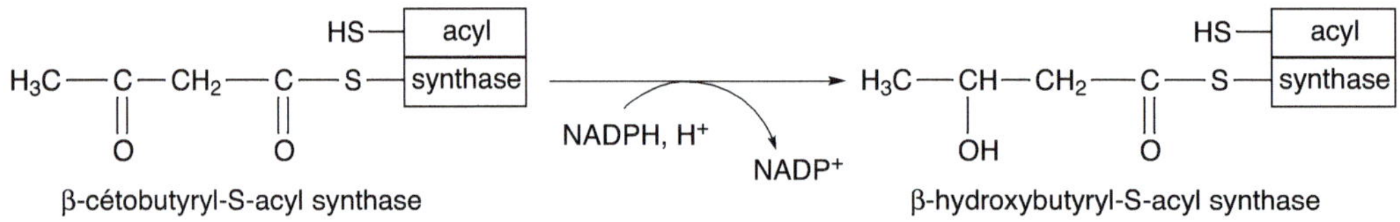

La fonction alcool secondaire qui vient de se former est ôtée au cours d'une déshydratation (figure 6.23).

Figure 6.23. Déshydratation.

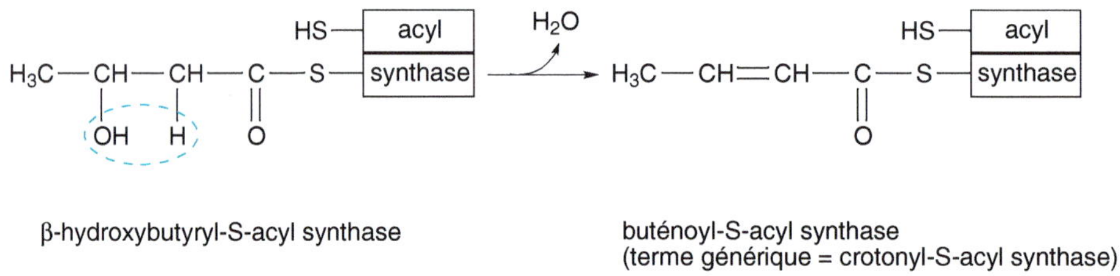

La double liaison portée par le carbone β fait finalement l'objet d'une réduction avec de nouveau utilisation d'une molécule de NADPH, H^+ (figure 6.24).

Figure 6.24. Réduction.

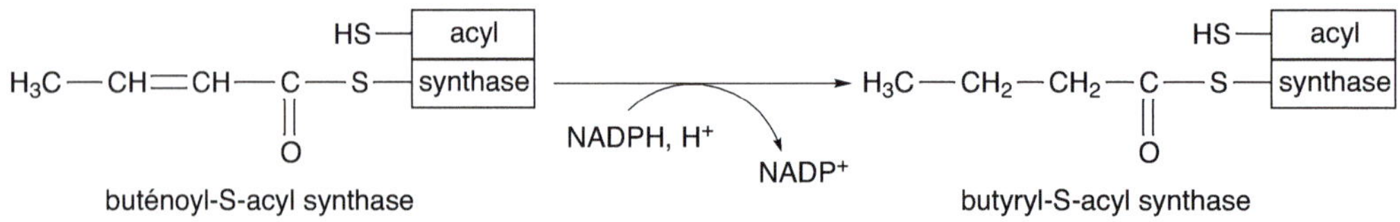

Cette séquence de quatre étapes (**condensation**, **réduction**, **déshydratation**, **réduction**) se répète ensuite, ce qui permet, de deux carbones en deux carbones, l'allongement de la chaîne carbonée.

La butyryl-S-acyl synthase s'engage donc dans une nouvelle séquence. La réaction de condensation se fait avec une nouvelle molécule de malonylCoA. Pour cela, le butyryl est transféré sur la fonction thiol supérieure de façon à ce que l'autre (qui appartient à l'ACP) soit libre pour prendre en charge le malonylCoA (figure 6.25).

Les cycles permettant l'élongation se poursuivent jusqu'à l'obtention de palmityl-S-acyl synthase.

La biosynthèse se termine par une réaction d'hydrolyse, qui provoque la libération de l'acide palmitique. Elle est catalysée par la **palmityl thioestérase** (figure 6.26).

> Lors du premier tour, on obtient du butyryl (4 carbones), au deuxième tour on passe à 6 carbones, au troisième à 8 carbones... Il faut donc 7 cycles pour obtenir un acide gras à 16 carbones.

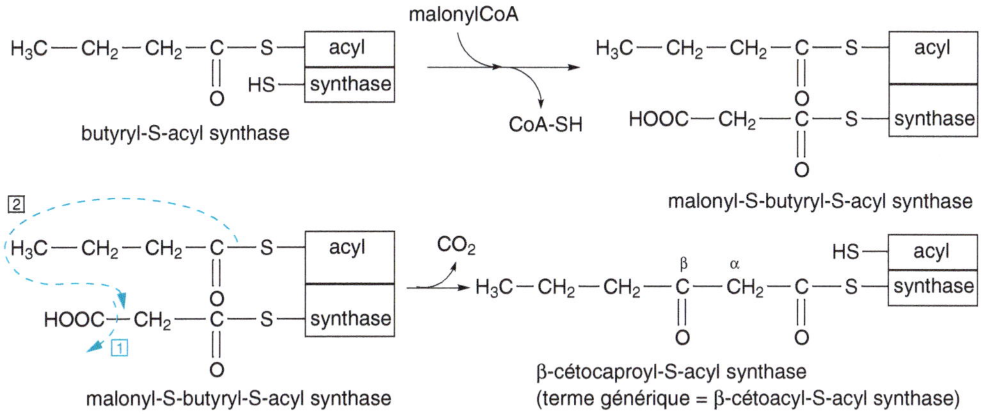

Figure 6.25. Condensation d'un nouveau malonyl.

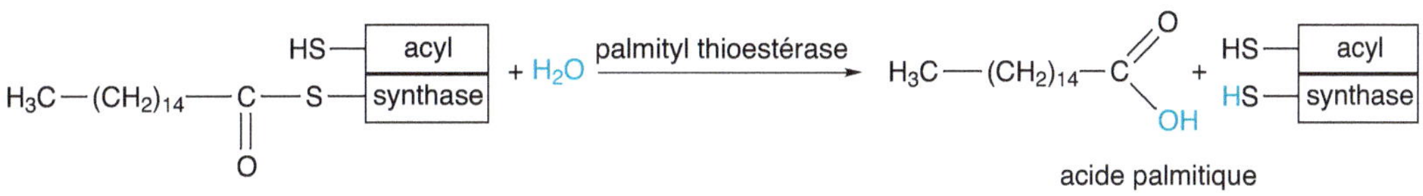

Figure 6.26. Libération de l'acide palmitique par hydrolyse.

3.3. Équation bilan de la biosynthèse de l'acide palmitique

Au cours de cette biosynthèse sont utilisés : 1 acétylCoA, 7 malonylCoA et 14 NADPH, H^+ et une molécule d'H_2O pour l'hydrolyse finale. Il s'est formé de l'acide palmitique, libéré 7 CO_2, 14 $NADP^+$, 8 CoA et 7 H_2O.
On obtient donc l'équation :

acétylCoA + 7 malonylCoA + 14 NADPH, H^+ ⟶ acide palmitique + 14 $NADP^+$ + 8 CoA-SH + 7 CO_2 + 6 H_2O

L'équation de la biosynthèse des 7 malonylCoA donne :

7 acétylCoA + 7 CO_2 + 7 ATP + 7 H_2O ⟶ 7 malonylCoA + 7 (ADP + Ⓟi)

On obtient donc pour *équation bilan globale* :

8 acétylCoA + 7 ATP + 14 NADPH, H^+ + 1 H_2O ⟶ acide palmitique
(2 carbones) (16 carbones)
+ 7 (ADP + Ⓟi) + 8 CoA-SH + 14 NADF

Lorsque l'acétylCoA est transféré vers le cytosol, il se forme 1 NADPH, H^+. Comme il faut 8 acétylCoA, la navette citrate-malate-pyruvate permet de fournir 8 NADP réduits. Les 6 manquants sont fournis par la voie des pentoses phosphates.

3.4. Régulation de la biosynthèse des acides gras

L'acétylCoA carboxylase (permettant la formation du malonylCoA) est l'enzyme clé de cette biosynthèse. Le contrôle de son activité permet en même temps de réguler la β-oxydation. Quand une voie est stimulée, la voie antagoniste est inhibée (cf. Régulation de la β-oxydation p. 103).

3.5. Biosynthèse des acides gras insaturés

L'acylsynthase permet la formation d'acide palmitique. Cet acide gras peut ensuite faire l'objet d'une réaction d'élongation. Grâce à une **élongase**, avec une molécule de malonylCoA, il se forme de l'acide stéarique (18:0). Là aussi, lors de la condensation, il se produit une décarboxylation d'où l'ajout d'uniquement 2 carbones.
Cette réaction survient au niveau du réticulum endoplasmique lisse.
C'est également à ce niveau que se produisent des réactions de désaturation combinées à d'autres réactions d'élongation, qui peuvent être représentées de la façon suivante (figure 6.27).

Figure 6.27. Biosynthèse des acides gras insaturés à partir de l'acide palmitique.

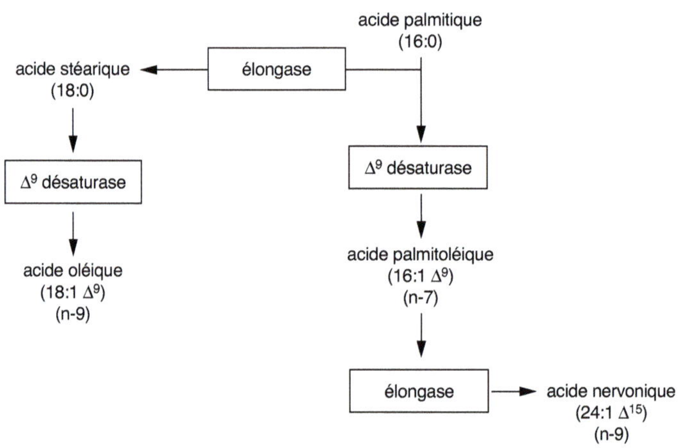

> **Attention**
> Ces acides gras doivent donc être apportés par l'alimentation : on parle alors d'**acides gras indispensables.** En revanche, à partir de ces deux acides gras, nous pouvons fabriquer d'autres acides gras polyinsaturés alors considérés comme **essentiels** (figure 6.28).

Les **désaturases** ont une spécificité d'action vis-à-vis de l'emplacement de la double liaison qu'elles génèrent. Chez l'homme, l'équipement en désaturase est limité dans le sens où nous ne possédons pas celles qui permettent les doubles liaisons en position 12 et 15. De ce fait, nous sommes incapables de biosynthétiser l'acide α-linolénique (18:3 $\Delta^{9,12,15}$) et l'acide linoléique (18:2 $\Delta^{9,12}$).
Il se détache de cette biosynthèse deux séries : la **série n-3** (ou ω-3) partant de l'acide α-linolénique et la **série n-6** (ou ω-6) partant de l'acide linoléïque.
Les acides gras essentiels assurent différentes fonctions dans l'organisme.
Ils entrent dans la composition des phospholipides membranaires, notamment au niveau des neurones (cas du DHA appelé aussi acide cervonique).
L'acide arachidonique et l'EPA servent de précurseurs à la biosynthèse des eicosanoïdes. On retrouve parmi ces molécules informationnelles (molécules permettant aux cellules de communiquer entre elles et de participer ainsi à l'homéostasie) :

- **les prostaglandines** : stimulent la contraction des muscles lisses (ex. le muscle utérin lors de l'accouchement), effet vasodilatateur, favorise la migration des leucocytes ;

- **la prostacycline** : action antiagrégante vis-à-vis des plaquettes sanguines, effet vasodilatateur ;
- **les leucotriènes** : favorisent la migration des leucocytes par chimiotactisme, augmente la perméabilité des capillaires sanguins, contribue ainsi à la réaction inflammatoire.

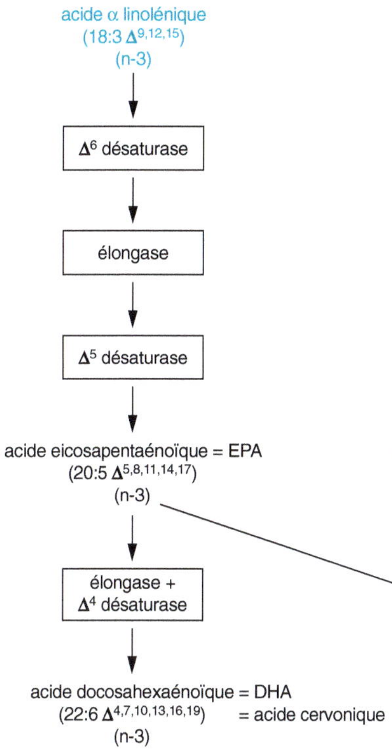

Figure 6.28. Formation des acides gras essentiels à partir des acides gras indispensables.

4. Métabolisme des glycérolipides

4.1. Biosynthèse des glycérolipides

4.1.1. *Biosynthèse des triglycérides*

Pour permettre les réactions d'estérification au niveau cellulaire, il faut :
- que les acides gras soient activés en acylCoA grâce à l'acylCoA synthétase ;
- que le glycérol soit phosphorylé. La principale voie de production est la glycolyse qui permet la formation de dihydroxyacétone phosphate. Une réaction de réduction, catalysée par la glycérol 3-phosphate déshydrogénase, conduit à la formation de glycérol (figures 6.29 et 6.30).

Rappel

Elle intervient principalement au niveau du foie, du tissu adipeux et des entérocytes.
Elle nécessite deux précurseurs : du glycérol et des acides gras (au niveau des entérocytes, elle débute avec des acylglycérols et des acides gras issus de la digestion et de l'absorption des lipides alimentaires).

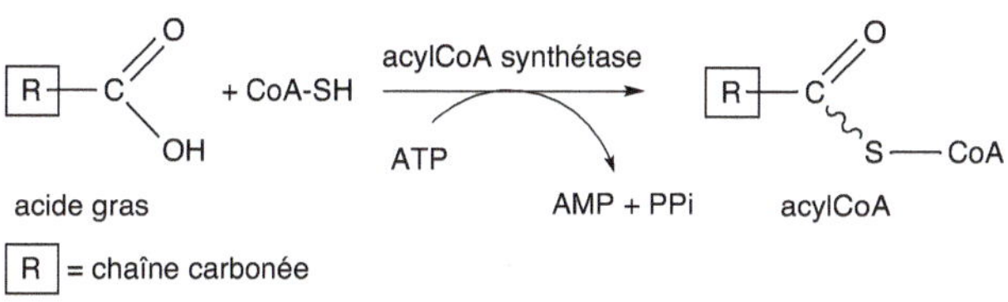

Figure 6.29. Activation des acides gras.

Figure 6.30. Formation du glycérol-Ⓟ.

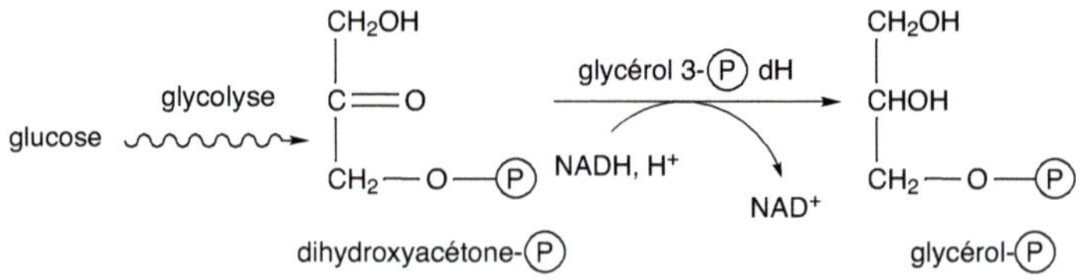

Le glycérol phosphate peut aussi être produit à partir de glycérol prélevé au niveau plasmatique. Cette réaction est toutefois impossible au niveau des adipocytes étant donné l'absence de la glycérol kinase. Elle a lieu dans l'hépatocyte (figure 6.31).

Figure 6.31. Phosphorylation du glycérol au niveau hépatique.

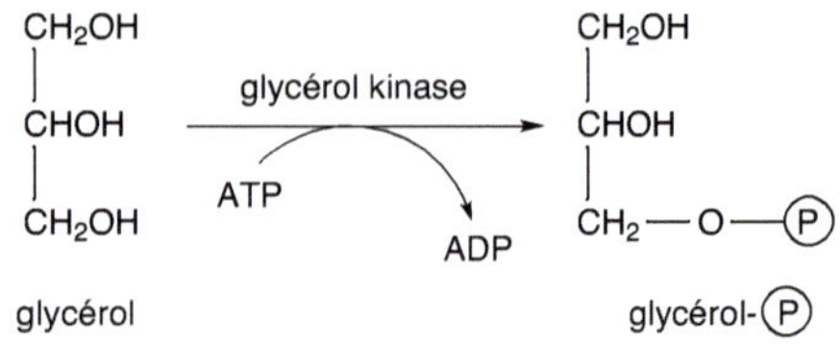

La lipogenèse se poursuit grâce à deux acyltransférases (figure 6.32).

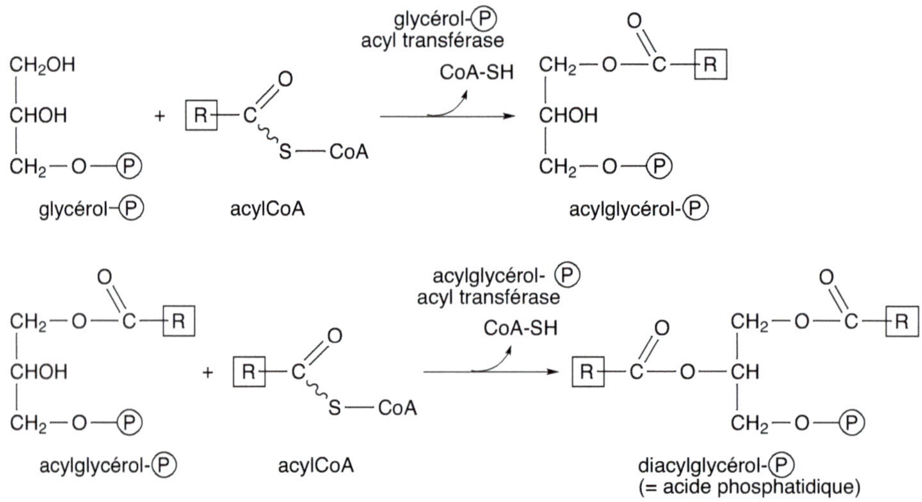

Figure 6.32. Formation de l'acide phosphatidique.

On obtient ici du **diacylglycérol phosphate**, ou **acide phosphatidique**. Dès lors, deux orientations biosynthétiques sont possibles. Cette molécule peut servir à la formation des triglycérides (= triacylglycérol) ou à celle des glycérophospholipides.

La formation d'un triglycéride nécessite l'intervention d'une phosphatase qui, par hydrolyse, permet le départ du phosphate. De cette façon, la dernière fonction alcool devient libre pour permettre le transfert de l'acyl grâce à la diacylglycérol acyl transférase (figure 6.33).

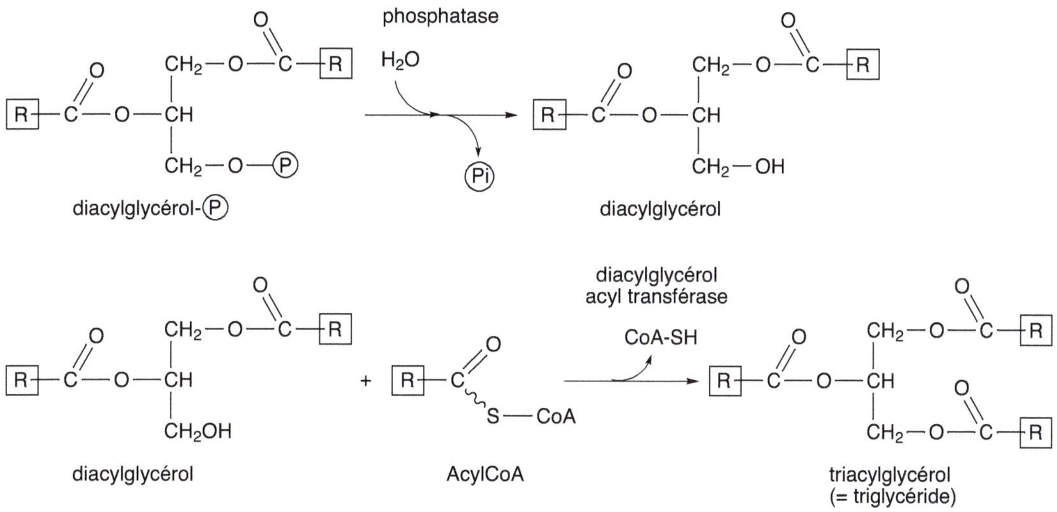

Figure 6.33. Formation des triglycérides.

4.1.1.1. Régulation de la lipogenèse au niveau des adipocytes

L'adipocyte, cellule constitutive du tissu adipeux, est spécialisé dans le stockage des lipides sous la forme de **triglycérides**. Ils se regroupent (du fait de leur comportement hydrophobe) au sein d'une imposante gouttelette lipidique qui occupe environ 80 % du volume de la cellule (figure 6.34).

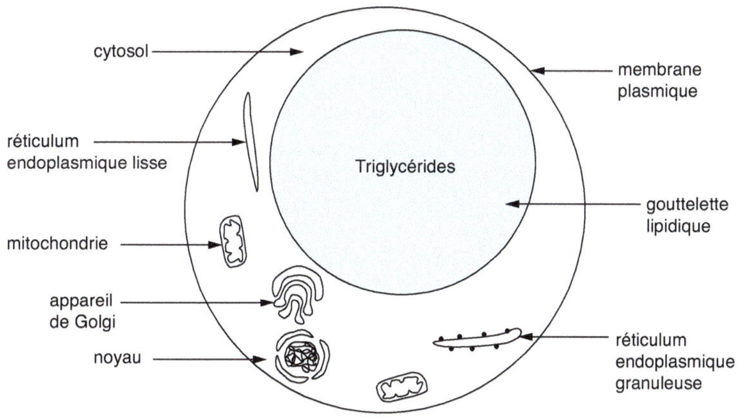

Figure 6.34. Schéma de l'adipocyte.

D'une manière générale, **l'insuline va stimuler la lipogenèse** et ce de plusieurs façons.

L'insuline stimule la biosynthèse, par l'adipocyte, de la **lipoprotéine lipase** (LPL). La LPL est libérée par exocytose puis va se positionner au niveau des capillaires sanguins voisins. Elle se place précisément au niveau de la face apicale des cellules endothéliales. En augmentant le nombre de LPL, l'insuline favorise l'hydrolyse de certaines lipoprotéines circulantes (VLDL, chylomicrons) et donc l'approvisionnement de l'adipocyte en acides gras alors disponibles pour la lipogenèse.

L'insuline stimule également le **recrutement des transporteurs membranaires du glucose** (GLUT 4). En augmentant le nombre de GLUT 4, elle favorise

> **Rappel**
>
> La lipogenèse est un métabolisme qui a lieu en période post-prandiale. On observe alors une hyperglycémie qui va stimuler le pancréas endocrine, au niveau des cellules β. Il s'ensuit une sécrétion d'insuline qui passe dans le sang pour aller agir sur les adipocytes.

l'entrée du glucose dans l'adipocyte. On dit ainsi que l'insuline augmente la perméabilité membranaire au glucose ce qui doit permettre de rapidement corriger l'hyperglycémie du moment.

En parallèle, l'insuline **stimule la glycolyse** donc la formation de pyruvate puis d'acétylCoA. L'acétylCoA carboxylase étant aussi activée, la synthèse des acides gras s'en trouve favorisée. De son côté, la **β-oxydation est inhibée**.

En favorisant la glycolyse, l'insuline favorise également la formation de dihydroxyacétone Ⓟ, ce qui est favorable à la production de glycérol Ⓟ et donc à la lipogenèse.

L'entrée du glucose dans l'adipocyte étant plus important cela permet d'alimenter la voie des pentoses phosphates, qui en fournissant des NADPH, H^+, contribue aussi à la biosynthèse des acides gras.

L'augmentation des triglycérides dans l'adipocyte induit la production de leptine. Cette hormone adipocytaire passe dans le sang pour aller agir notamment sur l'hypothalamus. Elle y stimule la production du neuropeptide Y, inhibiteur de l'appétit. Un dérèglement de ce type de retro-contrôle peut être à l'origine de l'obésité.

Autrement dit, un excès de glucose dans la ration favorise en trois points la formation des lipides :

- fourni de l'acétylCoA (biosynthèse des acides gras) ;
- fourni du NADPH, H+ (biosynthèse des acides gras) ;
- fourni du glycérol Ⓟ (biosynthèse des triglycérides).

Enfin, l'insuline favorise la lipogenèse en stimulant la glycérol Ⓟ acyl transférase et en empêchant la lipolyse par inhibition de la lipase hormono-sensible (figure 6.35).

Figure 6.35. Schéma de la lipogenèse et de sa régulation par l'insuline.

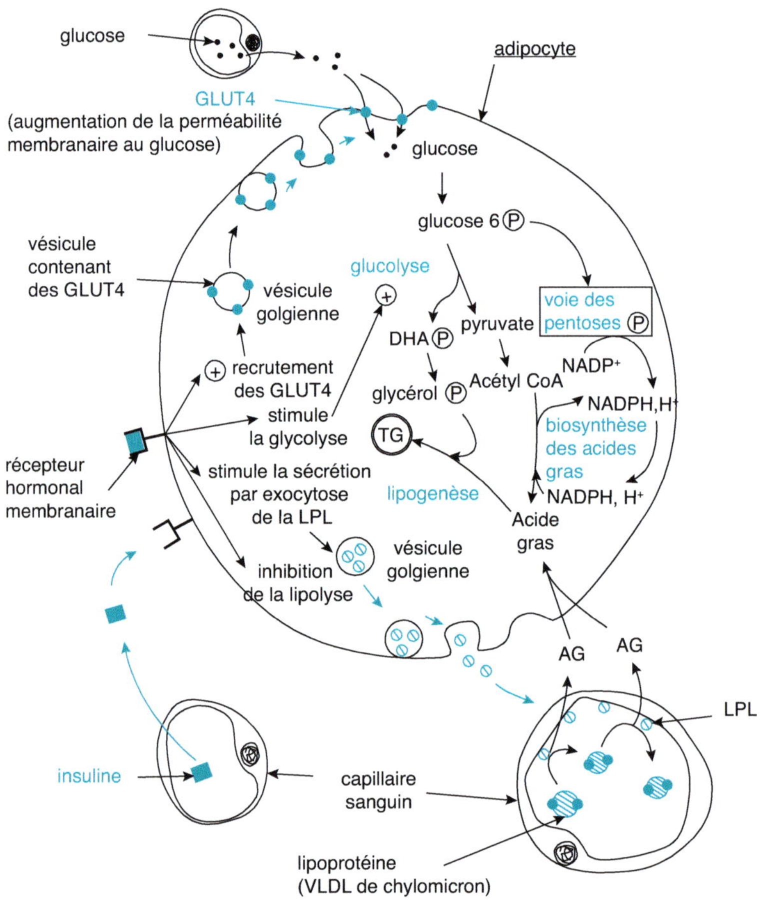

4.1.2. *Biosynthèse des glycérophospholipides*

Elle passe par la condensation de l'acide phosphatidique avec une molécule de cytidine triphosphate (CTP, nucléotide équivalent de l'ATP mais avec la cytosine pour base azotée). Survient ensuite une réaction de transfert avec la sérine ou encore l'inositol (figure 6.36).

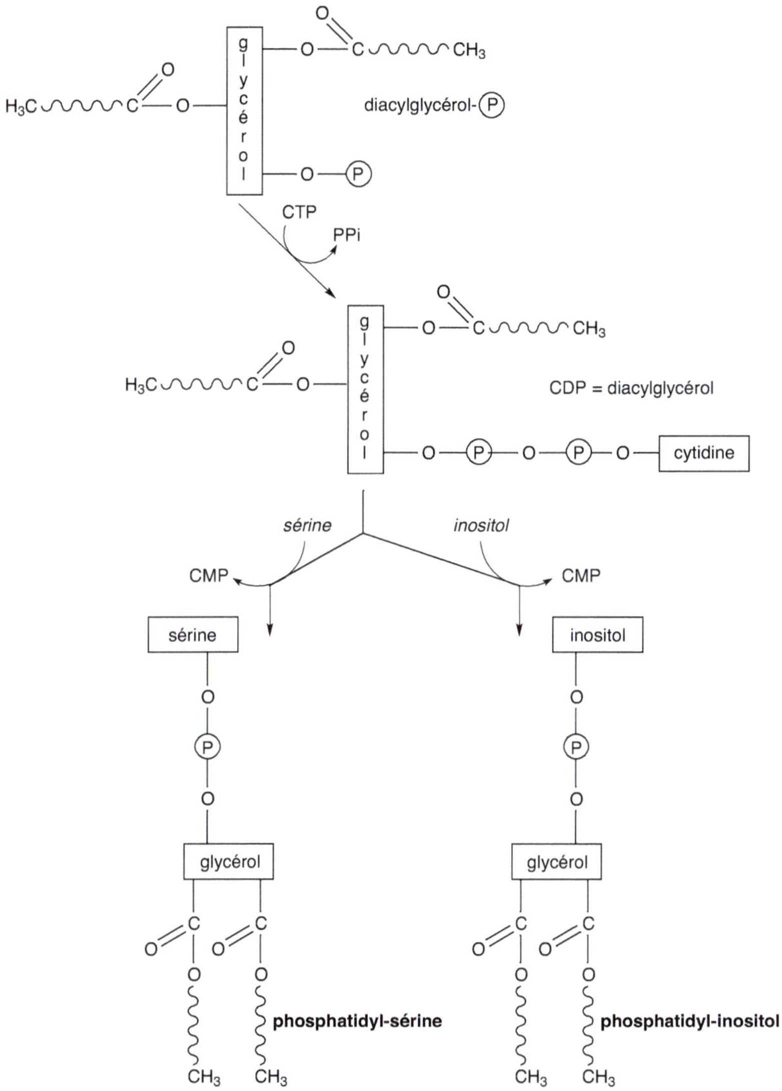

Figure 6.36. Formation des glycérophospholipides.

La biosynthèse de la phosphatidyléthanolamine se fait à partir de la phosphatidyl-sérine par une décarboxylaton du résidu sérine. La formation de la phosphatidyl-choline peut être ensuite obtenue par trois méthylations du résidu éthanolamine :

4.2. Catabolisme des glycérolipides

4.2.1. *Au niveau intestinal*

Les triglycérides d'origine alimentaire sont digérés au niveau intestinal grâce à l'action combiné des **sels biliaires** et du **suc pancréatique**. Les liaisons esters sont hydrolysées essentiellement par la **lipase pancréatique** (dont l'activité nécessite la présence d'une colipase). Elle agit préférentiellement sur les liaisons portées par les carbones 1 et 3 du glycérol, permettant la formation de 2-acylglycérol, de glycérol et d'acide gras qui dès lors pourront être absorbés. Les glycérophospholipides sont hydrolysés par un ensemble de **phospholipases** (4) aboutissant à la formation d'acide gras, de glycérol, d'acide phosphorique. La substitution (sérine, choline, inositol...) est également libérée pour être absorbée (figure 6.37).

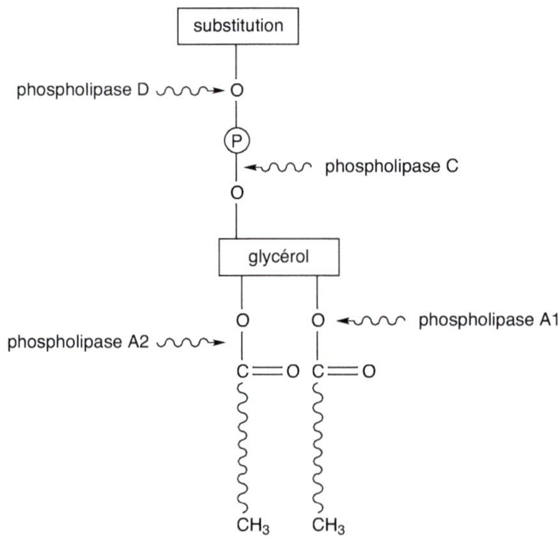

Figure 6.37. Catabolisme des glycérophospholipides.

4.2.2. *Au niveau intravasculaire*

Les triglycérides peuvent être véhiculés au niveau sanguin, dans le plasma, grâce aux lipoprotéines.

Il s'agit essentiellement des **chylomicrons** (en provenance des entérocytes, origine alimentaire) et des **VLDL** (en provenance des hépatocytes, origine endogène).

Afin de pouvoir libérer leurs acides gras constitutifs, ils doivent faire l'objet d'une réaction d'hydrolyse partielle. Cela est provoqué par la **liprotéine** lipase précisément localisée au niveau de certains capillaires sanguins (cf. Le catabolisme des chylomicrons).

4.2.3. *Au niveau adipocytaire*

L'adipocyte est spécialisé dans le stockage des triglycérides. La mobilisation de ces réserves lipidiques passe par la lipolyse. Elle a lieu lors du **jeûne** ou encore lors de **l'adaptation à l'effort et au stress** et ce d'autant plus que la période est longue. On considère par exemple que l'on commence à solliciter la lipolyse à partir de 40 min de footing.

Dans un premier temps, les triglycérides font l'objet d'une hydrolyse partielle initiée par la **lipase hormono-sensible**. On a libération d'un acide gras et d'un diglycéride par coupure d'une liaison ester.
Intervient ensuite une **diacylglycérol lipase** puis une **acylglycérol lipase** pour finaliser l'hydrolyse d'où l'obtention de 3 acides gras et d'un glycérol.
Cette voie catabolique fait l'objet d'une régulation hormonale dont l'enzyme clé est, comme son nom l'indique, la lipase hormono-sensible.
Elle est stimulée par le **glucagon**, l'**adrénaline** via un mécanisme de phosphorylation (figure 6.38).

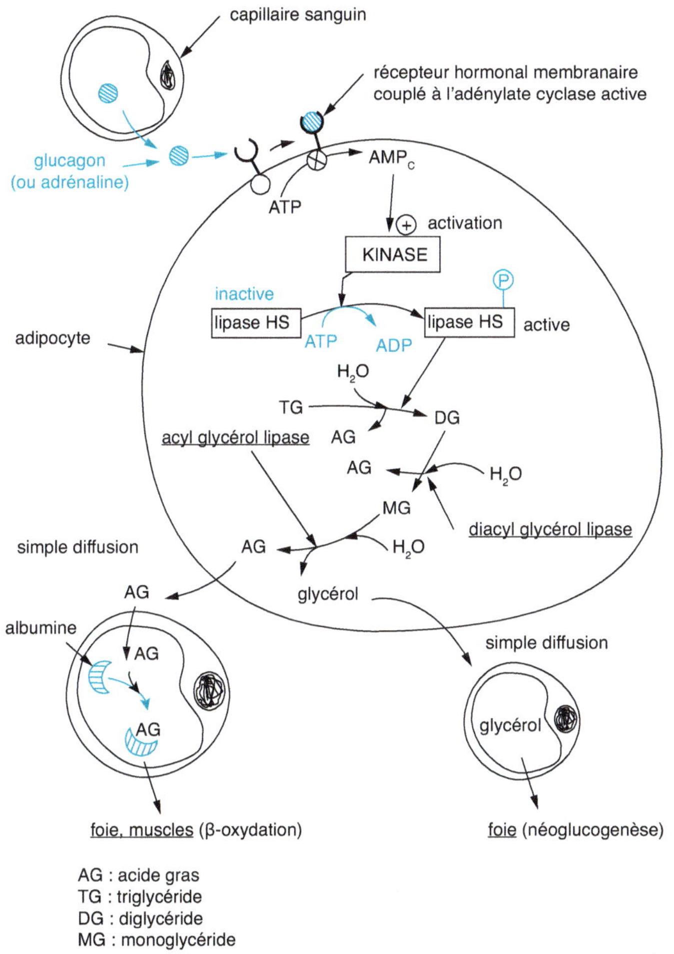

Figure 3.38. Schéma de la lipolyse et de sa régulation par le glucagon (et l'adrénaline).

La lipolyse est aussi favorisée par le **cortisol**, ou encore par les **hormones thyroïdiennes**, qui favorisent la biosynthèse par induction de l'enzyme clé. Ces hormones passent dans la cellule où elles se fixent à un récepteur cytosolique. Le couple hormone/récepteur migre ensuite vers le noyau, y pénètre grâce aux pores nucléaires.
Il y a ensuite fixation de l'hormone/récepteur sur une région bien précise de l'ADN, région (gène) codant pour la lipase hormono-sensible. En stimulant la transcription du gène en question la biosynthèse de l'enzyme clé est alors stimulée.
Le glucagon intervient plutôt lors du jeûne d'autant plus s'il est prolongé. L'adrénaline et le cortisol sont plus spécifiques d'une adaptation à l'effort et au stress.

Les hormones thyroïdiennes sont particulièrement sollicitées pour des besoins de thermorégulation (thermogenèse). Cette répartition n'est toutefois pas stricte, ces hormones peuvent agir de concert et en synergie.
En contrepoint, **l'insuline inhibe la lipase hormono-sensible** via une phosphatase, régulation qui se met en place en situation post-prandiale (figure 6.39).

Figure 3.39. Schéma de la régulation de la lipolyse adipocytaire par l'insuline.

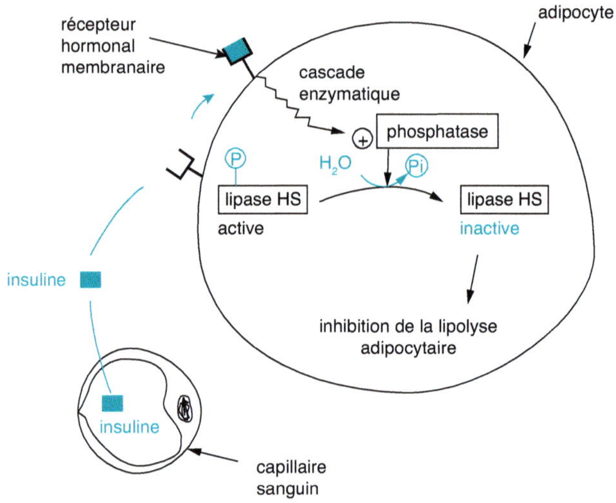

5. Métabolisme du cholestérol

> **›› Définition**
>
> Le cholestérol est un **alcool** apparenté aux lipides, qui assure plusieurs fonctions biologiques capitales au sein de l'organisme :
> - constituant membranaire ;
> - précurseur de la biosynthèse des hormones stéroïdes ;
> - précurseur de la biosynthèse des sels biliaires ;
> - précurseur de la biosynthèse de la vitamine D.

Insoluble en milieu aqueux, il est transporté sous forme libre ou estérifiée mais **toujours associé aux lipoprotéines** (chylomicron pour l'origine exogène mais surtout HDL et LDL).
La grande majorité du cholestérol présent dans l'organisme est d'origine endogène. La production journalière est estimée à 800 mg alors que les apports alimentaires sont en moyenne de 200 mg/j.

5.1. Biosynthèse du cholestérol

La plupart des cellules de l'organisme sont capables de fabriquer du cholestérol mais le foie reste le principal producteur. Il est responsable de la synthèse de 80 % du cholestérol endogène.

Cette synthèse a lieu dans le cytosol en utilisant pour **précurseur l'acétylCoA** provenant en grande partie du catabolisme des glucides et éventuellement des acides gras. De ce fait, l'acétylCoA se forme au niveau de la matrice mitochondriale. Son passage dans le cytosol sollicite de nouveau la **navette citrate-malate-pyruvate** (cf. p. 112). Elle permet en parallèle la formation du NADPH, H^+ nécessaire pour des réactions de réductions.

Le début de cette biosynthèse est commun à la cétogenèse jusqu'à l'obtention du HMG-CoA (figure 6.40).

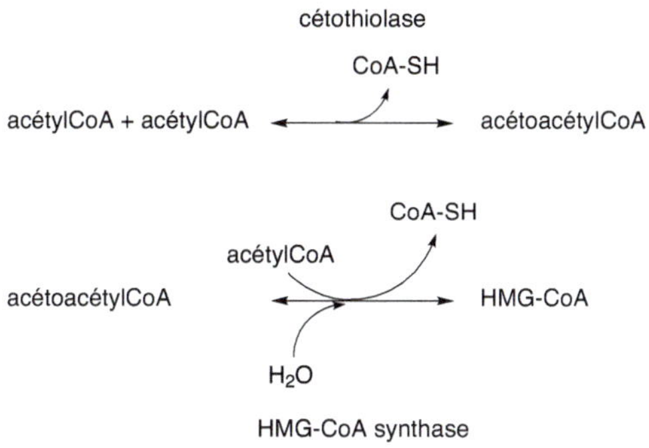

Figure 6.40. Formation de l'HMG-CoA.

La **HMG-CoA réductase** conduit ensuite à la formation de **mévalonate**. Cette étape de réduction nécessite deux NADPH, H^+ (de façon à faire apparaître une fonction alcool primaire) et provoque le départ du CoA-SH (figure 6.41).

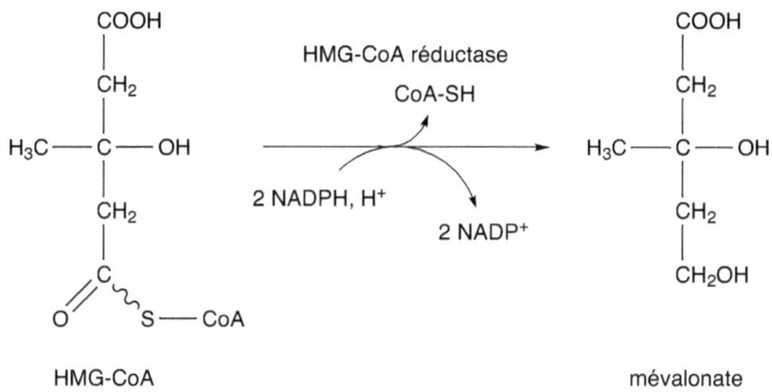

Figure 6.41. Formation du mévalonate.

Cette étape est importante car elle sert de **point de régulation** de la biosynthèse du cholestérol.
Étant donné la complexité des événements suivants (et ce d'autant plus que leur précision n'est pas d'une grande nécessité ici), seuls les principaux points seront présentés.
La deuxième étape provoque la formation de l'**isopenténylpyrophosphate**.
Plusieurs réactions sont nécessaires ; elles provoquent une décarboxylation et consomment 3 ATP. Cela se résume de la façon suivante :

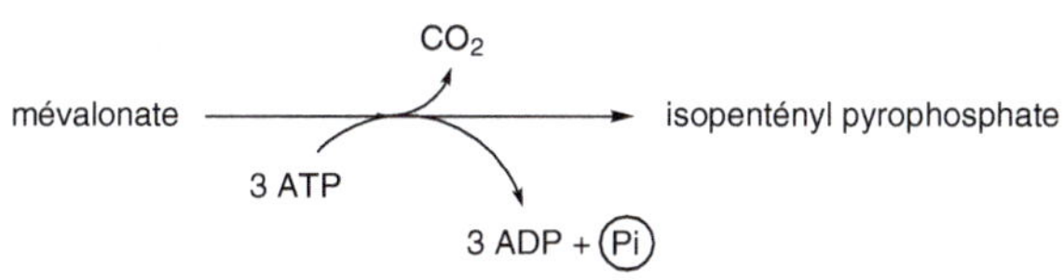

C'est la **polymérisation** répétée de cette molécule à 5 carbones qui permet la formation du **squalène** (30 carbones) (figure 6.42).
Le squalène est ensuite transformé en **lanostérol**, par une cyclisation du squelette carboné du squalène. Cette transformation consomme une molécule d'O_2 et un NADPH, H^+, ce qui fait apparaître une fonction alcool (figure 6.43).
Le cholestérol est constitué de 27 carbones. La dernière série de transformations est une succession de trois déméthylations (départ de $-CH_3$) avec, en parallèle, formation d'une double liaison au niveau du cycle B du noyau stérane (cf. supra Structure du cholestérol).

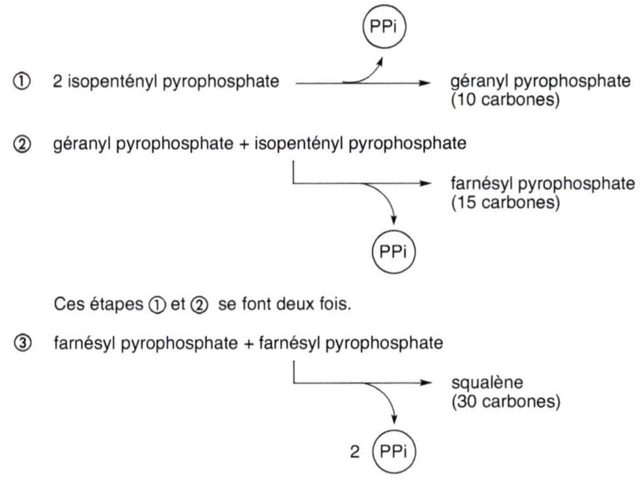

Figure 6.42. Formation du squalène.

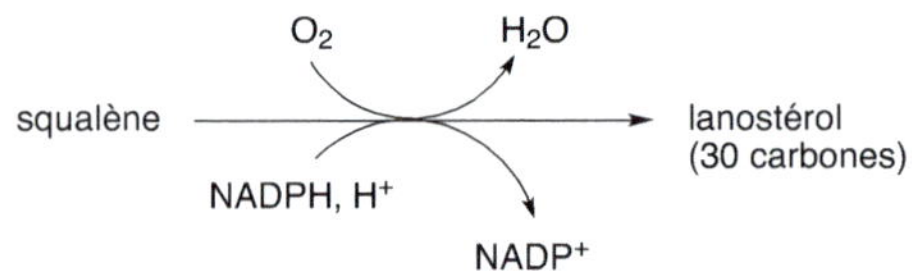

Figure 6.43. Formation du lanostérol.

Il aura fallu en tout utiliser 6 isopentényl pyrophosphates, donc 6 mévalonates, (ce qui nécessite en tout la consommation de 18 ATP). Chaque mévalonate se forme à partir de 3 acétylCoA. La biosynthèse d'une molécule de cholestérol nécessite donc 18 acétylCoA.

Cette biosynthèse peut se poursuivre par **l'estérification facultative** de la fonction alcool avec un acide gras (figure 6.44). Pour cela, il faut que l'acide gras soit activé en acylCoA. L'enzyme catalysant cette réaction réversible est **l'acylCoA-cholestérol-acyltransférase** (notée ACAT).

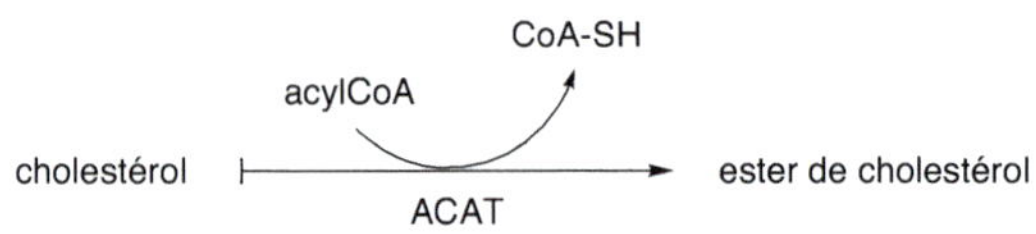

Figure 6.44. Estérification du cholestérol.

5.2. Régulation de la biosynthèse du cholestérol

Cette régulation, qui passe par le contrôle de l'activité de la **HMG-CoA réductase**, est de nature **allostérique**. L'augmentation de la concentration en cholestérol dans le cytosol entraîne une **inhibition de l'enzyme**, tout en stimulant l'activité de l'ACAT. Elle a aussi pour effet de diminuer le nombre de récepteurs membranaires spécifiques aux LDL (cf. p. 135), qui permet d'éviter une surcharge de la cellule en cholestérol.

La HMG-CoA réductase fait aussi l'objet d'une **régulation hormonale** :

- elle est **activée par l'insuline** par déphosphorylation (selon le schéma classique passant par un récepteur cellulaire puis finalement par activation d'une phosphatase). Cette régulation rapide intervient lors de l'état post-prandial ;
- elle est **inhibée par le glucagon** par phosphorylation (selon le schéma classique passant par un récepteur cellulaire, la formation d'AMPc et l'activation d'une protéine kinase), par exemple lors d'une période de jeûne.

5.3. Catabolisme du cholestérol

La **biosynthèse des sels biliaires** est un ensemble de réactions enzymatiques complexe dont nous ne présenterons que les principaux points.
Dans un premier temps, le cholestérol est en grande majorité transformé en **acide cholique** (principal acide biliaire). Pour ce faire, la coupure de 3 carbones au niveau de la chaîne latérale conduit à la formation de propionylCoA, qui regagne ensuite le cycle de Krebs.
La chaîne latérale se termine dès lors par une fonction carboxylique (d'où le nom d'acide biliaire).
La double liaison du cycle B est saturée, et le noyau stérane comporte maintenant 3 fonctions alcool, ce qui diminue son caractère hydrophobe. La molécule présente désormais un **comportement amphiphile**.
Au cours de ces transformations intervient la **cholestérol 7-α-hydroxylase** (qui agit avec la **vitamine C**), enzyme importante car elle constitue le point de régulation de cette biosynthèse. Le contrôle de l'activité de cette enzyme passe par une rétro-inhibition allostérique. Lorsque la concentration en acides biliaires augmente dans l'hépatocyte, l'enzyme est inhibée.
Les acides biliaires (dits alors primaires) font ensuite l'objet d'une **réaction de conjugaison**, qui induit la formation d'une liaison amide (avec la fonction carboxylique) :

- soit avec la **glycine** (dans 2/3 des cas) ;
- soit avec la **taurine** (dans 1/3 des cas).

On forme ainsi des **acides biliaires conjugués** dont les deux principaux sont l'**acide glycocholique** et l'**acide taurocholique** (figure 6.45).

> **Attention**
> Seul le **foie** est capable d'assurer l'élimination du cholestérol.
> Il est important de préciser que l'organisme ne possède pas l'équipement enzymatique permettant de le transformer en acétylCoA. **En aucun cas,** le cholestérol ne peut donc participer au métabolisme énergétique (si ce n'est éventuellement par sa chaîne latérale carbonée).
> Son élimination passe par les voies biliaires :
> - soit sous forme libre dans la bile. Une partie est absorbée au niveau de l'intestin grêle. Le reste passe au niveau du gros intestin et est transformé par la flore intestinale en coprostanol (forme retrouvée dans les fèces) ;
> - soit sous la forme de sels biliaires.

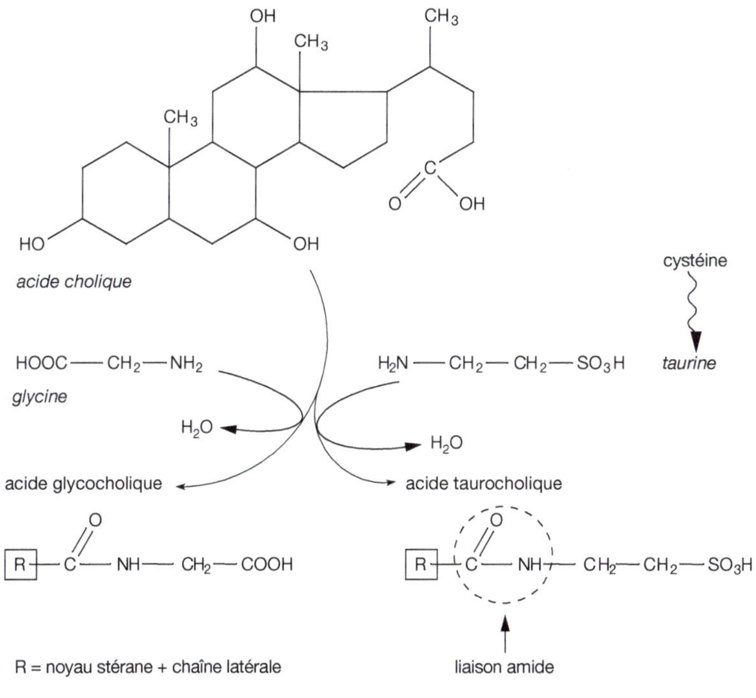

Figure 6.45. Formation des acides biliaires conjugués.

Ces molécules quittent ensuite les hépatocytes pour gagner la bile, dont le pH alcalin fait perdre leur proton aux fonctions acides ($-COO^-$ et $-SO_3^-$). De plus, sa composition riche en Na^+ favorise leur transformation en **sels biliaires**

dont les plus importants sont le **glycocholate de sodium** et le **taurocholate de sodium.**
Ces sels biliaires, une fois dans l'intestin grêle, jouent un rôle important dans la digestion des lipides en permettant leur émulsion.
La grande majorité (environ 95 %) est absorbée au niveau de l'iléon (partie terminale de l'intestin). Comme ils sont finalement récupérés par le foie, on parle de **cycle entéro-hépatique**. Ce qui permet un recyclage important des sels biliaires, qui repasseront dans la bile ; en contrepartie la capacité d'élimination de l'excès de cholestérol s'en trouve limitée.
Les sels biliaires ayant échappé au cycle entéro-hépatique (environ 5 %, soit 500 mg/j) se retrouvent au niveau du gros intestin : la flore intestinale provoque notamment leur déconjugaison, ce qui conduit à la formation des acides biliaires dits « secondaires », éliminés par les fèces.

6. Lipoprotéines

En fonction de leur composition en lipide et de leur équipement en apoprotéine (ce qui, globalement, conditionne leur densité), on peut distinguer cinq grandes classes de lipoprotéines :
- les **chylomicrons** ;
- les **VLDL** (*very low density lipoproteins*) : lipoprotéines de très basse densité ;
- les **IDL** (*intermediate density lipoproteins*) : lipoprotéines de densité intermédiaire ;
- les **LDL** (*low density lipoproteins*) : lipoprotéines de basse densité ;
- les **HDL** (*high density lipoproteins*) : lipoprotéines de haute densité.

6.1. Aspect général

Le comportement globalement hydrophobe des lipides leur interdit d'être véhiculés librement par le sang ou la lymphe. Ils sont forcément transportés et distribués dans l'organisme en association avec des protéines de transport.
Ainsi, l'albumine permet la circulation plasmatique des acides gras libres (c'est-à-dire non estérifiés), essentiellement dans un contexte de lipolyse au niveau du tissu adipeux.
Toutefois, la grande majorité des lipides sont transportés sous forme de **complexes macromoléculaires** : les lipoprotéines.
Elles correspondent à un assemblage de lipides (triglycérides, phospholipides, cholestérol, vitamines liposolubles) et de protéines de transport spécifiques appelées **apoprotéines**.
Toutes sont de forme globalement sphérique (figure 6.46).
Leur **centre est une région hydrophobe** où l'on retrouve les triglycérides et les esters de cholestérol (parfois, des vitamines liposolubles). Leur **périphérie dite polaire** est constituée d'une couche de phospholipides constituée de cholestérol libre. À cet édifice, s'associent les apoprotéines dont les régions hydrophobes sont incluses dans la partie lipidique et dont les régions hydrophiles sont orientées vers l'extérieur.

Il est important de préciser que toutes ces molécules s'associent sans qu'il y ait formation de liaisons covalentes, ce qui facilite les échanges moléculaires entre les lipoprotéines et les cellules de l'organisme.

6.2. Apoprotéines

Les apoprotéines ont un rôle structural au sein des lipoprotéines, mais contribuent également à leur métabolisme. En fonction de leur rôle, on peut distinguer quatre types d'apoprotéines.

6.2.1. *Apoprotéine A*

L'apoprotéine A (ou apo A) joue le **rôle d'activateur** de la **lécithine cholestérol acyltransférase** (LCAT), enzyme plasmatique fabriquée par le foie. En présence de l'apo A, cette enzyme permet l'estérification du cholestérol libre présent au niveau cellulaire ou de certaines lipoprotéines. Surtout présente au niveau des HDL, elle permet la récupération de l'excès de cholestérol libre, son estérification (à partir d'un acide gras provenant de lécithines, d'où le nom de l'enzyme) et son incorporation dans le cœur hydrophobe des HDL.

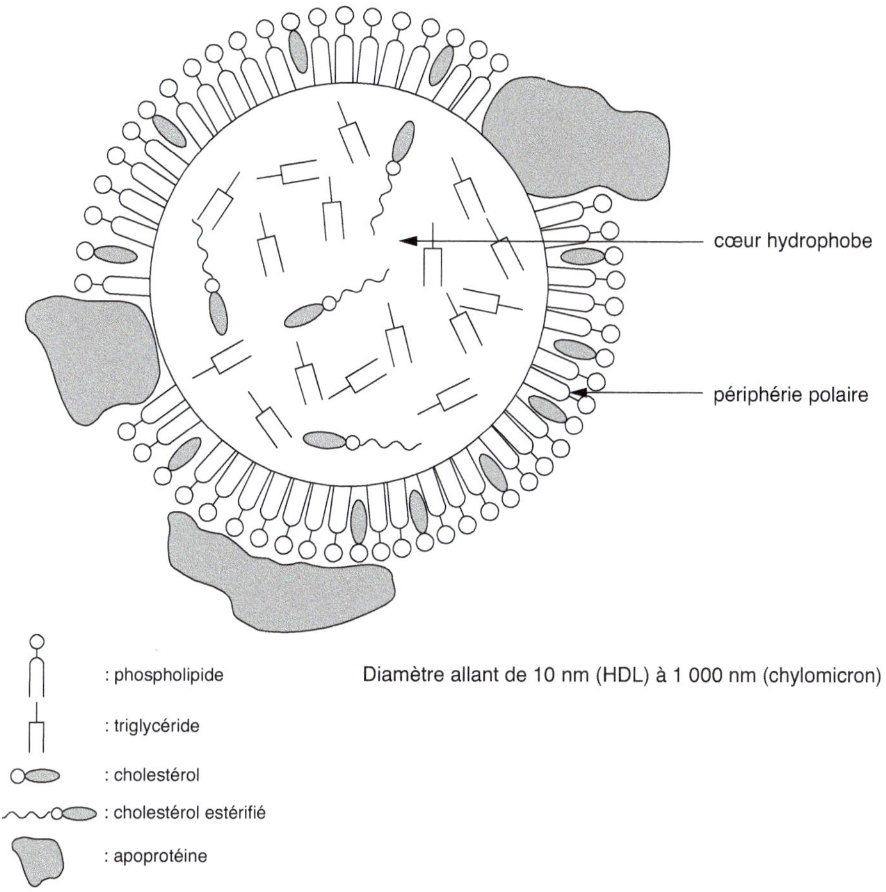

Figure 6.46. Structure schématique d'une lipoprotéine.

6.2.2. *Apoprotéine B*

L'apoprotéine B (ou apo B) joue un **rôle majeur dans la reconnaissance cellulaire spécifique** des lipoprotéines. Elle permet ainsi le catabolisme des lipoprotéines par endocytose, notamment par les cellules hépatiques. On la retrouve au niveau des LDL (apo B100) et des remnants de chylomicrons (apo B48). Le chiffre associé est révélateur de la masse moléculaire de l'apoprotéine et de son origine (l'apo B100 provient de l'hépatocyte, l'apo B48 de l'entérocyte).

6.2.3. *Apoprotéine E*

L'apoprotéine E (ou apo E) a un rôle similaire à l'apo B, mais elle est surtout présente au niveau des remnants de chylomicrons et, dans une moindre mesure, au niveau des LDL.

6.2.4. *Apoprotéine C*

L'apoprotéine C (ou apo C et, plus précisément, CII) sert d'**activateur enzymatique**. Elle stimule l'activité de la lipoprotéine lipase (LPL), enzyme produite essentiellement par le tissu musculaire et le tissu adipeux (on la retrouve également au niveau du placenta). Elle se localise au niveau de la face interne (face luminale, c'est-à-dire en contact avec le sang) des cellules endothéliales des capillaires sanguins traversant les tissus concernés.
Une fois activée par l'apo C, cette enzyme permet une hydrolyse des triglycérides contenus dans les lipoprotéines, ce qui rend possible la récupération des acides gras par les tissus.
L'apo C est surtout présent au niveau des chylomicrons et des VLDL.

6.3. Chylomicrons

Rappel
Les chylomicrons sont spécialisés dans le transport des lipides d'origine exogène, c'est-à-dire d'origine alimentaire.

6.3.1. *Absorption des lipides et formation des chylomicrons*

La digestion des lipides a lieu dans l'intestin grêle grâce à l'action combinée de la **bile** et du **suc pancréatique**. La bile, grâce aux **sels biliaires**, permet l'**émulsion des gouttelettes lipidiques** (rassemblement des lipides en raison de leur comportement hydrophobe) formées dans le chyme. Il ne s'agit pas là d'une hydrolyse mais d'une fragmentation des lipides en microgouttelettes appelées **micelles** (figure 6.47).

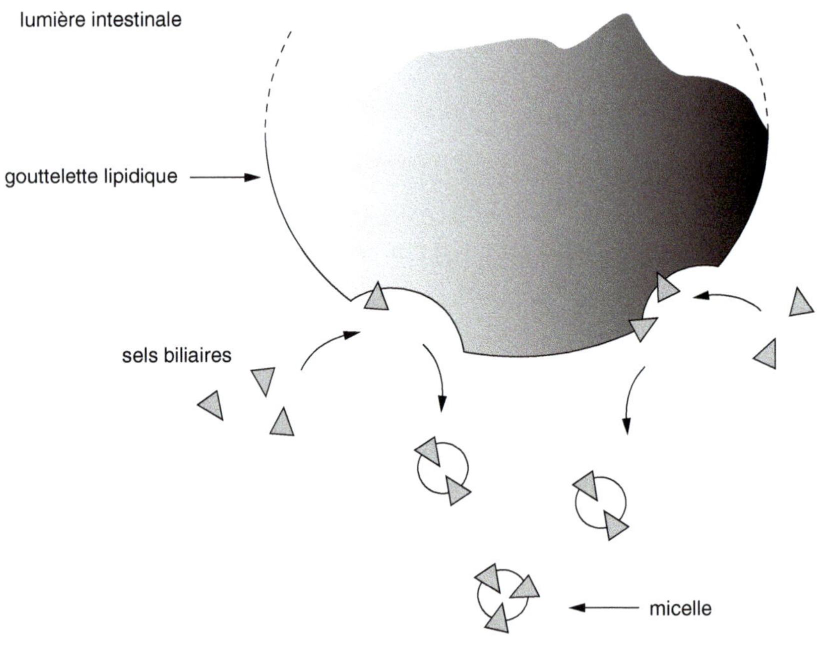

Figure 6.47. Émulsion des lipides alimentaires.

Cette fragmentation permet de faciliter, notamment en augmentant la surface de contact, l'action enzymatique assurée par le suc pancréatique, ensemble d'enzymes lipolytiques (lipase pancréatique, phospholipase, cholestérol-estérase...)

permettant la formation par hydrolyse d'acides gras, de cholestérol, de monoglycérides (acylglycérol) et de glycérol qui seront absorbés par la muqueuse intestinale. La présence de sels biliaires facilite aussi le phénomène **d'absorption** se faisant par simple diffusion au niveau de la membrane apicale des entérocytes. Une fois dans le cytosol, les **acides gras** sont pris en charge par une protéine de transport : la **FABP** (*fatty acid binding protein*), qui permet l'orientation des acides gras vers le **réticulum endoplasmique lisse**. Il est important de préciser que cette prise en charge ne concerne que les acides gras à chaîne moyenne ou longue. Les acides gras à chaîne courte traversent directement l'entérocyte, passent dans les capillaires sanguins et aboutissent dans le sang drainé par la veine-porte en direction du foie.
Une fois dans le réticulum endoplasmique lisse les acides gras, après avoir été activés en acylCoA, sont **réestérifiés** avec du glycérol-phosphate en triglycérides. Après son absorption sous forme libre, le cholestérol est en partie réestérifié. Il entre de même dans la composition des chylomicrons.
En parallèle a lieu, au niveau du réticulum endoplasmique rugueux (c'est-à-dire équipé de ribosomes), la biosynthèse des apoprotéines. La partie lipidique tout comme la partie protéique rejoignent l'appareil de Golgi grâce à des vésicules de transition. Dès lors, ces molécules s'assemblent pour former les chylomicrons. Ils se retrouvent ensuite conditionnés dans les vésicules golgiennes. Celles-ci migrent vers la membrane apicale de l'entérocyte où un mouvement d'exocytose va les faire sortir de la cellule (figure 6.48).
Une fois dans le liquide interstitiel de la villosité intestinale, les chylomicrons sont récupérés par les **chylifères**. Ces petits capillaires lymphatiques sont qualifiés de « fenestrés », car les cellules endothéliales qui le délimitent sont peu jointives (contrairement aux capillaires sanguins), ce qui permet le passage de macromolécules comme les chylomicrons. Contrairement aux autres nutriments absorbés, les lipides, via les chylomicrons, passent donc dans la **circulation lymphatique**. Après leur passage au niveau du canal thoracique, ils rejoignent la circulation sanguine par la veine subclavière gauche, qui se jette ensuite dans la veine cave supérieure.

En passant par la lymphe, les lipides absorbés contournent le foie en ne passant pas par la veine porte.

6.3.2. *Composition des chylomicrons*

La formation des chylomicrons n'a lieu que dans l'intestin grêle après un repas (d'autant plus qu'il est riche en lipides). Les chylomicrons sont donc des lipoprotéines typiques de **l'état post-prandial**. Par conséquent, leur composition reflète celle de l'alimentation ; même si elle est sujette à des variations (qui concernent pour beaucoup la nature même des acides gras présents), les **triglycérides sont majoritaires**, et côtoient une faible proportion de cholestérol. Ils sont constitués en moyenne de :

- 90 % de triglycérides ;
- 5 % de phospholipides ;
- 2 % de cholestérol estérifié ;
- 1 % de cholestérol libre ;
- 2 % d'apoprotéines.

Les chylomicrons natifs (c'est-à-dire à la sortie des entérocytes) sont équipés de deux apoprotéines : l'apo A et l'apo B.
Dès lors qu'ils atteignent la circulation, les chylomicrons échangent avec les HDL. D'une part, les chylomicrons récupèrent les apoprotéines C et E. D'autre part, les HDL récupèrent l'apo A, ce qui active la LCAT. Ainsi, les HDL prélèvent une partie du cholestérol libre des chylomicrons, l'estérifient et l'intègrent dans leur cœur hydrophobe.

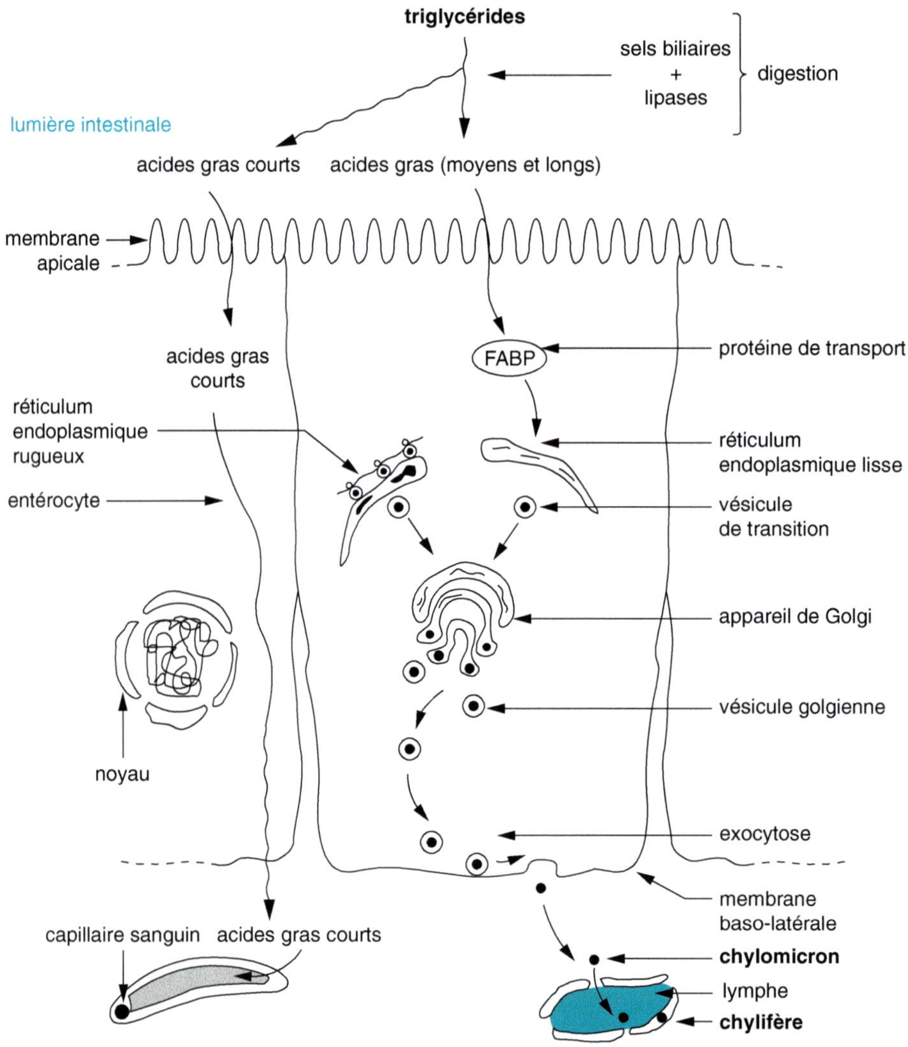

Figure 6.48. Formation des chylomicrons par les entérocytes.

6.3.3. *Catabolisme des chylomicrons*

En passant, via la circulation sanguine, dans les tissus adipeux et musculaire, les chylomicrons sont partiellement dégradés par la LPL, exclusivement présente dans les capillaires. Étant activée par l'apo C, elle hydrolyse une partie des triglycérides, permettant ainsi aux tissus concernés de récupérer des acides gras (figure 6.49). Au niveau musculaire (muscles striés et cœur), ils servent de substrats énergétiques. Au niveau des adipocytes ils sont mis en réserve. Pour cela, ils sont réestérifiés en triglycérides (cf. supra Biosynthèse des triglycérides).
Le glycérol, également issu de cette hydrolyse, reste circulant et est récupéré par le foie.
Ainsi, les chylomicrons perdent progressivement leur matériau lipidique et diminuent donc de taille. De nouveaux contacts avec les HDL font perdre aux

chylomicrons leur apo C. Seules subsistent les apoprotéines B et E : on parle dès lors de **remnants de chylomicrons**. Leur diamètre, initialement de 1 000 nm, passe à 75 nm.

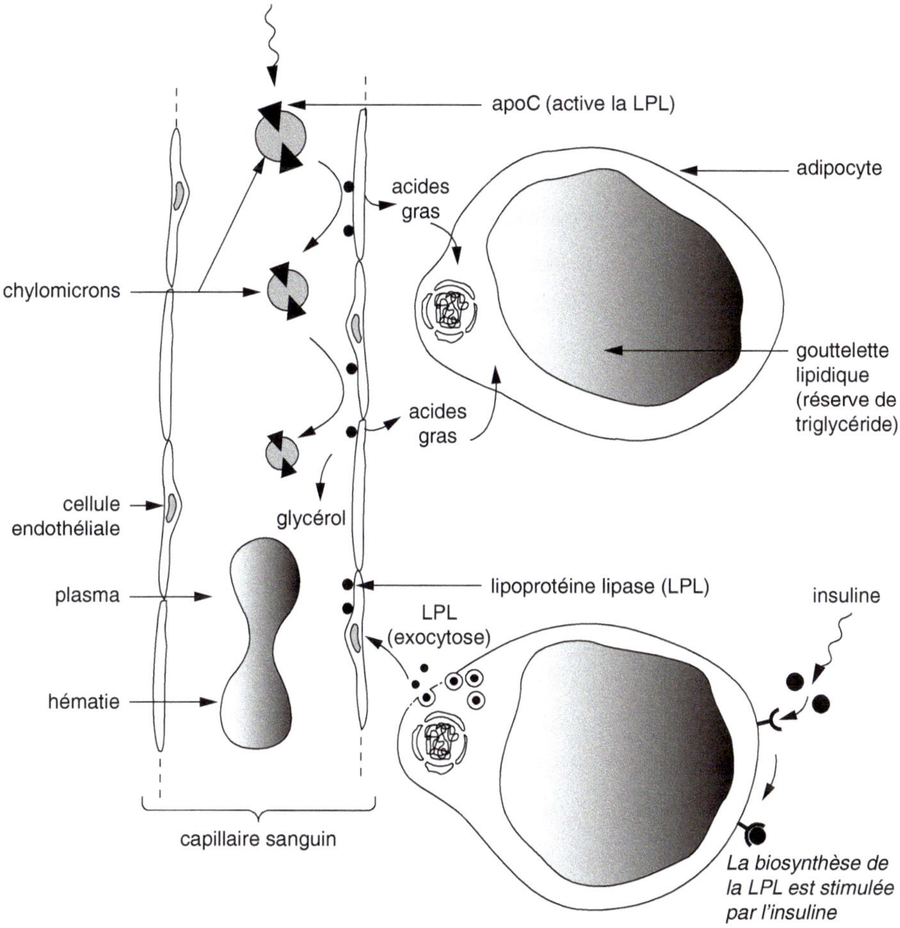

Figure 6.49. Dégradation intravasculaire des chylomicrons.

Ils sont alors récupérés par le foie, dont les capillaires fenestrés permettent aux remnants de quitter le lit vasculaire et de rejoindre l'espace de Disse, où ils sont spécifiquement reconnus par les hépatocytes. Au niveau membranaire, ceux-ci possèdent des récepteurs reconnaissant l'apo E et l'apo B selon le principe de complémentarité conformationnelle (c'est-à-dire similaire au mécanisme clé/serrure). Cette association apoprotéine-récepteur provoque un mouvement d'endocytose des remnants, qui font ensuite l'objet d'une digestion intracellulaire grâce aux enzymes hydrolytiques contenues dans les lysosomes (figure 6.50).

L'hépatocyte récupère ainsi une partie des lipides d'origine alimentaire (acides gras, cholestérol) et des acides aminés issus de l'hydrolyse des apoprotéines. Ces derniers sont recyclés, c'est-à-dire utilisés pour les besoins de la cellule (pour la biosynthèse protéique, par exemple).

Les lipides récupérés sont :

- utilisés comme constituants membranaires ;

- mis en réserve sous forme d'ester (en quantité faible toutefois, hors contexte pathologique) ;
- incorporés dans de nouvelles lipoprotéines (VLDL) ;
- une partie du cholestérol est éliminé par la bile (forme libre ou sels biliaires).

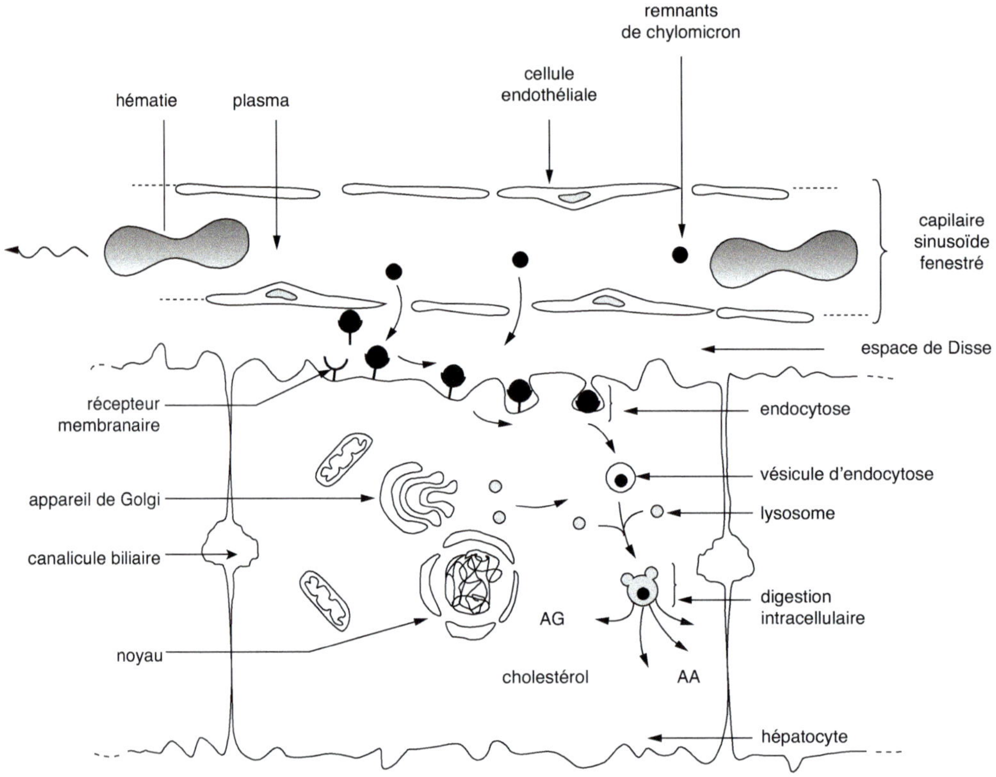

Figure 6.50. Dégradation des remnants de chylomicron par les hépatocytes.

6.3.4. *Régulation du catabolisme des chylomicrons*

La présence des chylomicrons est typique de l'état post-prandial. Leur demi-vie plasmatique est relativement brève (de l'ordre de l'heure). Le principal facteur de leur catabolisme est la LPL (en présence de l'apo C). Leur déficience d'origine génétique (rare) entraîne une hyperchylomicronémie responsable d'une hypertriglycéridémie autrefois qualifiée de type I.

La régulation de l'activité de la LPL dépend du tissu concerné :

- **au niveau du tissu adipeux**, la biosynthèse de la LPL par l'adipocyte est stimulée (c'est-à-dire ici induite) par l' insuline. L'action de la LPL est toutefois peu spécifique dans le sens où elle agit sur les chylomicrons mais aussi sur les VLDL (mais avec une moindre affinité pour ces derniers, d'où une demi-vie plus longue). L'insuline stimule ainsi la récupération des acides gras par les adipocytes, donc la lipogenèse ;
- **au niveau du tissu musculaire** (muscle strié et cœur), l'action de la LPL est indépendante de l'insuline. Son activité permet de répondre aux besoins des myocytes en acides gras à des fins énergétiques (formation d'ATP via la β-oxydation).

6.4. VLDL et IDL

VLDL et IDL se définissent comme les lipoprotéines permettant le transport des lipides d'origine endogène.
Même si la plupart des cellules de l'organisme sont capables de fabriquer des acides gras, leur biosynthèse est plus importante au niveau du foie (de même pour le cholestérol). Elle a lieu lorsqu'il y a abondance de substrat énergétique fournisseur d'acétylCoA. C'est donc une voie métabolique révélatrice de l'état post-prandial.
De façon similaire aux chylomicrons, les constituants des VLDL s'assemblent dans le réticulum endoplasmique, puis dans l'appareil de Golgi. Ils passent ensuite dans les vésicules golgiennes.
Ils sortent de l'hépatocyte par exocytose et passent dans la circulation sanguine par les capillaires sinusoïdes fenestrés. Ils ont alors une taille d'environ 50 nm.
Les VLDL ont pour composition :

- 60 % de triglycérides ;
- 15 % de phospholipides ;
- 5 % de cholestérol estérifié ;
- 10 % de cholestérol libre ;
- 10 % d'apoprotéines.

Ils sont équipés de l'apo B(100) et de l'apo C (provenant d'échanges avec les HDL).
Tout comme les chylomicrons, du fait de la présence de l'apo C, les VLDL sont l'objet d'une digestion intravasculaire partielle sous l'effet de la LPL.
La perte progressive de matériau (acides gras et apo C) fait qu'ils diminuent de taille. Ils se transforment ainsi en IDL. Ce stade intermédiaire, en continuant à perdre des matériaux (sous l'effet d'une lipase hépatique), donne finalement des LDL.
La demi-vie plasmatique des VLDL est de quelques heures (environ 4).

6.5. LDL

Ces lipoprotéines issues de la dégradation des VLDL ont une composition particulièrement riche en cholestérol :

- 10 % de triglycérides ;
- 35 % de cholestérol estérifié ;
- 10 % de cholestérol libre ;
- 20 % de phospholipides ;
- 25 % d'apoprotéines.

Les LDL permettent une distribution du cholestérol aux tissus périphériques.
Ils ont une demi-vie plasmatique de plusieurs jours.
La partie protéique se limite ici à l'apo B(100). Elle permet la reconnaissance spécifique des LDL par des récepteurs cellulaires. L'association apo B/récepteur provoque leur endocytose. Il s'ensuit une digestion intracellulaire grâce aux lysosomes (de façon tout à fait similaire au catabolisme des chylomicrons). Même si de nombreuses cellules sont équipées de ce type de récepteurs, ils sont particulièrement abondants dans les glandes surrénales, les gonades et le foie. Ce dernier est d'ailleurs responsable de la récupération de la majorité des LDL circulants. Ce catabolisme présente la particularité de faire l'objet d'un rétrocontrôle.

Attention

Cette double inhibition protège la cellule hépatique d'un excès de cholestérol mais, en contrepartie, diminue le catabolisme des LDL, provoquant un risque d'accumulation plasmatique. Cette accumulation, pouvant être due à un déficit de récepteurs aux LDL (d'origine génétique), entraîne une hypercholestérolémie favorisant l'apparition de pathologies cardiovasculaires. Ce risque est notamment lié au fait que les LDL peuvent faire l'objet d'oxydations (altérations des acyls insaturés et des apoprotéines), ce qui favorise leur capture par des macrophages. Ne possédant pas de système de rétrocontrôle, ils se remplissent de cholestérol et se transforment en cellules spumeuses au niveau de l'endothélium des parois artérielles, ce qui prédispose au développement des plaques d'athérome, responsables de l'athérosclérose.

Toute augmentation de la concentration en cholestérol dans la cellule hépatique entraîne :
- une inhibition allostérique de la HMG-CoA réductase, responsable de la biosynthèse du cholestérol ;
- une inhibition de la biosynthèse et de l'incorporation des récepteurs spécifiques de l'apo B au niveau membranaire.

6.6. HDL

Ces lipoprotéines de haute densité sont également fabriquées par le foie. Initialement, les HDL ont une forme aplatie (discoïdale) et sont essentiellement constitués de phospholipides (30 %) et d'apoprotéines (45 %), auxquels s'ajoute la LCAT. En récupérant l'apo A des chylomicrons, la LCAT devient active et récupère du cholestérol libre des chylomicrons, des LDL et des membranes cellulaires. Elle provoque son estérification et son incorporation au cœur des HDL, qui prennent progressivement une forme sphérique.
Les HDL ont pour composition :
- 5 % de triglycérides ;
- 30 % de phospholipides ;
- 20 % de cholestérol ;
- 45 % d'apoprotéine.

Les HDL, via des récepteurs spécifiques, sont ensuite récupérés par les hépatocytes.
Ainsi, le **principal rôle des HDL est de capter l'excédent périphérique de cholestérol et de le ramener au foie**.

Attention

L'appellation abusive de « bon » et de « mauvais » cholestérol vient du fait que l'on recherche à limiter la proportion de cholestérol lié aux LDL (« mauvais cholestérol ») étant donné son effet athérogène, alors qu'on cherche à favoriser la proportion de cholestérol lié aux HDL (« bon cholestérol »).

Structure des protides

Chapitre 7

Objectifs

- Connaître et comprendre l'organisation de cette famille biochimique.
- Connaître la structure et les propriétés des acides aminés.
- Connaître la structure et les propriétés des protéines et faire le lien avec la physiologie.

1. Aspect général et organisation du groupe

Les protides sont considérés comme des biomolécules d'une toute première importance :

- **sur le plan quantitatif** : les protides représentent 55 à 85 % du poids sec. C'est donc après l'eau le principal constituant de l'organisme ;
- **sur le plan qualitatif**, étant donné l'entendue de leurs rôles structuraux ou fonctionnels. Les protides peuvent avoir un rôle structural :
  - rôle de support mécanique et de **soutien des tissus** : c'est le cas du **collagène**, protéine la plus abondante de l'organisme, qui entre dans la composition des matériaux extracellulaires du tissu conjonctif ;
  - rôle de **support mécanique à l'échelle cellulaire** : c'est le cas des protéines du **cytosquelette** (actine, tubuline...), qui est responsable de la forme des cellules.

Les protides assurent surtout de nombreux **rôles fonctionnels** vitaux :

- rôle de **catalyseur biochimique** : c'est le cas des **enzymes** sans lesquelles la quasi-totalité des réactions chimiques seraient impossibles dans l'organisme ;
- rôle de **transporteur sanguin** : l'**albumine**, qui est la plus importante protéine plasmatique, contribue au transport des acides gras libres ou de certaines vitamines (notamment liposolubles). L'**hémoglobine**, autre exemple important, est localisée dans les globules rouges, permet le transport du dioxygène et contribue à celui du CO_2 ;
- rôle de **transporteur membranaire** : les protéines contrôlent quantitativement et qualitativement les échanges entre la cellule et le milieu extracellulaire. C'est le cas des **pompes Na^+-K^+ ATP-dépendantes** ou encore des **transporteurs spécifiques du glucose** (GLUT) ;
- rôle de **médiateur chimique** à l'instar des **hormones protéiques** comme l'insuline ou le glucagon ;
- rôle de **récepteur membranaire** comme les **récepteurs hormonaux** ;
- rôle de **maintien de l'intégrité de l'organisme** : les **immunoglobulines** ou encore les **protéines du système du complément** jouent un rôle capital dans la défense immunitaire. Les protéines codées par les gènes du complexe majeur d'histocompatibilité sont intégrées dans la membrane plasmique des cellules. Elles servent de marqueur cellulaire, permettant l'identification du soi et du non-soi, ainsi que l'activation des lymphocytes T ;
- rôle de **mouvement** : les protéines contractiles (**actine-myosine**) permettent le mouvement du squelette (muscles striés) ou de certains organes internes, par exemple dans le tube digestif (muscles lisses).

Les protides sont des composés organiques nécessairement constitués de carbone (C), d'hydrogène (H), d'oxygène (O) et d'azote (N), auxquels s'ajoute parfois le soufre (S).

> **Attention**
>
> Vu leur importance physiologique et étant donné qu'ils ne peuvent pas être stockés de façon significative, toute carence alimentaire en protides risque d'entraîner de graves dysfonctionnements de l'organisme.
>
> Même si les acides aminés peuvent servir de substrat énergétique (comme le glucose ou encore les acides gras), les protéines ne doivent pas être considérées comme une réserve. Contrairement au glycogène ou aux triglycérides, les protéines ont une fonction précise dans la cellule. Ainsi la protéolyse, qui pourrait être considérée comme la mobilisation de réserves d'acides aminés, risque de provoquer en parallèle un affaiblissement de la fonction, donc du tissu, donc de l'organisme.

Leur structure monomérique est **l'acide aminé**. En fonction de l'importance de la polymérisation et de la composition, on peut distinguer différents types de protides (figure 7.1).

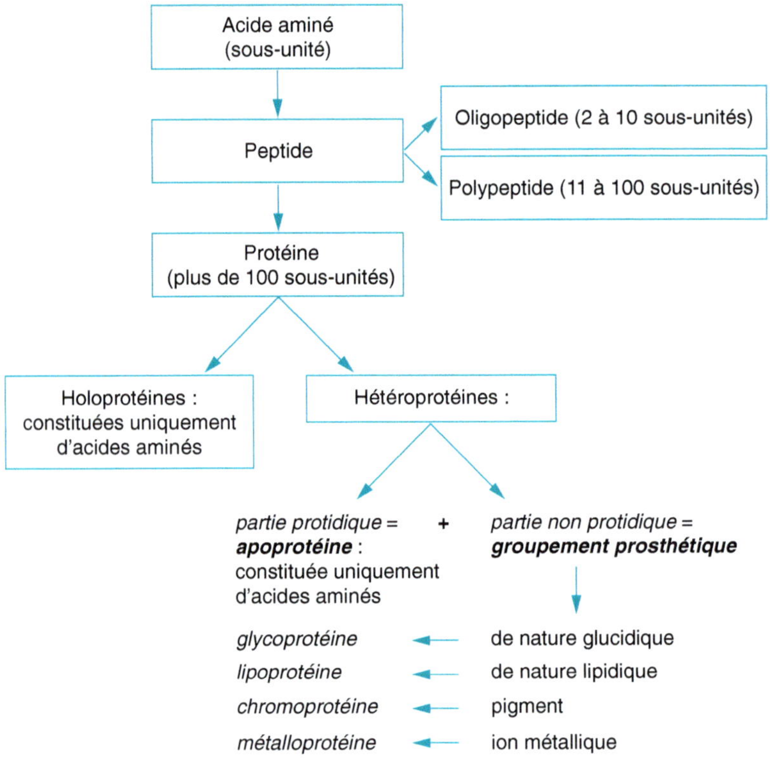

Figure 7.1. Différents types de protides.

2. Acides aminés

Plus de 250 acides aminés différents sont actuellement répertoriés. Toutefois, toutes les protéines (qu'elles soient d'origine bactérienne, végétale, animale) sont constituées à partir d'un groupe de 20 acides aminés. Ils sont qualifiés d'acides aminés standard.

Ils ont pour structure moléculaire commune :

- une **fonction carboxylique**
- une **fonction amine primaire**

} portées par le carbone α d'où le terme parfois rencontré d'acide-α-aminé

- un radical dont la composition détermine la nature de l'acide aminé

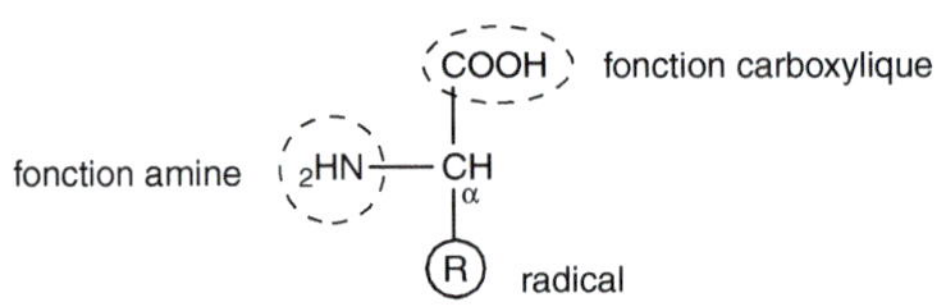

Afin de faciliter l'écriture des acides aminés, il est possible d'utiliser un code de 3 lettres (correspondant le plus souvent aux trois premières lettres du nom) ou encore un code d'une lettre (dont la correspondance est plus empirique).

2.1. Acides aminés standard

Il est possible de les classer en fonction de la nature chimique de la chaîne latérale (c'est-à-dire du **radical**).

2.1.1. *Acides aminés aliphatiques*

Dans ce cas, le radical est uniquement constitué d'atomes de carbone et d'hydrogène.
Le premier est un peu à part dans le sens où son radical est constitué d'un atome d'hydrogène. Il s'agit de la **glycine (GLY ou G)** appelée aussi **glycocolle**. Outre qu'elle entre dans la composition des protéines, la glycine participe au niveau du foie à des processus de détoxification (réaction de conjugaison) ou encore à la formation des sels biliaires (glycocholate de sodium).
L'**alanine (ALA ou A)** est un acide aminé très répandu dans les protéines. Son radical est composé d'un groupement méthyl.

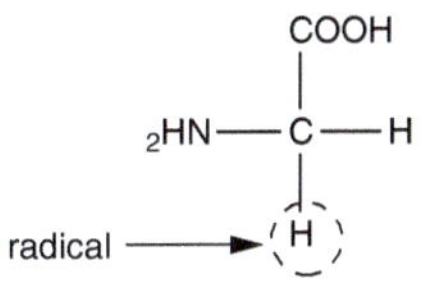

Glycine

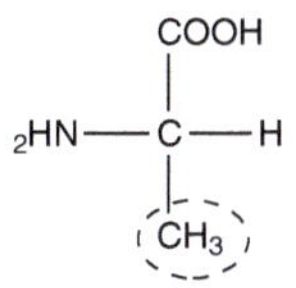

Alanine

La **valine (VAL ou V)**, la **leucine (LEU ou L)** et l'**isoleucine (ILE ou I)** ne peuvent être biosynthétisées par l'organisme. Elles font donc partie des acides aminés dits **indispensables**.

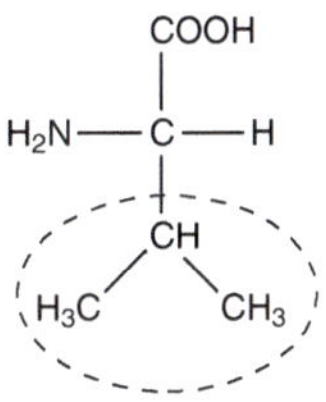

valine

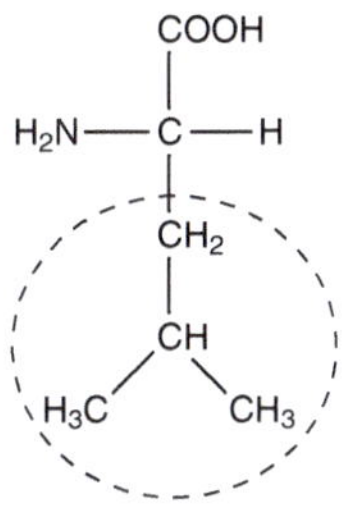

leucine

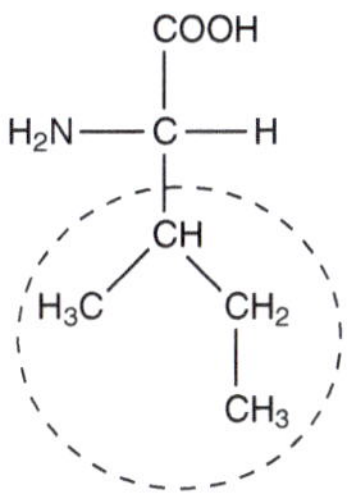

isoleucine
(isomère de la leucine)

Rappel

Ces acides aminés ont une chaîne latérale non ionisable, apolaire, présentant donc un comportement hydrophobe. Ce comportement est d'autant plus accentué que la chaîne carbonée est longue.

2.1.2. *Acides aminés alcools*

Il existe deux acides aminés standard présentant une fonction alcool au niveau de leur radical : la **sérine (SER ou S)** et la **thréonine (THR ou T)** ; ce dernier fait également partie des acides aminés **indispensables**.

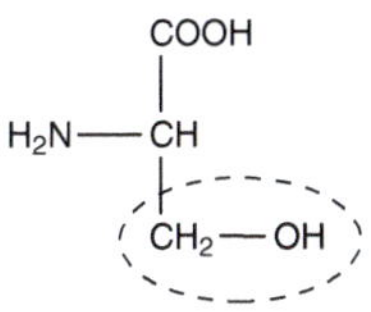

sérine
(fonction alcool primaire)

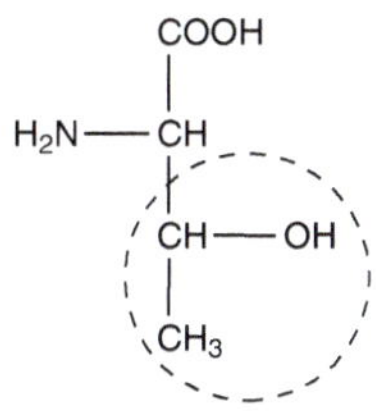

thréonine
(fonction alcool secondaire)

La fonction alcool rend leur chaîne latérale polaire, donc hydrophile.
La fonction alcool primaire de la sérine peut faire l'objet d'une estérification avec l'acide phosphorique, formant la phosphosérine présente dans les phosphoprotéines.

La sérine entre aussi dans la composition de certains phospholipides.

2.1.3. *Acides aminés soufrés*

La **cystéine (CYS ou C)** présente une fonction thiol. Elle rend la chaîne latérale polaire donc hydrophile.
C'est un acide aminé important car il contribue à la stabilisation de la structure tertiaire des protéines grâce à la formation de ponts disulfure (cf. Structure tertiaire des protéines). Il joue un rôle capital pour certaines enzymes comme l'acyl synthase (cf. Biosynthèse des acides gras) en permettant la prise en charge de leur substrat. La cystéine est aussi le précurseur de la taurine (constituant du taurocholate de sodium, sel biliaire) ou encore de la cystéamine (constituant du CoA-SH).
La **méthionine (MET ou M)** fait partie des acides aminés **indispensables**. Son radical est apolaire, donc hydrophobe.

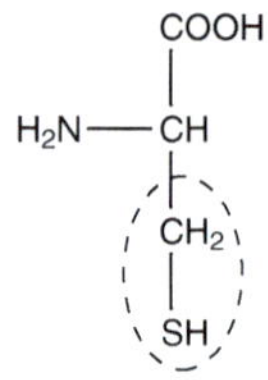

cystéine

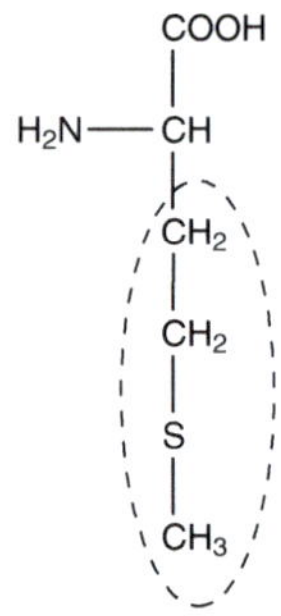

méthionine

2.1.4. *Acides aminés dicarboxyliques*

Rappel
Leur nom générique vient du fait qu'ils présentent une deuxième fonction carboxylique au niveau du radical. Comme elle est ionisée ($-COO^-$) à pH physiologique, la chaîne latérale a alors un comportement très hydrophile.

Il s'agit de l'**acide aspartique (ASP ou D)** et de l'**acide glutamique (GLU ou E)**. Ces acides aminés sont très répandus dans les protéines. En tant qu'acides aminés libres, ils jouent un rôle important dans le métabolisme azoté (réaction de transamination, cycle de l'urée, transport de fonction amine...). L'acide glutamique sert aussi de précurseur pour la formation de l'acide γ-aminobutyrique (GABA), médiateur du système nerveux central.

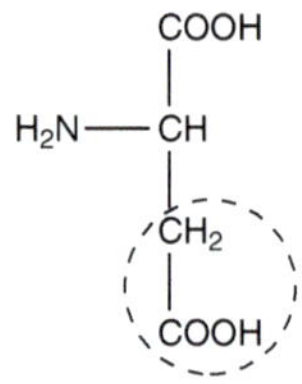

acide aspartique

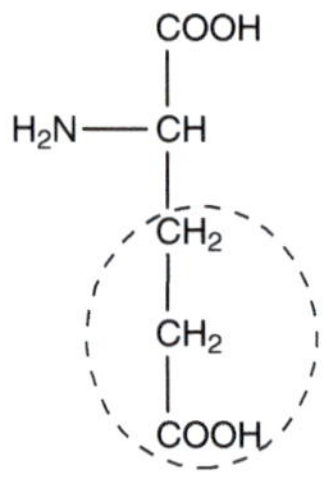

acide glutamique

2.1.5. *Acides aminés amides*

Très proches des acides aminés dicarboxyliques, ils présentent néanmoins une fonction amide au niveau du radical. Non ionisable mais polaire, la chaîne latérale a un comportement hydrophile. Nous verrons que l'**asparagine (ASN ou N)** et la **glutamine (GLN ou Q)** ont également un rôle important dans le métabolisme azoté.

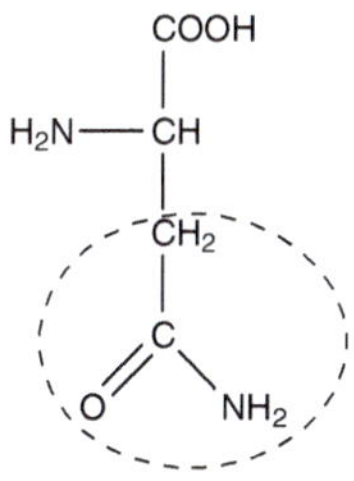

asparagine

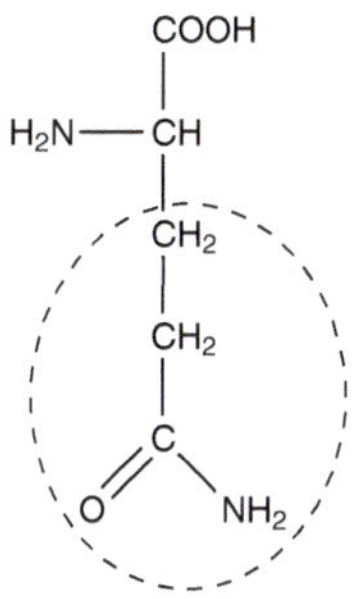

glutamine

2.1.6. *Acides aminés dibasiques*

Ces acides aminés présentent une deuxième fonction amine au niveau du radical. Cette fonction est ionisée à pH physiologique (-NH3+) d'où un comportement hydrophile. La **lysine (LYS ou K)** fait partie des acides aminés indispensables. On la retrouve notamment au niveau du collagène où elle présente la particularité d'être hydroxylée (au niveau du carbone 5) ; on parle alors d'hydroxylysine.
L'**arginine (ARG ou R)** et l'**histidine (HIS ou H)** sont présents en quantité importante dans les histones (protéines basiques permettant la condensation de l'ADN dans le noyau). L'arginine joue un rôle important dans le cycle de l'urée et participe à la formation de la créatine (réserve d'énergie sous forme de créatine phosphate dans le muscle strié). L'histidine est considérée comme un acide aminé **indispensable chez l'enfant**.

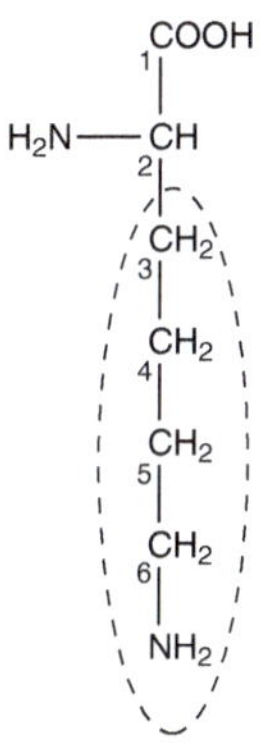

lysine

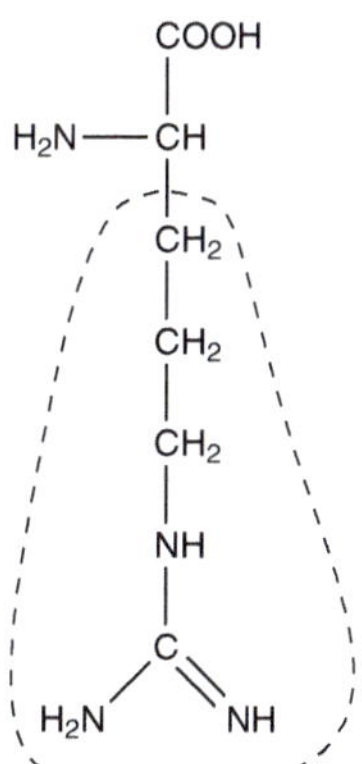

arginine

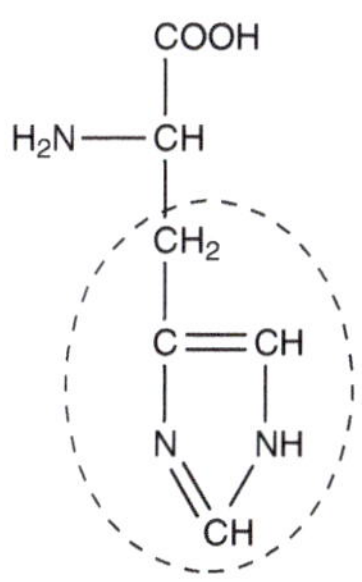

histidine

2.1.7. *Acides aminés aromatiques*

La **phénylalanine (PHE ou F)** fait partie des acides aminés **indispensables**. Comme son nom l'indique, sa structure est celle de l'alanine substituée par un groupement phényl, formant un radical hydrophobe. Son hydroxylation (en position para) donne la **tyrosine (TYR ou Y)**, où la chaîne latérale devient hydrophile. Ces deux acides aminés sont importants car ils servent de précurseurs de la biosynthèse des catécholamines (noradrénaline, adrénaline). La tyrosine participe à la formation des hormones thyroïdiennes.
Le **tryptophane (TRP ou W)** est un acide aminé **indispensable**. C'est un précurseur biosynthétique de la sérotonine (médiateur du système nerveux central) et de la vitamine B_3 (qui entre dans la composition de NAD^+).

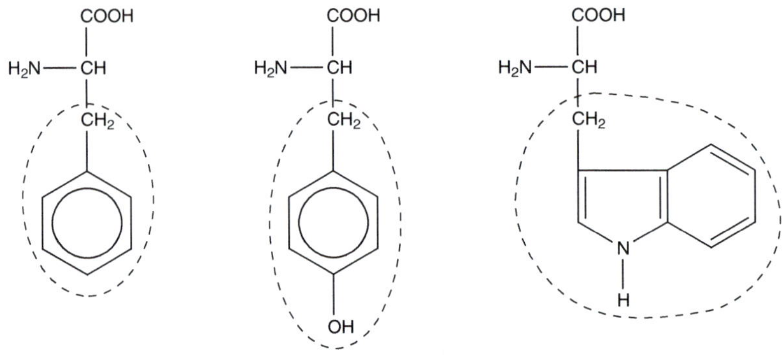

phénylalanine tyrosine tryptophane

2.1.8. *Acide aminé hétérocyclique*

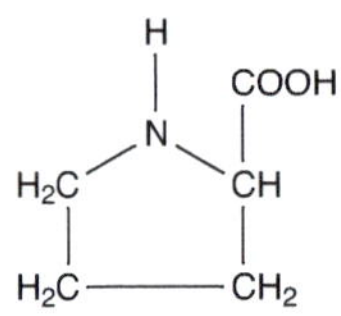

proline

La **proline (PRO ou P)** est un acide aminé atypique car la chaîne latérale forme un cycle avec la fonction amine (qui devient du coup secondaire) du carbone α. Tout comme la lysine, elle présente la particularité d'être hydroxylée au sein du collagène (on parle alors d'hydroxyproline).

2.1.9. *Autre possibilité de classification*

Ces acides aminés doivent impérativement être présents dans l'alimentation. Cela ne signifie pas pour autant qu'il est possible de fabriquer de toutes pièces (à partir de carbone et d'azote) les autres acides aminés. Mais nous verrons qu'ils bénéficient d'un système d'interconversion, c'est-à-dire qu'il est possible de remodeler un acide aminé pour en fabriquer un autre. Toutefois, cela n'est pas possible (ou en quantité insuffisante) pour les acides aminés indispensables.

Nous pouvons déjà répertorier **8 acides aminés indispensables chez l'adulte (VAL, LEU, ILE, THR, MET, LYS, PHE, TRP)** plus un neuvième chez l'enfant (HIS). Les acides aminés peuvent aussi être classés en fonction du comportement du radical. Cette classification prend un intérêt quand ils sont liés pour former les peptides ou les protéines. Comme les groupements fonctionnels sont alors impliqués dans les liaisons peptidiques (sauf aux extrémités), la nature des chaînes latérales (qui restent libres) joue un rôle important dans la conformation des protéines (cf. Structure tertiaire des protéines).
On peut ainsi distinguer trois groupes d'acides aminés en fonction du radical :
- radical apolaire présentant un comportement hydrophobe : ALA, VAL, LEU, ILE, MET, PHE, TRP, PRO ;
- radical polaire présentant un comportement hydrophile (non chargé) : SER, THR, CYS, ASN, GLN, TYR ;
- radical ionisé présentant un comportement hydrophile : ASP, GLU, LYS, HIS, ARG.

2.2. Propriétés des acides aminés

2.2.1. *Propriétés physiques des acides aminés*

2.2.1.1. Stéréo-isomérie

Mise à part la glycine (où R = –H), tous les acides aminés standard ont un carbone central (Cα) présentant quatre substitutions différentes. On parle alors de **carbone asymétrique** ou de **carbone chiral**. Comme pour les oses, cela amène une isomérie optique permettant de définir la série de l'acide aminé. On utilise par conséquent la représentation de Fischer (figure 7.2).

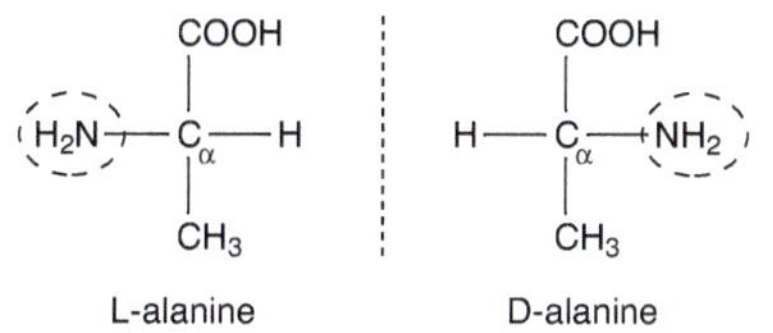

Figure 7.2. Alanine en représentation de Fischer.

Lorsque la fonction amine primaire (portée par le carbone α) est à gauche de l'axe carboné, l'acide aminé fait partie de la série L. Lorsqu'elle est à droite, il fait partie de la série D. Il est important de noter que **tous les acides aminés entrant dans la composition des protéines sont de la série L.**

2.2.1.2. Solubilité

À l'état solide les acides aminés forment des cristaux. Ils sont **très solubles** en milieu aqueux, formant une solution incolore. Quoique certains acides aminés aient une chaîne latérale présentant un comportement hydrophobe, ils sont solubles dans l'eau grâce aux groupements fonctionnels portés par le carbone α. **À pH physiologique, ils sont en effet ionisés**.

2.2.1.3. Fluorescence

Le tryptophane et la tyrosine présentent la particularité d'émettre une fluorescence lorsqu'ils sont soumis à des longueurs d'onde (TRP = 274 nm et TYR = 280 nm) appartenant aux ultraviolets. Cette réactivité est due au noyau aromatique et à la présence d'électrons délocalisés (toutefois, elle ne concerne pas la phénylalanine). Cette propriété permet leur détection et leur dosage par spectrophotométrie.

2.2.2. *Propriétés chimiques des acides aminés*

2.2.2.1. Propriétés ioniques

Indépendamment de la nature du radical, tous les acides aminés possèdent deux fonctions ionisables à pH physiologique.

Fonction carboxylique du carbone α

$$—COOH \longleftrightarrow —COO^- + H^+$$

Ce groupement fonctionnel a un **comportement acide** : par définition, il est capable de céder un proton. Comme tous les acides organiques, il s'agit d'un acide faible, c'est-à-dire que la dissociation est incomplète et réversible.
Plus la proportion en –COO⁻ est importante, plus le comportement acide est prononcé. Cette aptitude à se dissocier est quantifiée par une **constante de dissociation** (**ou constante d'acidité**), calculée expérimentalement pour chaque acide aminé, notée K_1.

$$K_1 = \frac{[-COO^-] \cdot [H^+]}{[-COOH]}$$

> **Attention**
> Plus pK_1 est faible, plus la fonction est acide.

Plus K_1 est élevée, plus la fonction carboxylique est dissociée, plus elle a un comportement acide prononcé.
On peut en déduire $pK_1 = -\log K_1$.
Il faut se rappeler que $pH = -\log [H^+]$. Lorsque le pH de la solution a la même valeur que le pK_1, on obtient :

$$pH = pK1 \rightarrow -\log \frac{[-COO^-] \cdot [H^+]}{[-COOH]}$$

d'où :

$$\Rightarrow \frac{[-COO^-]}{[-COOH]} = 1$$

La concentration de la forme dissociée est alors égale à celle de la forme non dissociée. On en déduit que pK_1 correspond au pH de la demi-dissociation de la fonction carboxylique.

Fonction amine du carbone α

Ce groupement fonctionnel a un comportement basique, c'est-à-dire qu'il est capable de fixer un proton :

$$-NH_2 + H^+ \longleftrightarrow -NH_3^+$$

Là aussi, l'équilibre de dissociation peut être quantifié avec :

$$K_2 = \frac{[-NH_2] \cdot [H^+]}{[-NH_3^+]}$$

> **Attention**
> Plus pK_2 est élevée, plus la fonction a un comportement basique élevé.

De même, pK_2 ($= -\log K_2$) correspond au pH de la demi-dissociation de la fonction amine.
Selon les conditions du milieu (pH), les acides aminés se comportent comme des acides faibles (cédant un proton) ou comme des bases faibles (captant un proton).
À partir de ces deux valeurs (pK_1 et pK_2), il est possible de prévoir l'état ionique d'un acide aminé (à partir du moment où le radical n'est pas lui-même ionisable) en fonction du pH du milieu où il est en solution.
Si l'on place notre acide aminé dans une solution à pH = 1 (donc avec une concentration en H^+ saturante), tous les groupements sont sous leur forme la plus protonée. On fait ensuite remonter progressivement le pH (en ajoutant de la soude par exemple). Suivant le principe de la loi d'action de masse, la concentration en H^+ diminuant, les fonctions protonées perdent progressivement leur proton. Comme nous l'avons expliqué, la première à perdre son proton est celle qui a le comportement le plus acide donc le pK le plus faible.
Prenons l'exemple de l'alanine (figure 7.3).
À pH = 1, l'alanine est sous sa forme cationique (avec une charge +).
La fonction carboxylique ayant un pK1 = 2,34 (inférieur au pK_2) perd en premier son proton. On obtient alors la forme **amphotère** de l'acide aminé (**zwitterion ou amphion**), qui correspond à son état ionique électriquement neutre (somme des charges + = somme des charges –). Lorsque le radical n'est pas ionisable, le pH où l'acide aminé est amphotère (noté **pHi pour pH iso-ionique**) se calcule par la formule :

$$pHi = 1/2\ (pK_1 + pK_2)$$

Pour l'alanine, pHi = 6. Il faut savoir également que plus ou moins deux unités autour de ce pHi, l'acide aminé est toujours majoritairement sous sa forme amphotère (donc ici du pH = 4 au pH = 8).
Quand le pH dépasse la valeur de pK_2, c'est la forme anionique qui devient prépondérante.

Il est possible de présenter ce phénomène par courbe de titration avec une solution de soude (NaOH) (figure 7.4).

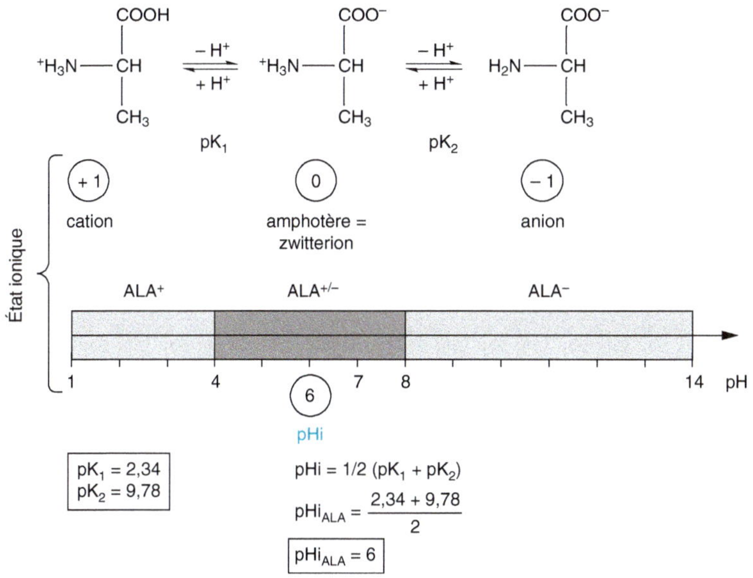

Figure 7.3. État ionique de l'alanine en fonction du pH.

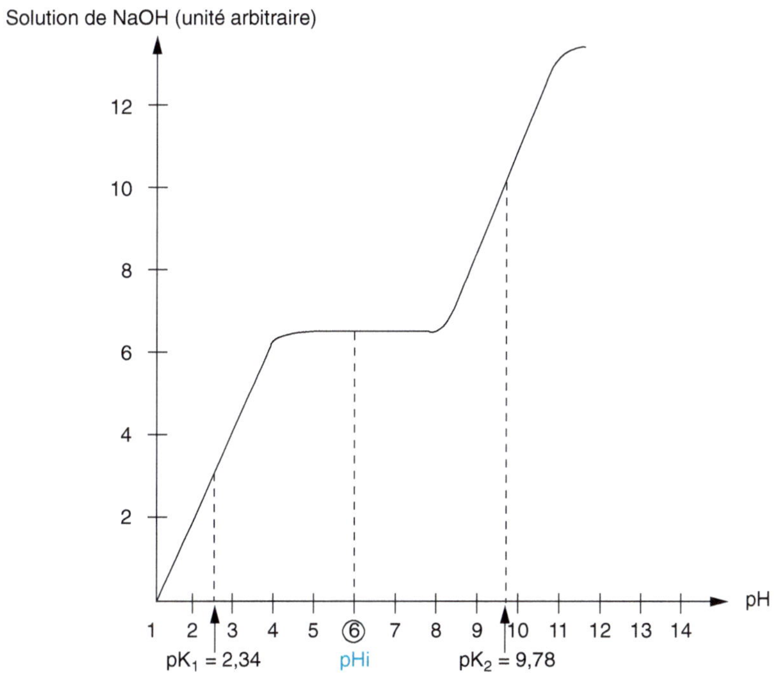

Figure 7.4. Titration de l'alanine par la soude.

On constate qu'autour des valeurs pK, le pH évolue peu malgré l'ajout constant de NaOH, en raison de l'effet tampon des acides aminés en solution. On parle de **molécule tampon** quand celle-ci amortit la variation du pH qui aurait été constatée en son absence.

Certains acides aminés ont un **radical ionisable**. Il s'agit des acides aminés dicarboxyliques (GLU, ASP) et dibasiques (LYS, ARG, HYS). De la même façon, on

attribue à ce radical une constante de dissociation notée K_R et un pK_R (= $-\log K_R$). Lorsque l'acide aminé est sous sa forme la plus protonée, trois fonctions sont susceptibles de libérer un proton. L'ordre de libération dépend des différents pK : du plus faible (plus acide) au plus élevé (moins acide).
Si nous prenons l'exemple de l'acide glutamique : figure 7.5.
Lorsque le radical est ionisable, pour calculer le pHi on utilise les pK intervenant de part et d'autre de la forme amphotère, au niveau de l'équation de dissociation.
Si nous prenons l'exemple de la lysine : figure 7.6.

Figure 7.5. État ionique de l'acide glutamique en fonction du pH.

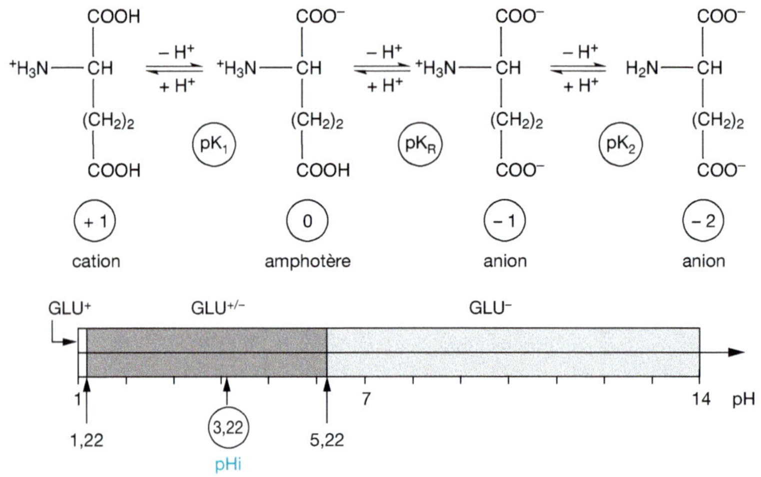

$pK_1 = 2,19$
$pK_2 = 9,67$
$pK_R = 4,25$

$$pHi_{GLU} = 1/2\,(pK_1 + pK_R)$$

$$pHi_{GLU} = \frac{2,19 + 4,25}{2}$$

$$pHi_{GLU} = 3,22$$

Figure 7.6. État ionique de la lysine en fonction du pH.

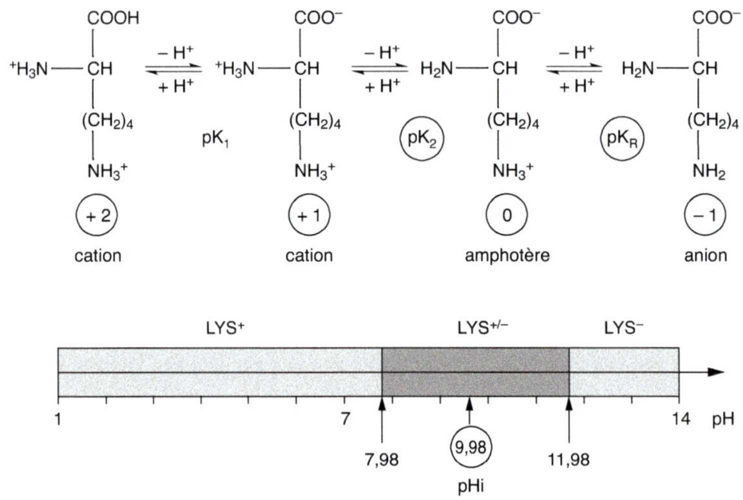

$pK_1 = 2,16$
$pK_2 = 9,18$
$pK_R = 10,79$

$$pHi_{LYS} = \frac{pK_2 + PK_R}{2}$$

$$pHi_{LYS} = \frac{9,18 + 10,79}{2}$$

$$pHi_{LYS} = 9,98$$

2.2.2.2. Autres propriétés chimiques

Décarboxylation

La fonction carboxylique (du carbone α) peut faire l'objet d'une réaction de décarboxylation conduisant à la formation d'**amine**, que l'on qualifie de **biogène** lorsqu'elle a un rôle biologique.
La figure 7.7 présente trois exemples importants.

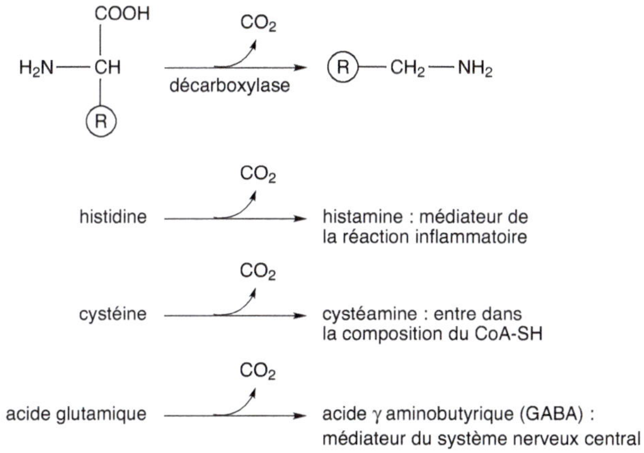

Figure 7.7. Décarboxylation des acides aminés.

Amidification

La fonction carboxylique au niveau du radical peut faire l'objet d'une réaction d'amidification, qui permet la fixation d'une molécule d'ammoniaque, réaction importante de l'uréogenèse et de l'ammoniogenèse. Cette réaction intervient à partir de l'acide glutamique (figure 7.8).

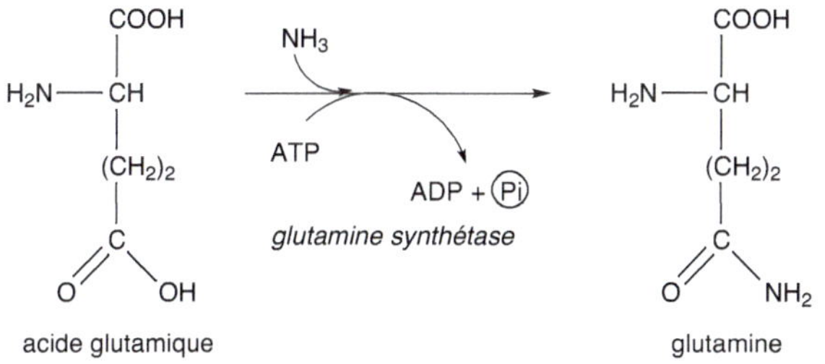

Figure 7.8. Réaction d'amidification.

Désamination

La fonction amine (du carbone α) peut subir une réaction de désamination (**désamination oxydative et non oxydative**).
Ces réactions importantes seront développées dans l'étude du métabolisme azoté.

Condensation

Elle va permettre la formation des liaisons peptidiques.

Transamination

Réaction importante du métabolisme azoté.

3. Peptides

3.1. Liaison peptidique

Elle résulte de la condensation entre la fonction carboxylique (du carbone α) d'un acide aminé et la fonction amine (du carbone α) d'un deuxième acide aminé. Cette condensation s'accompagne du dégagement d'une molécule d'eau (figure 7.9).

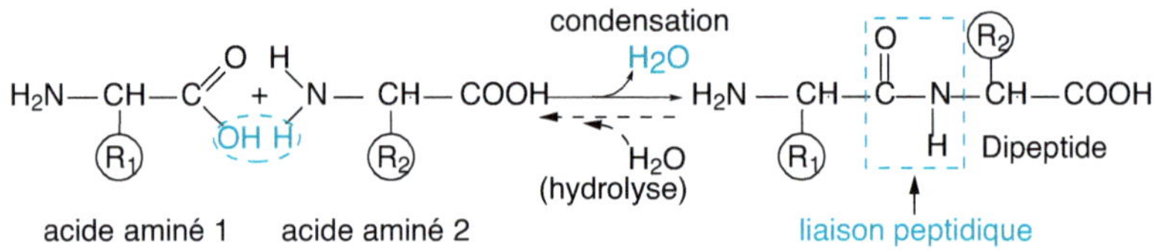

Figure 7.9. Formation de la liaison peptidique.

> La réaction inverse (hydrolyse) est catalysée par une peptidase. C'est ce qui se passe au cours de la digestion au niveau de l'estomac ou encore de l'intestin grêle.

Au niveau cellulaire, cette condensation nécessite de l'énergie sous forme d'ATP. Elle se produit dans les ribosomes grâce à la peptidyltransférase au cours de la traduction.
La particularité structurale de la liaison peptidique est qu'elle présente un phénomène de **mésomérie** (= de résonance), dû à une délocalisation d'électrons lui donnant un comportement de double liaison (figure 7.10).

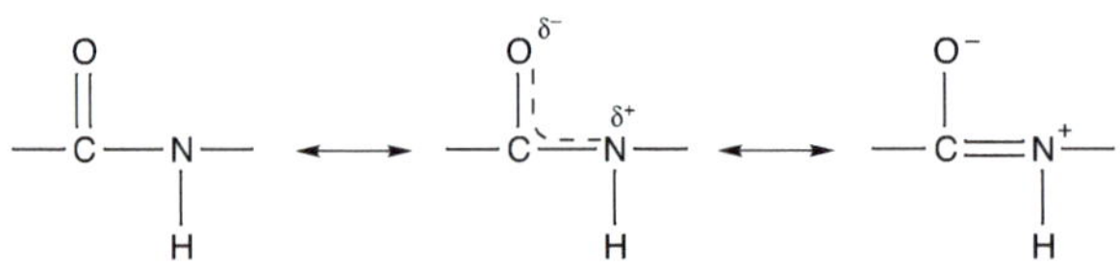

Figure 7.10. Mésomérie de la double liaison.

C'est pourquoi la distance C-N est intermédiaire entre une simple liaison et une double liaison.
Cet arrangement électronique induit une liaison peptidique rigide et plane. De ce fait, il n'y a pas de libre rotation entre C et N, ce qui influe considérablement sur la structure secondaire des peptides et des protéines.

3.2. Nomenclature des peptides

Toutes les fonctions –COOH et –NH_2 (portées par le carbone α) sont impliquées dans les liaisons peptidiques sauf celles des extrémités. Ainsi, on définit l'acide aminé **N-terminal** comme celui dont –NH_2 est resté libre et l'acide aminé **C-terminal** comme celui dont le –COOH est resté libre. Les autres acides aminés sont appelés des **résidus**. De façon à respecter l'ordre d'assemblage, les peptides (ou protéines) sont toujours écrits de gauche à droite, avec pour point de départ l'acide aminé N-terminal.
La dénomination du peptide suit différentes méthodes : on complète le nom des acides aminés avec le suffixe « **-yl** » (sauf pour le dernier). Ou bien, plus simplement, on utilise les codes à trois lettres ou à une lettre (figure 7.11).
Pour tenir compte de l'encombrement électronique des chaînes latérales, celles-ci sont représentées en alternance au-dessus puis en dessous de l'axe carbone-azote.

> Les liaisons peptidiques permettent d'attacher les acides aminés, dans un ordre très précis. Cet ordre est dicté par l'ARN_m (messager) qui est lui-même le reflet de l'ordre imposé par le gène (séquence codante de l'ADN).
> L'ordre d'assemblage des acides aminés, c'est-à-dire la séquence du peptide (ou de la protéine), détermine sa structure et par répercussion sa fonction.

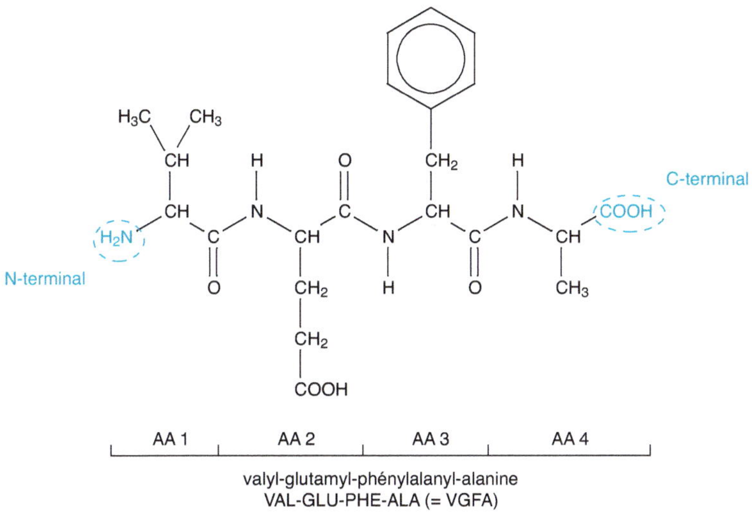

Figure 7.11. Nomenclature d'un peptide.

3.3. Détermination de la structure d'un peptide

3.3.1. *Détermination de la composition*

Le but est ici de connaître la nature et le nombre des acides aminés constitutifs qui passe par une hydrolyse de toutes les liaisons peptidiques.
Cette hydrolyse peut être catalysée chimiquement à l'aide d'acide chlorhydrique (6 N) à 110 °C et dans un tube sans air pour empêcher les réactions d'oxydation. L'inconvénient est que certains acides aminés sont transformés (GLN en GLU et ASN en ASP), tandis que d'autres sont détruits (TRP).
L'hydrolyse peut être catalysée par un mélange de protéases.
L'analyse de l'hydrolysat passe par une séparation des acides aminés (par chromatographie, cf. p. 247) et par leur détection.

3.3.2. *Détermination de la séquence*

3.3.2.1. Dansylation

Une fois le peptide isolé, la détermination de sa séquence passe par l'identification de l'acide aminé N-terminal, c'est-à-dire le premier.
On utilise pour cela la technique de dansylation. Le réactif utilisé (dansyl) se fixe sur la fonction amine libre du premier résidu. Ensuite, on provoque une hydrolyse acide du peptide dansylé. L'hydrolysat est alors constitué d'un ensemble d'acides aminés dont un, dansylé, est isolé par chromatographie et visualisé par fluorescence (figure 7.12).
Cette technique permet de vérifier la pureté de l'échantillon. On doit toujours trouver le même acide aminé pour un peptide donné. La dansylation renseigne aussi sur les particularités structurales éventuelles d'un peptide. Par exemple, avec l'insuline, on obtient toujours les mêmes deux acides aminés car cette molécule est constituée de deux fragments peptidiques.
L'inconvénient de cette technique est qu'elle ne permet de connaître que le premier acide aminé. L'hydrolyse finale peut fournir la composition mais pas l'ordre d'assemblage des acides aminés.

Figure 7.12. Technique de dansylation.

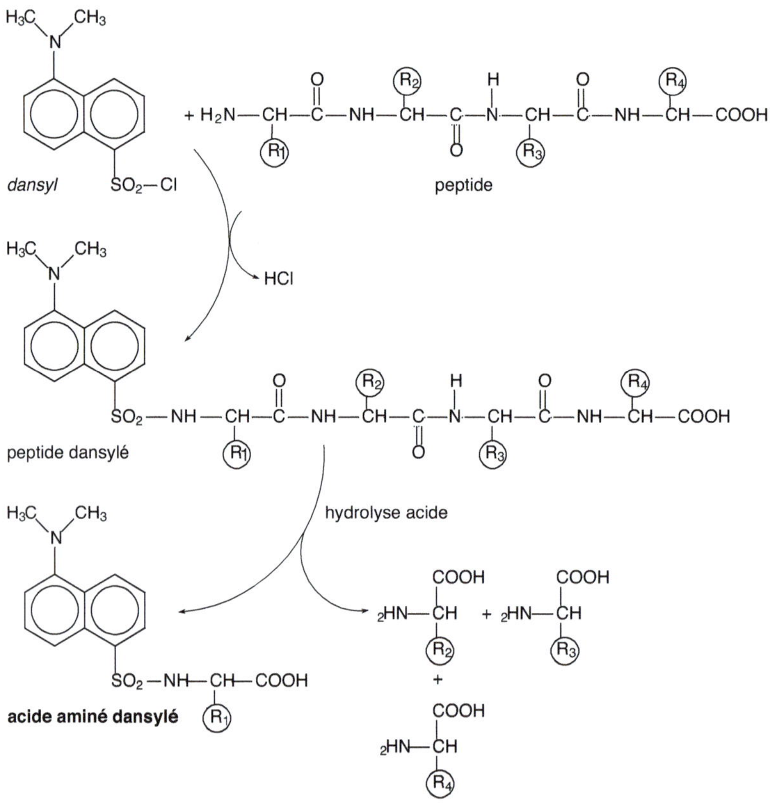

3.3.2.2. Méthode d'Edman

Pour connaître la séquence, il faut une technique récurrente ; on utilise pour cela la **méthode d'Edman** (figure 7.13).

Le réactif utilisé est le PTC (phénylisothiocyanate) qui se fixe spécifiquement sur la fonction $-NH_2$ terminale, à pH basique. On obtient alors un PTC-peptide. Le passage à un pH acide modéré provoque une cyclisation du réactif et de l'acide aminé et leur clivage sans pour autant altérer les autres liaisons peptidiques. On obtient alors un PTH-aminoacide (phénylthiohydantoïne) et un peptide raccourci d'un acide aminé. Par chromatographie, l'acide aminé marqué est isolé et identifié. Le peptide peut de nouveau se lier au PTC et ainsi de suite, ce qui fait de la technique d'Edman une méthode séquentielle.

Cette technique est automatisée grâce à un **séquenceur.**

L'étude de la séquence peut aussi se faire de façon enzymatique. Certaines peptidases agissent spécifiquement aux extrémités des chaînes peptidiques (exopeptidase). Certaines agissent du côté N-terminal (aminopeptidases), d'autres du côté C-terminal (carboxypeptidases), par hydrolyse mais de façon continue. Il faut donc contrôler précisément l'activité de l'enzyme pour isoler et identifier les acides aminés successivement détachés. À cette difficulté s'ajoute l'incompatibilité de l'activité enzymatique avec certains résidus en fonction de leur position.

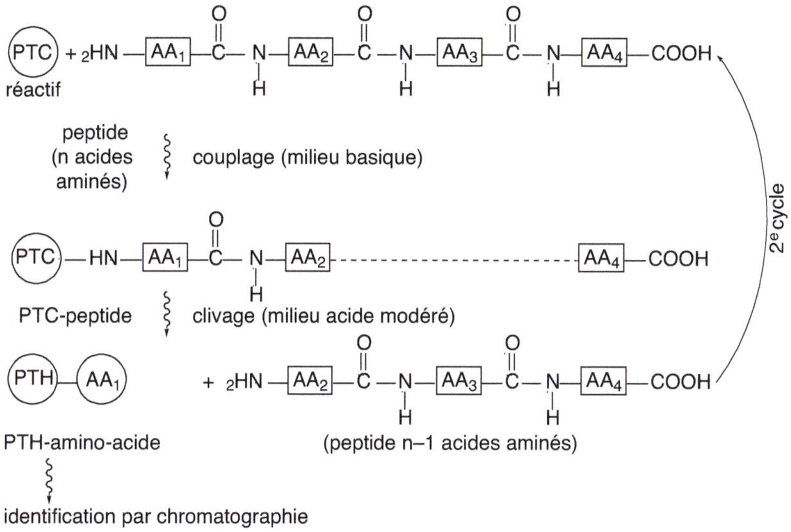

Figure 7.13. Méthode d'Edman.

3.3.3. *Exemples de quelques peptides d'intérêt biologique*

3.3.3.1. Glutathion

Ce tripeptide joue un rôle important au niveau cellulaire en neutralisant les radicaux libres, notamment dans les globules rouges (cf. Voie des pentoses-phosphates).

Sa séquence est : γGLU-CYS-GLY. La notation γGLU vient du fait que l'acide glutamique a établi une liaison peptidique avec la cystéine *via* la fonction carboxylique de son radical (porté par le carbone γ) (figure 7.14).

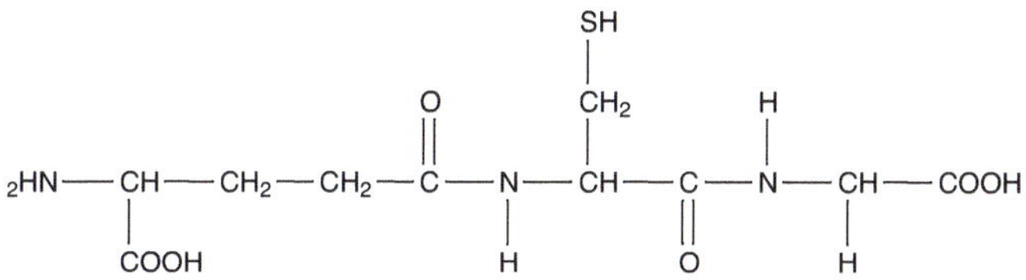

Figure 7.14. Structure du glutathion réduit (G-SH).

3.3.3.2. Ocytocine et ADH

Ces deux peptides structuralement très proches sont biosynthétisés par l'hypothalamus grâce à ses neurones neurosécréteurs. Libérés au niveau de la post-hypophyse dans le sang, ils ont un rôle hormonal :

- l'**ocytocine** stimule la contraction des muscles lisses. Elle est particulièrement efficace sur le muscle utérin (lors de l'accouchement) et lors de la lactation, en stimulant l'éjection du lait ;
- l'**ADH (hormone antidiurétique**, parfois appelée **vasopressine**) stimule la réabsorption d'eau par le rein (plus précisément par les néphrons au niveau du tube contourné distal et du tube collecteur).

Dans les deux, cas il s'agit d'un nonapeptide (9 acides aminés) dont la différence repose uniquement sur deux acides aminés (figure 7.15).

Il est intéressant de constater la présence d'un pont disulfure qui s'établit entre deux résidus cystéine. De plus, dans les deux cas, la fonction –COOH terminale fait l'objet d'une amidification, ce qui limite leur dégradation par des exopeptidases, donc augmente leur demi-vie.

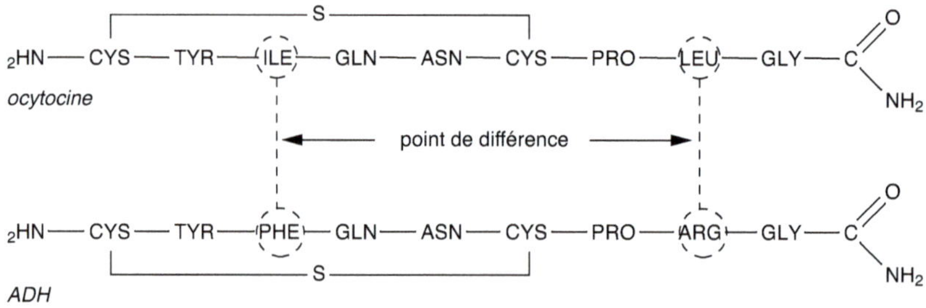

Figure 7.15. Peptides hormonaux de l'hypothalamus.

3.3.3.3. Insuline

Élaborée par le pancréas endocrine, au niveau des îlots de Langerhans (cellules β), l'insuline est une hormone hypoglycémiante. C'est un polypeptide constitué de deux chaînes, chaîne A (21 acides aminés) et chaîne B (30 acides aminés), avec deux ponts disulfure interchaînes et un pont intrachaîne (figures 7.16).
La structure de l'insuline vient de la particularité de sa biosynthèse, qui passe par le stade pro-insuline. Il s'agit d'une chaîne polypeptidique qui se replie sur elle-même du fait des ponts disulfure. Une endopeptidase coupe ensuite cette chaîne en deux points, amenant à la libération de l'insuline et du peptide C (figure 7.17).
Le schéma de biosynthèse de l'insuline est résumé à la figure 7.18.

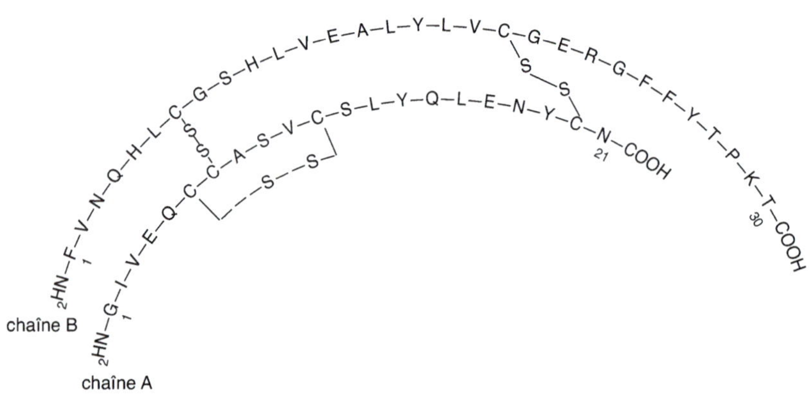

Figure 7.16. Structure de l'insuline.

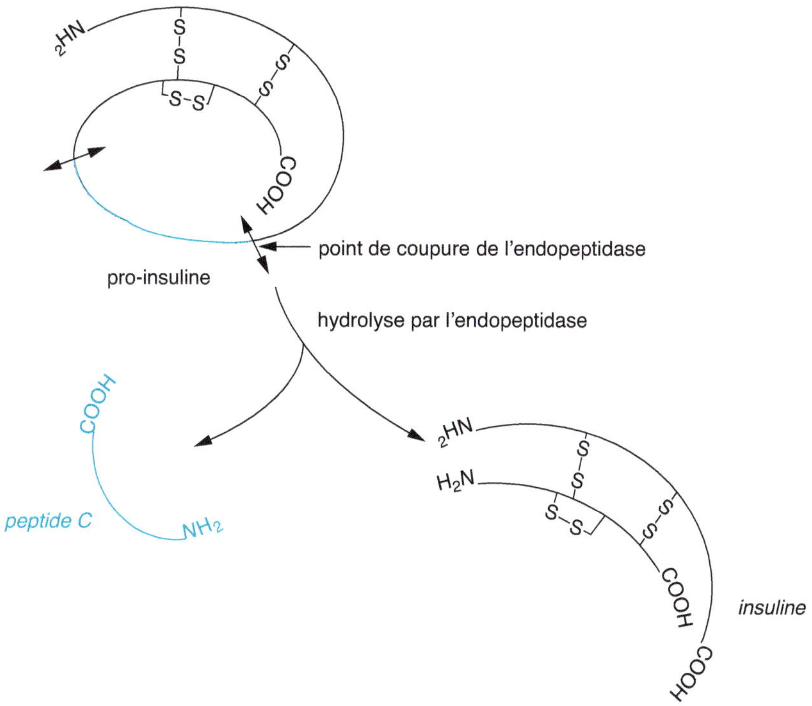

Figure 7.17. Formation de l'insuline et du peptide C.

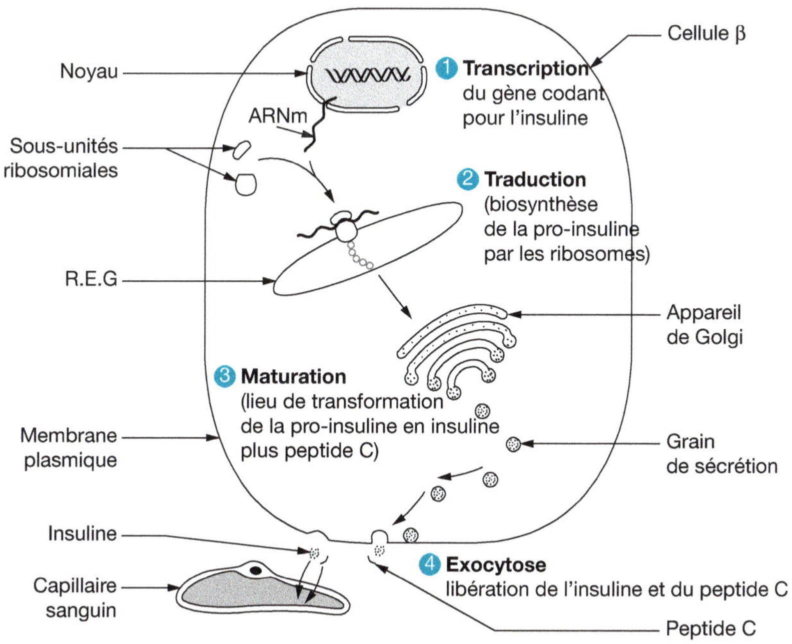

Figure 7.18. Biosynthèse de l'insuline.

4. Protéines

Ces polymères d'au moins 100 acides aminés peuvent être scindés, en fonction de leur composition, en deux familles : holoprotéines et hétéroprotéines (cf. figure 7.1). Si le critère de classification retenu est leur forme, il se dégage deux grands groupes :

- les **protéines fibreuses** : de forme allongée, étirée, elles sont très peu solubles et ont souvent un rôle mécanique (collagène, kératine...) ;
- les **protéines globulaires** : de forme plus ou moins sphérique, elles sont relativement solubles et assurent les différents rôles fonctionnels vitaux.

La **conformation** des protéines, c'est-à-dire leur disposition spatiale, conditionne leur fonctionnalité. Il y a donc une très **étroite relation entre la structure et la fonction**.

Dès que cette conformation de la protéine est perturbée, on dit que la protéine est **dénaturée**. Elle devient alors inactive.

La structure des protéines se décrit sur quatre niveaux d'organisation.

4.1. Structure primaire des protéines

›› **Définition**

Elle correspond à l'ordre d'enchaînement des acides aminés, c'est-à-dire à la séquence de la protéine déterminée exactement comme celle des peptides.

La connaissance de cette séquence permet :

- l'identification de la protéine ;
- une synthèse artificielle de la séquence (par exemple, synthèse d'immunoglobuline) ;
- la détection d'une maladie d'origine génétique, par exemple l'anémie falciforme (les hématies ont une forme de croissant et ont une faible capacité de transport de l'oxygène). L'analyse de la séquence de l'hémoglobine montre que le sixième résidu (de la globine) normalement GLU est remplacé par VAL. La modification d'un seul acide aminé peut donc suffire à modifier le comportement de la protéine.

La détermination de cette structure primaire s'effectue en deux étapes :

- Détermination de la formule brute : après hydrolyse des liaisons peptidiques (traitement par HCl 6N, 110 °C, 24 h), les acides aminés sont séparés par chromatographie sur une résine échangeuse d'ions. À pH acide les acides aminés sont sous forme cationique et se fixent alors sur les charges négatives de la résine. En faisant passer sur la colonne un éluant de pH croissant, on va décrocher les acides aminés les uns après les autres.

Lorsque le pH du tampon d'élution correspond au pH_i d'un acide aminé, la charge de celui-ci devient nulle et il va être entraîné par le tampon.

On collecte alors en sortie de colonne les fractions contenant les différents acides aminés qui sont alors dosés par colorimétrie (ninhydrine).

- Une protéine est formée par l'enchaînement d'un grand nombre d'acides aminés (de quelques dizaines à quelques milliers). Pour simplifier la détermination de la séquence, la protéine va être découpée en peptides, en utilisant par exemple des enzymes qui coupent les liaisons peptidiques en des emplacements connus (la trypsine attaque les liaisons peptidiques situées après l'arginine ou la lysine). Après isolement des différents peptides, chacun d'eux va être séquencé en utilisant, par exemple, la méthode d'Edman (cf. figure 7.13).

Reste maintenant à connaître l'ordre dans lequel étaient enchaînés les différents peptides. La même protéine est alors découpée en utilisant un enzyme clivant à d'autres emplacements. La nouvelle famille de peptides est alors séquencée en utilisant la même technique que précédemment. Si l'on compare maintenant

les deux familles de peptides, comme elles ont été obtenues par des méthodes différentes, il existe des recouvrements.
En étudiant ces recouvrements, à la manière d'un puzzle, il est possible de déterminer l'ordre d'enchaînement des peptides dans une famille donnée.
On a obtenu deux peptides trypsiques de séquence :
- Ala-Ala-Try-Gly-Lys
- Thr-Asn-Val-Lys
Grâce à une autre enzyme, la chymotrypsine, on obtient un peptide de séquence :
- Val-Lys-Ala-Ala -Try
Ceci permet de penser que les deux peptides trypsiques sont enchaînés dans l'ordre :
- Thr-Asn-Val-Lys-Ala-Ala-Try-Gly-Lys
(En cas d'incertitude, on peut alors procéder à un troisième découpage, par une autre technique, pour vérifier certains recouvrements.) Il y a encore quelques années, la détermination de la séquence primaire d'une protéine était une tâche longue et complexe qui pouvait demander plusieurs mois de travail. Il existe maintenant des techniques de séquençage automatisées qui rendent ces opérations plus simples. On connaît aujourd'hui les séquences de quelques milliers de protéines qui sont incorporées dans des bases de données ce qui permet de comparer les **homologies de séquences** entre protéines et les **séquences conservées** dans les différentes espèces pour une même protéine. Ces séquences invariantes correspondent souvent au site actif de la protéine (voir par exemple le paragraphe consacré aux enzymes).

4.2. Structure secondaire des protéines

Les protéines ne sont pas sous forme de chaînes linéaires, mais possèdent un arrangement bien défini (ou **conformation**), dont dépend leur fonction. Ces arrangements tridimensionnels ont surtout étudiés par diffraction aux rayons X de protéines cristallisées. Grâce à ces études cristallographiques, on connaît parfaitement les distances interatomiques dans la liaison peptidique. Cette liaison a une longueur intermédiaire (0,132 nm) entre celle d'une liaison C—N simple (0,149 nm) et celle d'une liaison double (C = N, 0,127 nm). Cette valeur reflète l'existence de deux formes de résonance de la liaison peptidique. Le caractère partiellement double de la liaison C—N empêche toute rotation autour cette liaison : les 4 atomes C, O, N et H formant la liaison peptidique sont dans un même plan, formant une unité rigide.
En revanche, les liaisons entre les C_α et les atomes C et N sont des liaisons simples avec une grande liberté de rotation.
L'existence dans la chaîne de zones rigides crée des contraintes et interdit certaines positions des liaisons peptidiques dans l'espace. Certaines positions sont au contraire favorisées car elles permettent la formation de liaisons hydrogènes à l'intérieur de la chaîne ou entre deux fragments de la chaîne. Ces liaisons H stabilisent ainsi des conformations préférentielles : **hélice α** ou **feuillets β** (parallèles ou antiparallèles) (figures 7.19, 7.20 et 7.21).
Il existe des structures secondaires plus complexes, comme par exemple celle du collagène, où trois chaînes protéiques sont enroulées en hélice et forment une fibrille résistante, mais il existe également des chaînes protéiques qui ne possèdent pas de structure secondaire définie (on parle alors de **pelote statistique**). Dans une même chaîne protéique, plusieurs structures secondaires distinctes peuvent coexister : une protéine dans des conditions données présentera par exemple 20 % de structure α, 40 % de feuillet β et le reste en pelote statistique.

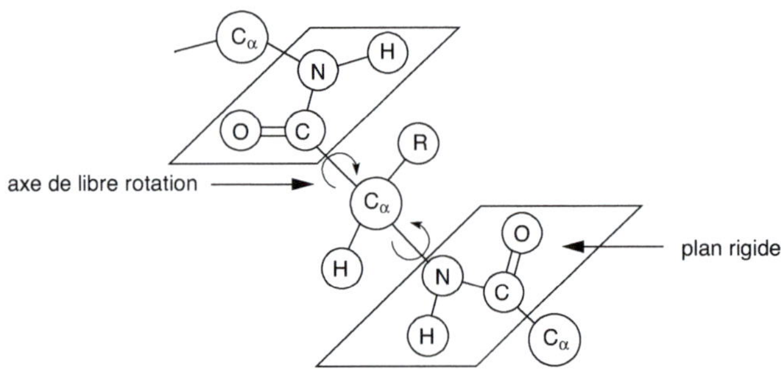

Figure 7.19. Comportement rigide de la liaison peptidique.

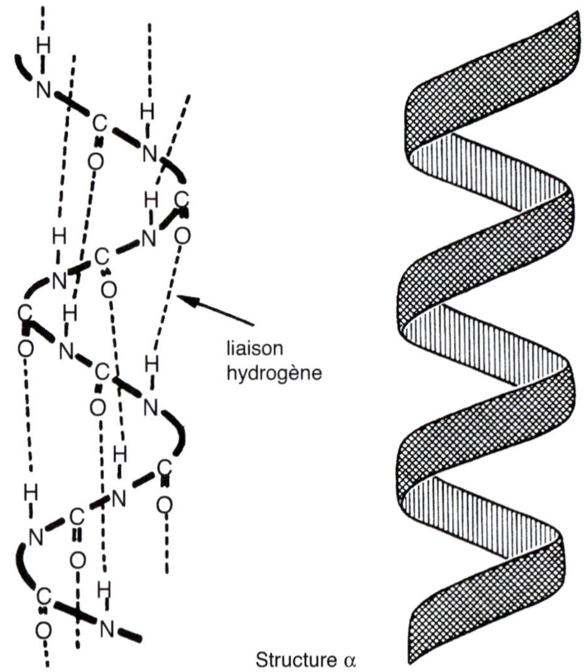

Figure 7.20. Structure secondaire en hélice α.

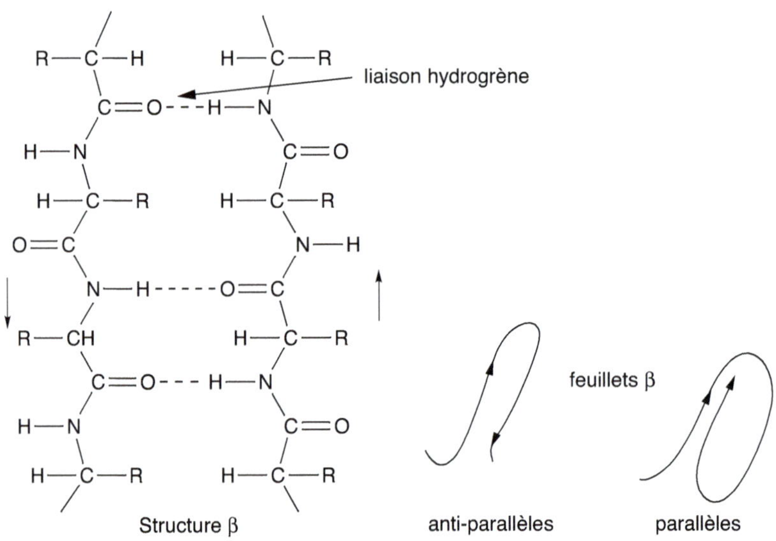

Figure 7.21. Structure secondaire en feuillet β.

4.3. Structure tertiaire des protéines

Les structures secondaires ne suffisent pas à expliquer les formes globulaires prises par de nombreuses protéines dans les milieux biologiques. On a pu montrer par étude de cristaux protéiques que les protéines adoptent une configuration spatiale complexe due aux repliements de la chaîne protéique sur elle même. Ces repliements sont maintenus par les interactions existant entre les **chaînes latérales** des acides aminés (en effet, les fonctions acides et amines sont déjà impliquées dans la formation des liaisons peptidiques). À l'exception des ponts disulfures (figure 7.22) entre cystéines (qui sont des liaisons covalentes), ces interactions entre chaînes latérales sont des liaisons faibles, on distingue par exemple :

- *les interactions avec le solvant*. Les chaînes latérales hydrophiles auront tendance à se tourner vers l'extérieur pour être en contact avec le solvant ; les chaînes latérales hydrophobes, au contraire, seront dirigées vers l'intérieur de la molécule et formeront souvent une poche hydrophobe ;
- *les interactions entre acides aminés*. Ce sont par exemple des interactions électrostatiques entre chaînes de charge opposée, des interactions de Van der Waals, des liaisons hydrogènes, des interactions de type hydrophobe où des chaînes latérales apolaires s'associent pour former avec l'eau une interface aussi petite que possible, des réactions d'empêchement stérique dues au fait que des groupes encombrants (présence d'un noyau, présence d'un groupement méthyle) ne peuvent pas adopter toutes les positions en tournant autour du C_α (figure 7.23).

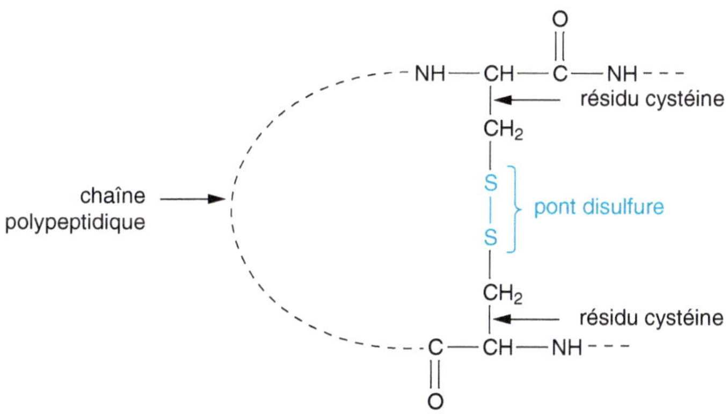

Figure 7.22. Pont disulfure.

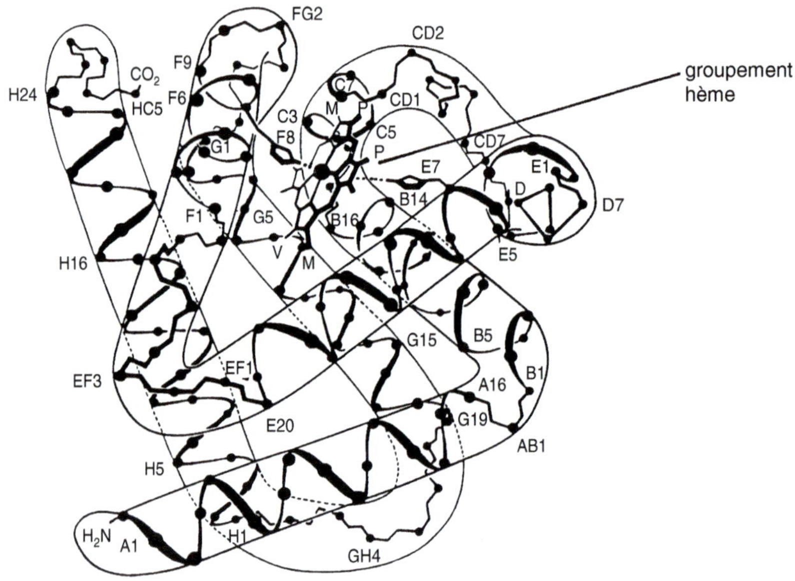

Figure 7.23. Structure tertiaire de la myoglobine.

4.4. Structure quaternaire des protéines

Certaines protéines présentent un niveau d'organisation supérieur. Dans ce cas, elles sont constituées de plusieurs chaînes polypeptidiques.
Ces protéines qualifiées **d'oligomériques** sont constituées d'un petit nombre de sous-unités (au moins deux) ; on utilise parfois le terme de **protomères**. Ces protomères sont associés uniquement par des liaisons de faible énergie (liaisons hydrogène, liaisons ioniques, interactions hydrophobes...). La protéine n'est fonctionnelle que si la structure quaternaire est respectée. C'est le cas de l'hémoglobine ou encore des enzymes allostériques (cf. Notion d'enzyme allostérique, p. 175).
On peut schématiser les différents niveaux d'organisation de la façon suivante :

- *Structure primaire*

- *Structure secondaire*

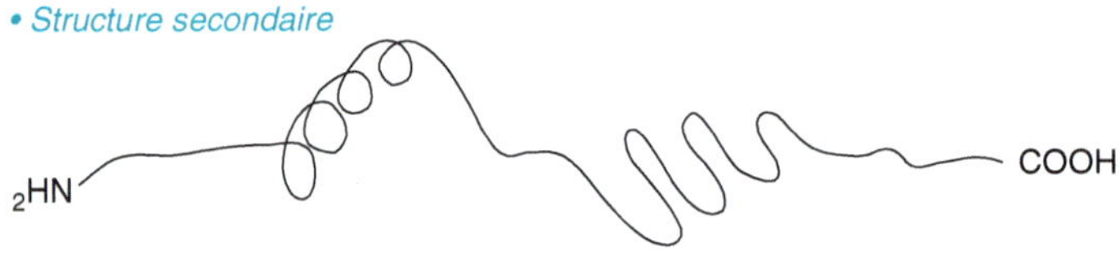

- *Structure tertiaire*

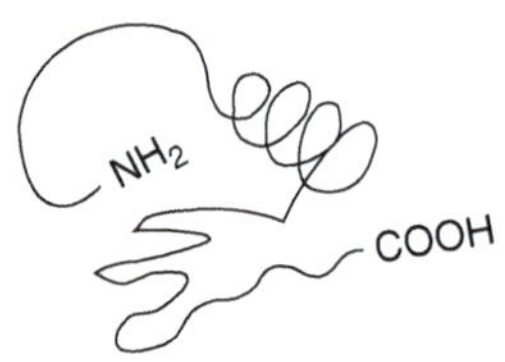

- *Structure quaternaire* (facultative)

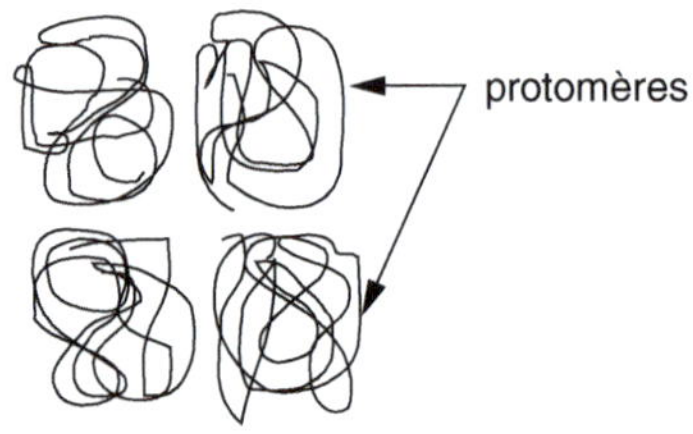

4.5. Principales propriétés physicochimiques des protéines

La **solubilité** des protéines est très variable, certaines protéines sont facilement solubles dans l'eau pure, d'autres ne se dissolvent qu'en présence de sels ou dans un milieu acide ou alcalin, d'autres enfin sont presque insolubles en milieu aqueux. La solubilité d'une protéine va également varier suivant les conditions du milieu dans lequel elle se trouve :

- en fonction de la *force ionique* du milieu ; à faible force ionique on observe un effet dissolvant tandis qu'à force ionique élevée on obtient un phénomène de relargage, c'est-à-dire une diminution de la solubilité et une précipitation des protéines ;
- en fonction du pH ; à température et force ionique constante, la solubilité d'une protéine est minimale au voisinage de son point isoélectrique (voir ci-dessous) ;
- en présence de solvants organiques ; ces molécules qui perturbent l'interaction entre la protéine et les molécules d'eau qui l'environnent vont provoquer sa précipitation.

Les groupements acides et amines des acides aminés sont engagés dans les liaisons peptidiques et n'influent pas sur sa charge. Cependant, les chaînes latérales de ces acides aminés peuvent être ionisées, ce qui confère à la protéine une **charge globale**, variable en fonction du pH du milieu (caractère amphotère, cationique en milieu acide, anionique en milieu basique). On définit ainsi pour chaque protéine un point isoélectrique pHi, pour lequel sa charge globale est nulle.

La différence de charge entre les différentes protéines permet de les séparer par **électrophorèse** (cf. p. 250) dans un champ électrique.

4.6. Dénaturation des protéines

Les protéines sont des édifices tridimensionnels fragiles. Leur altération entraîne leur dénaturation et une désorganisation des liaisons de faible énergie. Les protéines perdent alors leur forme native et donc leur activité fonctionnelle.

Si la protéine présente une structure quaternaire, la séparation des sous-unités suffit à provoquer la dénaturation. En fonction de la force de l'agent dénaturant, la désorganisation est plus ou moins réversible (figure 7.24).

Il existe différents types d'agents dénaturants dont voici les principaux :

- la **chaleur** entraîne une perturbation des liaisons hydrogène et provoque la coagulation des protéines (c'est le cas de l'ovalbumine lors de la cuisson du blanc d'œuf). La plupart des protéines sont dénaturées vers 45 °C ;
- un **pH** très acide ou très alcalin dénature les protéines par perturbation des liaisons ioniques. L'acidité gastrique permet une dénaturation des protéines alimentaires, ce qui facilite leur digestion par la pepsine. Cette enzyme (donc cette protéine) présente la particularité – et c'est un contre-exemple qui confirme la règle – d'avoir une activité maximale à pH 3-4 ;
- l'urée provoque une dénaturation par perturbation des liaisons hydrogène et hydrophobes ;
- un détergent de type SDS (sodium dodécylsulfate) désorganise les protéines en s'opposant aux liaisons hydrophobes et ioniques.

Ces agents dénaturants ne provoquent pas pour autant la rupture des ponts disulfure. Pour cela il faut utiliser un agent réducteur : le mercaptoéthanol (figure 7.25).

Figure 7.24. Dénaturation des protéines.

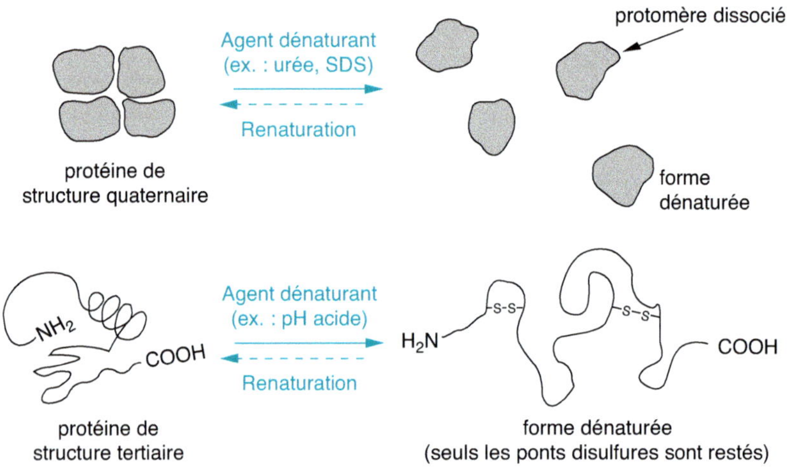

Figure 7.25. Clivage des ponts disulfures.

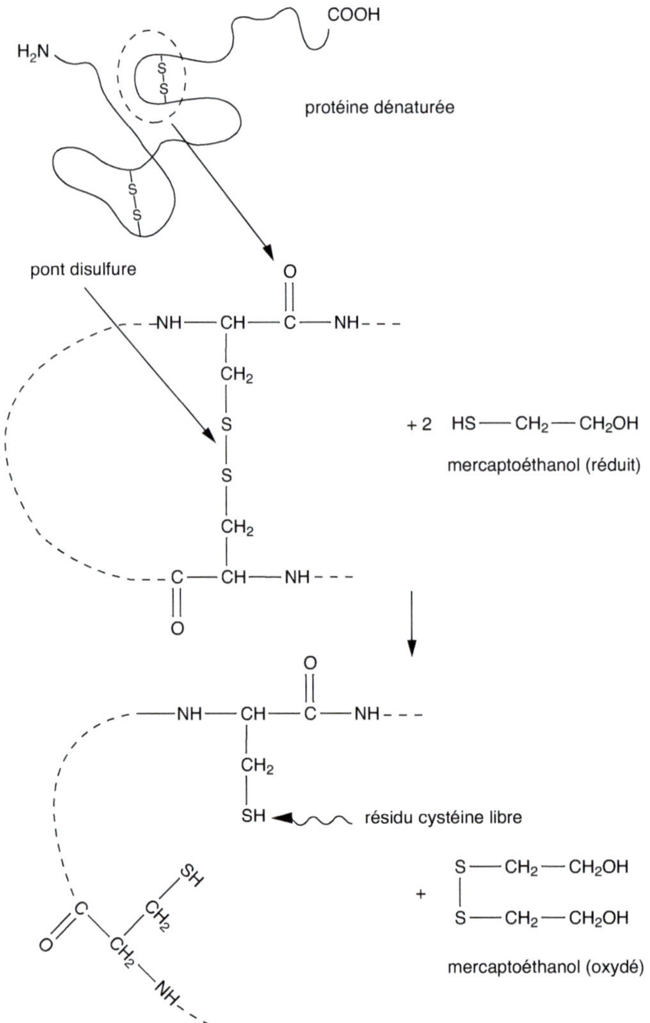

4.7. Hétéroprotéines

Cette classe des hétéroprotéines est très diverse, on distingue :
- les **métalloprotéines** dans lesquelles la fraction non protéique est un métal. Ce métal peut faire partie intégrante de la protéine ou lui être associé de façon transitoire lors, par exemple, d'une activité catalytique (par exemple, le zinc dans certaines protéases, la ferritine, protéine de transport du fer) ;
- les **phosphoprotéines**, dans lesquelles certaines des fonctions alcool portées par les chaînes latérales des sérines, thréonines ou tyrosines peuvent être estérifiées par un acide phosphorique. La phosphorylation et la déphosphorylation des protéines sous l'action de protéines-kinases ou de phosphatases jouent un rôle important dans la régulation de nombreuses voies métaboliques (par exemple dans les réactions de synthèse ou de dégradation du glycogène hépatique) ;
- les **glycoprotéines**, qui contiennent une fraction glucidique dont l'importance peut varier de quelques résidus à plus de 50 % de la masse totale de la protéine. Il existe de très nombreuses glycoprotéines, par exemple les antigènes portés à la surface des cellules et qui confèrent à chaque individu son identité immunologique propre (antigènes du complexe HLA) ;
- les **chromoprotéines** qui contiennent un pigment coloré et souvent un atome métallique (fer, cuivre). Le groupement prosthétique de ces protéines peut être un groupement hème comme dans l'hémoglobine, les cytochromes, la catalase ou un autre pigment comme dans la rhodopsine (protéine contenue dans les cellules de la rétine et qui joue un rôle important dans la vision grâce à son pigment le rétinal).

Il existe également dans les cellules des associations plus complexes entre des protéines et d'autres molécules biologiques pour former des édifices moléculaires de grande taille. Citons par exemple les **nucléoprotéines** (association de protéines, notamment les protéines histones, avec l'ADN) ou les **lipoprotéines** qui transportent les triglycérides et les phospholipides dans le plasma sanguin.

4.8. Étude de la myoglobine et de l'hémoglobine

La myoglobine et l'hémoglobine sont deux hétéroprotéines jouant un rôle capital dans l'organisme par leur capacité à prendre en charge le dioxygène pour le stocker ou le transporter. Leur étude comparative permet de bien saisir l'importance de l'étroite relation structure-fonction des protéines.
La myoglobine et l'hémoglobine sont deux hémoprotéines, c'est-à-dire deux hétéroprotéines ayant **l'hème pour groupement prosthétique**.
L'hème résulte de l'assemblage d'un **noyau porphyrine** et d'un **ion ferreux (Fe^{2+})**. C'est grâce à cet ion ferreux que l'hème a la capacité de prendre en charge le dioxygène.

Le noyau porphyrine possède une structure atomique très complexe, présentant la particularité d'absorber la lumière visible dans les faibles longueurs d'onde, ce qui lui donne une couleur rouge foncée.

4.8.1. *Myoglobine*

La myoglobine est essentiellement présente dans le cytosol des fibres musculaires striées. Elle permet le stockage de dioxygène qui est libéré si la cellule se trouve en situation d'hypoxie (raréfaction du dioxygène). Le dioxygène ainsi libéré permet d'alimenter les mitochondries pour la production d'ATP *via* les chaînes respiratoires. Toutefois, ce dioxygène provenant de la myoglobine ne permet pas de poursuivre un exercice musculaire intense plus de quelques secondes (figure 7.26).
La quantité de dioxygène liée à la myoglobine (exprimée en pourcentage de saturation) dépend de la pression partielle en dioxygène du milieu. On peut ainsi tracer la courbe du pourcentage de saturation de la myoglobine en fonction de pO_2 (en mmHg).

On peut constater que la myoglobine est pratiquement saturée à 100 % pour des valeurs très faibles en dioxygène, ce qui témoigne d'une très forte affinité de la myoglobine pour le dioxygène.

La courbe présente une **allure hyperbolique** reflétant la structure monomérique de la myoglobine. Autrement dit, la myoglobine se limite à une structure tertiaire (cf. figure 7.23).

La cellule musculaire en activité présente une pression partielle en dioxygène de 40 à 20 mmHg. Même à ces valeurs basses la myoglobine libère peu son dioxygène. Lors d'un effort intense, la pO_2 peut atteindre 5 mmHg (situation d'hypoxie). Dans ce cas, la myoglobine libère son dioxygène pour alimenter les mitochondries.

La structure de la myoglobine, qui est responsable de son affinité pour le dioxygène et de l'allure de la courbe, la rend efficace pour le stockage intracellulaire du dioxygène.

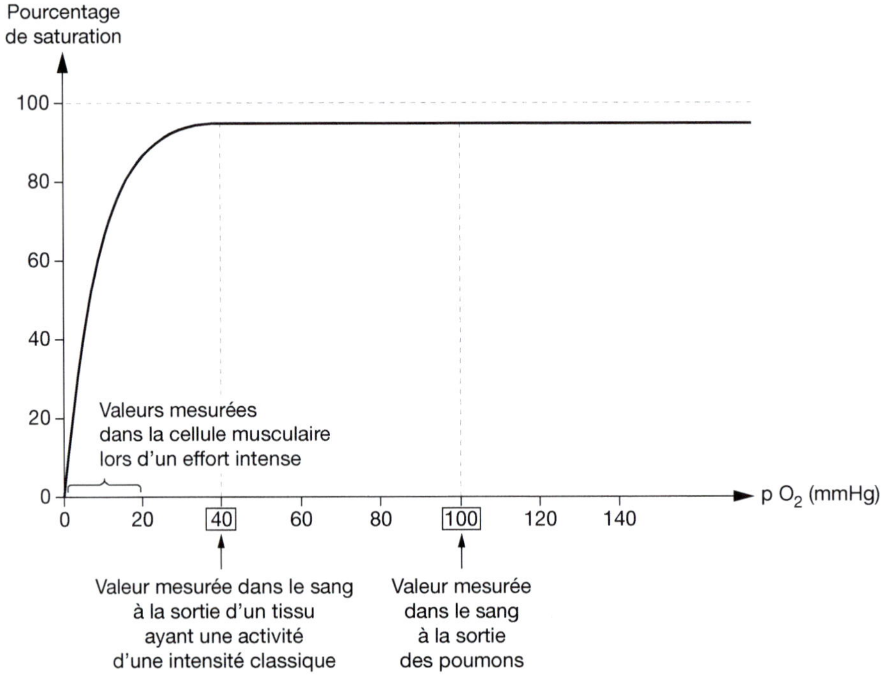

Figure 7.26. Courbe de fixation du dioxygène sur la myoglobine.

4.8.2. *Hémoglobine*

Rappel

L'hémoglobine est localisée de façon spécifique dans les globules rouges. Cette protéine envahit le cytosol de la cellule : chaque hématie compte plus de 250 millions de molécules d'hémoglobine.

Grâce à la dynamique du sang, l'hémoglobine assure la prise en charge du dioxygène au niveau pulmonaire et permet ensuite sa distribution au niveau des différents tissus en fonction de leur besoin.

Là encore, la quantité de dioxygène liée à l'hémoglobine (exprimée en pourcentage de saturation) dépend de la pression partielle en O_2 du milieu. D'où cette courbe de saturation de l'hémoglobine (figure 7.27).

La courbe présente cette fois une **allure sigmoïde** (en forme de S), caractéristique d'une protéine présentant une structure quaternaire. L'hémoglobine résulte de l'association de quatre sous-unités, chacune possédant une partie protéique (la globine) et un hème (figure 7.28).

Chaque ion ferreux est capable de fixer (de façon réversible) une molécule de dioxygène. On a donc pour une molécule d'hémoglobine :

$$\underset{\text{désoxyhémoglobine}}{Hb} + 4\,O_2 \longrightarrow \underset{\text{oxyhémoglobine}}{Hb(O_2)_4}$$

La structure quaternaire de l'hémoglobine est responsable d'un phénomène allostérique. La fixation d'une molécule de dioxygène entraîne un changement de conformation de la sous-unité concernée : on dit qu'elle passe de la forme T (tendue) à la forme R (relâchée). Cette modification facilite la fixation du dioxygène sur une sous-unité voisine. L'hémoglobine présente donc une cinétique de fixation du dioxygène dite coopérative, d'où la forme sigmoïde. L'accélération de la courbe est relativement lente au début, le dioxygène « peinant » à se fixer. Puis la vitesse de fixation augmente de façon importante grâce à ce phénomène d'allostérie (figure 7.29).

Une fois parvenue aux tissus périphériques, l'hémoglobine libère son dioxygène et prend en charge le CO_2 et des protons résultant du métabolisme énergétique des cellules. Une partie du CO_2 et des protons vient se fixer sur la partie protidique de la globine. Leur élimination sera facilitée par les globules rouges au niveau pulmonaire.

L'affinité de l'hémoglobine pour le dioxygène diminue avec l'augmentation de la pression partielle en CO_2 et l'augmentation de la concentration en protons. Ces deux paramètres sont révélateurs de l'intensité de l'activité d'un tissu. Ainsi plus un tissu est actif, plus il produit de CO_2 et de protons, et plus l'hémoglobine pourra facilement libérer du dioxygène à son niveau. C'est ce que l'on appelle l'**effet Bohr**.

On constate également que la concentration en 2,3-diphosphoglycérate (2,3DPG) a une influence sur l'affinité de l'hémoglobine pour le dioxygène. Le 2,3-DPG est un dérivé de la glycolyse (issue du 1,3-DPG). Il se fixe sur l'hémoglobine et stabilise la structure T. Ainsi, plus la concentration en 2,3-DPG est élevée, plus l'affinité diminue. Ce phénomène ne pénalise pas la fixation du dioxygène au niveau des poumons, mais facilite sa libération au niveau des tissus périphériques. Voilà un exemple d'adaptation physiologique constaté lors d'un séjour prolongé en altitude, ce qui entraîne une plus grande production de 2,3-DPG ; effet recherché par les sportifs notamment.

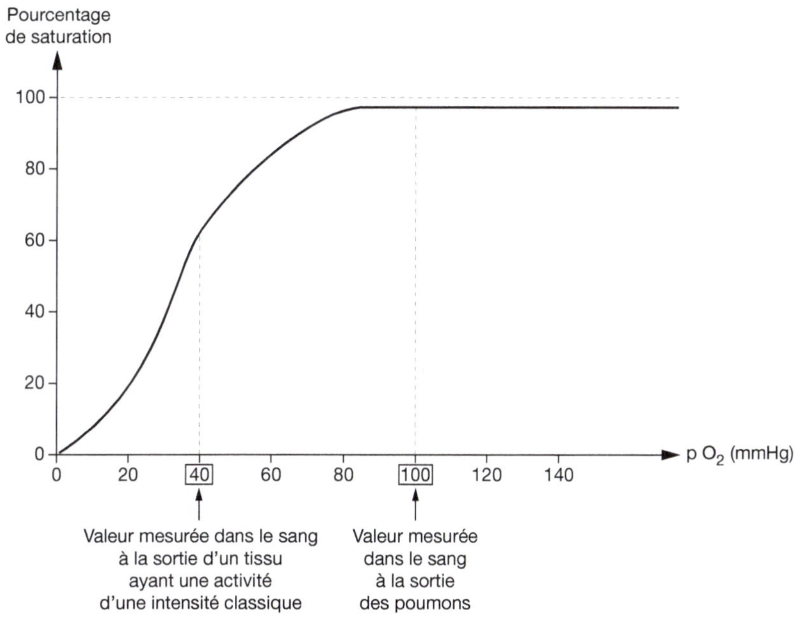

Figure 7.27. Courbe de fixation du dioxygène sur l'hémoglobine.

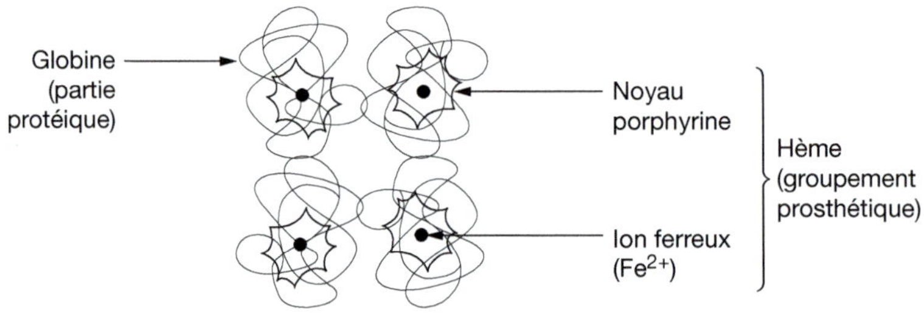

Figure 7.28. Structure quaternaire de l'hémoglobine.

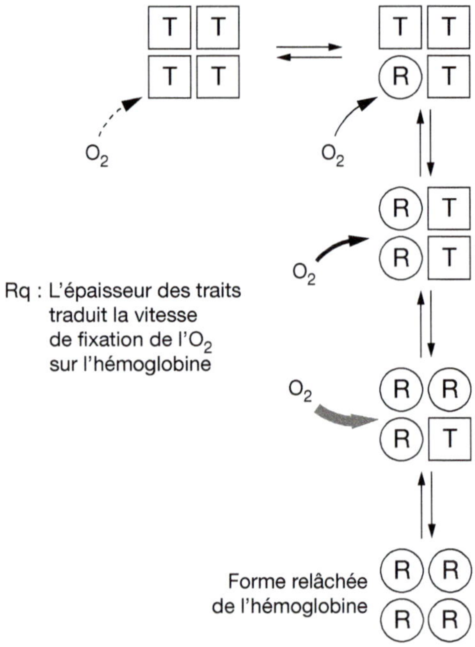

Figure 7.29. Phénomène d'allostérie de l'hémoglobine.

Enzymologie

Chapitre 8

>> Définition

Les enzymes sont des catalyseurs biologiques de nature protéique. Le rôle d'un **catalyseur** est d'augmenter la vitesse d'une réaction chimique sans en changer l'équilibre ou encore la composition. Les réactions catalysées sont 10^3 à 10^7 fois plus rapides qu'elles ne le seraient sans enzyme.
Les enzymes sont étroitement spécifiques des réactifs, appelés **substrats**. Cette spécificité s'appuie sur la notion de **complémentarité conformationnelle** (c'est-à-dire se rapprochant du système « clé/serrure ») que l'on retrouve dans les interactions hormone/récepteur ou antigène/anticorps.

Objectifs

- Connaître la classification des enzymes et coenzymes en faisant le lien avec les vitamines hydrosolubles.
- Avoir des notions de cinétique enzymatique et de régulation à l'échelle cellulaire.
- Citer l'intérêt des enzymes en biochimie clinique et dans l'industrie agroalimentaire.

Les enzymes jouent un rôle capital épargnant l'énergie nécessaire au fonctionnement de la cellule. Elles rendent de nombreuses réactions possibles à température et pH physiologique, et empêchent l'accumulation de sous-produits toxiques du métabolisme. De plus, certaines enzymes permettent le contrôle ou l'orientation de certaines voies métaboliques.
Étant des protéines, leur biosynthèse est contrôlée génétiquement.

1. Classification des enzymes

Le nom de la plupart des enzymes est bâti en ajoutant le suffixe « **-ase** » au terme qualifiant la réaction ou encore la nature du substrat (par exemple, la lactate déshydrogénase). D'autres sont désignées par leur nom usuel (par exemple, la pepsine). Il existe toutefois une nomenclature officielle, répartissant les enzymes en **six classes principales** selon le type de réaction chimique qu'elles catalysent.

Classe 1 : oxydoréductases

Elles catalysent les réactions d'oxydoréduction, c'est-à-dire le transfert de protons et d'électrons. C'est le cas des déshydrogénases, des réductases, des oxydases... (par exemple, la lactate déshydrogénase permet la réduction du pyruvate en lactate ou encore l'oxydation du lactate en pyruvate).

Classe 2 : transférases

Elles catalysent les réactions de transfert d'atome ou de groupement d'atomes. C'est le cas des transaminases qui transfèrent la fonction amine d'un acide aminé sur un acide α-cétonique.

Classe 3 : hydrolases

Elles catalysent des réactions de coupure de liaison covalente nécessitant de l'eau. C'est le cas de toutes les enzymes digestives comme la trypsine (spécialisée dans la coupure des liaisons peptidiques).

Classe 4 : lyases

Elles catalysent les réactions lytiques non hydrolytiques et non oxydantes en créant des doubles liaisons. Dans la réaction inverse, les lyases catalysent l'addition d'un groupement fonctionnel sur la double liaison d'un substrat. C'est le cas de l'aldolase (qui transforme le fructose 1,6-biphosphate en deux trioses-phosphate, cf. Glycolyse).

Classe 5 : isomérases

Elles catalysent des réactions d'isomérie, c'est-à-dire des remaniements intramoléculaires. C'est le cas de l'aconitase qui transforme le citrate en isocitrate (cf. Cycle de Krebs).

Classe 6 : ligases

Elles catalysent les réactions de ligation, de condensation, c'est-à-dire la formation de liaisons covalentes nécessitant de l'énergie chimique, le plus souvent apportée par l'hydrolyse d'ATP. C'est le cas des synthétases comme la glutamine synthétase, qui permet l'amidification de l'acide glutamique en glutamine (cf. Métabolisme azoté).
Le système de dénomination internationale (proposé par l'Union internationale de biochimie) attribue à chaque enzyme quatre nombres séparés par un point. Le premier nombre correspond à la classe, le deuxième (sous-classe) précise le type de réaction, le troisième et le quatrième précisent la nature du substrat utilisé.
Par exemple, la glucokinase (catalyse la phosphorylation du glucose) est codée comme dans la figure 8.1.

Figure 8.1. Codification de la glucokinase.

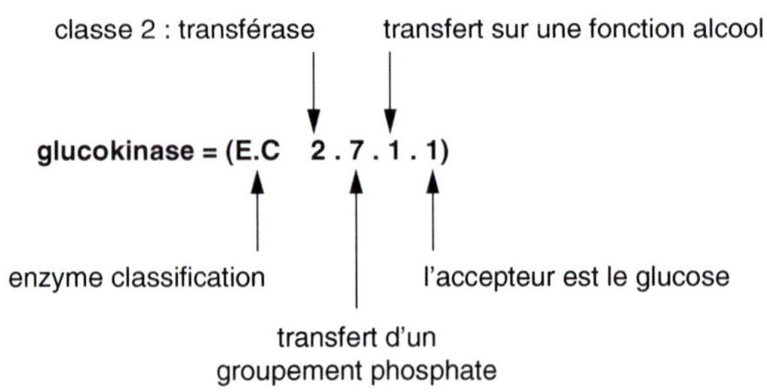

Les enzymes sont des protéines. On retrouve donc la classification s'appuyant sur la composition atomique. On distingue les **holoprotéines**, exclusivement constituées d'acides aminés, comme les enzymes digestives (hydrolases).
Toutefois, de nombreuses enzymes sont des hétéroprotéines : constituées d'une partie protidique (apoprotéine ou plus précisément ici, **apoenzyme**), responsable de la spécificité vis-à-vis du substrat, et d'une partie non protidique (groupement prosthétique) responsable de l'activité catalytique.
Ce groupement prosthétique porte le nom de **coenzyme** (avec très souvent une origine vitaminique) ou de **cofacteur** (c'est souvent dans ce cas un cation métallique : Cu^{2+}, Mg^{2+}, Mn^{2+}, Fe^{2+}...).
Dans ce cas, pour que l'enzyme soit fonctionnelle, l'apoenzyme doit obligatoirement être associée à son coenzyme (ou cofacteur). L'ensemble est parfois dénommé **holoenzyme**.

2. Notions de cinétique enzymatique

L'étude de l'évolution d'une réaction enzymatique permet de mieux comprendre les mécanismes d'action parfois complexes.
La réaction enzymatique peut se diviser en trois principales étapes :
1. L'association de l'enzyme (E) et du substrat (S) se produit en une région bien précise de l'enzyme (ou apoenzyme) appelée **site actif**. Le site actif est une entité tridimensionnelle correspondant à une petite région de la protéine. Sa conformation est complémentaire de celle du substrat ; toutefois, l'ajustement structural requiert une légère déformation de la protéine. Cette reconnaissance dynamique est appelée **adaptation induite** (figure 8.2).

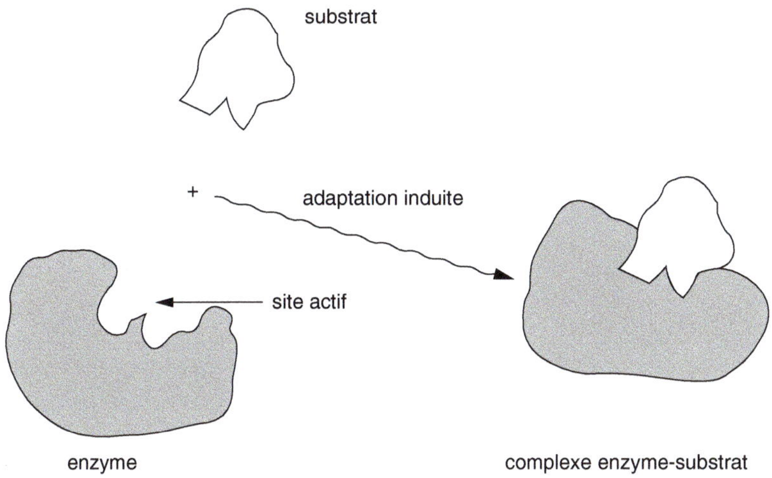

Figure 8.2. Association enzyme-substrat.

L'association enzyme-substrat (ES) est stabilisée par des liaisons de faible énergie : liaisons hydrogène, interactions hydrophobes, liaisons ioniques...
2. Le **complexe ES** subit un **réarrangement interne** qui va permettre la transformation du substrat en **produit (P)**.
3. L'enzyme libère le **produit de la réaction** et retrouve son état initial. Si l'on considère une réaction enzymatique simple, c'est-à-dire la conversion d'un substrat (S) en un produit (P) par une enzyme (E), on obtient l'équation (figure 8.3).

$$E + S \underset{k_{-1}}{\overset{k_1}{\rightleftharpoons}} E.S \xrightarrow{k_{cat}} E + P$$

Figure 8.3. Réaction enzymatique simple.

- **k est la constante de vitesse** quantifiant la rapidité de passage d'un état à l'autre, ce qui permet d'apprécier l'efficacité de la réaction enzymatique.
- **k_1 est la constante de vitesse de formation du complexe ES** ; très rapide, elle ne met en jeu que des liaisons de faible énergie, le substrat n'est pas encore modifié chimiquement, ce qui permet la réversibilité.
- **k_{-1} est la constante de vitesse de dissociation du complexe ES.**
- **kcat est la constante catalytique**, qui correspond au nombre d'événements catalytiques par seconde et par site actif (ordre de grandeur : 10^3/s).

Afin d'apprécier l'activité d'une enzyme, on utilise des graphes témoignant de l'évolution de la vitesse de la réaction en fonction de différents paramètres.
Pour mesurer l'évolution de la vitesse d'une réaction enzymatique en fonction de la concentration en enzyme, on se place à une concentration en substrat saturante, c'est-à-dire de façon à ce que la disponibilité en substrat ne soit pas un facteur limitant (figure 8.4).
On constate sans trop de surprise que plus la concentration en enzyme est importante, plus la vitesse augmente.

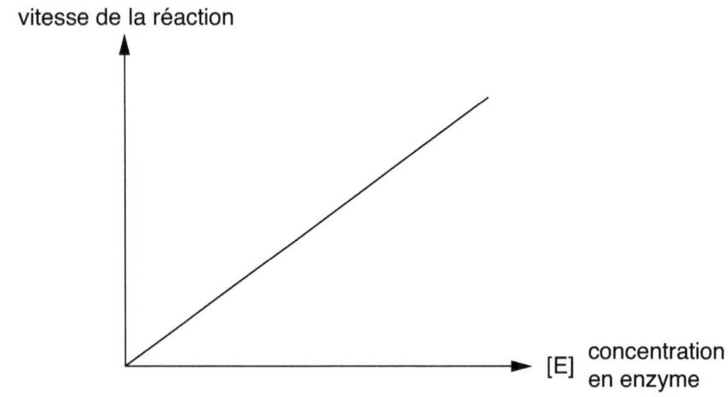

Figure 8.4. Influence de la concentration en enzyme [E] sur la vitesse d'une réaction chimique.

Considérons maintenant l'évolution de la vitesse en fonction de la concentration en substrat (en présence d'une quantité d'enzyme limitée) (figure 8.5).

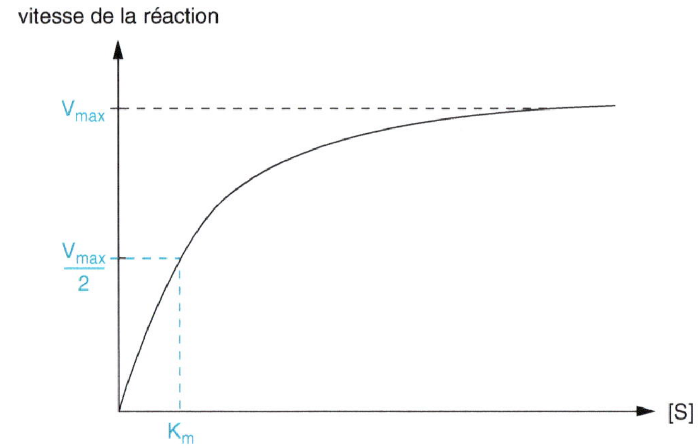

Figure 8.5. Influence de la concentration en substrat [S] sur la vitesse de la réaction enzymatique.

L'augmentation de la concentration en substrat entraîne dans un premier temps l'augmentation de la vitesse. La réponse est alors linéaire, mais ensuite la relation de proportionnalité disparaît puisque l'augmentation de la vitesse tend vers un **plateau de saturation**. Ce phénomène introduit la notion de **vitesse maximale (V_{max}).** La vitesse des réactions enzymatiques n'augmente plus alors qu'il y a de plus en plus de substrat, car tous les sites catalytiques des enzymes sont occupés (en postulant que d'autres paramètres n'interviennent pas, comme l'accumulation de produit).
Il est ainsi possible de tracer l'hyperbole définie par l'**équation de Michaelis :**

$$\vec{v} = \frac{V_{max} \cdot [S]}{K_m + [S]} \qquad \left(\text{adaptation de l'équation :} \quad y = \frac{ax}{b + x} \right)$$

avec, $K_m = \dfrac{k_{-1} + k_{cat}}{k_1}$

Dans la grande majorité des cas $K_{cat} << k_{-1}$ et k_1.

On dit que K_{cat} est négligeable devant k_{-1} donc on peut écrire que, $K_m = \dfrac{k_{-1}}{k_1}$.

K_m devient ainsi une constante de l'équilibre de dissociation du complexe ES en E + S. Ainsi plus K_m est élevée (plus k_{-1} est grand par rapport à k_1), moins l'enzyme a une forte affinité pour le substrat en question.

On voit aussi d'après le graphe que K_m (ou **constante de Michaelis**) correspond à une concentration en substrat pour laquelle la vitesse est égale à $V_{max}/2$.
V_{max} correspond à la vitesse maximale quand l'enzyme est saturée par un excès de substrat. La V_{max} s'exprime en unités internationales (1 UI = 1 µmol de substrat transformé ou de produit formé par minute) ou encore en kat (= 1 mol de substrat transformé ou de produit formé par seconde).
Afin de faciliter la détermination expérimentale de K_m et V_{max}, il est possible de transformer l'équation de Michaelis de façon à donner une droite. On représente 1/V en fonction de 1/S, pour obtenir la **représentation en double inverse de Lineweaver-Burk**.
L'équation de Michaelis devient alors : voir la figure 8.6.

Le Km et la Vmax sont les deux principaux paramètres cinétiques permettant d'apprécier l'activité d'une enzyme pour un substrat donné.

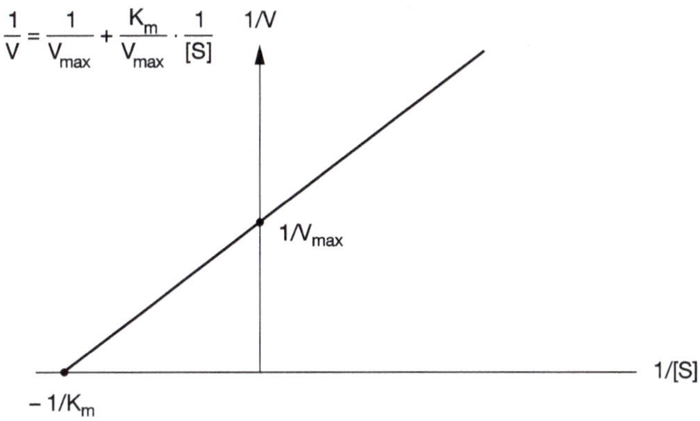

Figure 8.6. Représentation en double inverse.

La droite coupe l'axe des ordonnées en $1/V_{max}$ et l'axe des abscisses en $-1/K_m$.

3. Influence d'agents physicochimiques sur la cinétique

3.1. Influence de la température

Pour qu'une réaction enzymatique se produise, il faut d'une part que les molécules (enzyme et substrat) se rencontrent et qu'elles aient suffisamment d'énergie pour s'activer.
Dans un premier temps, c'est-à-dire quand la température est basse, la vitesse de la réaction augmente quand la température augmente (cas le plus fréquent sur une gamme de températures allant de 0 °C à 40 °C). L'énergie d'activation nécessaire est fournie au système sous forme d'énergie thermique. Lorsque l'on atteint la V_{max}, on parle alors de **température optimale** (figure 8.7).
Au-delà de 42-45 °C, la protéine est en revanche dénaturée. L'excès d'énergie thermique entraîne une modification structurale de la protéine qui, du coup, perd rapidement son activité catalytique.

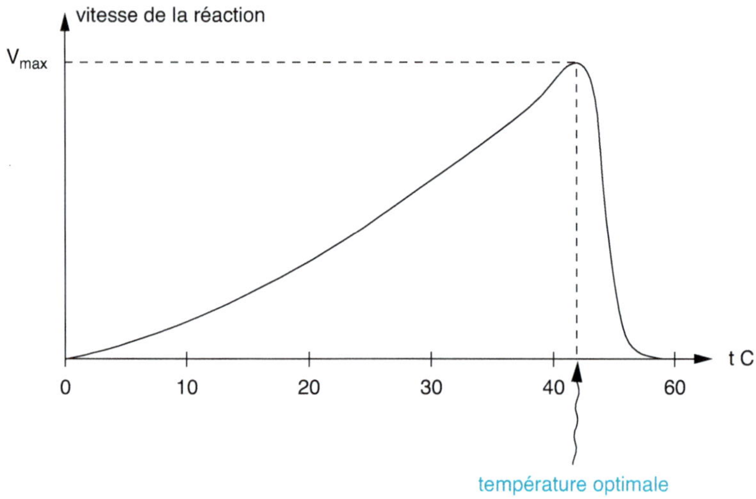

Figure 8.7. Influence de la température sur l'activité enzymatique.

3.2. Influence du pH

L'évolution du pH du milieu réactionnel perturbe relativement rapidement l'activité enzymatique, avant même que la structure protéique soit dénaturée. La variation du pH entraîne des modifications du degré d'ionisation de certains groupements fonctionnels (résidus ASP, GLU, LYS, ARG, HIS).
La modification de l'état ionique peut se produire au niveau du site actif ou même au niveau du substrat. Dans les deux cas, la formation du complexe ES s'en trouve pénalisée, voire empêchée (figure 8.8).

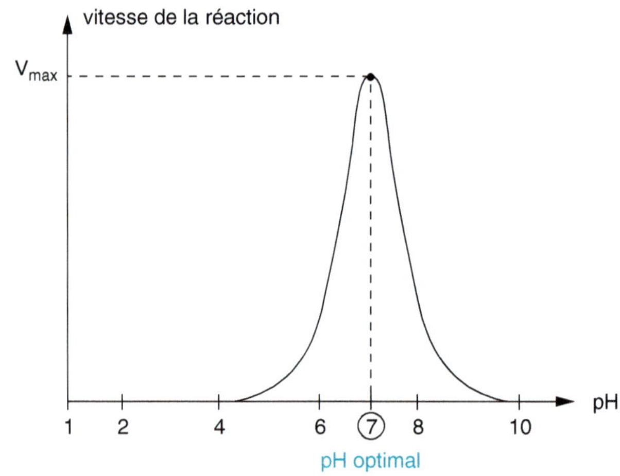

Figure 8.8. Influence du pH sur l'activité enzymatique.

De même que pour la température, on définit un **pH optimal**. Dès que l'on s'écarte de cette valeur (+/– 0,5 unité pH), la vitesse diminue rapidement. Elle devient très faible à +/– 2 unités pH.
Il existe toutefois des cas particuliers dont celui de la **pepsine** est très intéressant. Cette protéase, enzyme spécialisée dans l'hydrolyse des liaisons peptidiques, agit spécifiquement au niveau de la cavité gastrique où règne un pH

La plupart des enzymes ont un pH optimal proche de 7, qui est le pH des liquides physiologiques.

allant de 2 à 3,5. La pepsine présente la particularité d'avoir un pH optimal sensiblement égal à 2 (figure 8.9).

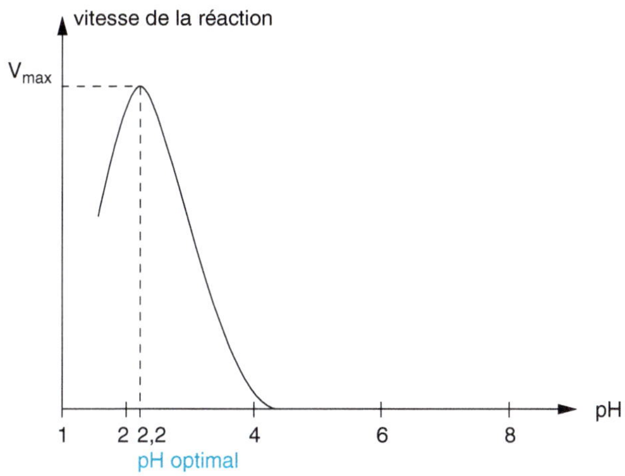

Figure 8.9. Influence du pH sur l'activité enzymatique de la pepsine.

Lorsque le chyme (contenu digestif) quitte l'estomac et atteint l'intestin grêle, le pH remonte considérablement. Il passe de 3,5-4 à 6,5-7,5. Comme le montre la courbe, la pepsine perd alors son activité lytique, ce qui confirme que son action se limite à la cavité gastrique.

3.3. Inhibiteurs

Un grand nombre de molécules sont capables d'interagir avec les enzymes et de modifier leur activité, les **effecteurs**. Certains augmentent la vitesse de réaction (**activateurs**) ; d'autres la diminuent ou la stoppent (**inhibiteurs**).
L'inhibition de l'activité enzymatique joue un rôle important en tant que mécanisme de contrôle ou de régulation de nombreuses voies métaboliques. C'est également par l'inhibition enzymatique qu'agissent de nombreux médicaments (comme les antibiotiques) ou substances toxiques.
La fixation de l'inhibiteur sur l'enzyme peut être irréversible. C'est le cas de la pénicilline qui s'oppose à la biosynthèse de la paroi bactérienne en inhibant une transpeptidase (en se fixant sur son site actif grâce à une liaison covalente).
Le plus souvent, elle est réversible, c'est-à-dire que l'association enzyme-inhibiteur est de courte durée.

3.3.1. *Inhibiteurs compétitifs*

Ces composés moléculaires présentent une analogie structurale avec le substrat et le site actif de l'enzyme (figure 8.10).
La présence simultanée de l'inhibiteur et du substrat entraîne une compétition pour occuper le site actif de l'enzyme.
Deux possibilités s'offrent donc à l'enzyme : figure 8.11.
L'orientation vers telle ou telle voie dépend d'une part des concentrations en S et en I, mais aussi de l'affinité respective de l'enzyme pour S et I.
L'addition d'un inhibiteur compétitif favorise la dissociation du complexe ES (k_{-1} augmente alors que k_1 diminue). **K_m augmente** donc : l'affinité de l'enzyme pour le substrat est affectée. Un inhibiteur compétitif diminue donc la vitesse de réaction en réduisant la proportion d'enzymes liées au substrat.

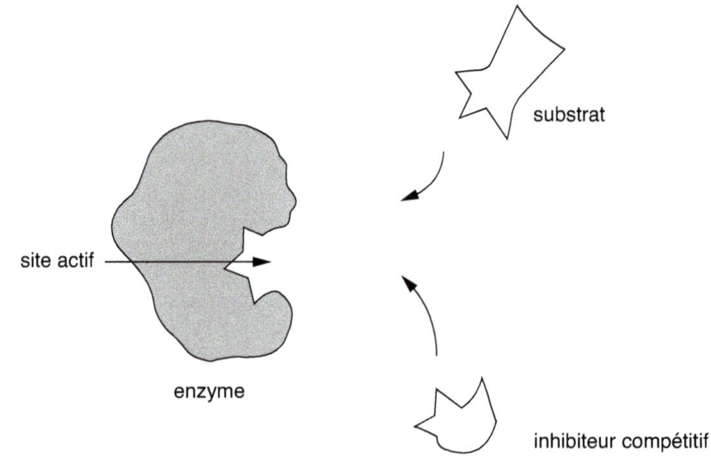

Figure 8.10. Analogie structurale entre l'enzyme et l'inhibiteur compétitif.

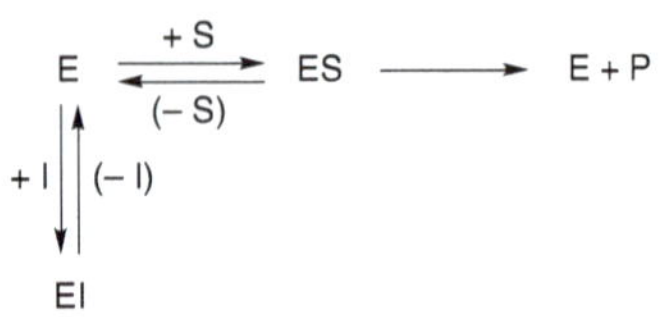

Figure 8.11. Interaction enzyme/inhibiteur compétitif.

Néanmoins, même si elle est plus longue à atteindre, la **V_{max} n'est pas modifiée** (figure 8.12). Contrecarrer l'effet de l'inhibiteur suppose d'augmenter la concentration en substrat (ce qui revient à compenser la diminution de l'affinité de l'enzyme pour le substrat).

De nombreuses enzymes connaissent des inhibiteurs compétitifs. Il peut arriver que le produit de la réaction enzymatique serve d'inhibiteur compétitif en raison de sa ressemblance structurale avec le réactif. C'est le cas de la biphosphoglycérate mutase (cf. Glycolyse) qui transforme le 1,3-biphosphoglycérate en 2,3-biphosphoglycérate. L'activité de l'enzyme est freinée quand la concentration de ce dernier augmente. Il s'agit d'une sorte de rétrocontrôle qui peut toutefois être contrecarré par une augmentation de la concentration en substrat.

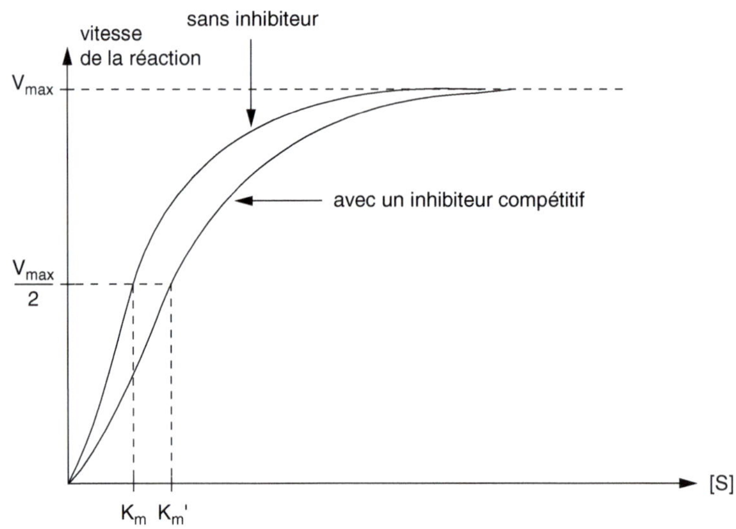

Figure 8.12. Influence d'un inhibiteur compétitif sur l'activité enzymatique.

3.3.2. *Inhibiteurs non compétitifs*

Dans ce cas, la fixation de l'inhibiteur se fait sur l'enzyme au niveau d'un site différent du site de fixation du substrat. Il n'y a donc aucune compétition entre le substrat et l'inhibiteur pour l'occupation du site actif (figure 8.13).

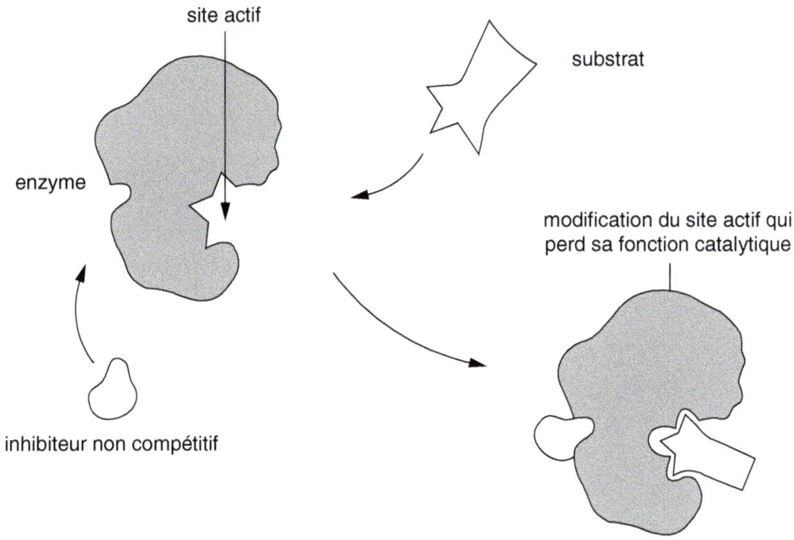

Figure 8.13. Fixation d'un inhibiteur non compétitif.

La fixation de l'inhibiteur sur l'enzyme ne gêne pas la fixation du substrat sur le site catalytique. L'affinité du couple E/S n'est donc pas modifiée, **K_m ne change pas**.

L'équation devient : voir la figure 8.14.

Seul le couple ES peut aboutir à une activité catalytique, la **V_{max} est alors diminuée**. Ainsi, une augmentation de la concentration en substrat ne peut pas s'opposer à l'effet de l'inhibiteur (figure 8.15).

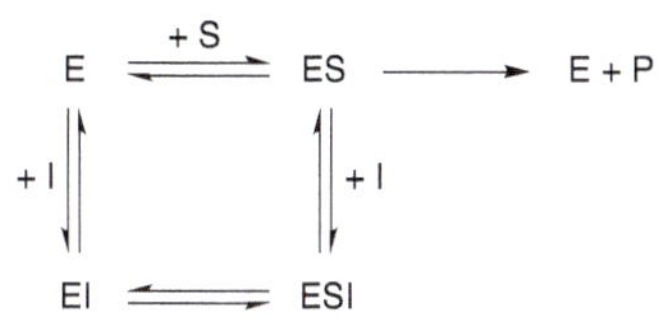

Figure 8.14. Interaction enzyme/inhibiteur compétitif.

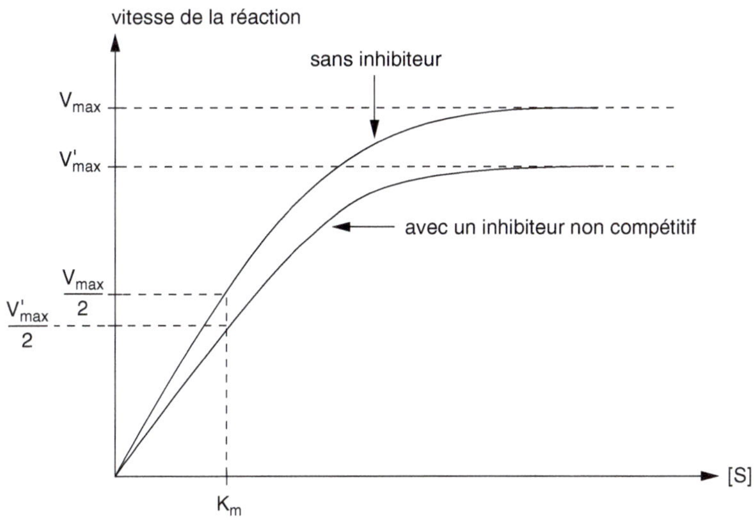

Figure 8.15. Influence d'un inhibiteur non compétitif sur l'activité enzymatique.

La représentation en double inverse est alors : voir la figure 8.16.

Figure 8.16. Effets des inhibiteurs en représentation en double inverse.

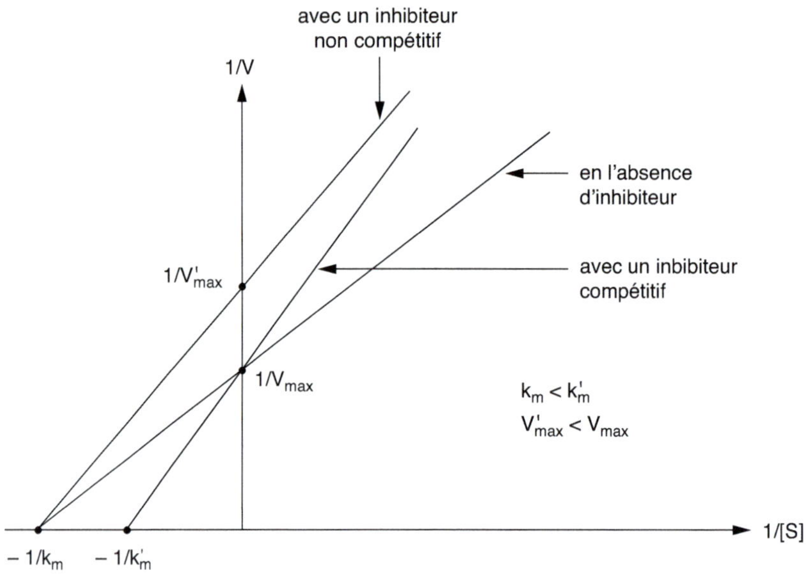

3.4. Activation des enzymes

Indépendamment des mécanismes de régulation ou de l'intervention de coenzymes (cf. infra), les enzymes peuvent nécessiter une activation particulière pour être opérationnelles. C'est le cas des **proenzymes**, dont voici deux exemples importants.

Protéases du suc pancréatique (figure 8.17)

Les protéases du suc pancréatique sont sécrétées par les acinus pancréatiques sous forme de proenzymes : chymotrypsinogène, proélastase ou procarboxypeptidase. Sous cette forme, elles sont inactives, ce qui permet d'éviter l'autodigestion du tissu producteur et des canaux conducteurs. Une fois dans la lumière intestinale, elles sont activées par la coupure d'un fragment peptidique, amorcée par l'entéropeptidase (entérokinase) localisée au niveau de la face externe apicale des entérocytes (sur la bordure en brosse).

Système du complément

Le système du complément est constitué de protéines plasmatiques, initialement sous forme de proenzymes. Lorsqu'elles rencontrent un agent pathogène (une bactérie par exemple), elles s'y déposent de façon séquentielle. La fixation de l'une permet l'activation de l'autre, qui peut dès lors se fixer.
Là aussi, l'activation passe par la rupture d'un fragment peptidique. L'ensemble finit par former un complexe d'attaque membranaire, qui perfore la paroi bactérienne et entraîne la destruction de la bactérie.

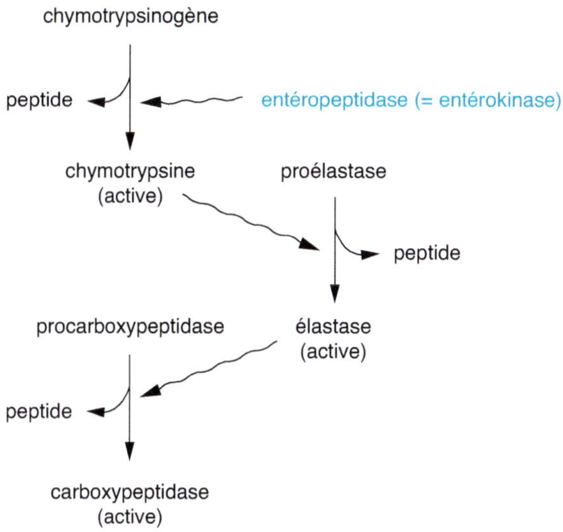

Figure 8.17. Activation des protéases du suc pancréatique.

4. Notion d'enzyme allostérique

La cinétique enzymatique de certaines enzymes ne correspond pas au modèle michaelien. La courbe de leur vitesse de réaction (en fonction de la concentration en substrat) n'est pas d'allure hyperbolique, mais sigmoïde (figure 8.18).

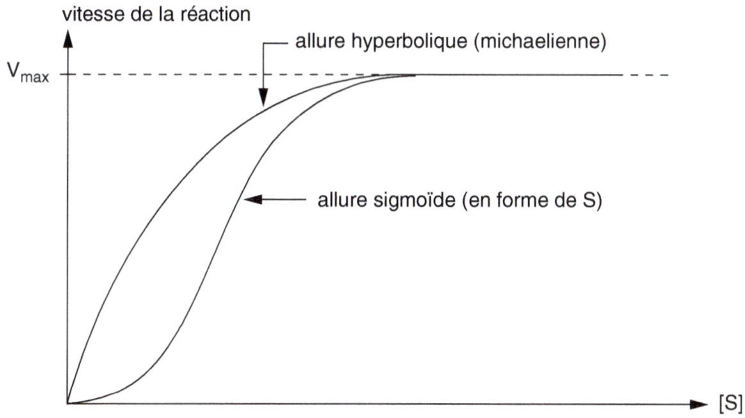

Figure 8.18. Courbes des deux types de cinétique enzymatique.

Cette allure sigmoïde est caractéristique d'une enzyme présentant une structure quaternaire, c'est-à-dire d'une protéine oligomérique (constituée d'un petit nombre de sous-unités - au moins 2). Dans ce cas, elle possède autant de sites actifs que de sous-unités. L'occupation d'un site actif par le substrat modifie l'affinité des autres sites pour ce substrat. La fixation d'une première molécule de substrat entraîne une légère modification conformationnelle de la protéine, qui facilite la fixation d'une deuxième molécule sur un deuxième site. On parle de **phénomène coopératif** (similaire au mécanisme de fixation de l'O_2 sur l'hémoglobine), qui peut être modélisé ainsi (figure 8.19).

Initialement, les sous-unités sont sous la forme tendue (T). L'affinité pour le substrat est alors moindre que lorsque la sous-unité passe sous la forme relâchée (R). Le passage d'une forme à l'autre porte le nom de **transition allostérique**.

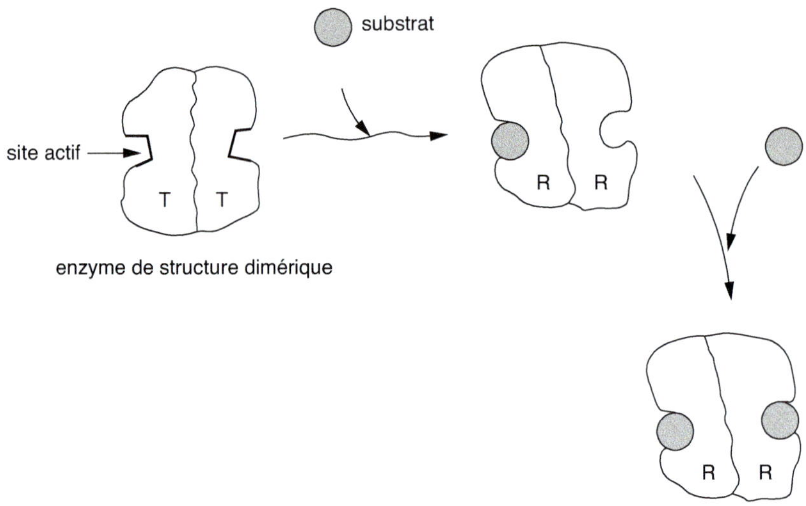

Figure 8.19. Effet coopératif : transition allostérique.

Outre plusieurs sites actifs, ces enzymes présentent des sites de régulation allostérique où peut venir se fixer un effecteur (activateur ou inhibiteur). L'activateur a pour effet de faciliter la transition allostérique T → R, alors que l'inhibiteur facilite la transition R → T (figure 8.20).

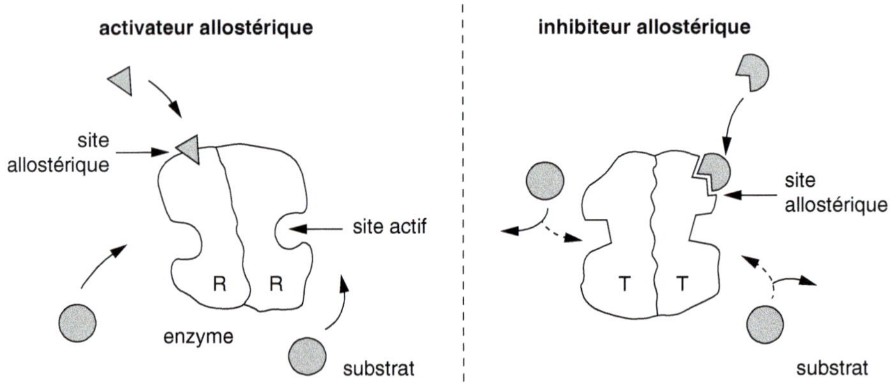

Figure 8.20. Transition allostérique orientée par l'effecteur.

De ce fait, les effecteurs influencent essentiellement l'affinité de l'enzyme pour le substrat (K_m) et modifient peu la vitesse maximale (V_{max}).
Très souvent, le produit d'une réaction enzymatique devient inhibiteur allostérique, ce qui permet un rétrocontrôle et un ajustement de l'activité enzymatique (figure 8.21).

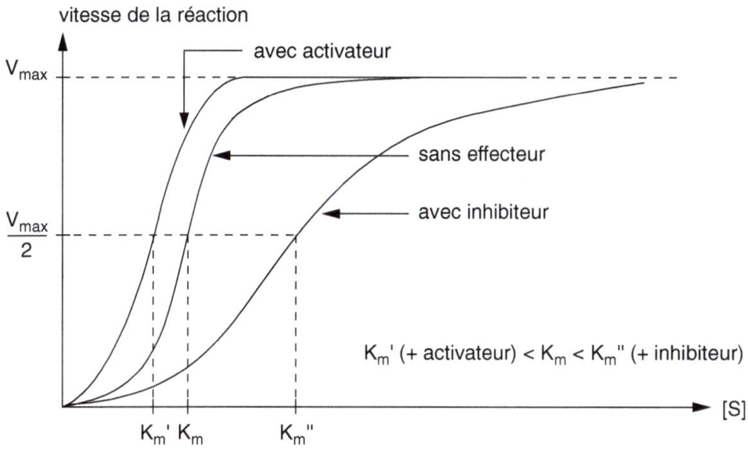

Figure 8.21. Répercussion des effecteurs sur une cinétique de type sigmoïde.

5. Coenzymes et vitamines hydrosolubles

Un très grand nombre d'enzymes nécessitent pour leur activité catalytique la présence d'une coenzyme ou d'un cofacteur (groupement prosthétique).
Le terme « **cofacteur** » recouvre souvent un **cation métallique**, par exemple :
- le **zinc (Zn^{2+})** :
  - en association avec l'anhydrase carbonique (transforme $H_2O + CO_2$ en $HCO_3^- + H^+$ au niveau des hématies par exemple) ;
  - en association avec l'aldolase (cf. Glycolyse) ;
  - en association avec la carboxypeptidase (hydrolyse des protéines) ;
- le **magnésium (Mg^{2+})** : en association avec les kinases (cf. Glycolyse) ;
- le **fer (Fe^{2+})** : au niveau de la chaîne respiratoire ;
- le **calcium (Ca^{2+})** : au niveau des lipases ;
- le **sélénium (Se^{2+})** : au niveau de la glutathion peroxydase.

On parle dans ce cas de **métalloenzymes**.
Ces cofacteurs minéraux, indispensables à l'activité enzymatique, contribuent à l'activité catalytique, mais aussi parfois à la stabilisation de la structure protéique.
Les coenzymes peuvent être considérées comme des cofacteurs organiques.
On peut distinguer :
- les **coenzymes de transfert**, chargées de prendre en charge un atome ou un groupement d'atomes pour le donner à une molécule acceptrice. C'est le cas du phosphate de pyridoxal ;
- les **coenzymes d'oxydoréduction** (ou co-substrats), par exemple le NAD^+.

Les principales coenzymes présentent la particularité d'être **d'origine vitaminique** notamment les vitamines hydrosolubles : vitamines du groupe B et vitamine C.

5.1. Vitamines du groupe B

5.1.1. *Vitamine B_1 (thiamine)*

La thiamine présente une structure hétérocyclique soufrée et azotée (figure 8.22).
Il existe une **source endogène possible** grâce à l'activité biosynthétique de la flore intestinale (microbiote), qui ne permet en aucun cas de couvrir les besoins. L'apport alimentaire reste donc indispensable.

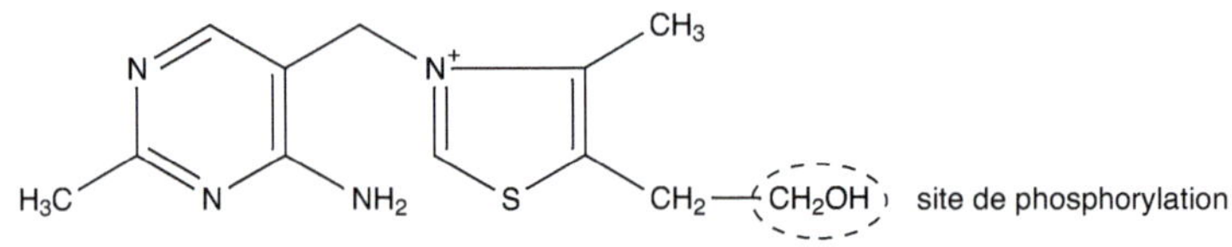

Figure 8.22. Structure de la thiamine.

> **Rappel**
>
> Dans l'alimentation, la thiamine existe sous deux formes :
> - forme libre, surtout dans les aliments d'origine végétale (céréales, champignons...) ;
> - forme phosphorylée (thiamine pyrophosphate, TPP) surtout dans les aliments d'origine animale (foie, viandes, produits laitiers...).

La thiamine est absorbée dans l'intestin grêle (duodénum et jéjunum) par les entérocytes. Une fois dans l'entérocyte, la TPP est déphosphorylée ; c'est donc exclusivement sous la forme libre que la thiamine passe dans le sang. Son transport est essentiellement assuré par les cellules sanguines (hématies et leucocytes). Elle est ensuite distribuée aux cellules consommatrices (foie, cœur, reins et cerveau) où elle est phosphorylée en **TPP** qui est sa **forme coenzymatique active**.

Il n'y a pas de stockage possible de la vitamine B_1.

Son élimination se fait par voie rénale sous forme de métabolites (forme dégradée ne pouvant pas bénéficier d'un mécanisme de réabsorption).

La TPP joue le rôle de **coenzyme de transfert**.

Elle sert de coenzyme aux réactions de décarboxylation des acides α-cétoniques, qui ont lieu dans la matrice mitochondriale grâce à des complexes enzymatiques. Un des exemples importants est la transformation du pyruvate en acétylCoA par la pyruvate déshydrogénase (cf. Cycle de Krebs). Il est possible de décomposer cette réaction afin d'apprécier le rôle joué par la TPP (figure 8.23).

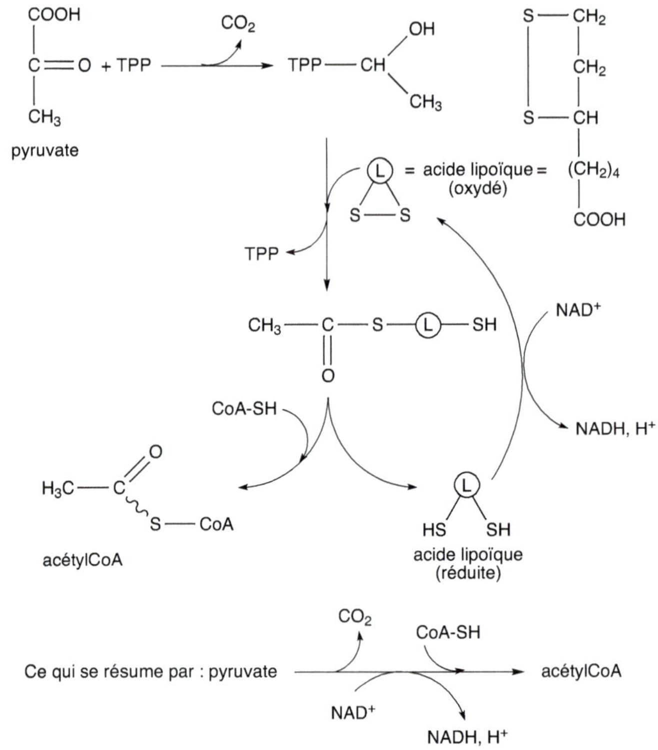

Figure 8.23. Intervention de la TPP dans la décarboxylation oxydative du pyruvate.

Cette réaction fait intervenir trois coenzymes d'origine vitaminique :

- TPP (vitamine B_1) ;
- CoA-SH (vitamine B_5) ;
- NAD^+ (vitamine B_3).

De la même façon, la TPP intervient au niveau du cycle de Krebs avec l'α-cétoglutarate déshydrogénase :

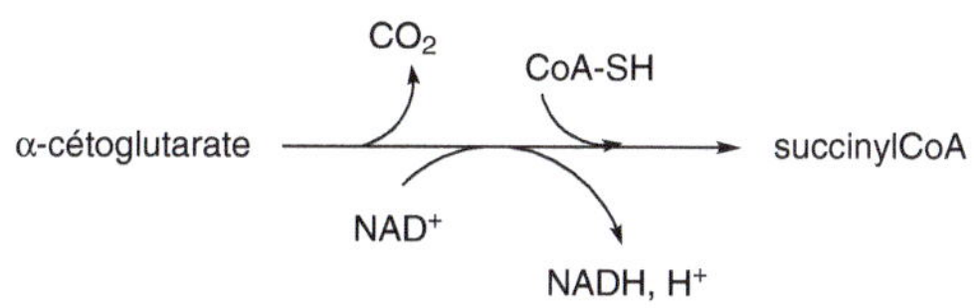

α-cétoglutarate déshydrogénase (+ TPP).

La TPP sert de coenzyme dans les réactions de transcétolisation de la voie des pentose-phosphates.
La TPP intervient également dans les réactions de décarboxylation de certains acides aminés. Ainsi, elle contribue à la transformation de :
- la LEU et de l'ILE en acétylCoA ;
- la VAL en succinylCoA.

Attention
La carence en vitamine B_1 est responsable du béribéri, se caractérisant par des dysfonctionnements des systèmes nerveux, circulatoire et gastro-intestinal.

5.1.2. *Vitamine B_2 (riboflavine)*

La vitamine B_2 résulte de la condensation d'une flavine (hétérocycle azoté à 3 noyaux) et d'un alcool, le ribitol, d'où le nom de riboflavine (figure 8.24).

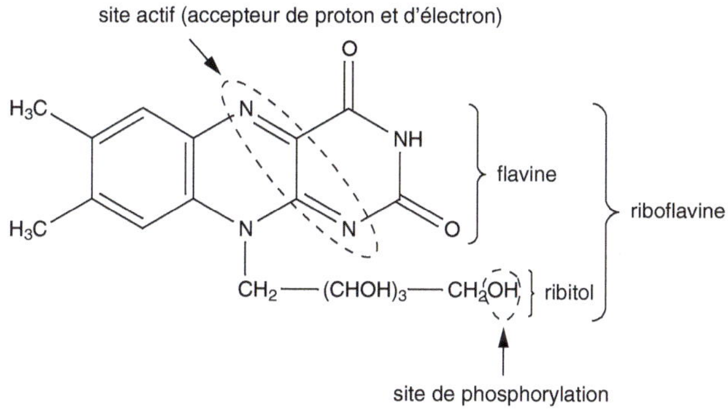

Figure 8.24. Structure de la riboflavine.

Elle entre dans la composition de deux **coenzymes d'oxydoréduction** importants sur le plan métabolique : le **FMN** (flavine mononucléotide) et le **FAD** (flavine adénine dinuléotide) (figure 8.25).

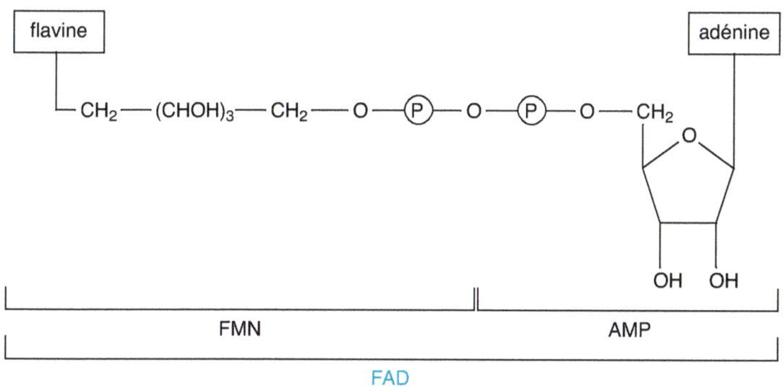

Figure 8.25. Structure schématique de FMN et FAD.

La biosynthèse par la flore intestinale est possible mais insuffisante pour couvrir les besoins de l'organisme.

Rappel
La vitamine B_2 est présente dans les aliments d'origine animale (foie, produits laitiers, poisson...) et végétale (en quantité plus limitée : céréales, champignons...).

Elle s'y retrouve sous la forme libre, de FMN et de FAD. Seule la forme libre peut être absorbée au niveau de l'intestin grêle (duodénum, jéjunum essentiellement). Les formes coenzymatiques font donc l'objet d'une hydrolyse. Grâce à un transport actif, la vitamine B_2 passe dans les entérocytes où la plus grande partie est phosphorylée en FMN, puis dans le sang où le transport (de B_2 et FMN) est facilité par l'albumine et les hématies.
Au niveau des cellules consommatrices, la vitamine B_2 est transformée en FMN et surtout en FAD, sa principale forme active (environ 80 %) (figure 8.26).
Cette biosynthèse des coenzymes est sous le contrôle des hormones thyroïdiennes.
Ils sont le plus fréquemment localisés dans le foie, le cœur et les reins, ce qui peut être considéré comme une réserve permettant une autonomie d'environ 2 semaines.
L'élimination se fait par voie urinaire, essentiellement sous forme libre.
Sur le plan biochimique, FMN et FAD jouent le rôle de coenzyme d'oxydoréduction en association avec des déshydrogénases ou des oxydases. L'association des deux porte le nom de **flavoprotéine**.
Le FAD intervient dans de nombreux métabolismes :
- dans le catabolisme des acides gras (β-oxydation), en association avec l'acyl-CoA déshydrogénase ;
- dans le cycle de Krebs, en association avec la succinate déshydrogénase permettant l'oxydation du succinate en fumarate ;
- dans la chaîne respiratoire (membrane interne des mitochondries) ;
- dans le catabolisme des acides aminés en participant par exemple à la transformation de la LEU, ILE en acétylCoA et de la VAL en succinylCoA ;
- dans le catabolisme des bases puriques, en association avec la xanthine oxydase, qui contribue à la formation d'acide urique.

Le FMN intervient au niveau de la chaîne respiratoire.

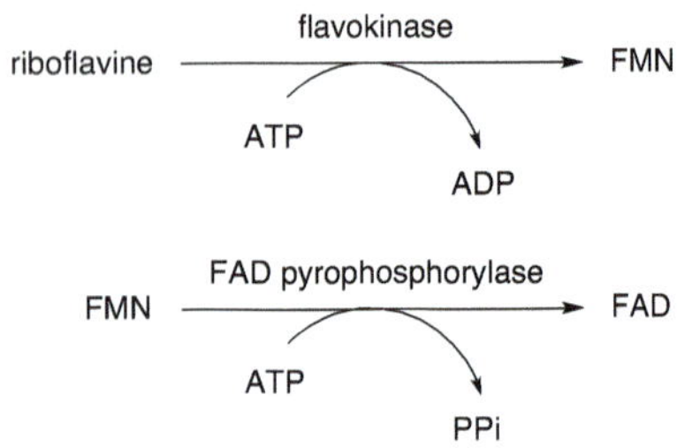

Figure 8.26. Phosphorylations de la riboflavine.

> La carence en vitamine B_2 est relativement rare et entraîne des symptômes peu spécifiques (problèmes cutanés, nausées, vomissements...), souvent liés à d'autres carences vitaminiques et protidiques.

5.1.3. *Vitamine B_3 (vitamine PP ou niacine)*

La vitamine B_3 (figure 8.27) existe sous deux formes moléculaires : l'acide nicotinique et le nicotinamide (la fonction carboxylique est remplacée par une fonction amide).

Figure 8.27. Structure de la vitamine B_3.

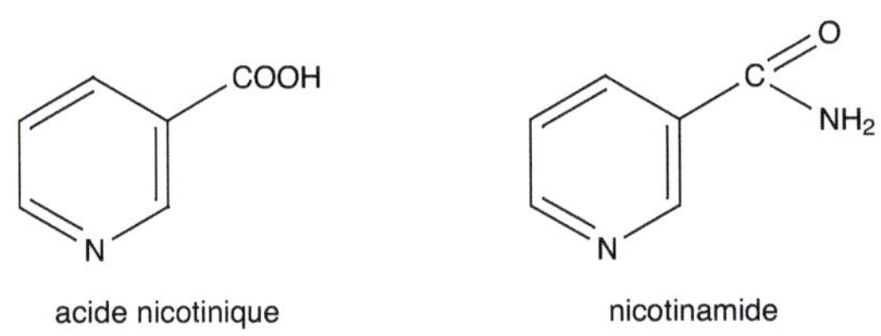

Le nicotinamide entre la composition de deux **coenzymes d'oxydoréduction** d'une grande importance sur le plan biochimique : le **NAD^+** (nicotinamide adénine dinucléotide) et le **$NADP^+$** (NAD phosphorylé) (figure 8.28).
La vitamine B_3 peut avoir une origine endogène. Il est possible de la synthétiser à partir du tryptophane (TRP) qui fait toutefois partie des acides aminés indispensables (devant donc être aussi apporté par l'alimentation). Cette possibilité est malgré tout insuffisante.
Grâce au suc intestinal, les formes coenzymatiques sont hydrolysées, permettant l'absorption (par transport facilité) de la vitamine B_3 par les entérocytes tout le long de l'intestin grêle.
La distribution tissulaire (par voie sanguine) est facilitée par les hématies. Une fois dans la cellule utilisatrice, la vitamine B_3 est transformée en NAD (ou NADP)

> Dans les aliments (foie, viandes, pain complet...), la niacine est surtout présente sous la forme de NAD et NADP (dans les céréales, on la retrouve aussi sous la forme de nicotinyl ester, moins bien assimilable).

dans le cytosol et la matrice mitochondriale (ces coenzymes ne peuvent pas franchir les membranes biologiques).

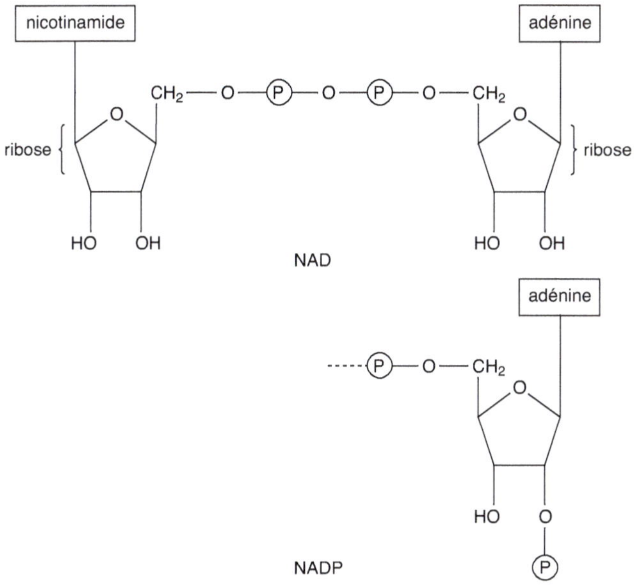

Figure 8.28. Structure schématique de NAD et NADP.

La transformation du TRP en NAD est également intracellulaire et nécessite la vitamine B_6. On estime que 60 mg de TRP permettent d'obtenir 1 mg de nicotinamide (parfois noté 1 équivalent niacine).

Même si le foie, les muscles et les reins sont riches en vitamine B_3, il n'y a pas de stockage significatif.

L'élimination se fait par voie urinaire, essentiellement sous la forme de métabolites.

Sur le plan biochimique, la niacine agit donc comme **coenzyme d'oxydoréduction**.

Le NAD^+ (forme oxydée) intervient dans d'importants et nombreux métabolismes en association avec des déshydrogénases ; il sert d'accepteur de protons (2) et d'électrons (2) dans les réactions d'oxydation :

- lors de la glycolyse : en association par exemple avec la glycéraldéhyde 3-phosphate déshydrogénase ;
- lors de la décarboxylation oxydative du pyruvate, pour former de l'acétylCoA ;
- dans le cycle de Krebs, en association par exemple avec l'isocitrate déshydrogénase ;
- dans la chaîne respiratoire ;
- dans le catabolisme des acides gras, en association avec la β-OH acyl déshydrogénase ;
- lors de la fermentation lactique (muscle lors d'un effort intensif) où le pyruvate est transformé en lactate. C'est ici le NADH, H^+ (forme réduite) qui intervient.

Le $NADP^+$, en association avec des déshydrogénases, intervient au niveau de la voie des pentose-phosphates.

Le NADPH, H^+ sert de coenzyme des réductases. Il intervient dans la biosynthèse des acides gras et du cholestérol. Il joue aussi un rôle important au niveau érythrocytaire, en association avec la glutathion réductase.

Une carence prononcée en vitamine B_3 est relativement rare et entraîne la pellagre (d'où le nom de vitamine PP, pour *pellagra preventive factor*), qui se manifeste par des troubles cutanés, des lésions des muqueuses et des troubles psychiques.

5.1.4. *Vitamine B_5 (acide pantothénique)*

Cette vitamine résulte de la condensation entre l'acide pantoïque et la β-alanine (la fonction amine est portée par le carbone β) grâce à une liaison amide (figure 8.29).

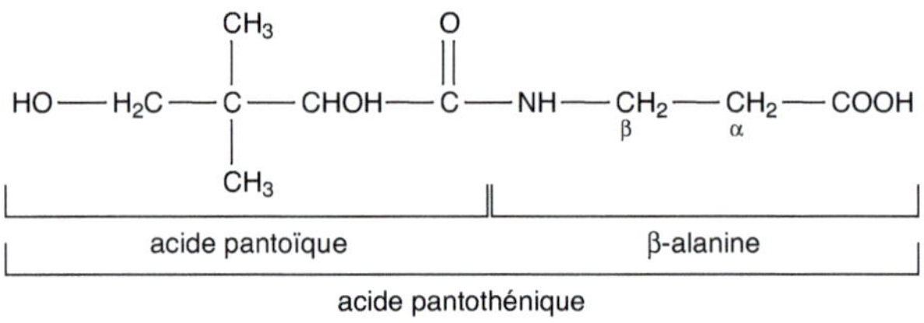

Figure 8.29. Structure de la vitamine B_5.

Elle entre dans la composition d'une **coenzyme de transfert** d'une grande importance sur le plan métabolique, la **coenzyme A notée CoA-SH** (figure 8.30).

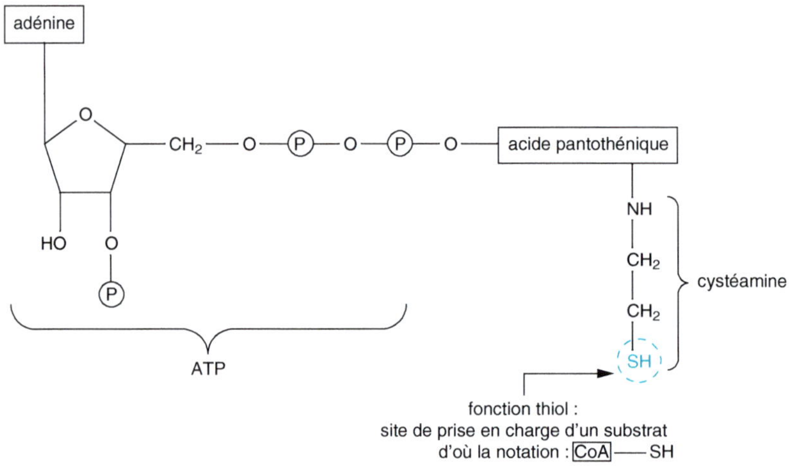

Figure 8.30. Structure du CoA-SH.

> La vitamine B_5 est présente dans l'alimentation (foie, viande, jaune d'œuf, céréales...) sous la forme de CoA-SH.

Il correspond à l'association d'une molécule d'acide pantothénique avec un ATP (de structure particulière puisque le troisième phosphate est séparé des deux autres) et d'une cystéamine (obtenue par décarboxylation de la cystéine). Cette fonction thiol peut se condenser avec un substrat, le plus souvent avec une fonction carboxylique, conduisant à la formation d'une liaison thioester d'un haut potentiel énergétique rendant thermodynamiquement possibles des réactions ultérieures (figure 8.31).

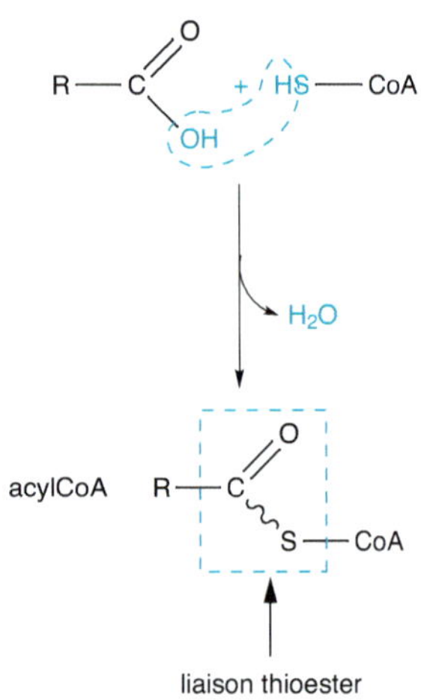

Figure 8.31. Formation d'un acylCoA.

Son absorption au niveau de l'intestin grêle nécessite une hydrolyse de la forme coenzymatique. Grâce à un transport actif, l'acide pantothénique est capté par les entérocytes, puis passe dans le sang pour une distribution tissulaire sous forme libre.
La vitamine B_5 est transformée en CoA-SH dans le cytosol et dans la matrice mitochondriale des cellules utilisatrices. Là aussi, la biosynthèse a lieu dans chaque compartiment car le CoA-SH ne peut franchir les membranes biologiques.
Il n'y a pas de stockage possible.
L'élimination de la vitamine B_5 se fait par voie urinaire sous forme libre.
Sur le plan biochimique, l'acide pantothénique entre donc dans la composition du CoA-SH, qui participe lui-même à de nombreux intermédiaires métaboliques dont voici d'importants exemples :

- **l'acétylCoA**, véritable carrefour métabolique, est impliqué dans la plupart des voies métaboliques (cycle de Krebs, métabolisme des acides gras, des corps cétoniques, catabolisme de certains acides aminés...) ;

- le **malonylCoA** provient de la première étape de la biosynthèse des acides gras. Davantage qu'un simple intermédiaire métabolique, il contribue à la régulation du métabolisme des acides gras (régulation allostérique) ;
- le **succinylCoA**, intermédiaire important du cycle de Krebs, participe aussi au catabolisme des corps cétoniques (cf. Cétolyse), à la biosynthèse de l'hème ou encore à la néoglucogenèse ;
- le **HMG-CoA** est un intermédiaire de la cétogenèse et de la biosynthèse du cholestérol.

L'acide pantothénique (sous une forme phosphorylée) entre aussi dans la composition de **l'acyl synthase** (au niveau de la sous-unité notée ACP), complexe enzymatique qui catalyse la biosynthèse des acides gras.

La vitamine B_5 étant largement répandue dans l'alimentation, l'état de carence est très rare et révélateur d'une grande dénutrition globale.

5.1.5. *Vitamine B_6 (pyridoxine)*

Sous le terme de vitamine B_6 se regroupent trois formes vitaminiques : la **pyridoxine** (= **pyridoxol**), le **pyridoxal** (une fonction alcool est remplacée par une fonction aldéhyde) et la **pyridoxamine** (la fonction alcool est substituée par une fonction amine).
Cette vitamine joue le rôle de **coenzyme de transfert** sous la forme de **phosphate de pyridoxal** (figures 8.32 et 8.33).

Rappel

La vitamine B_6 est présente sous ses différentes formes dans l'alimentation. Toutefois, elle est majoritairement sous la forme de pyridoxamine dans les végétaux (céréales, légumes verts, fruits, lentilles...) avec une moins bonne biodisponiblité que le phosphate de pyridoxal. C'est la forme majoritaire dans les aliments d'origine animale (foie, viande, poisson...).

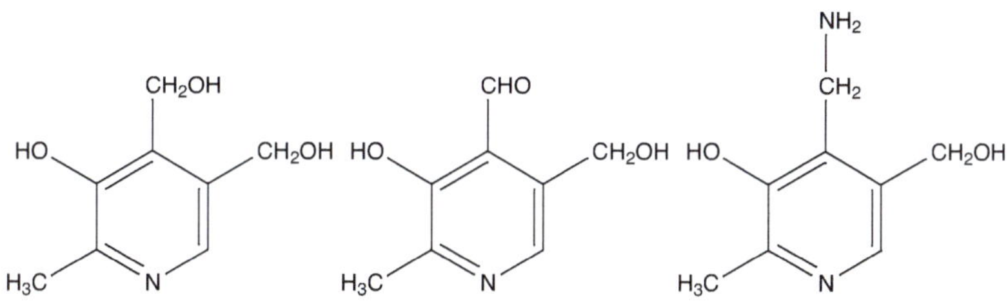

Figure 8.32. Différentes formes de la vitamine B_6.

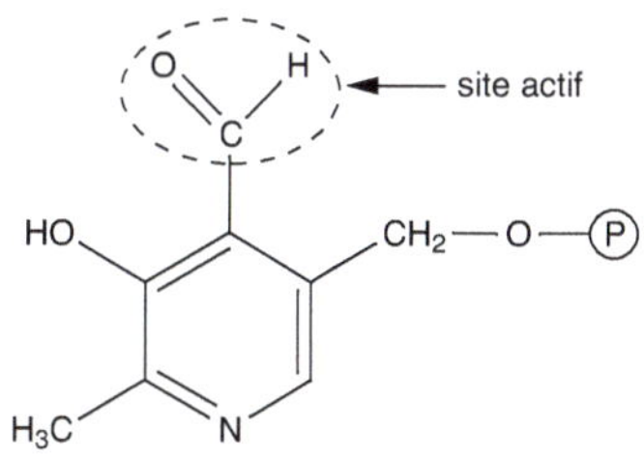

Figure 8.33. Phosphate de pyridoxal.

Son absorption, essentiellement jéjunale, n'est possible que sous la forme déphosphorylée. La vitamine B_6 se retrouve dans le sang pour être ensuite transportée vers le foie qui convertit les différentes formes en pyridoxal (conversion nécessitant la présence de la vitamine B_2 sous forme de FMN). Elle repasse dans le sang pour être distribuée au niveau des différents tissus. Son transport sanguin est facilité par l'albumine.
C'est dans la cellule utilisatrice que le pyridoxal est phosphorylé pour devenir un coenzyme actif.
Son stockage est très limité, avec une petite capacité au niveau du muscle strié.
Son élimination se fait par voie urinaire sous la forme de métabolites (formés dans le foie et le rein).
Sur le plan biochimique, la vitamine B_6 (sous la forme phosphorylée) intervient comme coenzyme de nombreuses réactions du métabolisme azoté.
Le phosphate de pyridoxal agit :

- en association avec les transaminases (cf. Métabolisme azoté) ;
- lors des réactions de désamination oxydative des acides aminés, aboutissant à la formation d'acide α-cétonique et de NH_3 ;
- avec les décarboxylases, permettant la formation d'amines biogènes à partir d'un acide aminé ;
- lors de la transformation du tryptophane (TRP) en vitamine B_3 ou en sérotonine ;
- lors de la biosynthèse de l'hème.

Les carences en vitamine B_6 sont relativement rares et souvent liées à un état carentiel général. Elles se caractérisent par des troubles cutanéomuqueux, digestifs et neurologiques.

5.1.6. *Vitamine B_8 (biotine)*

Cette vitamine est constituée d'un double cycle azoté et soufré portant une fonction carboxylique, qui permettra sa liaison à l'apoenzyme (figure 8.34).

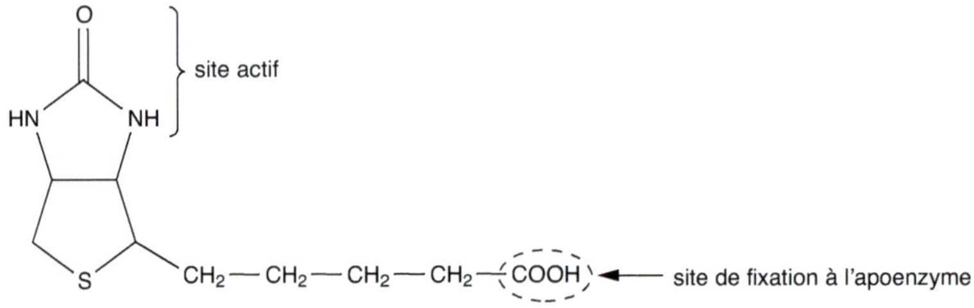

Figure 8.34. Structure de la vitamine B_8.

> **Dans les aliments (foie, œuf, champignons, légumes verts...), la vitamine est surtout liée à une apoenzyme par une liaison amide (et non peptidique). Il faut donc l'intervention d'une enzyme pancréatique spécifique : la biotinidase.**

Cette vitamine peut avoir une source endogène. La flore intestinale est capable de la biosynthétiser mais l'apport alimentaire reste nécessaire.
Essentiellement absorbée dans le jéjunum, la vitamine B_8 passe ensuite dans le sang où le transport est facilité par une protéine plasmatique spécifique. Une fois dans la cellule utilisatrice, elle s'associe à une apoenzyme (par liaison covalente) pour jouer son rôle de coenzyme de transfert.
Il n'y a pas de stockage possible et son élimination se fait sous forme libre *via* la voie urinaire.
Sur le plan biochimique, la biotine agit comme **coenzyme de transfert** du CO_2 pour les réactions de carboxylation.
Voici les trois principaux exemples où interviennent des carboxylases dites biotine-dépendantes :

- la **pyruvate carboxylase** est une enzyme mitochondriale qui permet la transformation du pyruvate en oxaloacétate. Cette réaction est utilisée pour la néoglucogenèse mais aussi pour la navette citrate-malate-pyruvate, sollicitée pour la biosynthèse des acides gras ou encore du cholestérol ;
- **l'acétylCoA carboxylase** est une enzyme cytosolique qui catalyse la première étape de la biosynthèse des acides gras ;
- la **propionylCoA carboxylase** est une enzyme mitochondriale permettant la transformation du propionylCoA en succinylCoA (*via* le méthylmalonylCoA) qui pourra ensuite entrer dans le cycle de Krebs soit à des fins énergétiques, soit pour des besoins de néoglucogenèse. Le propionylCoA provient du catabolisme des acides gras à nombre impair de carbone et de certains acides aminés (VAL, ILE, MET, THR).

Il n'existe pas de carence spontanée en vitamine B_8 chez l'adulte. Elle peut être exceptionnellement rencontrée chez l'enfant en raison d'une maladie génétique entraînant un déficit en biotinidase d'où une malabsorption de la vitamine, pouvant entraîner des troubles cutanéomuqueux et neuropsychiatriques (retards psychomoteurs).

5.1.7. *Vitamine B_9 (acide folique)*

> **C'est essentiellement sous cette forme qu'elle est présente dans l'alimentation (légumes verts, notamment au niveau des feuilles comme les épinards, foie, lentilles, pain complet...).**

La vitamine B_9 est une molécule complexe composée d'un noyau ptéridine, d'une molécule d'acide para-aminobenzoïque et d'une molécule d'acide glutamique (GLU).
La vitamine B_9 donne naissance à de nombreux dérivés regroupés sous le terme de **folates**. Elle peut présenter plusieurs résidus GLU ; on parle alors **d'acide folique polyglutamate** (figure 8.35).
Grâce à l'intervention de protéases digestives, l'absorption se fait au niveau du jéjunum sous la forme d'acide folique monoglutamate. Une fois dans le sang, *via*

la veine porte, la vitamine B_9 gagne le foie où elle est transformée (par fixation de quatre protons sur le noyau ptéridine) en tétrahydrofolate, sa forme active. Il y a à ce niveau une possibilité de stockage, permettant une autonomie d'environ 3 mois.

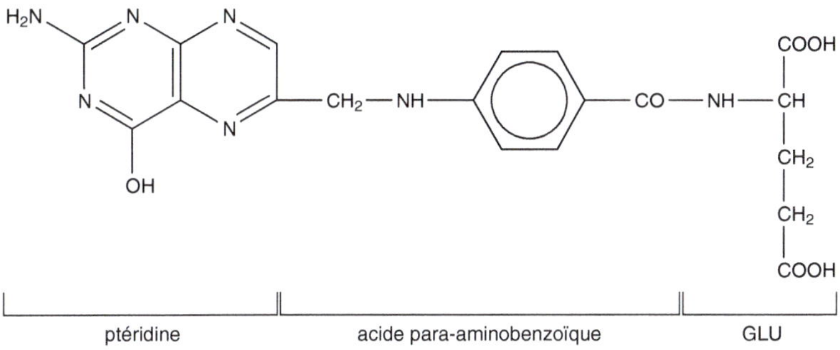

Figure 8.35. Structure de l'acide folique.

La forme active peut repasser dans le sang ; son transport est alors facilité par l'albumine.
Une fois dans la cellule utilisatrice, le tétrahydrofolate est substitué par cinq résidus GLU, formant une **coenzyme active** qui participe aux **réactions de transfert** de radical monocarboné.
L'élimination se fait par les selles (*via* la bile) et les urines.
Les enzymes fonctionnant avec des coenzymes foliques participent au métabolisme des acides aminés, grâce notamment aux réactions d'interconversion :
- catabolisme de l'histidine, amenant à la formation de l'acide glutamique ;
- transformation de la sérine en glycine.

Cette coenzyme intervient également dans la biosynthèse des protéines (lors de la réaction d'initiation) et des bases azotées (purines et pyrimidines), donc des acides nucléiques (ADN, ARN).

> **La carence en acide folique se traduit par des problèmes d'anémie, d'asthénie, d'anorexie ainsi que des retards de croissance chez l'enfant.**

5.1.8. *Vitamine B_{12} (cobalamine)*

La vitamine B_{12} est une macromolécule d'une telle complexité que l'on se limitera à sa formule brute : $C_{63}H_{88}O_{14}N_{14}$ P Co. Il est intéressant de noter la présence d'un atome de cobalt (logé au cœur de la structure).

> **Elle est présente exclusivement dans l'alimentation d'origine animale (foie, viandes, poisson, œufs...). Elle est alors liée à des protéines alimentaires.**

Dans la cavité gastrique, grâce à l'action combinée de l'acide chlorhydrique et de la pepsine, la vitamine B_{12} est libérée et prise en charge par une glycoprotéine spécifique : le **facteur intrinsèque**, fabriqué dans la muqueuse gastrique par les cellules pariétales (également productrices de HCl). Le complexe facteur intrinsèque-vitamine B_{12} passe ensuite dans l'intestin grêle. C'est dans l'**iléon** qu'a lieu l'absorption grâce à un récepteur membranaire localisé dans la membrane apicale des entérocytes. Une fois fixé au récepteur, le complexe est dissocié, ce qui permet l'absorption de la cobalamine.
Une fois dans le sang, elle est liée à une protéine de transport (**transcobalamine**). Une partie importante est récupérée par le foie, qui offre une possibilité de stockage importante puisque l'autonomie est de l'ordre de l'année.
Son élimination se fait essentiellement par la bile et les fèces, avec toutefois l'existence d'un cycle entéro-hépatique (similaire à celui des sels biliaires), permettant un recyclage de la molécule. La flore intestinale est capable de synthétiser la vitamine B_{12}, mais elle est non assimilable.
Sur le plan biochimique, la cobalamine sert de **coenzyme de transfert** dans les réactions de méthylation et d'isomérisation. Ainsi, elle intervient dans le catabolisme de certains acides aminés (VAL, ILE, MET, TYR) en succinylCoA.

> **Attention**
> La carence en vitamine B_{12} se caractérise par des troubles hématologiques (anémie), cutanéomuqueux et nerveux (perte de sensibilité périphérique). Cela peut être à surveiller notamment lors de la chirurgie gastrique.

Elle contribue à la biosynthèse de l'ADN en participant à la réduction du ribose en désoxyribose. Elle favorise par là même la formation et la maturation des hématies.

5.2. Vitamine C (acide ascorbique)

L'acide ascorbique existe sous deux formes, oxydée et réduite, qui confèrent à la vitamine C des propriétés réductrices (figure 8.36).

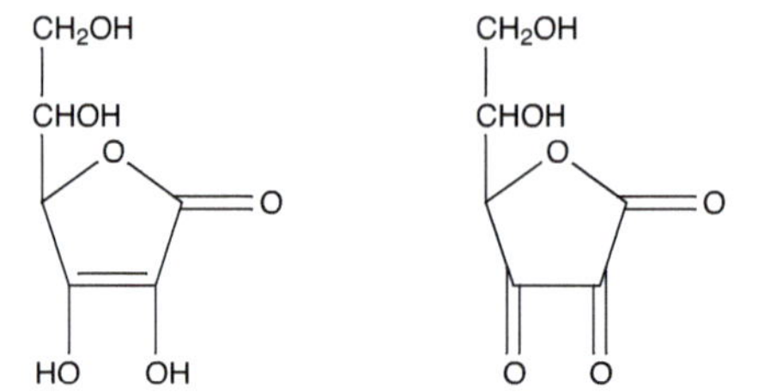

acide ascorbique — acide déhydroascorbique

Figure 8.36. Structure de la vitamine C.

> **On la retrouve en quantité importante dans l'alimentation d'origine végétale (cassis, kiwi, persil, agrumes, fraise, pomme de terre...), mais elle est aussi présente en plus petite quantité dans certains aliments d'origine animale (foie, viande...).**

Elle est absorbée grâce à un transport actif, essentiellement dans l'iléon. Une fois dans le sang, la vitamine C est distribuée aux différents tissus consommateurs. Il n'y a pas de stockage possible et son élimination se fait par voie urinaire avec possibilité de réabsorption tubulaire.

Une fois dans la cellule, la vitamine C joue le rôle de **coenzyme** dans les réactions **d'oxydoréduction** et **d'hydroxylation**.

La vitamine C intervient au niveau :

- de la biosynthèse du **collagène :** cette protéine est fabriquée par les fibroblastes (cellules du tissu conjonctif). Initialement, la biosynthèse génère du procollagène. Sa transformation en collagène nécessite de la vitamine C. Elle permet l'hydroxylation des résidus lysine et proline (formation d'hydroxylysine et d'hydroxyproline), renforçant les qualités de résistance et de plasticité du collagène et, par répercussion, du tissu conjonctif ;
- de la biosynthèse des **catécholamines :** elle a pour précurseur la phénylalanine ou la tyrosine. Cette biosynthèse nécessite des réactions d'hydroxylation où intervient la vitamine C (figure 8.37) ;
- de la biosynthèse de la carnitine (formée à partir de la lysine). Cette molécule permet le transport des acylCoA dans la matrice mitochondriale ;
- de la biosynthèse des sels biliaires à partir du cholestérol (on peut de ce fait attribuer un effet hypocholestérolémiant à la vitamine C) ;
- de l'inhibition de la transformation des nitrites en nitrosamine, molécule ayant des effets cancérigènes, dans l'estomac. Les nitrites proviennent de l'alimentation ou de la transformation des nitrates puisés dans l'eau de boisson ou les légumes ;
- de l'activité du cytochrome P_{450}, qui joue un rôle actif dans les processus de détoxication hépatique ;
- de l'absorption du fer et de sa distribution tissulaire en permettant la réduction de l'ion ferrique (Fe^{3+}) en ion ferreux (Fe^{2+}). Ce fer peut notamment entrer dans la composition de l'hémoglobine. Ainsi, de façon indirecte, la vitamine C a un rôle antianémique ;
- de la neutralisation des radicaux libres, en synergie avec la vitamine E ;
- de la réponse immunitaire en augmentant la résistance aux infections bactériennes et virales. Elle contribuerait à la mobilité des leucocytes et augmenterait l'efficacité de la réponse humorale (*via* les immunoglobulines).

> **La carence (dont la forme la plus prononcée entraîne le scorbut) se caractérise par des troubles cutanéomuqueux (problèmes de cicatrisation), des troubles de la croissance osseuse chez l'enfant, une asthénie.**

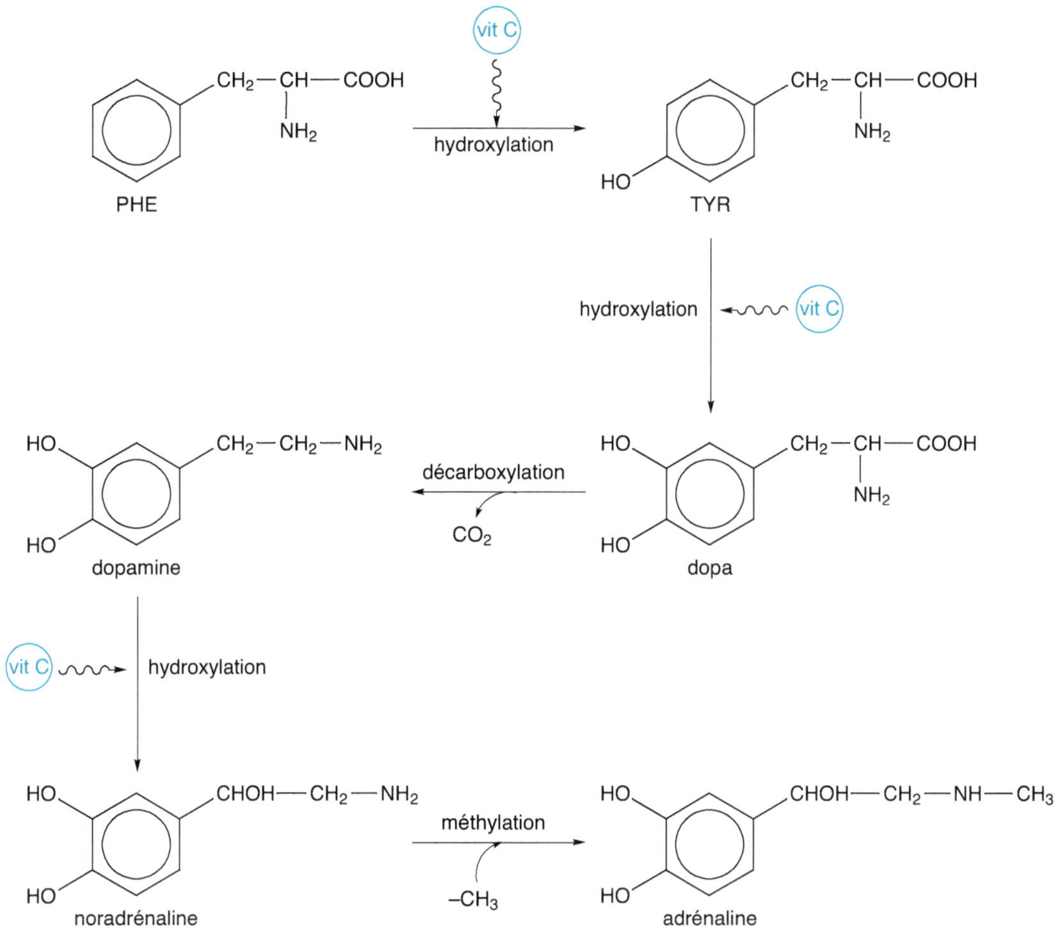

Figure 8.37. Biosynthèse des catécholamines.

6. Régulation de l'activité enzymatique dans la cellule

6.1. Disponibilité en substrat

La disponibilité du substrat conditionne l'activité enzymatique et la vitesse d'une réaction (cf. paragraphe 2, « Notions de cinétique enzymatique »).
Par exemple, quand la glycémie est élevée (état postprandial), une quantité importante de glucose entre dans l'hépatocyte *via* un transporteur membranaire spécifique. Cette arrivée massive de glucose au niveau cytosolique stimule l'activité de la glucokinase, qui amène à la formation de glucose 6-phosphate.
Il faut aussi tenir compte de la disponibilité des cofacteurs. Dans l'exemple du muscle strié, le devenir du pyruvate peut être conditionné par la disponibilité en parallèle de NAD^+. Si la cellule est insuffisamment oxygénée, l'activité des chaînes respiratoires ne permet pas de recycler efficacement NADH, H^+ en

NAD+. L'augmentation du rapport NADH, H+/NAD+ (autrement dit la raréfaction de NAD+) provoque l'orientation du pyruvate vers la fermentation lactique, qui passe par une stimulation de la lactate déshydrogénase et une inhibition de la pyruvate déshydrogénase (cf. Glycolyse anaérobie).

6.2. Régulation allostérique

La régulation par allostérie se met rapidement en place, dans un délai de l'ordre de la seconde ou de la minute.

Certaines enzymes présentent, en plus d'un site actif (lieu de fixation du substrat), un site allostérique où vient se fixer un effecteur activateur ou inhibiteur. Par exemple, l'acétylCoA sert d'activateur allostérique de la pyruvate carboxylase (cf. Régulation de la néoglucogenèse).
Les inhibiteurs participent au principe de rétro-inhibition. Dans une voie métabolique, plusieurs réactions enzymatiques peuvent s'enchaîner. Un produit final peut inhiber une enzyme participant à cette chaîne réactionnelle. C'est le cas lors de la biosynthèse du cholestérol, dont l'accumulation au niveau cytosolique entraîne une inhibition allostérique de la HMG-CoA réductase.

6.3. Régulation hormonale

6.3.1. *Régulation par modification covalente*

La mise en place de cette régulation est de l'ordre de la minute ou de l'heure.

Dans de nombreux cas, l'activité enzymatique peut être contrôlée par **phosphorylation** ou **déphosphorylation**, *via* une stimulation hormonale (utilisant par exemple l'insuline ou le glucagon). Un des exemples les mieux adaptés pour appréhender ce type de régulation est le métabolisme du glycogène.

6.3.2. *Régulation transcriptionnelle*

La mise en place est de l'ordre de la journée.

Certaines hormones sont capables d'induire la biosynthèse d'enzymes à partir de l'ADN. La régulation ne porte pas sur un stock d'enzymes préexistant, mais sur une synthèse *de novo*.
C'est le cas de l'insuline qui, par exemple, stimule la biosynthèse de la lipoprotéine lipase par le tissu adipeux, ou des hormones stéroïdes (par exemple, la testostérone stimule la biosynthèse protéique).

7. Intérêt des enzymes en biochimie clinique et dans l'industrie agroalimentaire

7.1. Biochimie clinique

L'intérêt de l'enzymologie est ici diagnostique. En effet, des liaisons tissulaires (donc cellulaires) provoquent une libération anormale d'enzymes au niveau plasmatique.
Un des exemples importants est l'augmentation des **transaminases**, qui ont pour rôle de transférer une fonction amine provenant d'un acide aminé sur un acide α-cétonique. Par exemple l'ALAT (alanine aminotransférase) se trouve

essentiellement dans l'hépatocyte, au niveau cytosolique. Ainsi l'augmentation de l'ALAT au niveau plasmatique est révélatrice d'une cytolyse hépatique.
Certaines enzymes présentent la même activité dans différents tissus mais n'ont pas exactement la même structure. On parle d'**isoenzymes** ou encore d'**enzymes isoformes**. Au niveau sérique, la phosphatase alcaline peut provenir du rein, de l'intestin ou du foie. L'augmentation de l'isoenzyme sérique d'origine hépatique constitue un marqueur biologique qui associé à une augmentation de la bilirubinémie, est révélateur d'ictère choléstatique (obstruction biliaire intra-hépatique par tuméfaction des hépatocytes, rencontrée par exemple dans les hépatites virales).

On peut également citer le cas des anomalies métaboliques congénitales, ensemble de maladies héréditaires caractérisées par un déficit enzymatique (enzymopathie). C'est le cas de la fructosémie, de la galactosémie, des glycogénoses (cf. Métabolisme des glucides), de la phénylcétonurie ou de la leucinose (cf. Catabolisme de certains acides aminés).

7.2. Industrie agroalimentaire

L'utilisation des enzymes en industrie agroalimentaire s'applique à de nombreux domaines : boulangerie, biscuiterie, confiserie, laiterie, brasserie...
Les enzymes utilisées peuvent être d'origine animale, végétale mais la majorité est d'origine microbienne.

Applications

Un exemple important est la transformation industrielle de l'amidon en glucose ou fructose. L'amidon issu du maïs, du blé, du riz... est chauffé en milieu aqueux (au moins 65 °C) pour former un empois d'amidon. Pour que l'hydrolyse puisse être amorcée rapidement, il faut utiliser des enzymes thermostables. La bactérie *Bacillus licheniformis* produit une α-amylase résistant à 100 °C. On obtient un ensemble de maltose, d'isomaltose et de dextrines. Dans une deuxième opération, on utilise une glucoamylase (d'origine fongique : *Aspergillus*) qui coupe les liaisons osidiques $\alpha\ 1 \rightarrow 4$ et $\alpha\ 1 \rightarrow 6$.

La solution de glucose obtenue peut être transformée ensuite en fructose (dont le pouvoir sucrant est plus élevé) grâce à une isomérase issue d'une bactérie (*Bacillus coagulans*). Ce sirop peut être additionné à différents produits agroalimentaires : confiseries, crèmes glacées, boissons sucrées, confitures...

Les enzymes peuvent aussi avoir un impact sur les aliments, mais en ayant une origine endogène.
Les lipases présentes dans le lait sont à l'origine du développement de l'odeur de rance ; elles contribuent aussi à la saveur de certains fromages par la libération d'acides gras.
Certaines protéases (collagénases et cathepsines) participent au processus de maturation des viandes. Elles contribuent au ramollissement des viandes suite à la rigidité cadavérique.

Chapitre 9

Métabolisme azoté

Objectifs

- ✔ Connaître et comprendre les devenirs possibles des acides aminés dans l'organisme.
- ✔ Comprendre l'uréogenèse, l'ammoniogenèse, l'uricogenèse et faire le lien avec la physiologie.
- ✔ Connaître le métabolisme des protéines et leur régulation.

1. Métabolisme des acides aminés

Les acides aminés jouent un rôle en tant que constituants des protéines. Ils peuvent aussi, sous forme libre, participer à de nombreux métabolismes ou processus physiologiques.
Ainsi, ils contribuent à l'**homéostasie azotée** (uréogenèse et ammoniogenèse) qui, en parallèle, participe à l'**équilibre acidobasique**. Ils contribuent au **métabolisme énergétique** (acides aminés glucoformateurs et cétoformateurs), et peuvent servir de **précurseurs** pour la biosynthèse de médiateurs chimiques (**hormones**, **neurotransmetteurs**).

1.1. Réaction de transamination

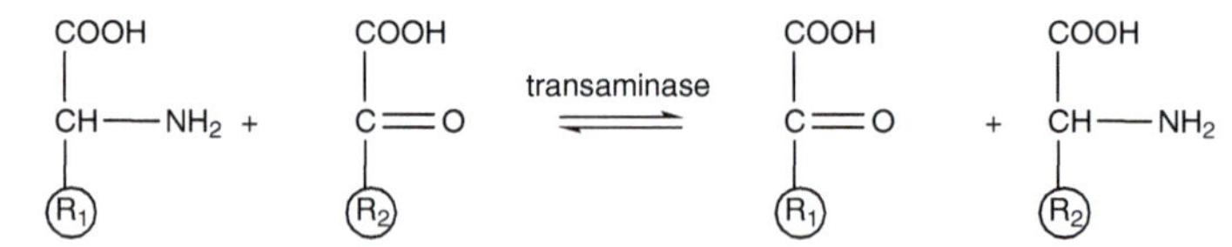

acide aminé 1 — acide α-cétonique 2 — acide α-cétonique 1 — acide aminé 2

Cette réaction réversible est catalysée par une **transaminase** (aminotransférase) dont le fonctionnement nécessite la présence d'une **coenzyme** : le **phosphate de pyridoxal** (dérivé actif de la **vitamine B_6**).
La figure 9.1 montre deux exemples particulièrement importants sur les plans quantitatif et qualitatif.
Ces réactions sont catalysées par des enzymes spécifiques vis-à-vis de l'acide aminé initial et du nouvel acide α-cétonique formé. Elles ne le sont pas vis-à-vis de l'acide α-cétonique receveur de la fonction amine, qui peut être l'oxaloacétate, l'α-cétoglutarate ou le pyruvate.
On peut constater que l'acide glutamique joue un rôle majeur dans les réactions de transamination.
Ces réactions sont importantes, notamment pour **l'utilisation des acides aminés à des fins énergétiques ou de néoglucogenèse**, ou pour le devenir de l'excès de fonction amine *via* le glutamate.
Elles permettent aussi la conversion d'un acide aminé en un autre.

›› Définition

La transamination est un transfert de la fonction amine (du carbone α) d'un acide aminé à la place de la fonction cétone d'un acide α-cétonique. Ainsi, l'acide α-cétonique devient un acide aminé et l'acide aminé initial s'est transformé en un nouvel acide α-cétonique.

Attention

Ces réactions ont lieu en grande partie dans le foie, où est retrouvé l'essentiel de l'ALAT. C'est pourquoi son excès dans le sang est révélateur d'une cétolyse hépatique. La présence d'ASAT en quantité élevée dans le plasma est plutôt révélatrice d'une pathologie musculaire.

Applications

On peut illustrer l'importance des transaminations par un exemple physiologique particulier : le **cycle glucose-alanine** (**cycle de Cahill**). Ce cycle s'établit entre le foie et le muscle. Au niveau du muscle, la glycolyse conduit à la formation de pyruvate, qui peut faire l'objet d'une transamination, conduisant à la formation d'alanine, qui passe dans le sang. Elle est récupérée par le foie qui, grâce à une nouvelle transamination, la transforme en pyruvate. Ce pyruvate peut participer à la néoglucogenèse. Le glucose ainsi formé passe dans le sang et devient à nouveau disponible pour le muscle (figure 9.2).

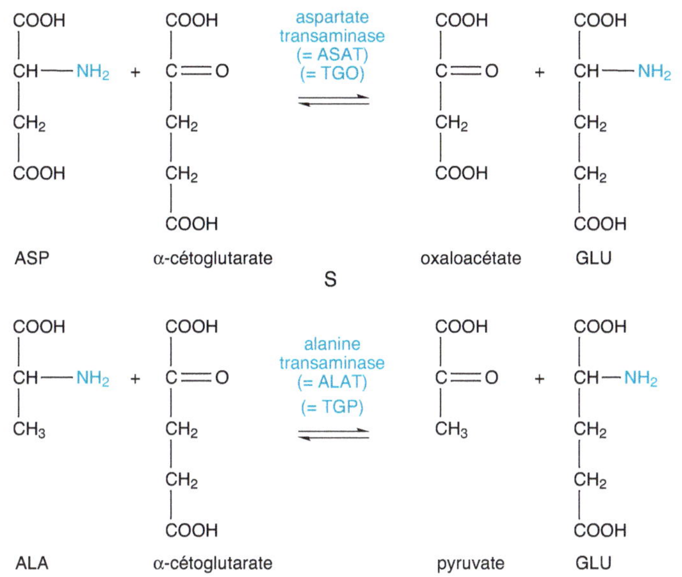

Figure 9.1. Exemples de réactions de transamination.

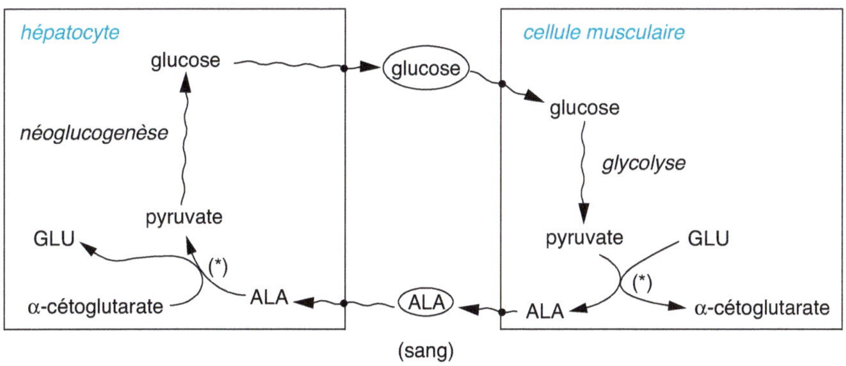

(*) transamination

Figure 9.2. Cycle glucose-alanine.

1.2. Désamination oxydative

Cette réaction permet la formation d'un acide α-cétonique à partir d'un acide aminé (figure 9.3). Elle s'accompagne de la libération d'une molécule d'ammoniaque (NH_3).

L'exemple le plus important est la désamination oxydative du glutamate, qui est catalysée par la **glutamate déshydrogénase** (figure 9.4).
Cette réaction permet d'une part de transformer l'acide glutamique en un substrat pouvant entrer dans le cycle de Krebs à des fins énergétiques (hépatocyte, entérocyte, leucocyte...) ou à des fins de néoglucogenèse (hépatocyte) ; d'autre part, de libérer du NH_3 en vue de sa transformation en urée (hépatocyte) ou de son élimination urinaire (cellules du néphron) avec, en outre, un rôle dans l'équilibre acidobasique (cf. Ammoniogenèse).

La glutaminase permet également une désamination, mais non oxydative. Elle contribue à la transformation de la glutamine en glutamate (figure 9.5).

Figure 9.3. Réaction de désamination oxydative.

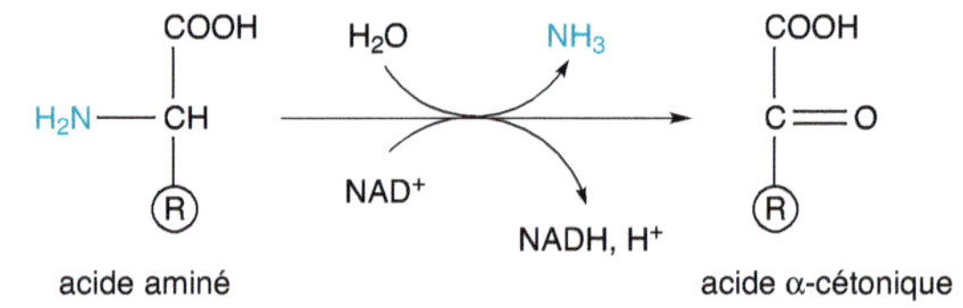

Figure 9.4. Désamination oxydative de l'acide glutamique.

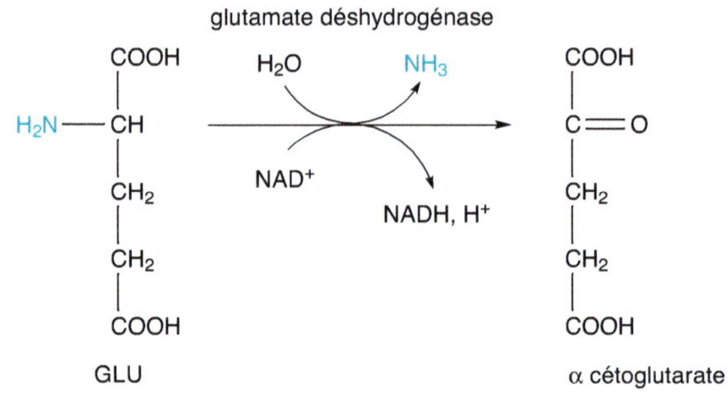

Figure 9.5. Désamination non oxydative de la glutamine.

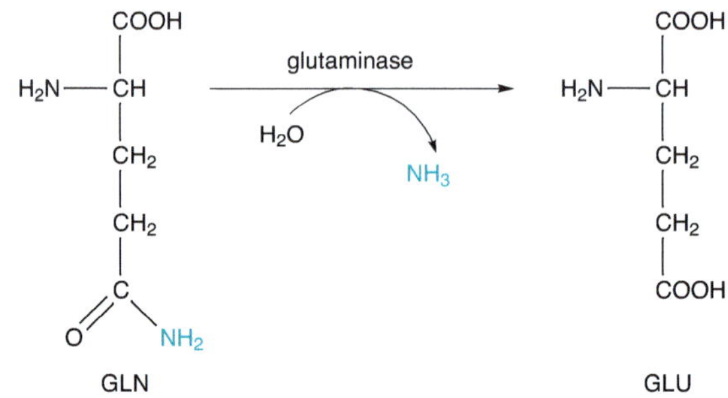

1.3. Devenir de NH_3

L'apport alimentaire d'acides aminés, leur remaniement (interconversion), leur utilisation métabolique génèrent la formation d'un excédent de NH_3. De plus, la flore intestinale (microbiote) produit également du NH_3 dont une partie est absorbée par la muqueuse intestinale.
Toutefois, cette molécule, soluble, devient très rapidement toxique dans le sang. Dès que sa concentration dépasse 50 µmol/L une toxicité métabolique s'exprime au niveau du système nerveux central ; or, on estime qu'une mole de NH_3 est produite par jour. Pour pallier cela, il existe deux mécanismes d'élimination de NH_3 : **l'uréogenèse hépatique** (principale voie chez l'homme) et **l'ammoniogenèse rénale**.

L'ammoniaque se forme dans ces organes, mais aussi au niveau des tissus périphériques (muscles, intestin...). Afin d'assurer son transport sanguin vers le foie ou les reins sans que s'exprime sa toxicité, l'ammoniaque est condensée au glutamate. Cette réaction cytosolique est catalysée par la **glutamine synthétase** (figure 9.6). Cette amidification amène au dégagement d'une molécule d'eau, qui n'apparaît pas dans l'équation car elle participe à l'hydrolyse de l'ATP en ADP + Ⓟi, ce qui libère l'énergie chimique nécessaire à la réalisation de la réaction.

La glutamine peut ensuite passer dans le sang pour gagner le foie ou les reins. De ce fait, la glutamine et l'acide glutamique sont les acides aminés les plus abondants dans le plasma (figure 9.7).

La glutamine sert également de donneur d'azote pour la biosynthèse des bases azotées.

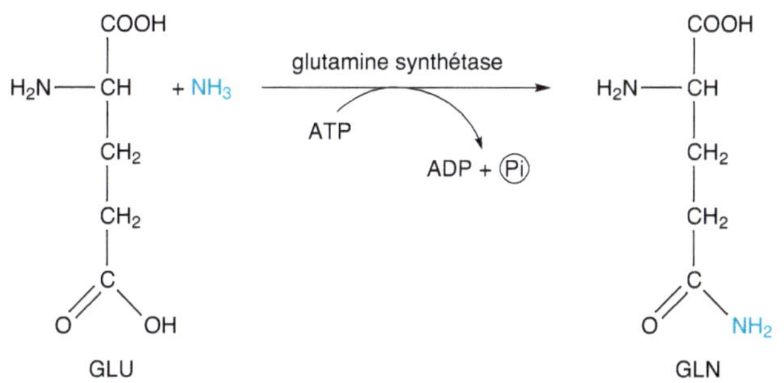

Figure 9.6. Amidification de l'acide glutamique.

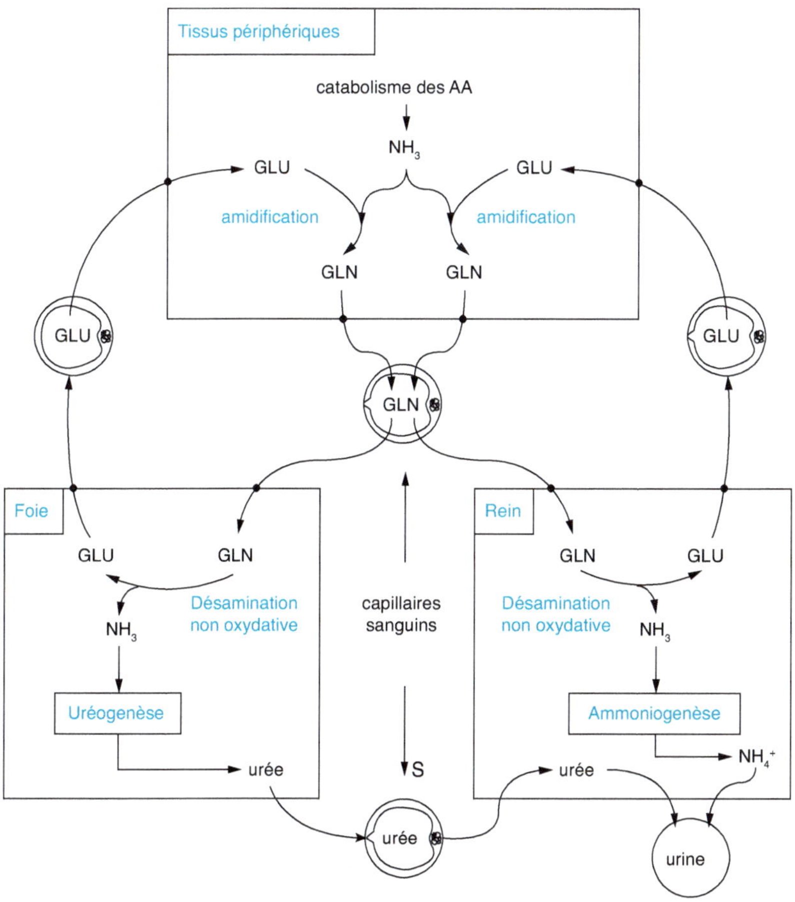

Figure 9.7. Devenir de NH_3 dans l'organisme.

>> **Définition**
>
> Ce métabolisme, qui conduit à la biosynthèse d'urée, a lieu **au niveau hépatique**. Il a pour but de transformer l'excédent d'azote (sous forme de NH_3) en une forme non toxique.

1.4. Uréogenèse

Le transport de NH_3 étant toxique au niveau plasmatique, c'est essentiellement grâce à la glutamine (et à l'alanine) que cet excédent parvient aux hépatocytes. La formation hépatocytaire de NH_3 est également liée aux réactions de désamination oxydative d'autres acides aminés, à des fins énergétiques (notamment lors de l'état postprandial) ou à des fins de néoglucogenèse (état de jeûne ou d'activité musculaire intense).

1.4.1. *Biosynthèse du carbamyl-phosphate*

La première étape de l'uréogenèse a lieu dans la **matrice mitochondriale**. Elle est catalysée par la **carbamyl-phosphate synthétase**. Cette étape irréversible nécessite la consommation de 2 ATP (figure 9.8).
C'est une étape importante car elle contribue à la régulation de l'uréogenèse.

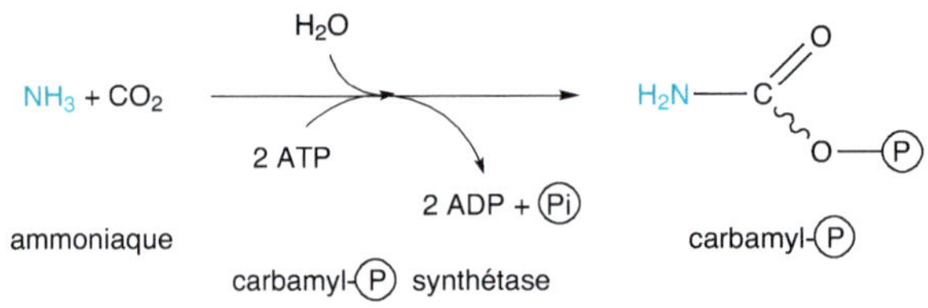

Figure 9.8. Biosynthèse du carbamyl-phosphate.

1.4.2. *Transformation de l'ornithine en citrulline*

Une fois formé, le carbamyl-phosphate est incorporé à l'ornithine pour former la citrulline. Cette étape, qui a également lieu dans la matrice mitochondriale, est catalysée par l'**ornithine carbamyl transférase** (figure 9.9).
Il est intéressant de constater que l'ornithine et la citrulline sont des **acides aminés mais non standard** car ils n'entrent pas dans la composition des protéines. **La suite de la biosynthèse se passe dans le cytosol**. La citrulline sort de la mitochondrie grâce à un transport membranaire spécifique.

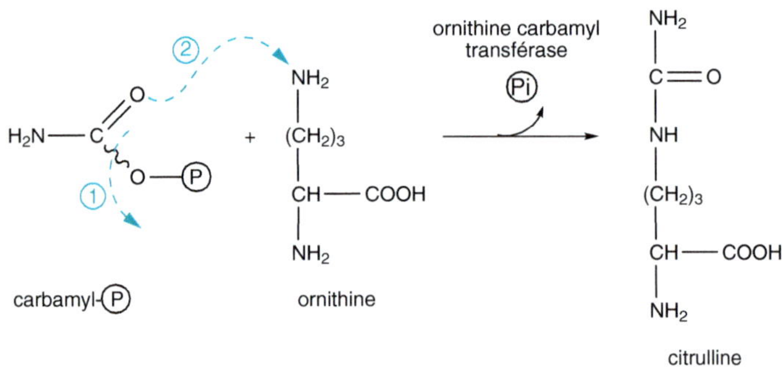

Figure 9.9. Transformation de l'ornithine en citrulline.

1.4.3. *Transformation de la citrulline en arginosuccinate*

Une fois dans le cytosol, la citrulline est condensée à l'aspartate (ASP) pour former l'arginosuccinate. L'ASP fournit ici la deuxième fonction amine qui entrera dans la composition de l'urée. Cette réaction est contrôlée par l'**arginosuccinate synthétase** et nécessite un ATP, qui est transformé en AMP + (PPi). (PPi) est ensuite hydrolysé en 2 (Pi) (figure 9.10).

1.4.4. *Formation de l'arginine*

L'**arginosuccinase** transforme l'arginosuccinate en fumarate et en arginine (ARG) (figure 9.11).

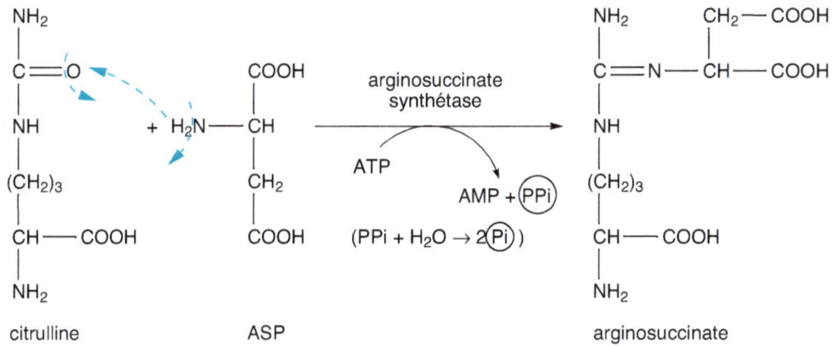

Figure 9.10. Formation de l'arginosuccinate.

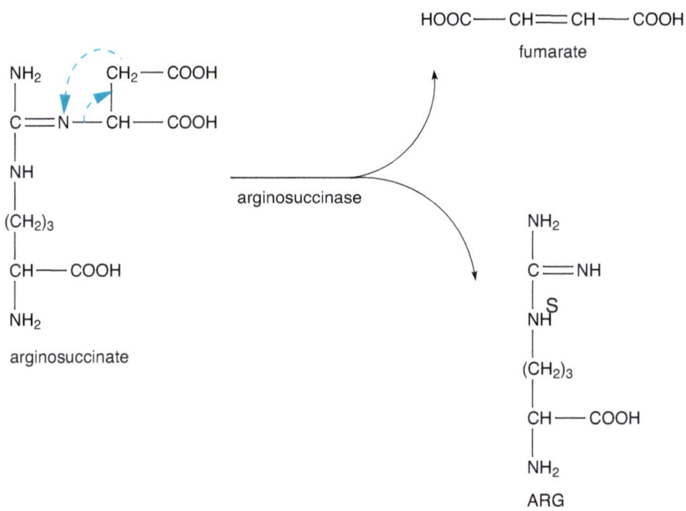

Figure 9.11. Formation de l'arginine (ARG).

1.4.5. *Transformation de l'arginine en urée et en ornithine*

L'**arginase** provoque une hydrolyse de l'arginine permettant la libération d'urée et d'une nouvelle formation d'ornithine (figure 9.12).

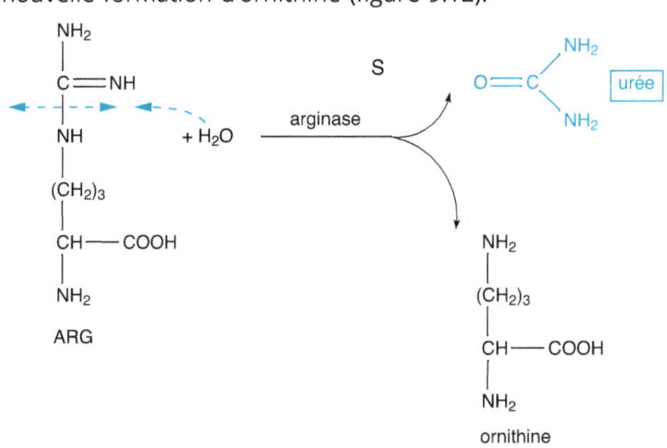

Figure 9.12. Formation de l'urée.

L'urée peut maintenant passer dans le sang en vue d'une élimination urinaire. L'ornithine peut de nouveau participer à l'uréogenèse, qui constitue donc un cycle. Ainsi on parle aussi du **cycle de l'urée** ou encore du **cycle de l'ornithine**.

1.4.6. *Vue d'ensemble du cycle de l'urée*

Voir la figure 9.13.

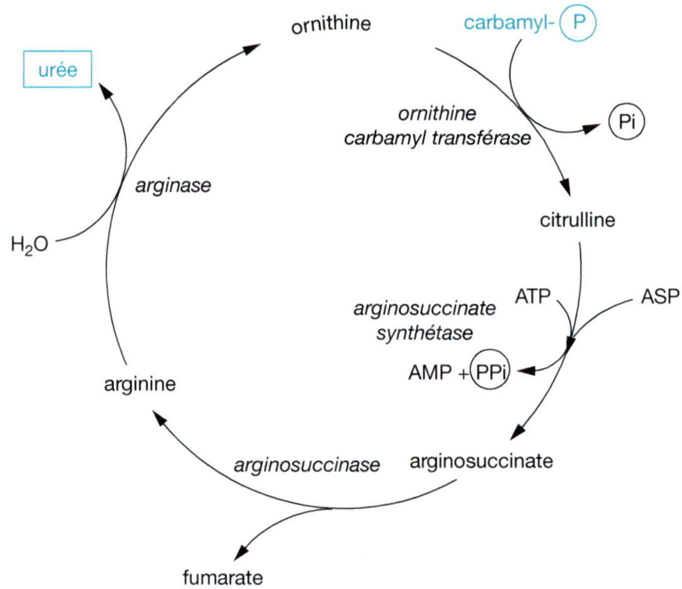

Figure 9.13. Cycle de l'urée.

1.4.7. *Relations entre le cycle de l'urée et le cycle de Krebs*

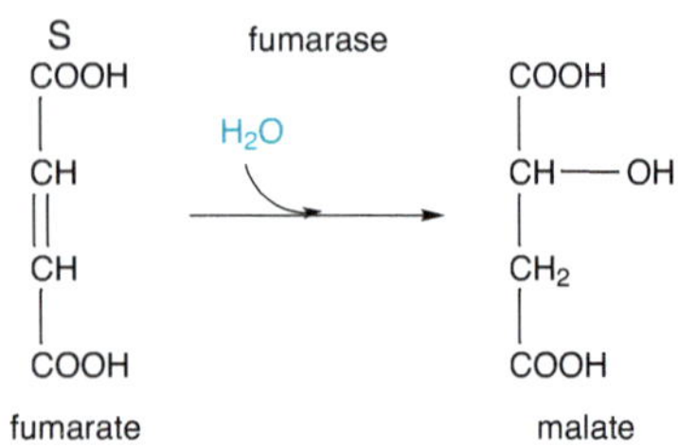

Figure 9.14. Hydratation du fumarate.

Elle est rendue possible grâce au fumarate et à l'ASP.
Le fumarate est transformé en malate par une hydratation catalysée par la **fumarase** (figure 9.14).
Ensuite, le malate est oxydé en oxaloacétate grâce à la **malate déshydrogénase** (figure 9.15).

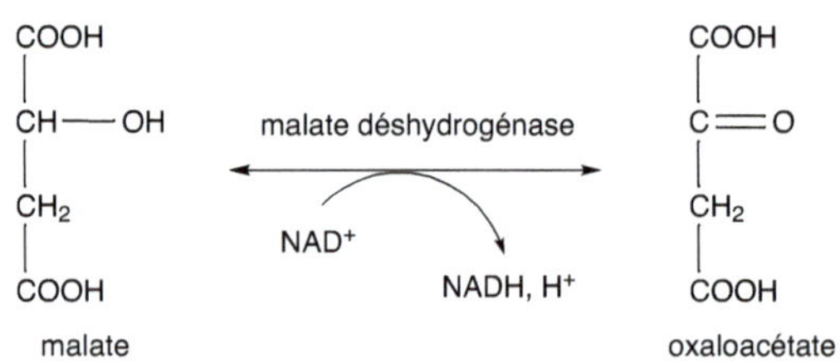

Figure 9.15. Formation de l'oxaloacétate.

L'oxaloacétate peut ensuite faire l'objet d'une transamination avec le glutamate (GLU) provenant de la désamination de la glutamine (GLN), ce qui a permis la fourniture de NH_3 lors de la biosynthèse du carbamyl-phosphate. Cela permet la formation d'ASP, qui peut participer au cycle de l'urée, et la formation d'α-cétoglutarate qui peut participer au cycle de Krebs (figure 9.16).

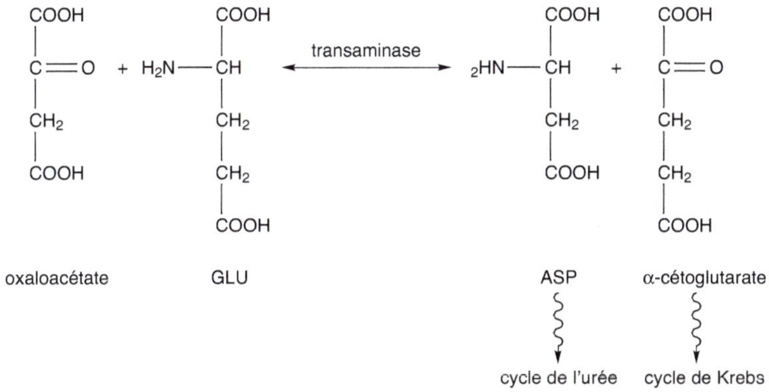

Figure 9.16. Reformation de l'ASP.

La figure 9.17 en donne une vue d'ensemble.

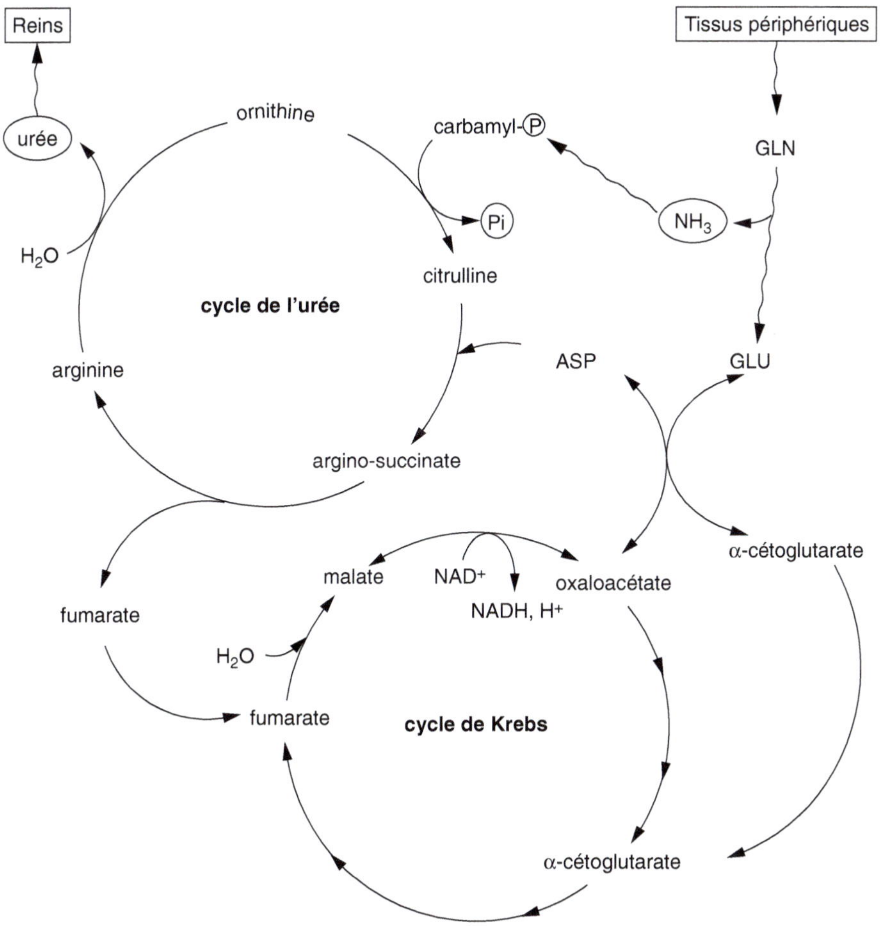

Figure 9.17. Interrelation entre le cycle de l'urée et le cycle de Krebs.

1.4.8. *Équation bilan de l'uréogenèse*

$$NH_3 + CO_2 + ASP + 3\ ATP + 3\ H_2O \longrightarrow \text{urée} + \text{fumarate} + 2\ ADP + AMP + 4\ Pi$$

$$AMP + ATP \longrightarrow 2\ ADP$$

Soit globalement :

$$NH_3 + CO_2 + ASP + 4\ ATP + 3\ H_2O \longrightarrow \text{urée} + \text{fumarate} + 4\ (ADP + Pi)$$

1.4.9. *Régulation de l'uréogenèse*

En période post-prandiale, l'abondance d'acides aminés favorise l'uréogenèse. Le foie et l'intestin tirent leur énergie essentiellement des acides α-cétoniques provenant de désaminations oxydatives d'acides aminés. La formation en parallèle de NH_3 favorise l'uréogenèse. Ce phénomène est toutefois limité par le fait que l'insuline (typique de l'état postprandial) stimule la protéogenèse, c'est-à-dire oriente les acides aminés vers la biosynthèse de protéines en fonction des besoins tissulaires. Il ne faut pas oublier qu'il n'existe aucune réelle possibilité de stockage des acides aminés.

L'uréogenèse bénéficie d'une régulation allostérique. L'augmentation de la concentration intrahépatocytaire en glutamate entraîne une augmentation de la concentration en N-acétylglutamate qui sert d'activateur de la carbamylphosphate synthétase (figure 9.18).

L'uréogenèse peut également être indirectement contrôlée par voie hormonale. Le cortisol stimule la protéolyse, ce qui favorise la disponibilité en acides aminés donc leur utilisation métabolique.

Elle peut enfin être modulée pour des besoins d'homéostasie acidobasique (cf. Ammoniogenèse).

Un dysfonctionnement hépatique (par exemple, cirrhose) entraîne une mauvaise élimination de NH_3 qui s'accumule dans le sang, pouvant être responsable d'encéphalopathie hépatique.

$$\text{acétylCoA} + GLU \xrightarrow{\text{N-acétylglutamate synthase}} \text{N-acétylglutamate} + \text{CoA-SH}$$

Figure 9.18. Transformation de l'acide glutamique en N-acétylglutamate.

1.5. Ammoniogenèse

›› Définition

Cette voie métabolique conduit à la formation d'ammoniac au niveau du rein et plus précisément au niveau des cellules tubulaires (distales et surtout proximales) du néphron (figure 9.19).

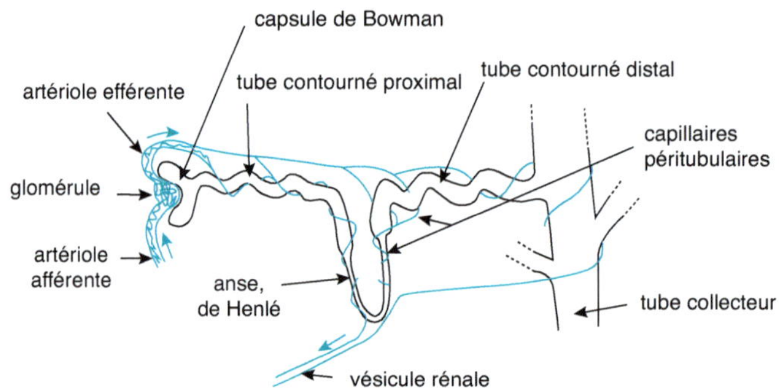

Figure 9.19. Structure du néphron et sa vascularisation.

La glutamine, qui constitue le principal précurseur, entre dans la cellule tubulaire (côté basal en provenance du sang ou côté apical en provenance du filtrat glomérulaire) et subit une désamination grâce à la **glutaminase** (cf. figure 9.5).

Le glutamate obtenu peut ensuite être désaminé par la glutamate déshydrogénase.

Le NH_3 produit est très diffusible et passe facilement dans la lumière tubulaire. Il se combine alors à un proton, d'où la formation d'un **ion ammonium**. Cet ion est peu diffusible à travers les membranes plasmiques et, donc suit le courant liquidien (figure 9.20).

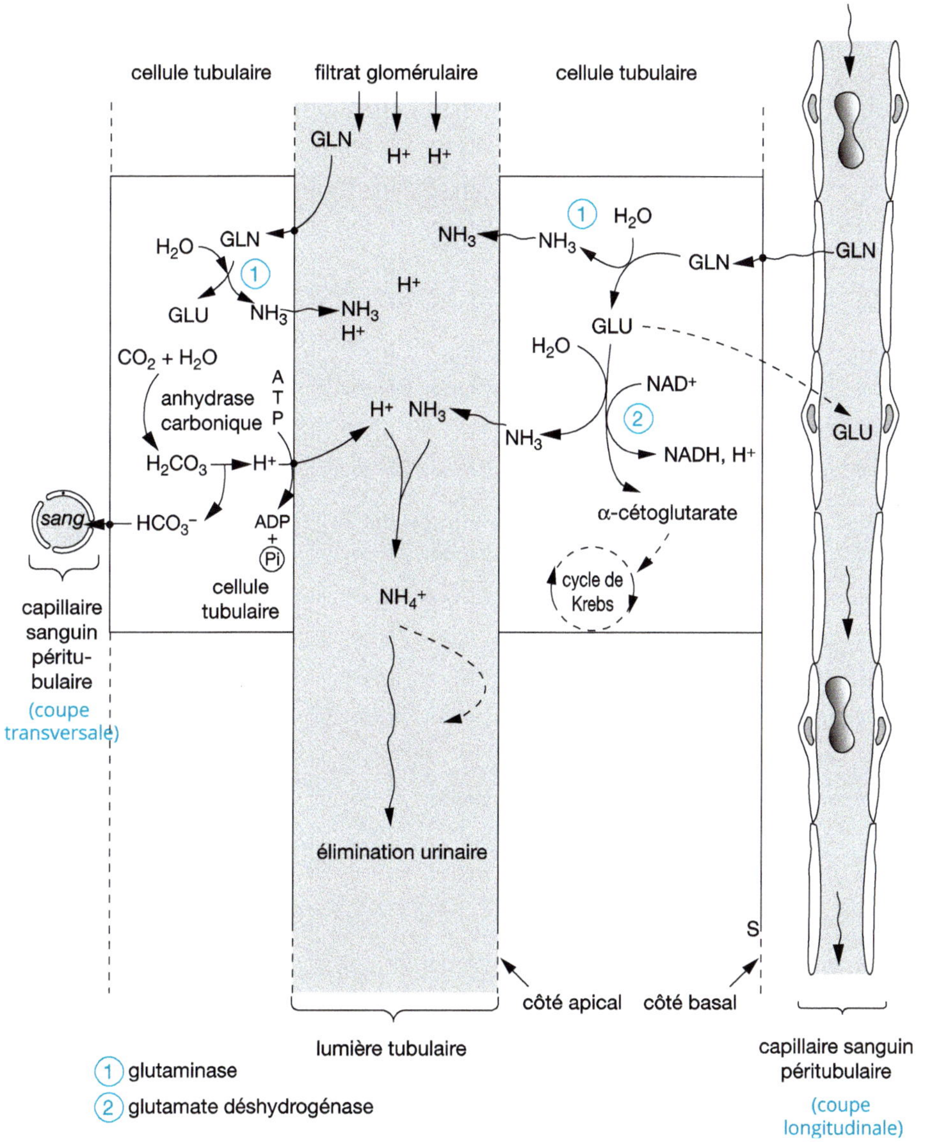

Figure 9.20. Schéma général de l'ammoniogenèse.

L'équilibre $NH_3 + H^+ \longleftrightarrow NH_4^+$ a un pK = 9.

La régulation de l'ammoniogenèse passe par un **contrôle allostérique**. L'augmentation de la concentration en glutamate et NH_3 dans la cellule tubulaire entraîne une inhibition de la glutamate déshydrogénase.

La régulation dépend aussi de l'équilibre acidobasique. En cas d'acidose, le pH urinaire diminue. L'augmentation de la concentration en H^+ déplace l'équilibre dans le sens de la formation de NH_4^+, accentuant l'ammoniogenèse (beaucoup moins développée que l'uréogenèse), parallèlement on a une diminution de l'uréogenèse. Au niveau du foie, l'acidification entraîne une inhibition de la glutaminase hépatique. Le foie diminue la consommation et stimule même la formation de glutamine en vue de favoriser son catabolisme rénal. En parallèle, une diminution de la concentration intrahépatocytaire en glutamate entraîne une diminution de l'activité de la carbamyl-phosphate synthétase.
On assiste donc à une diminution de l'uréogenèse au profit de l'ammoniogenèse, visant à préserver l'homéostasie acidobasique.

Dans un contexte d'alcalose, c'est l'inverse qui se met en place.

1.6. Acides aminés glucoformateurs et cétoformateurs

La dégradation des acides aminés provoque la formation de NH_3 mais aussi, grâce à leur squelette carboné, d'intermédiaires métaboliques.

1.6.1. *Acides aminés glucoformateurs*

La dégradation de certains acides aminés conduit à la formation d'intermédiaires métaboliques impliqués dans la **néoglucogenèse**. Ces acides aminés sont qualifiés de glucoformateurs.
Seules les principales étapes sont présentées ici.
Un premier groupe d'acides aminés (6) amène à la formation du **pyruvate**.

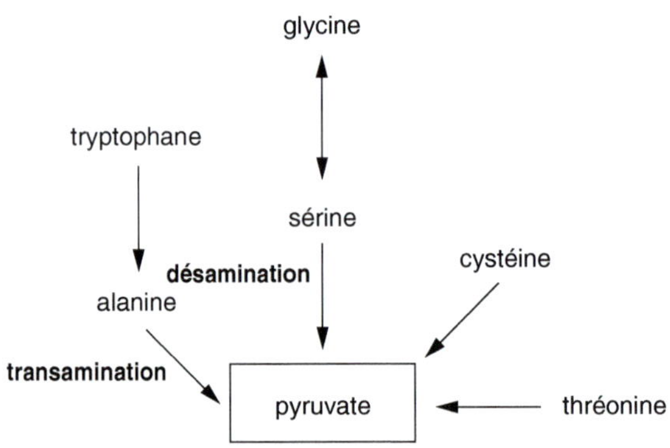

L'aspartate et l'asparagine peuvent être transformés en **oxaloacétate**.

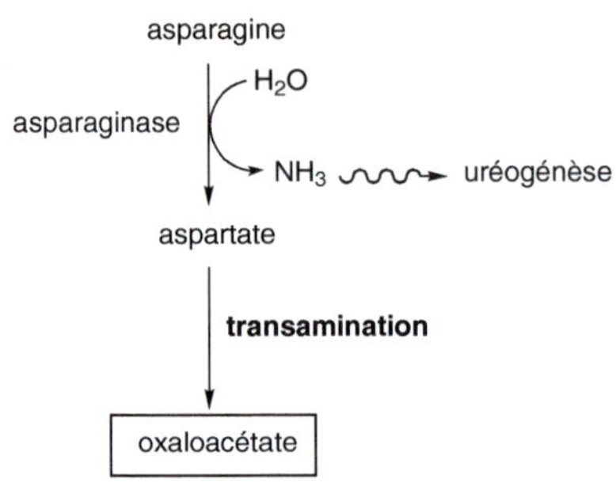

Un autre groupe d'acides aminés (5) sont convertis en **α-cétoglutarate**.

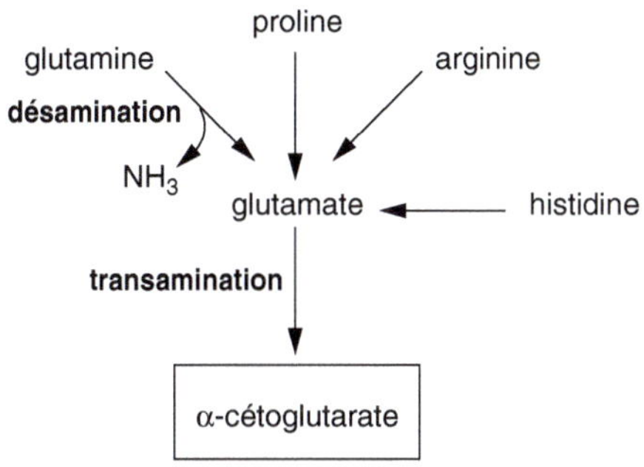

Certains acides aminés (3) donnent du **succinylCoA**.

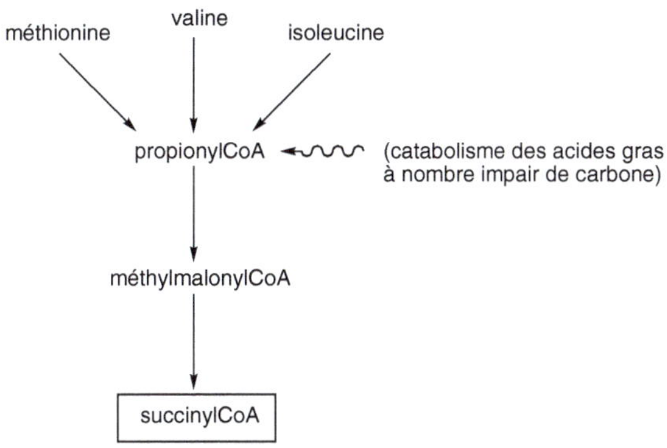

L'aspartate, la phénylalanine et la tyrosine permettent la formation de **fumarate**.

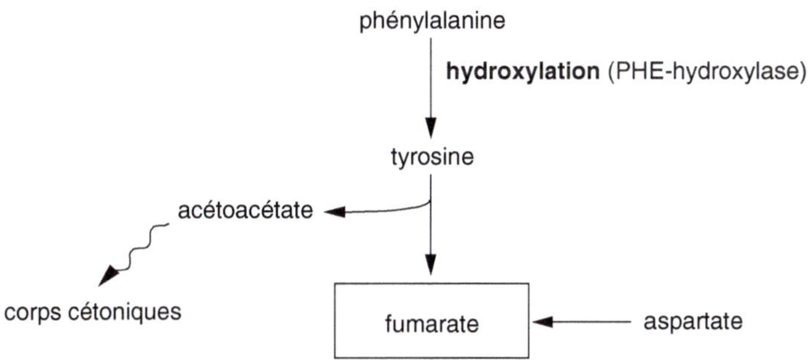

Tous ces acides aminés (18) peuvent donc participer à la néoglucogenèse (figure 9.21).

1.6.2. *Acides aminés cétoformateurs*

La dégradation de certains acides aminés conduit à la formation d'acétylCoA ou d'acétoacétylCoA. Ils sont qualifiés de **cétoformateurs** (ou de **cétogènes**), c'est-à-dire qu'ils contribuent à la formation des corps cétoniques. L'acétylCoA qui se forme au niveau hépatique accélère la formation des corps cétoniques (cf. Cétogenèse). Rappelons qu'en aucun cas l'acétylCoA ne peut participer à la néoglucogenèse.
L'acétoacétate peut être utilisé dans les tissus périphériques à des fins énergétiques (cf. Cétolyse).

Cette orientation métabolique est caractéristique de l'état de jeûne (figure 9.22).

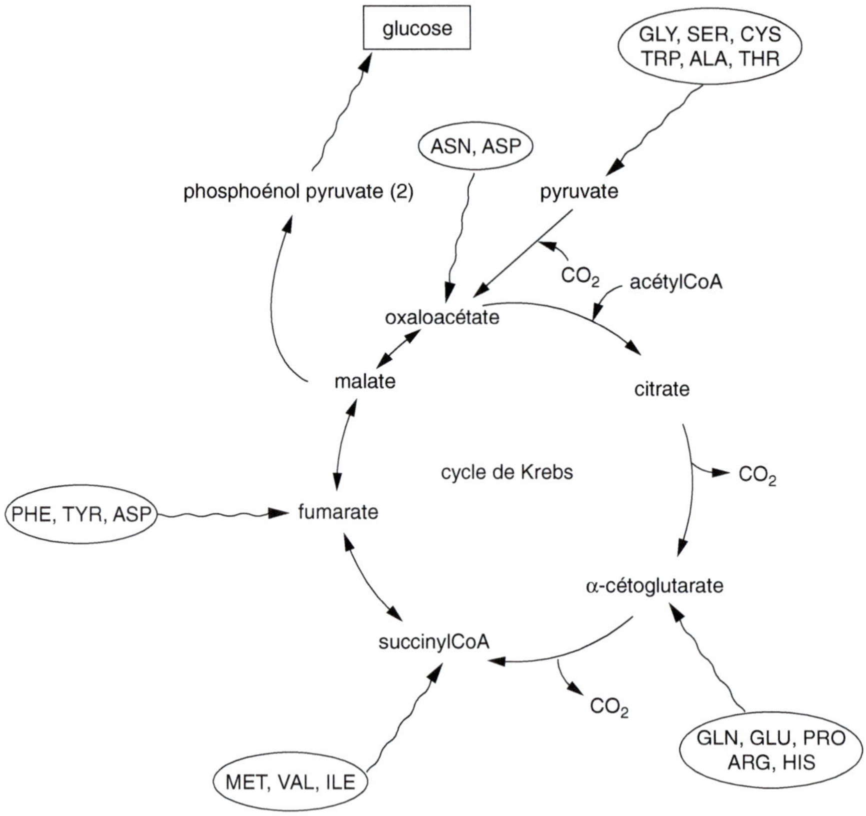

Figure 9.21. Intervention des acides aminés dans la néoglucogenèse.

Figure 9.22. Acides aminés cétoformateurs.

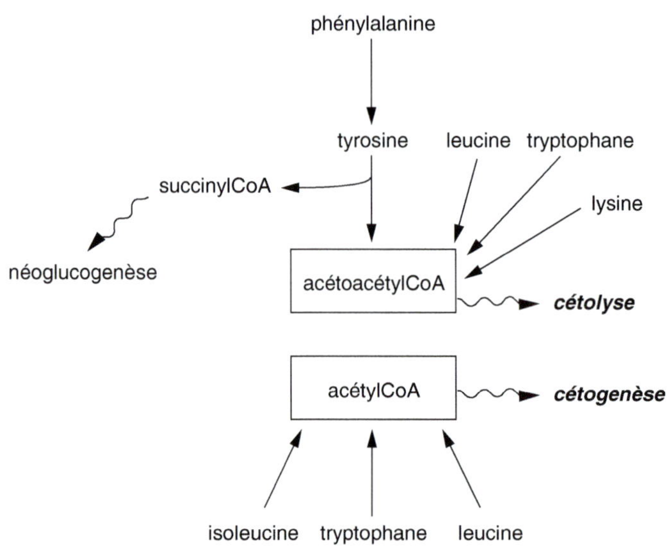

1.7. Contribution des acides aminés à la biosynthèse des acides gras

En période post-prandiale, l'abondance de substrats énergétiques oriente les métabolismes vers la constitution de réserves (glucose → glycogène, acides gras → triglycérides). Ce stockage n'est pas vraiment possible pour les acides aminés même si la biosynthèse protéique est alors stimulée.
L'excès d'acides aminés est catabolisé. Dans ce contexte postprandial, on aboutit à la formation de malate (*via* l'α-cétoglutarate, le succinylCoA, le fumarate), de pyruvate et d'acétylCoA. La navette citrate-malate-pyruvate (cf. p. 124) permet la formation d'acétylCoA côté cytosolique, qui servira de précurseur à la biosynthèse des acides gras (figure 9.23).

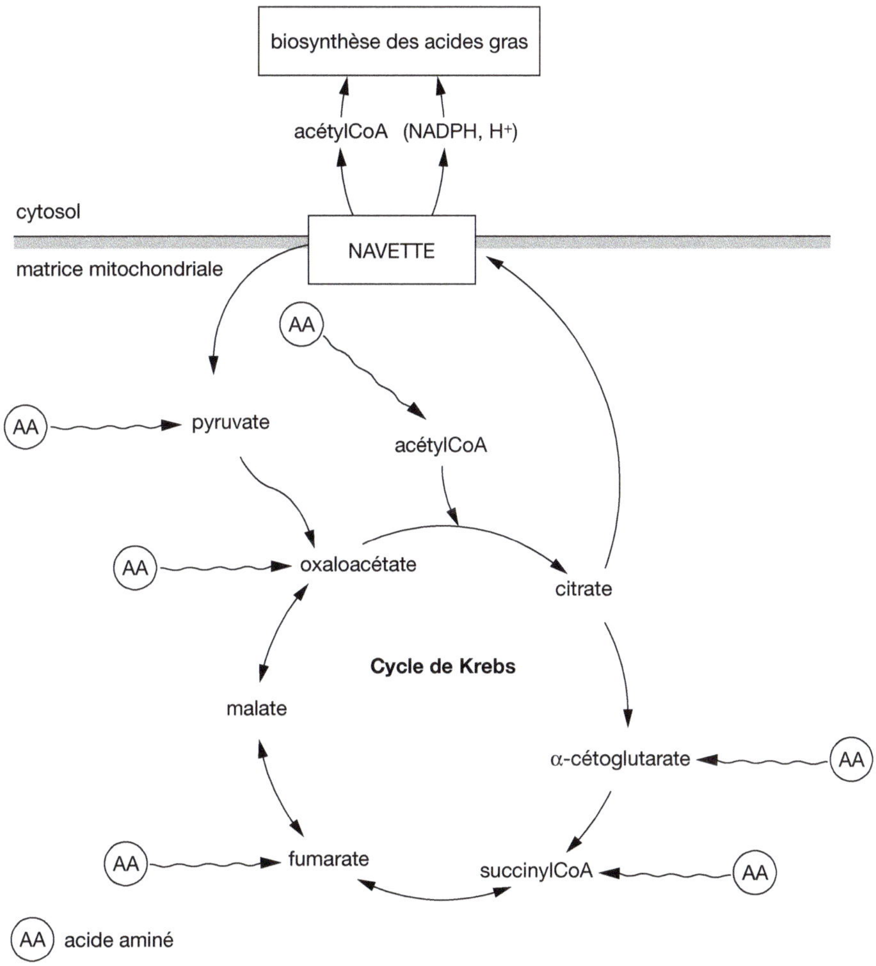

Figure 9.23. Contribution des acides aminés à la biosynthèse des acides gras.

1.8. Cas particuliers du métabolisme de la phénylalanine et de la leucine

1.8.1. *Cas de la phénylalanine*

La phénylalanine est un acide aminé indispensable donc d'origine alimentaire. Son catabolisme, essentiellement hépatique, débute par son hydroxylation en tyrosine. Cette étape irréversible est catalysée par la **phénylalanine hydroxylase** et consomme une molécule d'O_2 et de NADH, H^+ (figure 9.24).

Figure 9.24. Hydroxylation de la phénylalanine.

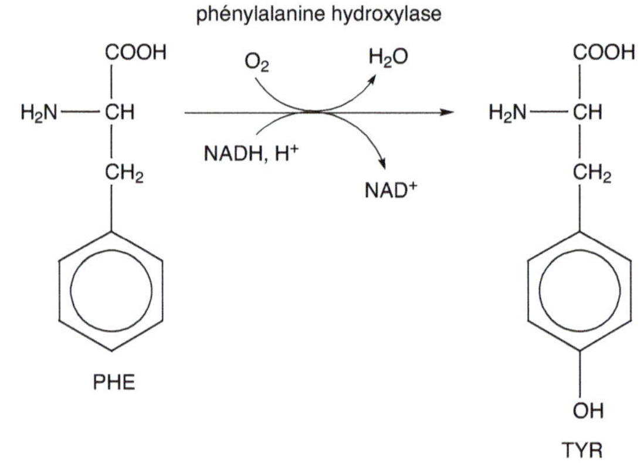

La tyrosine peut ensuite être catabolisée *via* une réaction de transamination avec l'α-cétoglutarate (figure 9.25).

Figure 9.25. Catabolisme de la tyrosine (principales étapes).

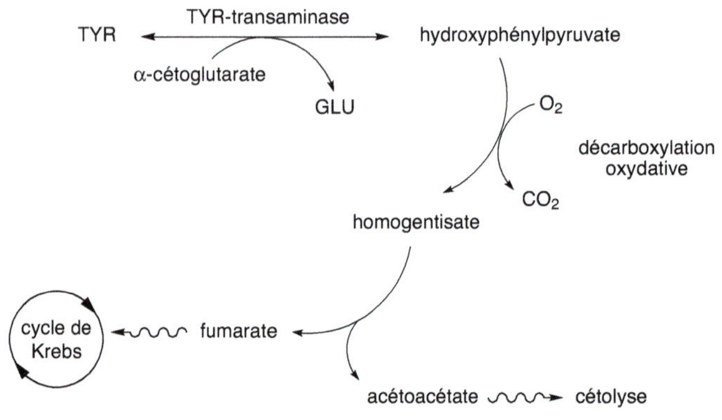

Ce catabolisme peut présenter des anomalies caractéristiques d'une maladie d'origine génétique (autosomique et récessive) : la **phénylcétonurie**. Cette enzymopathie (relativement rare car sa fréquence est de 1/16 000 naissances) est due à un déficit en phénylalanine hydroxylase. Il s'ensuit une accumulation de PHE dont seulement un quart est incorporé dans les protéines, les trois quarts restants étant normalement transformés en tyrosine. Cette accumulation entraîne un catabolisme anormal de la PHE, qui est transformée en phénylpyruvate et phényl-lactate, provoquant des perturbations biochimiques (inhibition de la biosynthèse de neurotransmetteurs : catécholamines, sérotonine). Sur le plan physiologique, la phénylcétonurie entraîne des lésions cérébrales irréversibles (perturbation de la myélinisation, toxicité neuronale) avec pour symptômes des retards psychomoteurs et des troubles comportementaux.

Attention

Le traitement est diététique. Il impose un régime pauvre en PHE dès la naissance et au moins jusqu'à 10 ans, période importante du développement cérébral.

1.8.2. *Cas de la leucine*

La leucine fait partie des acides aminés à chaînes latérales ramifiées (comme la valine et l'isoleucine).
Son catabolisme passe par des réactions de désamination et de décarboxylation oxydative conduisant à la formation d'acétylCoA et d'acétoacétate. C'est de ce fait un acide aminé cétoformateur.
Là aussi, il existe une enzymopathie d'origine génétique due au déficit en un complexe déshydrogénase (similaire au complexe pyruvate déshydrogénase ou encore α-cétoglutarate déshydrogénase). Il s'ensuit une accumulation d'acides aminés à radical ramifié et d'intermédiaires de leur catabolisme (acides αcétoniques), entraînant à court terme une acidose et à long terme des troubles nerveux.

> **Attention**
> Le traitement est diététique : régime pauvre en acides aminés à chaîne ramifiée.

2. Métabolisme des protéines

Les protéines de l'organisme font l'objet d'un renouvellement permanent. Le maintien de la masse protéique résulte, chez l'adulte (c'est-à-dire hors phase de croissance), d'un équilibre entre la protéolyse (dégradation des protéines : environ 300 g/j) et la protéogenèse (biosynthèse des protéines : environ 300 g/j).

> **Rappel**
> On estime que ce renouvellement s'effectue pour 80 g/jour à partir de protéines d'origine alimentaire (*via* les acides aminés), le reste (220 g/jour) étant recyclé à partir de protéines endogènes dégradées.
> Ce renouvellement protéique concerne tous les tissus mais est particulièrement important au niveau du foie, des muscles, de l'intestin et de la peau.

2.1. Protéogenèse

La biosynthèse des protéines se fait à partir d'acides aminés libres.
Il en existe 20 différents, appelés acides aminés standard ou encore protéinogènes. Ils constituent le pool circulant : environ 70 g chez l'adulte. Ils proviennent soit de la protéolyse (**source endogène**) soit de l'alimentation (**source exogène**).
Les protéines apportées par l'alimentation sont hydrolysées au cours de la digestion, qui aboutit à la formation d'acides aminés et de dipeptides alors assimilables par les entérocytes de l'intestin grêle. Les acides aminés passent ensuite dans les capillaires sanguins puis rejoignent le sang portal pour être distribués à l'ensemble de l'organisme. Les acides aminés étant des molécules hydrosolubles, ils sont transportés librement dans le plasma et suivent la dynamique du sang.
Le foie et les muscles récupèrent la majeure partie des acides aminés.
Le passage dans la cellule consommatrice implique des protéines de transport membranaire spécifiques parfois Na^+-dépendantes.
Au niveau des hépatocytes, il existe un système de transport particulier impliquant le glutathion et la γ-glutamyltransférase (**γ-GT**).
Une fois dans le cytosol, les acides aminés destinés à participer à la protéogenèse se lient à l'ARN de transfert (ARNt).
La protéogenèse nécessite de nombreuses étapes (cf. chapitre 13, « Génétique moléculaire ») :

> **Attention**
> Une concentration élevée de cette enzyme (γ-GT) au niveau plasmatique est souvent révélatrice d'une altération des hépatocytes.

- la transcription d'un gène (portion précise d'un ADN) aboutit à la formation d'un ARN messager capable de sortir du noyau pour passer dans le cytosol ;
- la traduction est l'association de l'ARN messager et d'un ribosome. La lecture de l'ARN messager donne l'ordre d'assemblage des acides aminés de façon à constituer les protéines. Les acides aminés sont sélectionnés dans le milieu grâce aux ARNt.

Si la protéine à fabriquer est destinée à fonctionner dans la cellule, alors le ribosome en action est localisé dans le cytosol. Si la protéine est destinée à être exportée, alors le ribosome est associé au réticulum endoplasmique ;
- la maturation est une phase pendant laquelle la protéine acquiert sa structure fonctionnelle. Cela peut s'accompagner d'une glycosylation

Toutes ces étapes de la biosynthèse des protéines s'accompagnent de la consommation d'ATP.

(fixation d'un résidu glucidique). On parle alors de modifications post-traductionnelles ;
- l'exocytose concerne les protéines destinées à être exportées.

2.2. Protéolyse

La dégradation des protéines intracellulaires permet de fournir des acides aminés utilisables dans de nombreuses voies métaboliques (figure 9.26).

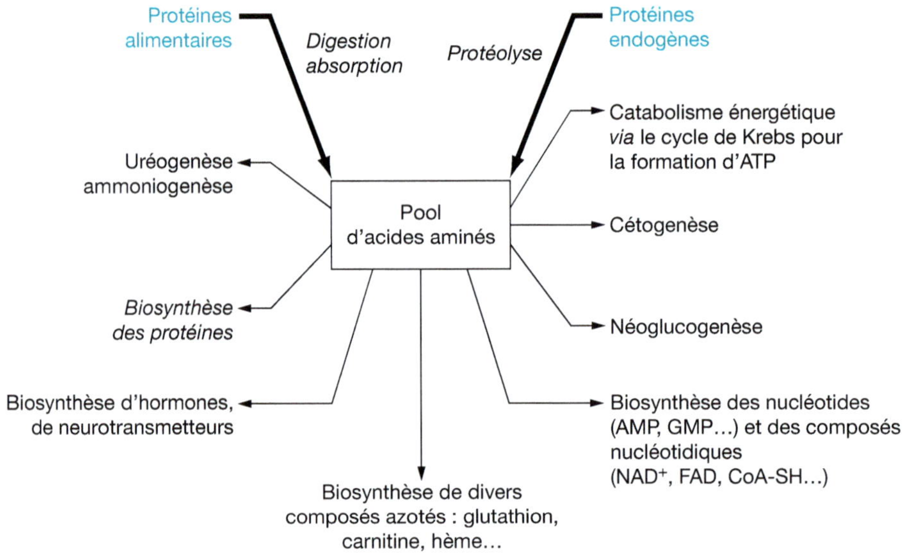

Figure 9.26. Différentes utilisations des acides aminés dans l'organisme.

La protéolyse nécessite également la consommation d'énergie sous forme d'ATP.

L'hydrolyse intracellulaire des protéines endogènes se produit grâce à deux principales voies :
- la **voie lysosomiale** (surtout efficace au niveau du foie) s'effectue par intégration de la protéine à dégrader dans un lysosome riche en protéases : les cathepsines, actives en milieu acide ;
- la **voie cytosolique** (surtout efficace au niveau du muscle) s'effectue grâce à un protéasome (complexe protéique) qui hydrolyse les protéines ayant fixé l'ubiquitine, qui est un marqueur peptidique désignant les protéines « vieillies » ou altérées.

Les deux voies aboutissent à la libération d'acides aminés, se retrouvant sous forme libre dans le cytosol.

2.3. Régulation du métabolisme des protéines

Le métabolisme des protéines dépend directement de l'état nutritionnel et fait l'objet d'une régulation hormonale.

En période post-prandiale, l'apport alimentaire fournit une quantité importante d'acides aminés et de substrats énergétiques (glucose, acides gras...) favorables à la protéogenèse. Ce contexte d'hyperglycémie est de plus favorable à la sécrétion d'insuline, hormone stimulant l'entrée des acides aminés dans les cellules. L'insuline stimule les étapes de transcription et de traduction, notamment au niveau musculaire ; elle diminue en parallèle la protéolyse musculaire.

L'hormone de croissance et la testostérone ont également un rôle anabolisant.

En période de jeûne, du fait de l'absence d'apport exogène en acides aminés et d'une faible insulinémie, la protéogenèse est très réduite au profit d'une protéolyse qui devient prépondérante. Le cortisol joue un rôle catabolisant en stimulant la protéolyse et en freinant la protéogenèse.
Le rôle de l'adrénaline dans ce contexte reste discuté ; son action stimulatrice de la protéolyse est encore mal appréciée.

3. Uricogenèse

La formation de l'acide urique correspond au catabolisme des bases azotées puriques : adénine et guanine.
Dans un premier temps, celles-ci subissent une désamination qui conduit à la formation de xanthine, ensuite oxydée grâce à la **xanthine oxydase**, en urate (figure 9.27).
Cette formation est essentiellement hépatique. L'urate passe ensuite dans le sang où il s'associe au sodium (urate de sodium) en vue d'une élimination urinaire.
Les bases azotées puriques proviennent du catabolisme des acides nucléiques et des composés nucléotidiques (figure 9.28).
Un excès d'urate provoque une hyperuricémie qui peut induire la **goutte**, maladie affectant surtout les articulations et les reins. L'inflammation au niveau des articulations est déclenchée par une précipitation de cristaux d'urate de sodium.

Rappel
On estime qu'environ 20 % de l'acide urique provient de bases puriques d'origine alimentaire (abats, gibier, certains poissons...).

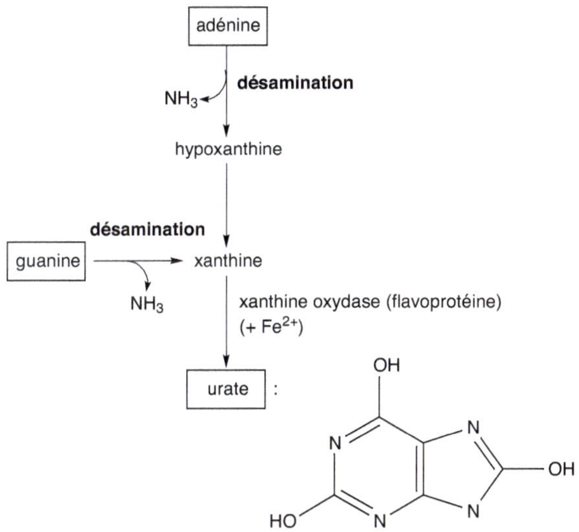

Figure 9.27. Schéma de l'uricogenèse.

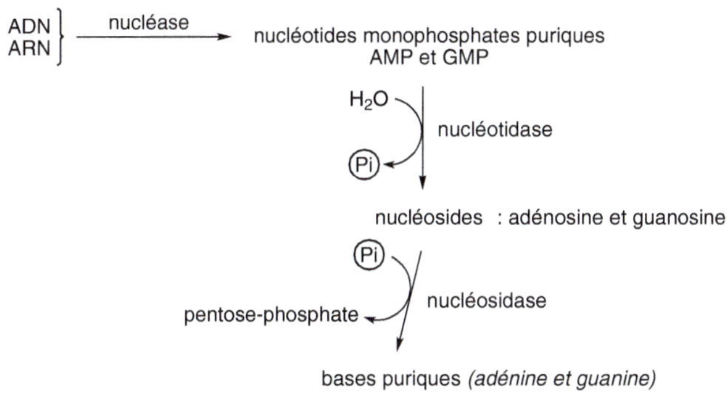

Figure 9.28. Catabolisme des acides nucléiques.

Chapitre 10

Bioénergétique

Objectifs

- Acquérir les notions de thermodynamique.
- Connaître et comprendre les systèmes d'oxydoréduction et de phosphorylation oxydative en lien avec la mitochondrie.

1. Notions de thermodynamique

Le but de la thermodynamique est d'apprécier les modes de transmission de l'énergie. Elle s'appuie sur l'étude des réactions biochimiques mais en termes de quantité de travail et de chaleur.

L'unité (système international) d'énergie, de travail ou de quantité de chaleur est le **joule** (J) :

$$1\ \mathrm{J} = 1\ \mathrm{kg.m^2.s^{-2}}$$

On utilise encore parfois, notamment en diététique, la notion de **calorie**.

Une calorie est la quantité de chaleur nécessaire pour élever 1 g d'eau de 14,5 °C à 15,5 °C :

$$1\ \mathrm{cal} = 4{,}184\ \mathrm{J}\ \text{ou encore}\ 1\ \mathrm{kcal} = 4\ 184\ \mathrm{J}$$

›› Définition

L'énergie est ici la capacité d'un système biologique à réaliser un travail d'un ordre mécanique (contraction musculaire), électrique (influx nerveux), chimique (réaction enzymatique) ou encore osmotique (pompes Na^+-K^+).

Notre organisme, nos cellules tirent cette énergie du catabolisme, c'est-à-dire de la dégradation de substrats énergétiques (glucose, acide gras, acides aminés).

L'organisme est un **système dit ouvert** car il peut échanger de la matière et de l'énergie avec son environnement. Un **système est dit fermé** s'il ne peut pas échanger de matière, l'échange d'énergie demeurant possible. Un **système est dit isolé** s'il n'y a échange ni de matière ni d'énergie.

Au cours d'une réaction, d'une transformation, le système peut échanger de la chaleur (q) et du travail (w). Un processus qui libère de l'énergie (sous forme de chaleur) est dit **exothermique** alors que celui qui en absorbe est dit **endothermique**. Par convention, toute énergie reçue par un système est positive, elle est négative dans le cas contraire.

L'énergie totale d'un système biologique constitue l'énergie interne ou **enthalpie** (H) ; le deuxième terme est utilisé quand la pression environnementale est constante, ce qui est le cas pour un système biologique.

Le **premier principe de la thermodynamique** stipule que **l'énergie totale du système et du milieu extérieur** (c'est-à-dire tout ce qui ne fait pas partie du système) **est constante**. Si on note H_1 l'enthalpie du système avant une transformation et H_2 l'enthalpie après transformation, la variation d'enthalpie du système (ΔH) est égale au travail fourni (w) plus la quantité de chaleur (q) reçue (positive) ou perdue (négative).

$$\Delta H = H_2 - H_1 = q + w$$

La quantité maximale d'énergie susceptible d'être fourni par un système correspond à l'**enthalpie libre** (G). Au cours de réactions spontanées, une certaine quantité d'énergie est fournie au milieu extérieur ; parallèlement, l'enthalpie libre du système diminue. Inversement, il faut fournir de l'énergie

pour que se réalisent des réactions non spontanées : l'enthalpie libre du système augmente.
Pour arriver à déterminer la variation d'enthalpie libre (ΔG en joules) suite à une réaction, il faut également tenir compte de la variation d'entropie (ΔS en joules/° Kelvin). L'**entropie** correspond au **deuxième principe de la thermodynamique** qui stipule **qu'un processus ne peut évoluer spontanément qu'en allant dans le sens d'un désordre grandissant**, c'est-à-dire que l'énergie est dispersée, moins bien ordonnée. Pour que la réaction soit spontanée, il faut que la somme de l'entropie du système et celle du milieu extérieur soit positive.
La relation entre l'enthalpie et l'entropie est donnée par l'**équation de Gibbs** :

$$\Delta G = \Delta H - T \cdot \Delta S$$

avec T = température en kelvins (température absolue 0 °C = 273 K).
Si ΔG est positif, la variation d'énergie interne est un gain : de l'énergie doit être fournie par le milieu extérieur, la transformation est endothermique.
Si ΔG est négatif, la transformation entraîne une libération de chaleur, elle est exothermique.
Toutefois, il faut tenir compte des conditions expérimentales. Pour cela, on définit des conditions standard. **L'état standard** d'une substance est défini en biochimie par :
- sa température = 25 °C ou 37 °C ;
- son pH = 7 ;
- sa concentration standard = 1 mol/L ;
- sa pression = 1 atm = $1{,}01325 \cdot 10^5$ Pa.

On calcule dès lors la variation d'enthalpie libre standard à pH 7 :

$$\Delta G°' = \Delta H°' - T \cdot \Delta S°'$$

Il est important de préciser que la variation d'enthalpie libre (ΔG) et la variation d'entropie (ΔS) dépendent des concentrations des réactifs et des produits, rejoignant la loi d'action de masse. Dans un équilibre réactionnel (réaction réversible), l'augmentation de la concentration d'un des constituants (réactif ou produit) favorise le sens de la réaction qui consomme ce constituant.

2. Couplage énergétique

Les réactions biochimiques peuvent se subdiviser en deux grandes voies :
- l'**anabolisme** : voie biosynthétique endergonique, donc consommatrice d'énergie ($\Delta G°' > 0$) ;
- le **catabolisme** : la dégradation de substrats énergétiques conduit à des réactions exergoniques ($\Delta G°' < 0$).

Pour que l'ensemble des réactions biochimiques soit possible sur le plan thermodynamique, il faut que l'énergie des réactions exergoniques soit supérieure à celle des réactions endergoniques.
L'ATP joue un rôle majeur dans le couplage énergétique.
Par exemple, l'hydrolyse du phosphoénolpyruvate (PEP) en pyruvate est une réaction exergonique. Elle est catalysée par la pyruvate kinase :

$$\text{PEP} + H_2O \longleftrightarrow \text{pyruvate} + \text{Pi}$$

Pour cette réaction $\Delta G°' = -62$ kJ/mol.

En revanche, la réaction de phosphorylation de l'ADP avec Pi, en ATP est endergonique : $\Delta G°' = +30$ kJ/mol.

$$ADP + Ⓟi \longleftrightarrow ATP + H_2O$$

Il s'avère que les deux réactions ont lieu simultanément (elles sont couplées) et ce grâce à la pyruvate kinase :

$$PEP + ADP \longrightarrow pyruvate + ATP$$

avec un $\Delta G°' = -32$ kJ/mol. Comme la valeur est négative, la réaction peut se produire dans des conditions physiologiques.
L'ATP ainsi formé peut être fournisseur d'énergie pour des réactions endergoniques. En effet, l'hydrolyse de l'ATP est une réaction exergonique :

- $ATP + H_2O \longrightarrow ADP + Ⓟi$: $\Delta G°' = -30$ kJ/mol
- $ATP + H_2O \longrightarrow AMP + PPi$: $\Delta G°' = -32$ kJ/mol

› › Définition

Un **oxydant** est une molécule capable de capter un ou plusieurs électrons. Un **réducteur** est une molécule capable de céder un ou plusieurs électrons. Une réaction d'**oxydoréduction** fait donc intervenir un **couple redox** (association d'un réducteur et d'un oxydant).

3. Systèmes d'oxydoréduction

Au niveau cellulaire, le transfert d'électrons s'accompagne très souvent d'un transfert de protons. C'est le cas des déshydrogénases fonctionnant par exemple avec la coenzyme NAD^+ :

$$\underset{\text{(oxydant)}}{NAD^+ + 2e^- + 2H^+} \longleftrightarrow \underset{\text{(réducteur)}}{NADH, H^+}$$

Il existe un couplage entre ces réactions d'oxydoréduction et la synthèse d'ATP. Il s'agit des réactions de phosphorylation oxydative mitochondriale, rendues possibles notamment grâce à la chaîne respiratoire.

4. Phosphorylation oxydative mitochondriale

4.1. Activité globale

Dans des conditions aérobies, la grande majorité de l'ATP est formée au niveau des mitochondries, cela implique la dégradation oxydative de substrat énergétique (glucose, acide gras, acide aminé). L'**acétylCoA**, carrefour métabolique intermédiaire, entre ensuite dans le **cycle de Krebs**. Il s'ensuit le dégagement de CO_2, la production d'un équivalent ATP (GTP) et de **coenzymes réduits**, c'est-à-dire ayant participé aux réactions d'oxydation (cf. Cycle de Krebs). Ces coenzymes s'orientent vers les **chaînes respiratoires** localisées dans la membrane mitochondriale interne, où ils cèdent leurs électrons et leurs protons. Ces coenzymes désormais oxydés peuvent participer à de nouvelles réactions de dégradation oxydative de substrats énergétiques.
Au niveau de la chaîne respiratoire, les protons sont transférés dans l'espace intermembranaire mitochondrial, créant ainsi un fort gradient de concentration, donc une **force proton-motrice**. La membrane interne de la mitochon-

drie présente un complexe enzymatique, appelé **ATP synthase** (ou **ATPase**) et constitué de deux unités. Une partie tubulaire (notée Fo) sert de canal à protons. Le passage de protons à travers ce canal permet d'activer la partie supérieure globulaire (notée F1) de l'ATP synthase, qui catalyse la phosphorylation de l'ADP en ATP.

Parallèlement, les électrons pris en charge par la chaîne respiratoire sont transférés à **l'oxygène moléculaire**, jouant ainsi le **rôle d'accepteur final d'électron**. Cela conduit à la formation d'une molécule d'eau :

$$2e^- + 2H^+ + 1/2\ O_2 \longrightarrow H_2O$$

Les protons utilisés ici sont ceux ayant franchi le canal à protons. Sans quoi la concentration en protons augmenterait dans la matrice mitochondriale, entraînant notamment une diminution de la force protonée (liée au gradient de concentration), ce qui nuirait à l'activité de l'ATP synthase.

Ce phénomène correspond à la **respiration cellulaire**, c'est-à-dire à la dégradation oxydative de composés organiques, ayant pour accepteur final l'oxygène moléculaire.

Ainsi, **oxydation et phosphorylation sont couplées grâce à la force protonmotrice**.

Le transfert des électrons de NADH, H^+ jusqu'à l'O_2 libère de l'énergie. En effet :

$$NADH,\ H^+ + 1/2\ O_2 \longrightarrow H_2O + NAD^+$$

(processus exergonique : $\Delta G°' = -218$ kJ/mol).

Cette énergie permet la formation d'ATP à partir d'ADP et de Ⓟi qui est un processus endergonique :

$$ADP + Ⓟi \longrightarrow ATP + H_2O\ (\Delta G°' = +30\ kJ/mol).$$

L'efficacité thermodynamique n'est pas pour autant de 100 %.

On considère **qu'à partir d'une molécule de NAD+ régénérée**, l'ATP synthase permet la **formation de 3 ATP**.

À partir d'une molécule de FAD régénérée, l'ATP synthase permet la **formation de 2 ATP** (figure 10.1).

4.2. Activité de la chaîne respiratoire

La chaîne respiratoire constitue un ensemble complexe, associant des enzymes et des transporteurs d'électrons et de protons.

Son rôle est de récupérer les électrons et protons apportés par les coenzymes d'oxydoréduction, dont les deux principaux sont NADH, H^+ et $FADH_2$.

4.2.1. *Système des navettes*

Le NADH, H^+ peut provenir du cytosol (glycolyse, oxydation du lactate, du glycérol 3-phosphate...). Son passage dans la matrice mitochondriale est impossible, la membrane interne étant imperméable à ce type de coenzyme. Ce ne sont donc pas les coenzymes qui vont être transportées, mais les électrons et les protons, nécessitant un système de navette. Il existe deux possibilités :

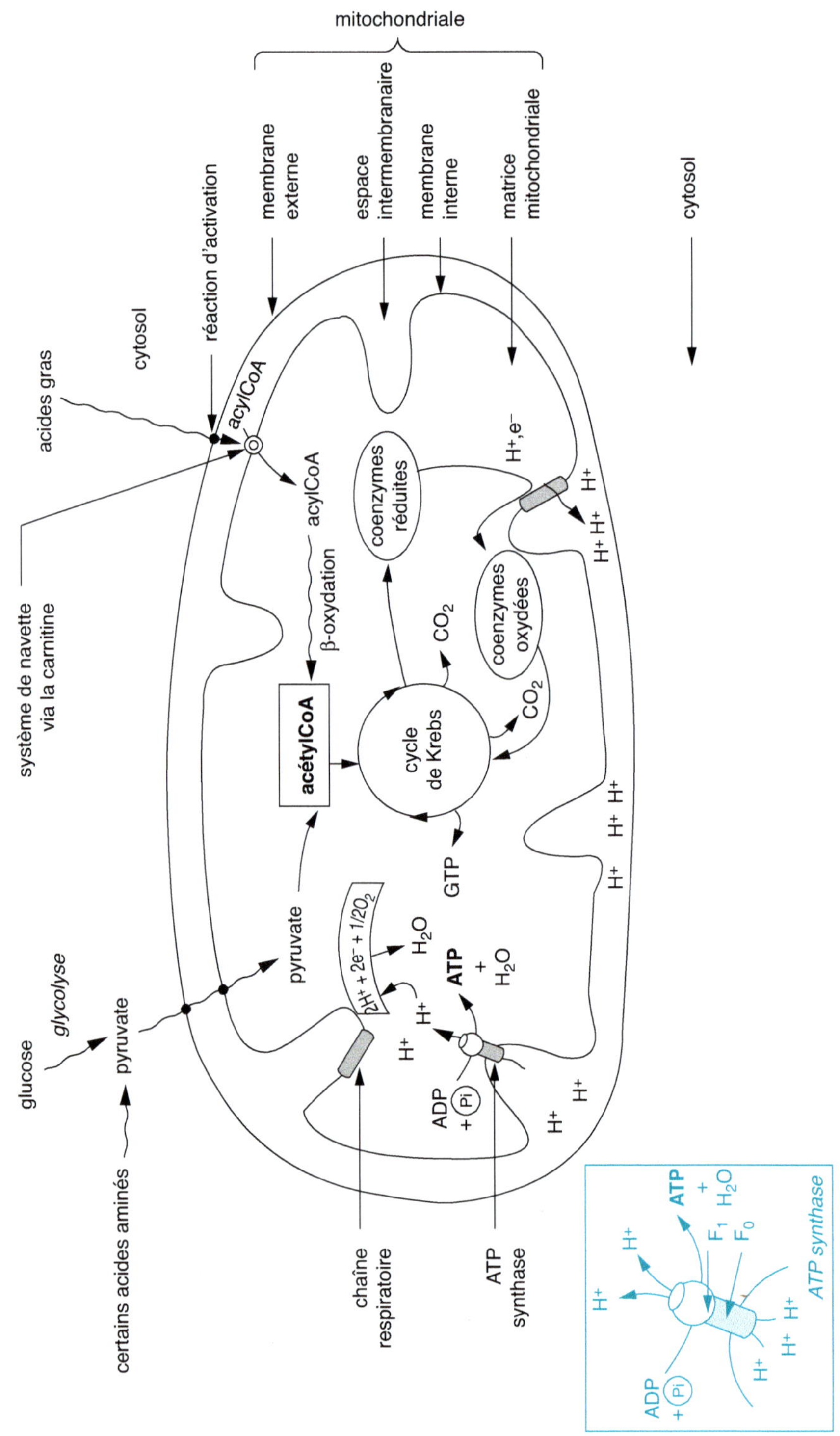

Figure 10.1. Phosphorylation oxydative mitochondriale.

- la **navette malate-aspartate** (figure 10.2) : au niveau cytosolique NADH, H^+ réagit avec l'oxaloacétate, formant du malate qui passe ensuite dans la mitochondrie grâce à un transporteur membranaire spécifique. Une fois dans la matrice, grâce à la réaction inverse, sont reformés de l'oxaloacétate et du NADH, H^+ (mais à partir de NAD^+ de la matrice). Par une réaction de transamination avec le glutamate, l'oxaloacétate est transformé en aspartate. Ce dernier peut passer dans le cytosol grâce à un transporteur membranaire permettant en parallèle l'entrée de glutamate. Au niveau cytosolique, l'aspartate subit une nouvelle transamination avec de l'α-cétoglutarate, redonnant de l'oxaloacétate et du glutamate ;

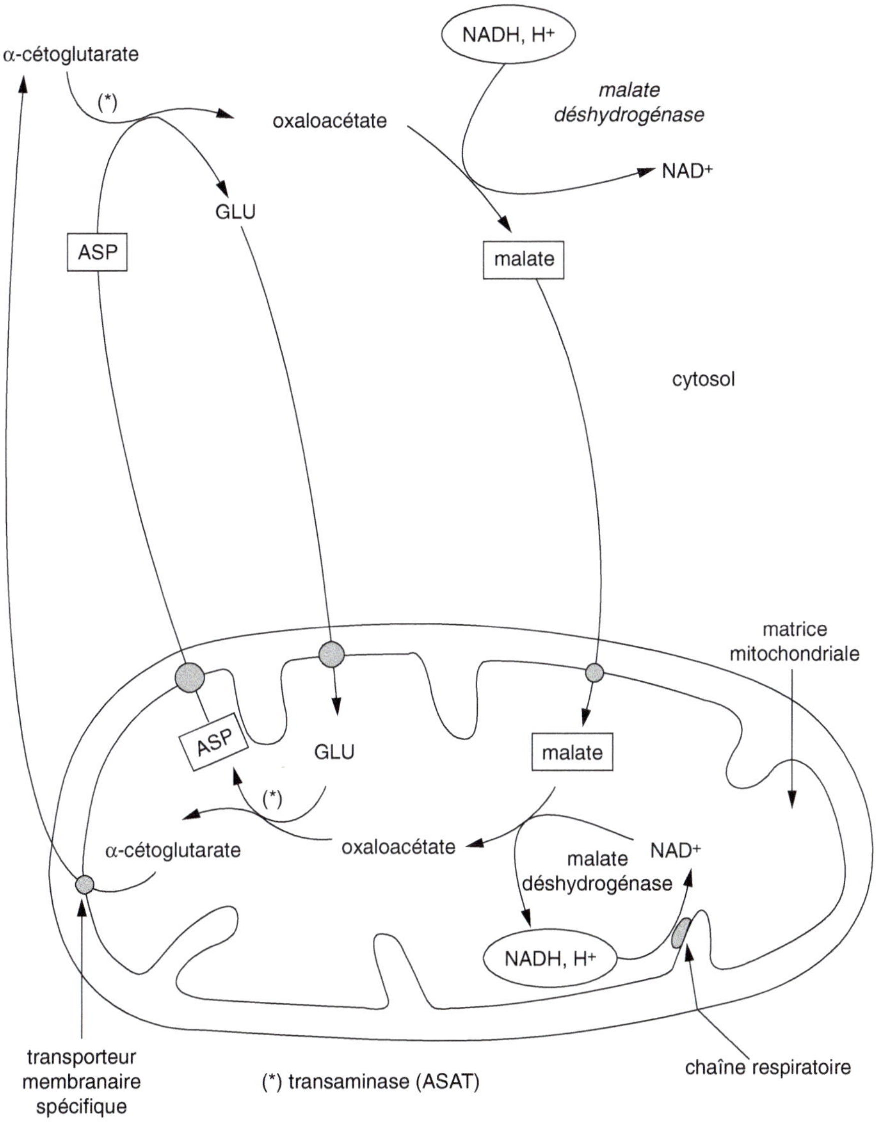

Figure 10.2. Navette malate-aspartate.

- la **navette du glycérol 3-phosphate** : le glycérol 3-phosphate passe facilement dans l'espace intermembranaire mitochondrial. Il est oxydé par la glycérol 3-phosphate déshydrogénase (enzyme transmembranaire de la membrane interne) qui a ici pour coenzyme FAD^+. Cela conduit à la formation de dihydroxyacétone-phosphate qui repasse dans le cytosol, où il peut de nouveau être réduit par NADH, H^+ pour redonner du glycérol 3-phosphate (figure 10.3).

Ceci dit, une grande partie des NADH, H^+ et $FADH_2$ se forme directement dans la matrice (cf. Oxydation du pyruvate, Cycle de Krebs, β-oxydation).

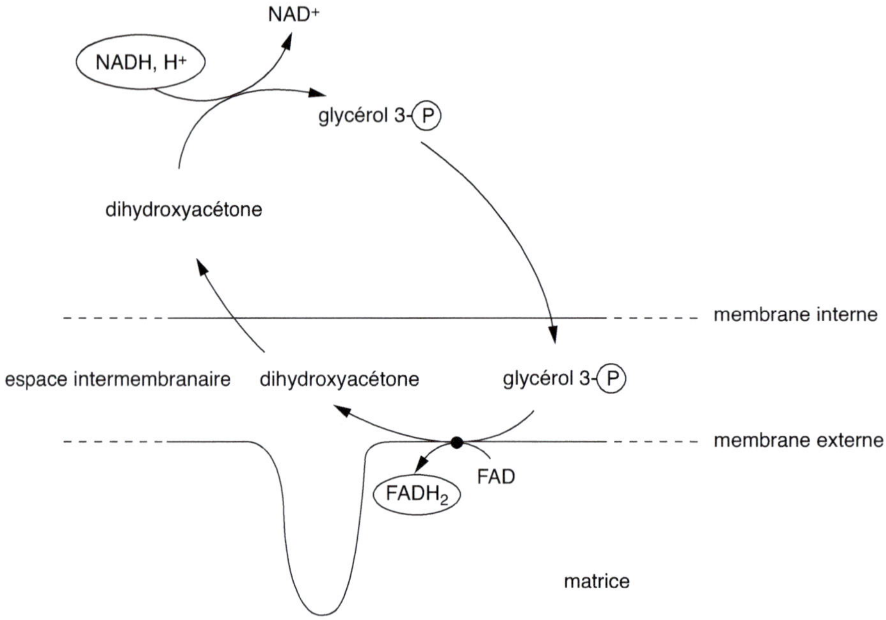

Figure 10.3. Navette du glycérol 3-Ⓟ.

4.2.2. *Organisation de la chaîne respiratoire*

La chaîne respiratoire est constituée d'un assemblage de plusieurs complexes :

- le complexe I appelé **NADH-Q réductase** ou encore **NADH-déshydrogénase**. Ce complexe enzymatique a pour substrat NADH, H^+ qui est oxydé en NAD^+ *via* une autre coenzyme : FMN, qui devient $FMNH_2$. Il permet un flux d'électrons vers le complexe III, *via* un intermédiaire : l'ubiquinone (coenzyme Q) qui se déplace facilement dans la membrane interne. Parallèlement à cette activité, le complexe I joue le rôle de pompe à protons ;
- le complexe II appelé **succinate-Q réductase** ou encore **succinate déshydrogénase**. Il a pour substrat $FADH_2$ (qui lui est associé), réoxydé en FAD. Là aussi, l'ubiquinone permet le transfert de protons vers le complexe III. En revanche, le complexe II n'a pas d'activité de pompe à protons ;
- le complexe III appelé **cytochrome réductase** ou encore **ubiquinol-cytochrome c réductase**. Il est équipé d'un hème présentant au centre un atome de fer passant alternativement de l'état oxydé (ion ferrique Fe^{3+}) à l'état réduit (ion ferreux Fe^{2+}), ce qui permet le transfert d'électrons vers le complexe IV *via* le cytochrome c, lui-même équipé d'un hème. En parallèle, le complexe III pompe des protons vers l'espace intermembranaire. Le transfert de 2 électrons permet le passage de 2 H^+ ;
- le complexe IV appelé **cytochrome oxydase** a pour rôle de transférer les électrons du cytochrome c sur l'O_2 qui est l'accepteur final, conduisant à la formation d'eau. En parallèle, le complexe IV assure le rôle de pompe à protons (figure 10.4).

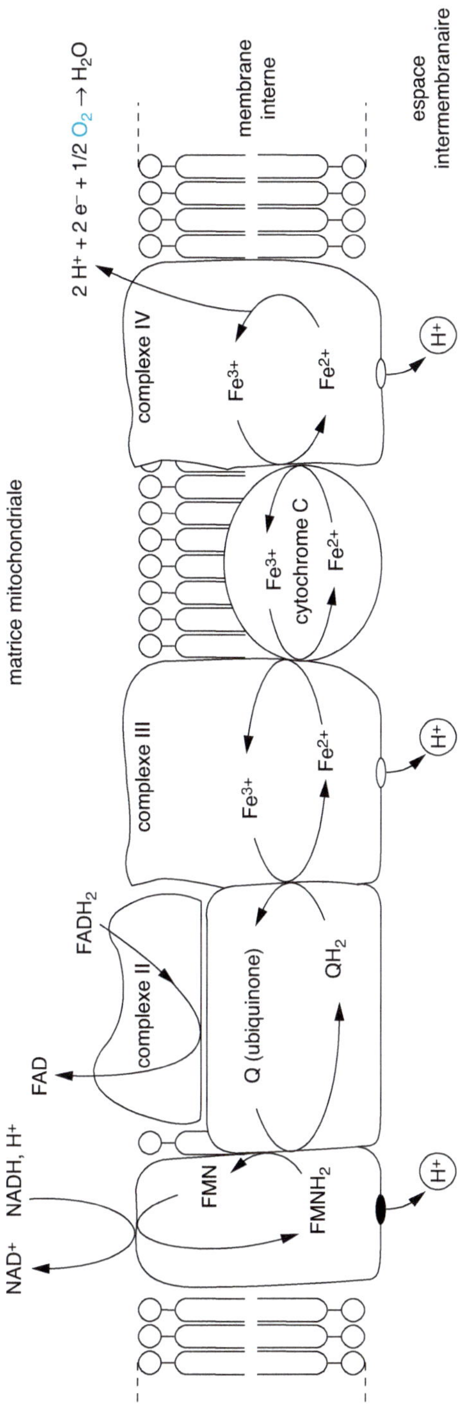

Figure 10.4. Organisation de la chaîne respiratoire.

On constate que $FADH_2$ intervient après NADH, H^+ dans la chaîne respiratoire, donc dans le système de transfert des électrons. Ce système permet de générer la force protonée. C'est pourquoi on forme 3 ATP à partir de NADH, H^+ alors que l'on en forme 2 à partir de $FADH_2$.

Chapitre 11

Interconversions entre les différents métabolismes

Objectifs

- ✔ Comprendre les liens entre les différents métabolismes.
- ✔ Comprendre ce qui se joue à l'état post-prandial.
- ✔ Comprendre ce qui se joue à l'état de jeûne.

Rappel

Même si nous les avons présentés sous une forme relativement séparée, les principaux métabolismes (celui des glucides, des lipides, des protides) sont interconnectés, nous avons déjà pu le constater lors de l'étude de la néoglucogenèse (interconversions acides aminés, glycérol, lactate → glucose) ou encore lors de l'étude de la biosynthèse des acides gras (interconversions glucose, acides aminés → acides gras). Une autre façon de présenter les choses consiste à suivre l'orientation des métabolismes en fonction de l'état nutritionnel de l'individu.

Sur le plan physiologique, l'organisme alterne entre deux principaux états nutritionnels : **l'état post-prandial** et le **jeûne**.

Rappel

Le **glucose** est stocké sous forme de glycogène dans le foie et les muscles squelettiques.

1. État post-prandial

›› Définition

Suite à la prise d'un repas s'opèrent les phénomènes digestifs et d'absorption. L'organisme a alors à sa disposition une abondance de nutriments (glucose, acides aminés, acides gras...) qui dépasse largement les besoins cellulaires du moment.

L'orientation des métabolismes doit alors permettre une mise en réserve des substrats énergétiques en vue de faire face à une période de jeûne ultérieure. Cette possibilité de stockage est quantitativement limitée. L'excédent de glucose est alors transformé en acétylCoA (essentiellement au niveau du foie) pour participer à la biosynthèse des acides gras (et du cholestérol). Ces acides gras sont stockés en assez faible quantité dans l'hépatocyte. Ils sont incorporés aux VLDL en vue d'une distribution vers les tissus périphériques, essentiellement le tissu adipeux.

Le glucose est utilisé comme substrat énergétique à part entière par les cellules glucodépendantes (hématies, système nerveux central).

Au niveau hépatique, les acides aminés sont aussi utilisés en quantité importante. Ils servent au turn-over des protéines. Grâce aux réactions de transamination, ils fournissent des acides α-cétoniques qui peuvent participer au métabolisme énergétique. Leur excès peut lui aussi conduire à la formation d'acétylCoA, utilisé pour la biosynthèse des acides gras.

Le glucose et les acides aminés sont facilement absorbés par la muqueuse de l'intestin grêle grâce aux entérocytes. Ils se retrouvent rapidement dans la veine porte qui les conduit vers le foie, qui en prélève une quantité importante.

Les acides gras sont disponibles pour les cellules en fonction de la présence au niveau vasculaire de la lipoprotéine lipase. Celle-ci permet en effet l'hydrolyse des triglycérides contenus dans les chylomicrons. Elle est surtout présente dans les muscles et le tissu adipeux. Au niveau musculaire, l'utilisation des acides gras est surtout à finalité énergétique (production d'ATP). Les adipocytes captent les acides gras pour les mettre en réserve sous la forme de triglycérides.

Les remnants de chylomicrons sont récupérés par le foie.

La période post-prandiale se caractérise, du fait d'une hyperglycémie, par une augmentation du rapport insuline/glucagon, qui contribue notablement à l'orientation de ces métabolismes vers l'anabolisme.

Cette représentation schématique ne montre que les principales orientations. Il est par exemple évident que le cœur utilise aussi des acides aminés pour ses propres biosynthèses protéiques (figure 11.1).

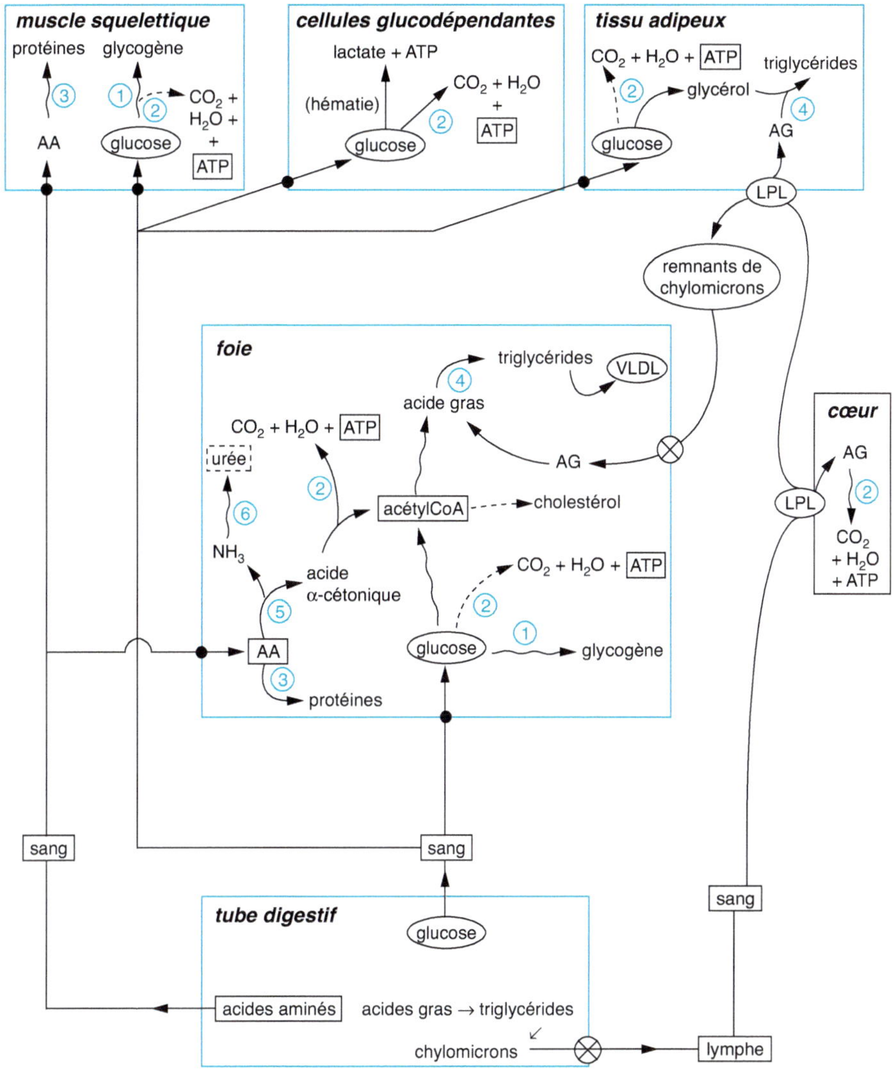

① glycogénogenèse
② dégradation oxydative complète d'un substrat énergétique (glucose, AA, acide gras) pour la formation d'ATP (phosphorylation oxydative amenant finalement à la formation d'eau et de CO_2)
③ protéogenèse
④ lipogenèse
⑤ désamination oxydative
⑥ uréogenèse

protéine de transport — endocytose ou exocytose — *foie* correspond à ce qui se passe à l'échelle cellulaire

Figure 11.1. Orientation des métabolismes au cours de l'état post-prandial.

Rappel

Les **acides aminés** sont utilisés par l'ensemble des tissus pour permettre le renouvellement des protéines, et éventuellement pour couvrir les besoins de croissance. C'est le cas notamment au niveau des muscles squelettiques. Mais il n'y a pas vraiment de possibilité de stockage comparativement au glycogène et aux triglycérides.

2. État de jeûne

›› Définition

Le jeûne se caractérise par l'absence d'apport exogène de nutriments. Même si les repas sont fractionnés (3 ou 4 par jour), les besoins cellulaires restent permanents. Il faut donc, hors phase post-prandiale, puiser dans les réserves précédemment constituées.

Le principal enjeu en phase de jeûne reste le **maintien de la glycémie**, en raison des cellules glucodépendantes.

De nouveau, le foie joue un rôle central. La mobilisation de ses réserves en glycogène lui permet de produire du glucose. Cette réserve glucidique étant limitée, d'autres voies métaboliques sont sollicitées.

La **lipolyse**, essentiellement adipocytaire, est stimulée. Elle permet, d'une part, la libération d'acides gras libres qui seront distribués, grâce à l'albumine, aux tissus consommateurs capables de les cataboliser (β-oxydation) à des fins énergétiques. Cette utilisation des acides gras ne permet pas la formation de glucose mais elle épargne son utilisation de façon à le préserver pour les cellules glucodépendantes.

La lipolyse permet d'autre part la libération de glycérol, qui sera récupéré par le foie afin de participer à la néoglucogenèse.

En effet, dès que les réserves de glycogène deviennent faibles, le foie présente un métabolisme typique de l'état de jeûne (et de l'adaptation à l'effort) : la **néoglucogenèse**. Cette voie permet la biosynthèse de glucose à partir de lactate (provenant par exemple des hématies), de glycérol (provenant des adipocytes) ou encore du pool d'acides aminés circulants.

Lorsque cette voie est bien développée, elle conduit à une raréfaction de l'oxaloacétate (détourné pour les besoins de la néoglucogenèse) et à une accumulation de l'acétylCoA (qui, en aucun cas, ne peut participer à la néoglucogenèse). Cette accumulation dans les hépatocytes amorce la biosynthèse des corps cétoniques (**cétogenèse**) qui apparaissent alors comme un nouveau substrat énergétique. Ils seront utilisés (**cétolyse**) par les cellules consommant également les acides gras, mis à part les hépatocytes eux-mêmes, à des fins énergétiques.

Seuls les principaux points sont mentionnés ici ; il apparaît évident par exemple que le tissu adipeux utilise également des substrats à des fins énergétiques (figure 11.2).

Au cours de l'état de jeûne, le rapport insuline/glucagon diminue, ce qui contribue à l'orientation des métabolismes vers le catabolisme. Cette régulation hormonale est renforcée par les catécholamines et le cortisol.

Si le jeûne se poursuit, il s'accompagne d'une protéolyse, avant tout musculaire. Les nouveaux acides aminés libres serviront avant tout au niveau hépatique pour la néoglucogenèse cétogenèse.

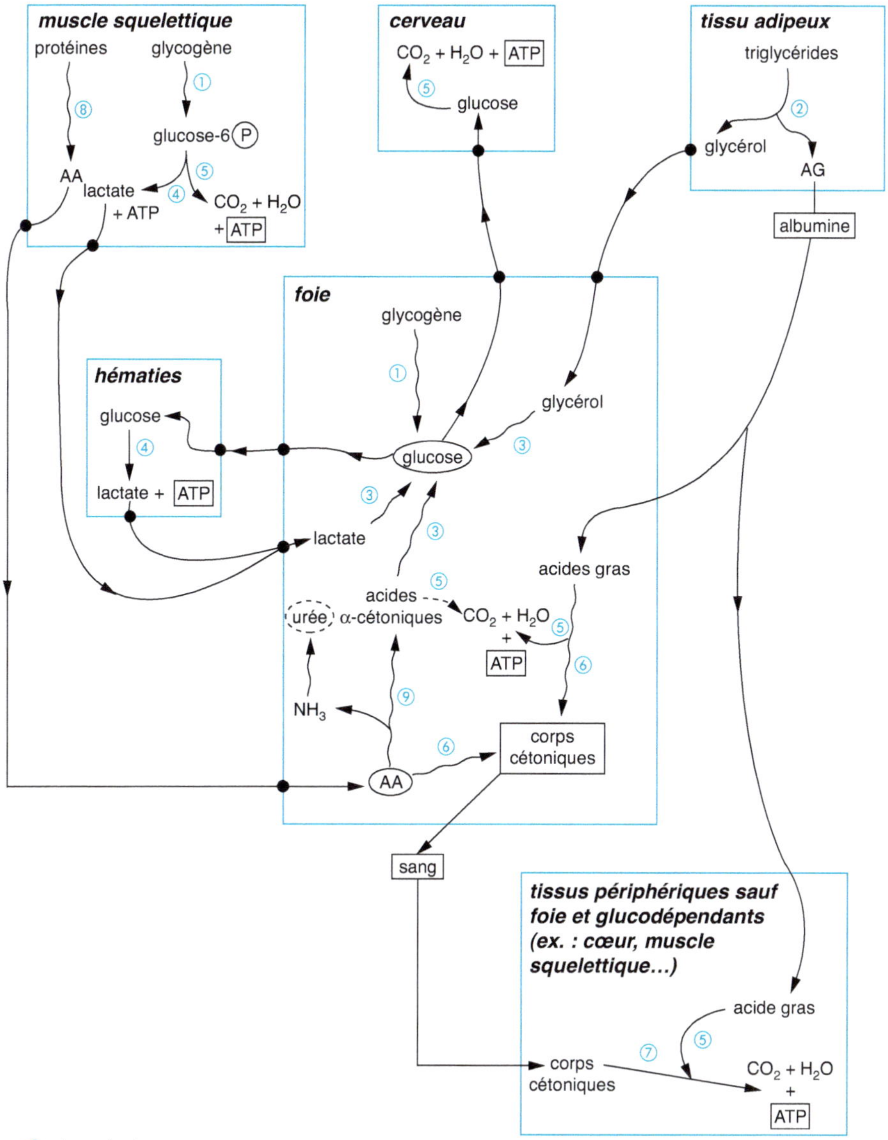

① glycogénolyse
② lipolyse
③ néoglucogenèse
④ glycolyse + fermentation lactique
⑤ dégradation oxydative complète de substrats énergétiques amenant à la formation d'ATP, de CO_2 et d'H_2O
⑥ cétogenèse
⑦ cétolyse
⑧ protéolyse
⑨ désamination oxydative

Figure 11.2. Orientation des métabolismes en phase de jeûne.

Chapitre 12

Acides nucléiques[1]

Objectifs

- ✔ Connaître la structure d'un nucléotide.
- ✔ Connaître les différents niveaux d'organisation de l'ADN et de l'ARN.

Rappel

Il existe deux familles d'acides nucléiques dont les structures primaires sont voisines mais dont les tailles et les fonctions sont très différentes : l'**acide désoxyribonucléique** (ADN) et les **acides ribonucléiques** (ARN).

›› Définition

Le monomère constitutif de l'ADN est le **nucléotide**, formé de l'association de 3 éléments :
- un pentose, le 2'**désoxyribose** ;
- un acide phosphorique ;
- une base azotée.

L'ADN, contenu presque exclusivement dans le noyau cellulaire (il en existe une faible quantité dans les mitochondries et les chloroplastes végétaux), est un polymère de très grande taille qui constitue le support biochimique de **l'information génétique**. C'est dans ce polymère **séquencé** que sont inscrites, sous forme d'un enchaînement de **nucléotides**, les informations propres à chaque individu. Les ARN participent à l'expression de ces informations dans les cellules. Les ARN messagers sont des copies de gènes, c'est-à-dire de fragments d'ADN codant une protéine. Ces **ARN_m** assurent le transfert de l'information génétique du noyau vers le cytoplasme. Ces messages sont traduits en protéines au niveau des ribosomes dont le « squelette » est constitué d'ARN ribosomaux (**ARN_r**). Les ARN de transfert (**ARN_t**) participent à la synthèse protéique en transportant de façon spécifique les acides aminés vers le site de synthèse.

1. ADN

1.1. Structure primaire de l'ADN

Il existe 4 monomères distincts, selon la nature de la base azotée. Deux des bases sont des bases puriques, l'adénine (A) et la guanine (G), les deux autres, la cytosine (C) et la thymine (T) sont des bases pyrimidiques. Dans un nucléotide, le sucre et la base sont reliés par une liaison N glycosidique, entre le carbone 1' du sucre et un atome d'azote de la base. L'acide phosphorique estérifie la fonction alcool portée en 5'du pentose (figures 12.1, 12.2).
L'association de deux monomères s'effectue par une nouvelle réaction d'estérification entre une fonction acide libre de l'acide phosphorique porté en 5' du premier nucléotide et la fonction alcool portée par le carbone 3' d'un deuxième nucléotide. Il se forme ainsi une liaison **phosphodiester** reliant les deux nucléotides. Cette opération peut se répéter un grand nombre de fois pour donner un squelette composé d'un enchaînement sucre-phosphate-sucre-phosphate-sucre... portant, accrochée sur chaque sucre, une base azotée (figure 12.3). La structure primaire de l'ADN sera donnée à la fois par la nature et l'ordre dans lequel se succèdent ces bases : on parlera de la **séquence** d'un brin d'ADN. Chaque brin comporte une extrémité 5' libre et une extrémité 3' OH libre. C'est cette séquence qui renferme, inscrite à l'aide d'un alphabet à quatre lettres A, T, G, C, les informations génétiques caractéristiques de chaque individu et nécessaires à sa vie. Ces informations vont être transcrites sous forme d'ARN messagers puis traduites sous forme de protéines. Il est très important de connaître les séquences des différents gènes caractéristiques d'une espèce pour mieux comprendre le rôle de ces différents gènes et détecter, par exemple, les

1. Chapitre rédigé par Dominique Duval, extrait du *Préparateur en pharmacie*, Dossier 1, « Chimie-Biochimie », EMInter, 2000.

maladies d'origine génétique chez l'homme. Il existe depuis plusieurs années de grands projets de **séquençage** de génomes d'espèces animales (bactéries, levures, souris ou espèces végétales) mais aussi du génome humain (ces techniques de séquençage font essentiellement appel à des séparations de fragments d'ADN par électrophorèse sur gel après marquage des extrémités 3'OH).

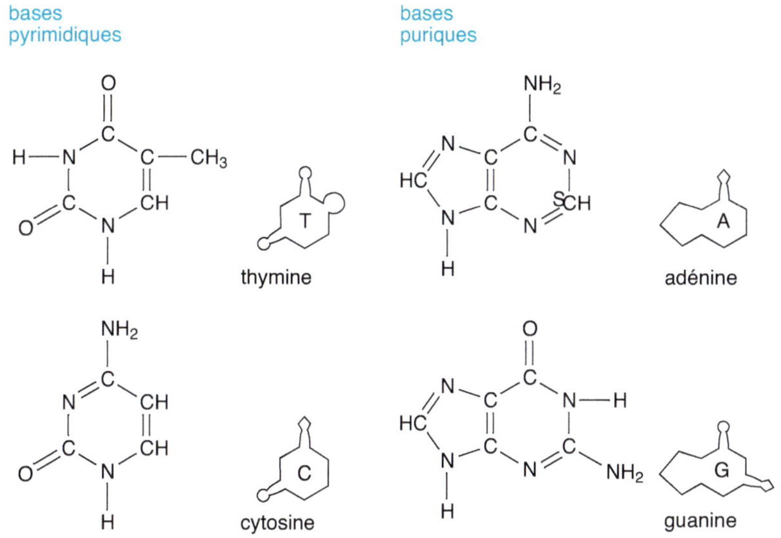

Figure 12.1. Bases azotées de l'ADN.

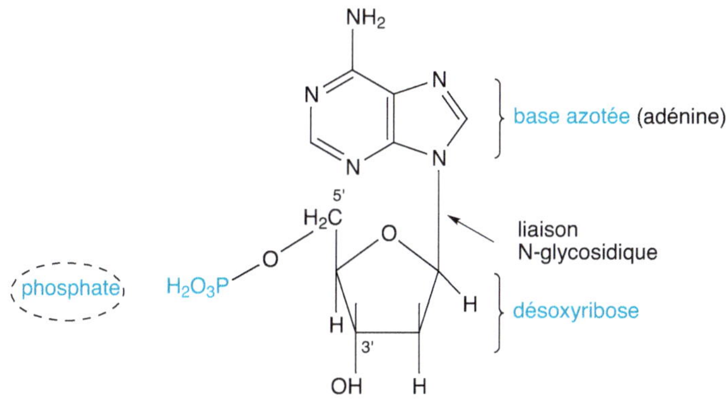

Figure 12.2. Structure d'un nucléotide (adénosine monophosphate).

1.2. Structure secondaire de l'ADN

L'étude des propriétés de l'ADN a montré très rapidement que cette **molécule ne se trouvait pas** sous forme d'un **brin linéaire simple**. La viscosité considérable de la molécule isolée traduisait l'existence d'interactions à l'intérieur de la chaîne ou entre chaînes. L'analyse de la composition de différents ADN avait révélé une propriété bizarre, la présence dans chaque molécule de concentrations égales de A et de T, ainsi que de G et de C. Plusieurs auteurs avaient également décrit un phénomène de « fusion » au cours duquel le chauffage progressif d'une molécule d'ADN (de 50 à 90 °C) entraînait une augmentation progressive de l'absorption de la lumière UV (260 nm) par la solution. Cette augmentation, réversible après refroidissement lent, pouvant s'expliquer par un

démasquage sous l'influence de la température de fonctions amine ou amide, masquées à température ordinaire.
L'analyse par diffraction aux rayons X de cristaux d'ADN a permis à Watson et Crick de proposer un modèle susceptible d'expliquer les différentes propriétés observées de l'ADN : le modèle de la **double hélice.**

Figure 12.3. Structure primaire de l'ADN.

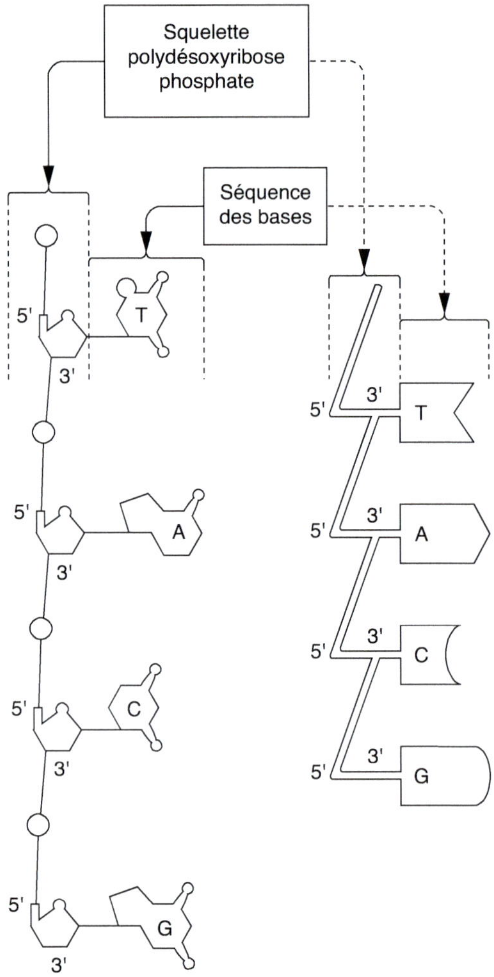

Dans ce modèle, la structure secondaire de l'ADN est constituée de **deux brins antiparallèles** organisés en hélice droite. Ces deux brins sont stabilisés par des **liaisons hydrogènes** entre les bases portées par les squelettes des deux chaînes : il existe 2 liaisons H entre A et T, et 3 liaisons H entre G et C. Cette structure basée sur les distances interatomiques mesurées à partir d'ADN cristallisé, explique les propriétés observées par les travaux précédents. L'égalité des concentrations entre A et T, G et C correspond à l'appariement des deux chaînes par bases complémentaires, A s'associant à T et G à C. L'expérience de fusion décrite ci-dessus traduit en fait la rupture des liaisons hydrogènes entre les deux brins sous l'action de la chaleur. La séparation de ces deux brins démasque alors les bases, localisées jusqu'à présent au centre de l'hélice, et augmente ainsi l'absorption de la lumière UV par la solution.
Ce modèle a depuis été validé par de très nombreuses expériences (figure 12.4).

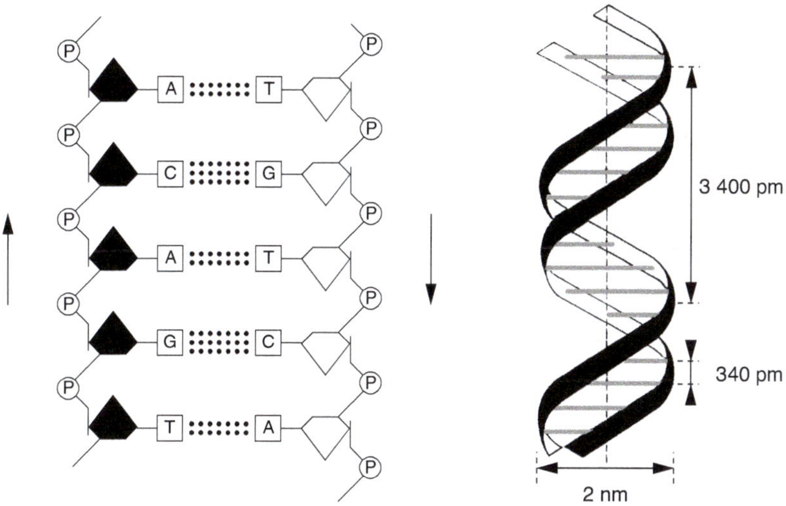

Figure 12.4. Structure secondaire de l'ADN.

1.3. Structure d'ordre supérieur

Il faut donc admettre que l'ADN présente une structure d'ordre supérieur avec un **degré élevé de compaction**. L'ADN des eucaryotes (c'est-à-dire des individus possédant des cellules nucléées) est associé à des protéines, et en particulier à des protéines **histones**. Le premier niveau de compaction de l'ADN est un enroulement de l'hélice autour d'un complexe formé de 8 protéines histones. Ces **nucléosomes**, séparés par des morceaux de chaîne nus forment une structure ressemblant à une « corde à nœuds ». Cette structure s'arrange ensuite en fibres, puis en boucles et en rosettes, pour aboutir finalement à une structure extrêmement complexe et compacte formant les chromosomes (figure 12.5). Il existe dans le noyau de nombreux systèmes enzymatiques (ADN-gyrase, hélicases, topo-isomérases...) participant à l'enroulement et au déroulement de cette **chromatine**.

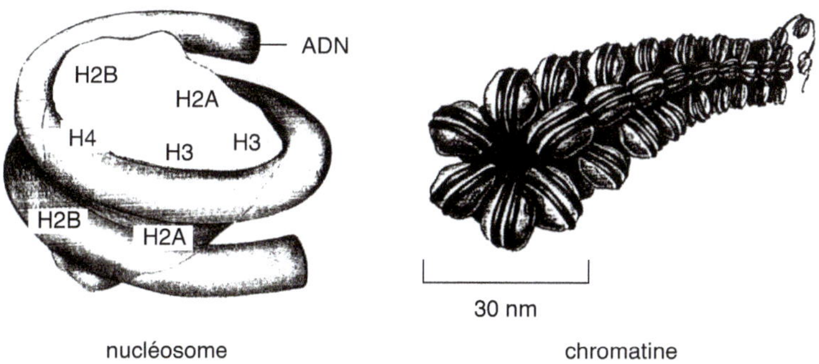

Figure 12.5. Nucléosome et chromatine.

Rappel

Chez les bactéries et certains virus, les molécules d'ADN sont nues, c'est-à-dire ne sont pas associées à des protéines. La molécule d'ADN se trouve alors sous forme d'un chromosome circulaire, constitué d'une double hélice. Chez l'homme en revanche, on a pu évaluer que si l'ADN contenu dans une cellule était présent sous forme d'une double hélice déroulée, sa longueur atteindrait près d'un mètre (il renferme en effet 3 500 millions de paires de base) ce qui n'est pas compatible avec le diamètre d'une cellule, proche de 10 μm.

2. ARN

2.1. Structure des ARN

>> **Définition**

Les ARN sont également des polynucléotides, mais leurs monomères présentent deux différences par rapport à ceux de l'ADN :
- le sucre est maintenant le **ribose** ;
- les bases azotées des ribonucléotides sont l'adénine (A), la guanine (G), et la cytosine (C), mais l'**uracile** (U) remplace la thymine.

La structure des ARN est voisine de celle d'un brin d'ADN : les nucléotides sont enchaînés par des liaisons phosphodiester. L'acide porté en 5' d'un nucléotide estérifie la fonction OH portée en 3' du nucléotide voisin pour former à nouveau un squelette sucre-phosphate-sucre-phosphate-sucre-... portant une succession de bases azotées. Les ARN sont des polymères séquencés, ce qui signifie que leur structure primaire est spécifiée à la fois par la **nature** des bases azotées mais aussi par **l'ordre** dans lequel sont enchaînés les ribonucléotides (figure 12.6).

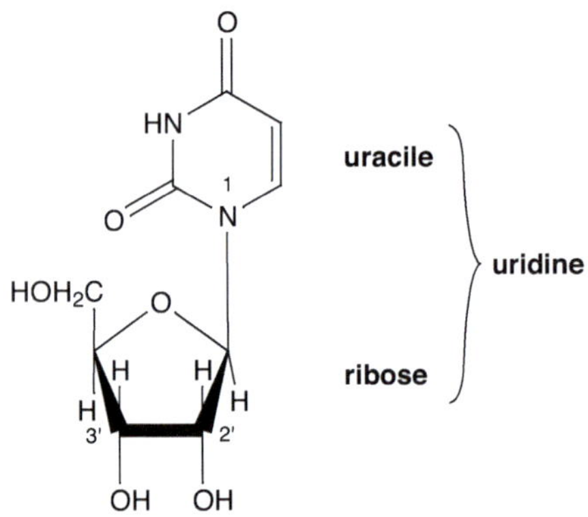

Figure 12.6. Structure de l'uridine.

2.2. Différents types d'ARN et structures secondaires

Si dans une cellule donnée la quantité d'ADN est constante, celle des ARN varie en fonction de l'état métabolique des cellules.

- On retrouve dans les cellules eucaryotes les mêmes catégories d'ARN, même si leurs tailles sont plus importantes.
- Les ARN sont par rapport à l'ADN des polymères de petite taille (l'ADN d'*E. coli* renferme 4 × 10^6 paires de bases).
- S, le coefficient de Svedberg, est une mesure de la vitesse de déplacement d'une macromolécule dans un champ de force (en général l'accélération d'une ultracentrifugeuse). Il s'exprime en cm/sec/unité de champs × 10^{13}. Le coefficient S augmente avec la taille des molécules ou des organites étudiés, mais ne lui est pas proportionnel car il faut prendre en compte la forme des molécules.

Applications

Pour définir les trois principales catégories d'ARN, prenons l'exemple de la bactérie *Escherichia coli* souvent utilisée comme « animal » de laboratoire. Cette bactérie renferme :

- des ARN_r qui représentent environ 80 % des ARN totaux de la cellule. Il existe trois types d'ARN_r :
  - les ARN 23S qui comportent 3 200 nucléotides enchaînés ;
  - les ARN 16S formés de 1 540 nucléotides ;
  - les ARN 5S, de petite taille, contenant 120 nucléotides ;
- des ARN_t qui constituent 15 % des ARN totaux de la cellule. Ces ARN 4S sont des polymères de très petite taille puisqu'ils contiennent environ 75 nucléotides pour une masse de 2,5 × 10^4 Da ;
- des ARN_m de 12 à 14S, de taille très variable selon la nature des gènes dont ils sont la copie.

2.2.1. *Structure secondaire des ARN*

La structure secondaire des ARN ribosomiaux est difficile à étudier car ces molécules sont associées à de nombreuses protéines pour former les **ribosomes**, sites de la synthèse des protéines.

Chez *E. coli*, les ribosomes sont formées de 2 sous-unités, 30S et 50S. La sous-unité 30S renferme l'ARN_r 16S et 21 protéines différentes, la sous-unité 50S contient les ARN_r 23S et 5S et 34 protéines différentes. La structure des ribosomes des cellules eucaryotes est encore plus complexe. On connaît donc mal la structure adoptée par les ARN dans les ribosomes, mais il semble que la chaîne de ces ARN puisse se replier sur elle-même en formant des boucles et des zones appariées par liaisons hydrogènes entre bases complémentaires (figure 12.7).

Attention

Dans la plupart des ARN, **on ne retrouve pas** l'égalité des concentrations de A et U ou de G et de C, qui était observée dans l'ADN. Ceci signifie que les ARN n'ont pas une structure en double hélice mais sont constitués d'un **brin unique.**

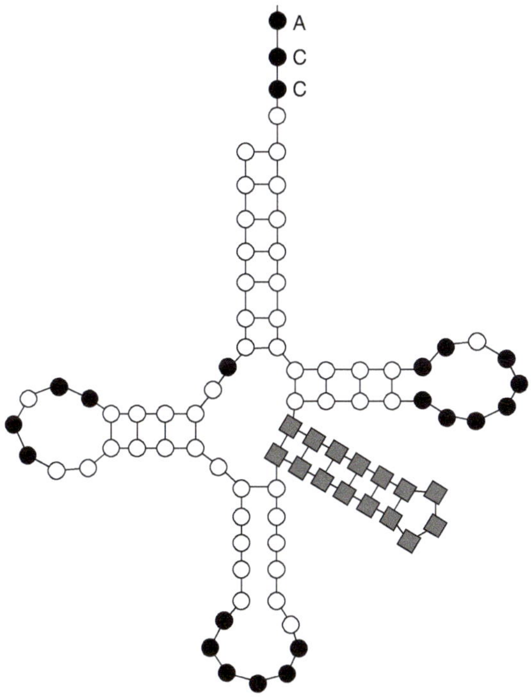

Figure 12.7. ARN de transfert : structure en trèfle.

Les ARN_m n'ont pas de structure secondaire définie, ils ont une taille très variable et une durée de vie en général assez brève (de quelques minutes à quelques heures). Les ARN_t présentent une structure secondaire en « trèfle », dans laquelle la chaîne unique se replie pour former des boucles et s'apparie avec elle-même dans les zones dont les séquences sont complémentaires (appariement par des liaisons H entre G et C et A et U).

Chapitre 13 Génétique moléculaire

Objectifs

- ✔ Savoir sur quoi repose la génétique moléculaire.
- ✔ Comprendre la réplication et la transcription de l'ADN.
- ✔ Comprendre le code génétique en lien avec la biosynthèse des protéines.
- ✔ Aborder la notion de génie génétique.

1. Réplication de l'ADN

La réplication d'une molécule d'ADN donne naissance à deux molécules d'ADN identiques et fidèles au modèle initial.

Elle commence par le déroulement du double brin d'ADN par une rupture progressive des liaisons hydrogène qui provoque la formation d'une **fourche de réplication**. Chaque chaîne polynucléotidique sert de matrice selon le principe de complémentarité des bases azotées (A avec T et G avec C). La formation de la chaîne complémentaire est assurée par l'**ADN-polymérase** et la consommation d'ATP (figure 13.1).

> **›› Définition**
>
> L'ADN est le support de l'information génétique, qui dépend de l'ordre d'enchaînement des nucléotides.
> Pour que cette information puisse être transmise des cellules mères aux cellules filles, il faut une réplication de l'ADN, au cours de la phase S de l'interphase, en vue d'une mitose. Le déclenchement de ce mécanisme est encore mal apprécié. Quoi qu'il en soit, la réplication de l'ADN répond à la loi du tout ou rien. C'est-à-dire que, soit la réplication se fait complètement, soit elle ne se fait pas.

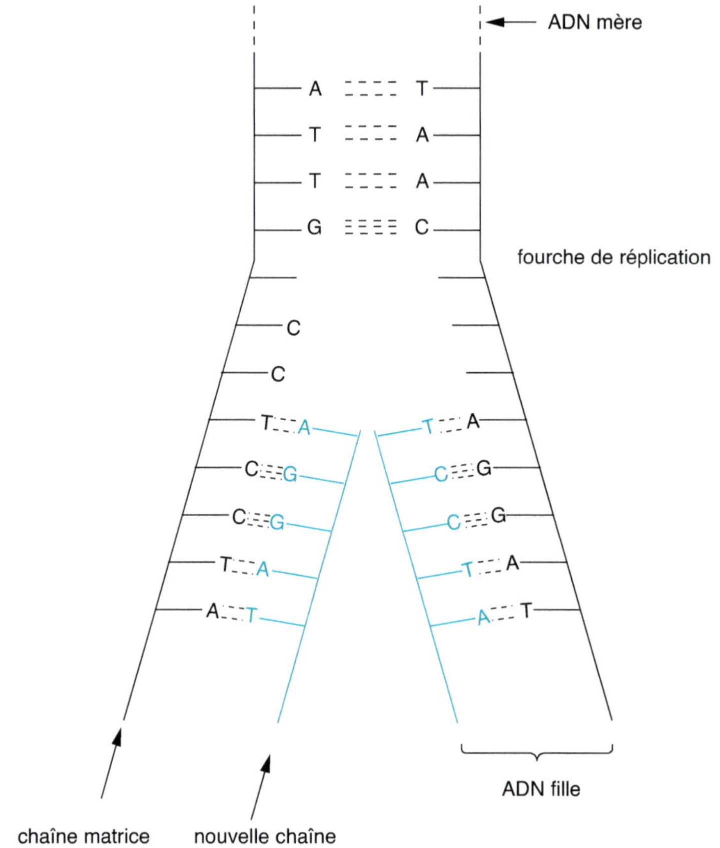

Figure 13.1. Réplication de l'ADN.

Chaque nouvelle molécule d'ADN possède donc un brin matrice et un brin nouvellement biosynthétisé. De ce fait, la réplication est qualifiée de **semi-conservatrice**.
Lorsque cette réplication est terminée, l'ADN s'associe à des histones. L'ensemble contribue à la formation des chromatides retenues par leur centromère lors de la constitution des chromosomes (stade le plus condensé de l'ADN) au moment de la division cellulaire.

2. Transcription de l'ADN

> **›› Définition**
> La **transcription** est le mécanisme qui permet la formation d'ARN_m à partir de l'ADN.

L'ADN permet la transmission de l'information génétique au fil des générations de cellules. Il a aussi pour rôle capital d'être à l'origine de la biosynthèse des protéines, dans le cytoplasme. Or, en aucun cas, l'ADN ne peut sortir du noyau. Il faut donc un intermédiaire capable de transmettre l'information : c'est le rôle de l'ARN messager (ARN_m).
L'ADN porte des séquences particulières appelées **gènes**, qui déterminent quelle protéine va être biosynthétisée par la cellule.
L'**ARN-polymérase** vient au niveau du gène en question et provoque localement l'ouverture de la double hélice. Ce complexe enzymatique assure ensuite la biosynthèse de l'ARN_m selon le principe de complémentarité des bases azotées. La particularité de l'ARN_m tient à la substitution du pentose par un ribose et de la thymine par l'uracile (figure 13.2).

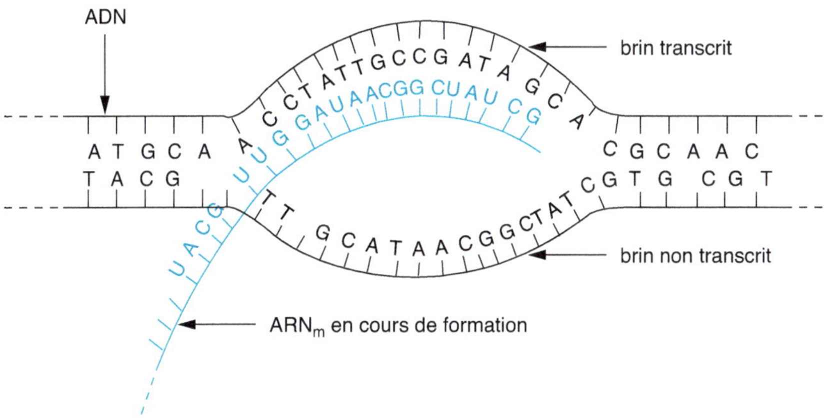

Figure 13.2. Transcription de l'ADN.

La transcription du gène débute dans une région particulière appelée **site promoteur** où se fixe l'ARN-polymérase. L'enzyme ensuite progresse le long du brin d'ADN codant et transcrit jusqu'à la rencontre d'une séquence de terminaison marquant la fin du gène.
La particularité des gènes est qu'à leur niveau l'information génétique est discontinue. Elles présentent des séquences codantes appelées **exons**, intercalées avec des séquences non codantes appelées **introns**. Ces séquences intercalées non codantes se retrouvent au niveau de l'ARN primaire (**transcrit primaire**). Elles sont supprimées grâce à une enzyme d'épissage amenant à la formation d'ARN_m mature (figure 13.3).

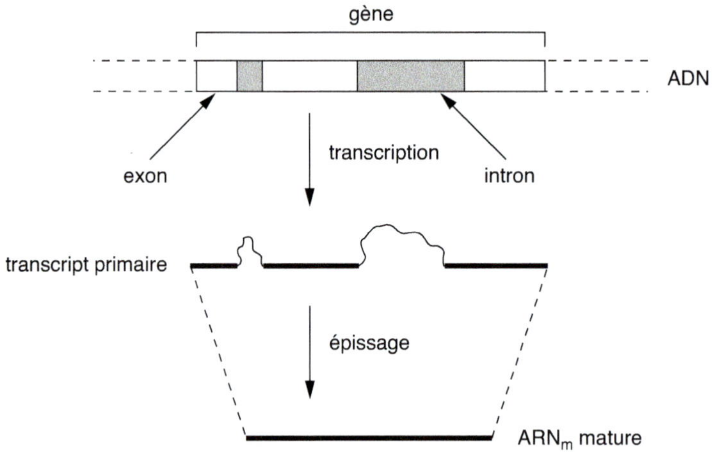

Figure 13.3. Réaction d'épissage (maturation des ARN_m).

3. Biosynthèse des protéines

3.1. Code génétique

> **›› Définition**
>
> L'ARN_m porte les informations qui permet l'assemblage des acides aminés dans un ordre bien précis, c'est-à-dire la **séquence** de la protéine. Ces informations sont dues à l'ordre d'assemblage des nucléotides au sein de l'ARN_m. À chaque groupe de trois nucléotides correspond un acide aminé (sauf quelques cas particuliers). Ce groupe de trois (= triplet) est appelé **codon**. Le code génétique permet de retrouver la correspondance entre un codon et un acide aminé.

Comme il existe 4 bases azotées différentes, il existe 4 possibilités pour le premier nucléotide du codon, 4 pour le deuxième et 4 pour le dernier, soit 64 possibilités de codons différents. Or, il n'y a que 20 acides aminés différents entrant dans la composition des protéines.
Le code génétique est de ce fait qualifié de **redondant** car plusieurs codons codent un même acide aminé. À noter que trois de ces codons servent à la terminaison de la traduction ; on parle alors de **codons stop** (tableau 14.1).

Tableau 14.1. Code génétique.

2e nucléotide / 1er nucléotide	U	C	A	G	3e nucléotide
U	PHE	SER	TYR	CYS	U
	PHE	SER	TYR	CYS	C
	LEU	SER	non-sens	non-sens	A
	LEU	SER	non-sens	TRP	G
C	LEU	PRO	HIS	ARG	U
	LEU	PRO	HIS	ARG	C
	LEU	PRO	GLN	ARG	A
	LEU	PRO	GLN	ARG	G
A	ILE	THR	ASN	SER	U
	ILE	THR	ASN	SER	C
	ILE	THR	LYS	ARG	A
	MET (F-MET)	THR	LYS	ARG	G
G	VAL	ALA	ASP	GLY	U
	VAL	ALA	ASP	GLY	C
	VAL	ALA	GLU	GLY	A
	VAL (F-MET)	ALA	GLU	GLY	G

3.2. Traduction des protéines

Après sa formation, l'ARN$_m$ quitte le noyau et, grâce aux pores nucléaires, passe dans le cytosol, où il s'associe à un ribosome de la petite sous-unité. La traduction commence par un codon qualifié **d'initiateur AUG** (qui code la méthionine). L'acide aminé en question est apporté au niveau de la grosse sous-unité ribosomiale par un ARN de transfert (ARN$_t$). En forme de trèfle (cf. Acides nucléiques), il possède un site de fixation de l'acide aminé transporté et un site de reconnaissance (**anticodon**) spécifique du codon de l'ARN$_m$. L'association codon-anticodon se fait selon le principe de complémentarité des bases grâce à des liaisons hydrogène. Ce premier ARN$_t$ se fixe au niveau du site P du ribosome. Un deuxième ARN$_t$ amène un autre acide aminé en fonction de la nature du deuxième codon. Il se fixe sur le site A du ribosome. C'est l'étape **d'initiation de la traduction**.

Une fois en place, la peptidyltransférase catalyse la formation d'une liaison peptidique entre les deux acides aminés. Le premier ARN$_t$ (qui a perdu son acide aminé) quitte son site. Le ribosome se décale ensuite d'un codon. L'ARN$_t$ porteur du peptide se retrouve sur le site P. Le site A est de nouveau libre, un nouvel ARN$_t$ porteur d'un acide aminé va pouvoir venir se mettre en place. Acide

> **›› Définition**
> Cette étape permet la lecture de l'ARN$_m$ et l'assemblage d'acides aminés pour former des protéines. Les ribosomes sont responsables de cette activité (figure 13.4).

aminé par acide aminé, le peptide s'agrandit ainsi, à partir de son extrémité NH_2-terminale. C'est l'étape **d'élongation de la traduction**.

La lecture du brin d'ARN_m se poursuit jusqu'à la rencontre d'un codon stop (UAG par exemple, cf. Code génétique). Il provoque la libération de la protéine, de l'ARN_m et la dissociation des deux sous-unités ribosomiales. C'est l'étape de **terminaison de la traduction**.

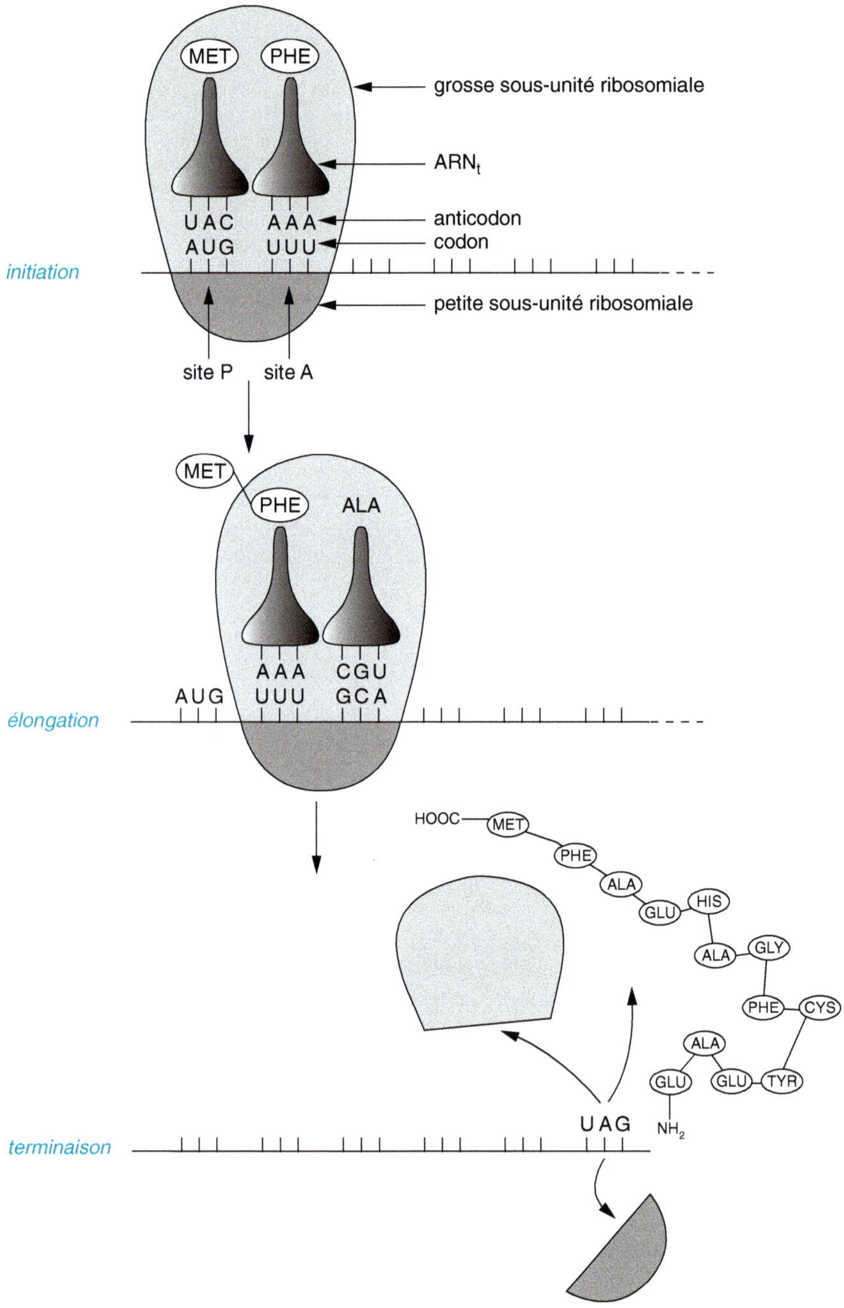

Figure 13.4. Traduction.

3.3. Phénomènes post-traductionnels

Une fois la traduction terminée, la protéine subit des modifications. Le premier résidu (méthionine) est coupé par une exopeptidase. La chaîne polypeptidique acquiert sa structure tridimensionnelle. Elle peut faire l'objet d'une glycosylation, c'est-à-dire la fixation de résidus glucidiques, comme les glycoprotéines. Certaines protéines subissent aussi l'action d'endopeptidases, c'est le cas lors de la biosynthèse de l'insuline. À la fin de la traduction, on obtient la préproinsuline (forme linéaire de la chaîne peptidique). Puis se forme la pro-insuline par établissement des ponts disulfure. Enfin, une endopeptidase amène à la formation de l'insuline (cf. Exemple de quelques peptides).

3.4. Contrôle de l'expression génétique

Le contrôle de l'expression des gènes se fait essentiellement au niveau de la transcription. Il implique des protéines de régulation qui se fixent de façon spécifique au niveau des sites promoteurs. Ces protéines peuvent être inhibitrices ou activatrices.
L'expression des gènes peut faire l'objet d'un contrôle hormonal ; on parle de **phénomène d'induction**. C'est le cas de l'insuline, qui stimule la transcription du gène codant la lipoprotéine lipase.
C'est le cas également des hormones stéroïdes qui, liposolubles, passent par simple diffusion à travers la membrane plasmique des cellules cibles. Une fois dans le cytosol, elles se lient à des protéines jouant le rôle de récepteurs intracellulaires.
Le complexe hormone/récepteur s'oriente ensuite vers le noyau. Il se fixe ensuite sur une région précise de l'ADN et induire la transcription d'un gène ou groupe de gènes.

3.5. Notion de génie génétique

Le principe de base consiste à isoler l'ARN_m codant la protéine souhaitée. Grâce à une technique de transcription inverse, il est possible de convertir l'ARN_m en ADN (toujours d'après le système de complémentarité des bases). Le fragment d'ADN obtenu est ensuite intégré dans un **vecteur d'expression** (une bactérie par exemple). L'activité bactérienne (*via* la transcription et la traduction) provoque la production de la protéine en question, qui est ensuite extraite et purifiée.
Cette technique est actuellement utilisée pour produire l'insuline humaine ou encore l'hormone de croissance.

> **›› Définition**
> Le génie génétique est une application technologique de la biologie moléculaire. Utilisé dans le domaine médical et industriel, il permet la production en quantité importante et avec une certaine pureté de protéines particulières (hormones, immunoglobulines, enzymes...).

Chapitre 14 Étude de quelques métabolismes annexes

Objectifs

- ✔ Connaître le rôle du calcium dans l'organisme.
- ✔ Connaître le rôle du phosphore dans l'organisme.
- ✔ Connaître le rôle du fer dans l'organisme.
- ✔ Connaître le métabolisme des radicaux libres.

Rappel

Le calcium constitue le principal minéral de l'organisme de par son importance quantitative : environ 1 kg chez l'adulte.

On estime que le tissu osseux concentre 99 % de ce calcium.

1. Métabolisme du calcium et du phosphore

1.1. Le calcium dans l'organisme

Le tissu osseux est composé d'une matrice ostéoïde (essentiellement du collagène) où peuvent se déposer le calcium et le phosphore mais aussi d'autres minéraux tels que le magnésium, le sodium, le potassium, le soufre ou encore le cuivre. Les dépôts de calcium et de phosphore forment des cristaux, appelés **hydroxyapatites**, qui assurent la rigidité des os. Tout au long de la vie, le tissu osseux reste biologiquement actif notamment grâce à deux types cellulaires :

- les **ostéoblastes**, responsables du dépôt minéral ;
- les **ostéoclastes**, responsables de la résorption osseuse, c'est-à-dire de la mobilisation des réserves.

Grâce à l'activité de ces deux types de cellule, le tissu osseux est continuellement remodelé. Il joue de ce fait un rôle prépondérant dans l'homéostasie calcique. La quantité de calcium présent dans le milieu extracellulaire est relativement faible : la calcémie est d'environ 2,5 mmol/L.

Des mouvements de calcium ont lieu entre les différents compartiments de l'organisme (figure 14.1).

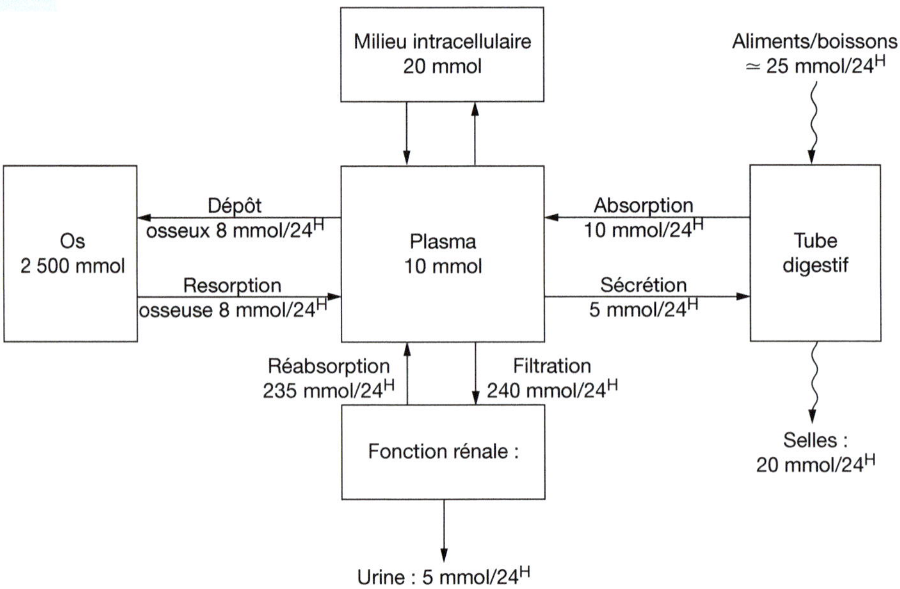

Figure 14.1. Mouvements du calcium dans l'organisme.

1.2. L'absorption du calcium

On considère que seul 30 % du calcium ingéré est absorbé.

L'absorption du calcium se fait essentiellement dans le duodénum et le jéjunum grâce à un mécanisme actif. Elle s'effectue par l'intermédiaire des entérocytes :

- le passage de la membrane apicale est rendu possible grâce à une protéine de transport spécifique ;
- une protéine, la CaBP (*calcium binding protein*) permet au calcium de gagner la membrane basale ;
- le passage de la membrane basale dépend d'une autre protéine spécifique ayant une activité ATPasique, c'est-à-dire dont le fonctionnement requiert l'hydrolyse d'ATP, d'où la notion de transport transépithélial globalement actif (figure 14.2).

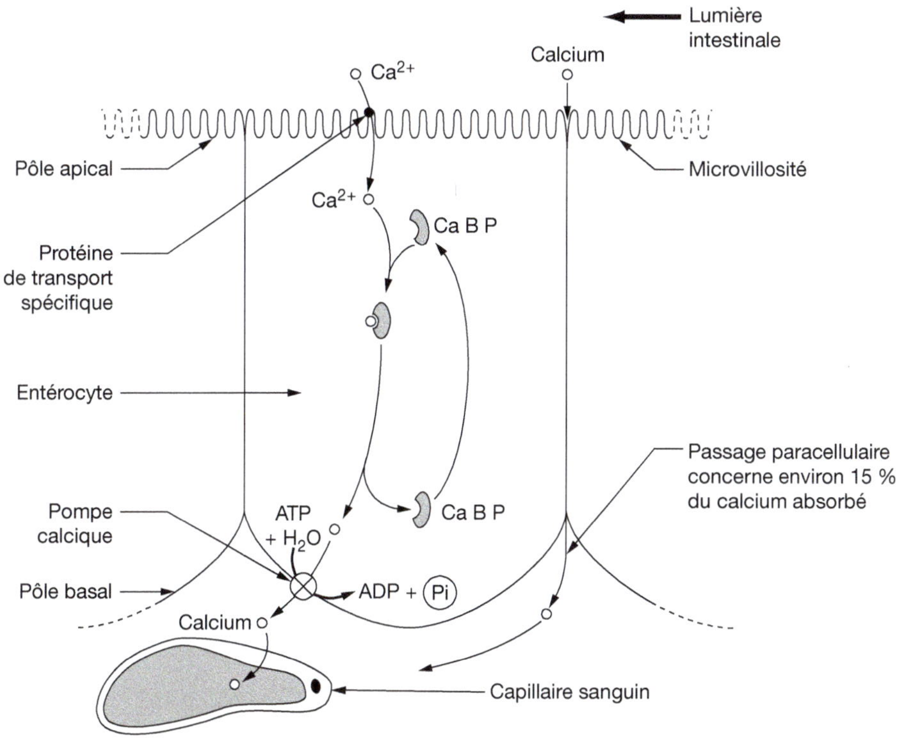

Figure 14.2. Mécanisme d'absorption du calcium.

La biosynthèse de ces protéines de transport est stimulée par le calcitriol (dérivé actif de la vitamine D).

Cette absorption impose que le calcium soit sous forme préalablement soluble et ionisée. **Elle est favorisée par l'acidité gastrique**, la présence de sucres et d'acides aminés d'où la meilleure biodisponibilité du calcium présent dans le lait et les produits laitiers.

Attention

En revanche, certaines molécules se lient au calcium et diminue sa biodisponibilité. C'est le cas de l'acide oxalique (oseille, rhubarbe...), de l'acide phytique (pain complet, céréales complètes...). La quantité de phosphate présent dans l'aliment est aussi importante : sans un rapport Ca/P supérieur à 1-1,5, il y a formation de phosphate de calcium non absorbable et donc éliminé par les selles.

1.3. Calcium plasmatique

Dans le plasma, le calcium existe sous trois formes :
- environ 50 % sous forme libre (Ca^{2+}) : forme dite physiologiquement active car pouvant diffuser facilement à travers les capillaires sanguins ;
- environ 45 % sont liés aux protéines plasmatiques dont la principale est l'albumine ;
- environ 5 % sont liés à des anions : citrate, phosphate...

Il est intéressant de noter qu'en cas d'acidose, la concentration en protons augmentant, ceux-ci se fixent d'autant plus sur l'albumine (qui joue ainsi son rôle de protéine tampon). Ce phénomène limite la fixation du calcium, entraînant une augmentation de la calcémie sous forme libre. Ce constat s'inverse en cas d'alcalose.

1.4. Fonctions du calcium dans l'organisme

Le calcium joue un rôle structural au niveau du **squelette** et des **dents**. Grâce à sa solidification (formation de cristaux), il assure la résistance mécanique de ces tissus.

Le calcium joue aussi un rôle majeur au **niveau neuromusculaire**.
- Il permet la sécrétion des neurotransmetteurs en stimulant le mécanisme d'exocytose au niveau des terminaisons axonales.
- Il participe à la formation du potentiel d'action *via* des canaux calciques dits lents car ils augmentent la durée du potentiel d'action. On retrouve ces canaux calciques au niveau du tissu musculaire cardiaque et lisse.

En cas d'hypocalcémie, la diminution de la concentration en calcium dans le liquide extracellulaire accroît la sensibilité d'ouverture des canaux sodiques (du fait d'une légère augmentation du potentiel membranaire se rapprochant alors du seuil d'excitation), ce qui peut conduire à la formation de potentiels d'action spontanés au niveau des nerfs périphériques pouvant entraîner des contractions musculaires tétaniques. En augmentant la contraction des muscles lisses, l'hypercalcémie a pour effet d'augmenter la vasoconstriction.
- Il permet le contrôle de la contraction musculaire : en sortant du réticulum sarcoplasmique le calcium se fixe sur les myofilaments minces (précisément sur la troponine) et amorce le mécanisme de la contraction de la cellule musculaire striée. Sa réintégration dans le réticulum sarcoplasmique, grâce à une pompe calcique, provoque l'arrêt de la contraction musculaire.

Rappel

Le calcium participe au processus de **coagulation**. Il participe notamment au processus d'activation de la prothrombine en thrombine.

Il stimule au niveau intracellulaire l'activité sécrétoire des cellules glandulaires, notamment en activant le mécanisme d'exocytose.

Le calcium joue aussi un rôle d'activateur enzymatique.

1.5. Régulation de la calcémie

La calcémie fait l'objet d'une régulation précise grâce à deux principales hormones : la **parathormone** et le **calcitriol**.

La calcitonine, hormone antagoniste aux deux précédentes, ne joue qu'un rôle secondaire.

1.5.1. *Parathormone*

›› Définition

La parathormone (PTH) est une hormone de nature polypeptidique, fabriquée au niveau des parathyroïdes. Sa sécrétion est stimulée par l'hypocalcémie. En revanche, une hypercalcémie et une concentration élevée en calcitriol inhibent sa sécrétion.

Une fois dans le sang, la PTH agit essentiellement sur deux cibles : le rein et sur le tissu osseux.
La PTH stimule la réabsorption rénale du calcium, au niveau du tube contourné distal et du tube collecteur. En parallèle, elle favorise la phosphaturie en diminuant la réabsorption du phosphate filtré.
La PTH stimule, également au niveau rénal, la sécrétion de calcitriol qui stimule l'absorption intestinale du calcium et du phosphate.
La PTH agit au niveau osseux en mobilisant les réserves de calcium (et de phosphate) en agissant sur les ostéocytes et les ostéoclastes.

1.5.2. *Calcitriol*

La vitamine D subit une première réaction d'hydroxylation au niveau du **foie**, puis une deuxième au **niveau rénal**. Elle devient alors active et porte le nom de **calcitriol**. C'est cette dernière étape qui est stimulée par la PTH.
La sécrétion est stimulée en cas d'hypocalcémie mais aussi en cas d'hypophosphatémie.
Le calcitriol stimule la biosynthèse des protéines (en agissant sur le noyau des cellules cibles), contribuant au passage transépithélial du calcium et du phosphate.
Au niveau osseux, le calcitriol favorise la minéralisation par stimulation des ostéoblastes. À forte concentration elle stimule les ostéoclastes, permettant une résorption osseuse. D'une manière globale, on considère que le calcitriol est hypercalcémiant de façon à favoriser le remodelage du tissu osseux.
Au niveau rénal, une forte concentration en calcitriol inhibe sa propre biosynthèse. Il stimule de façon modérée la réabsorption du calcium.

> **›› Définition**
> Cette hormone de nature stéroïde dérive de la **vitamine D** qui peut avoir une origine exogène (alimentation) ou endogène (biosynthèse cutanée à partir du cholestérol, sous l'effet d'une exposition au soleil).

1.5.3. *Calcitonine*

Elle a une action antagoniste à la PTH, mais dont l'efficacité reste modérée.
L'augmentation de la calcémie stimule la libération de calcitonine.
Elle agit au niveau osseux en inhibant l'activité des ostéoclastes et donc la résorption des réserves minérales. En contrepartie, elle stimule l'activité des ostéoblastes de façon à faciliter la minéralisation du tissu osseux. Elle a de ce fait une action hypocalcémiante.
Son action au niveau du rein et de l'intestin grêle est considérée comme négligeable.

> **›› Définition**
> La calcitonine est une hormone de nature peptidique produite par la thyroïde grâce aux cellules C.

> **Attention**
> Les œstrogènes stimulent l'activité des ostéoblastes d'où les risques d'ostéoporose suite à la ménopause.

1.5.3.1. Mécanisme mis en œuvre lors d'une hypocalcémie

Voir la figure 14.3.

1.5.3.2. Mécanisme mis en œuvre lors d'une hypophosphatémie

Dans ce cas, il y a sécrétion de calcitriol mais pas de parathormone. Surviennent alors une augmentation de l'absorption intestinale de calcium et de phosphate, ainsi qu'une résorption osseuse de calcium et de phosphate. Cela conduit à corriger l'hypophosphatémie mais aussi à entraîner une hypercalcémie. Toutefois, l'absence de PTH provoque l'élimination de l'excès de calcium par le rein.

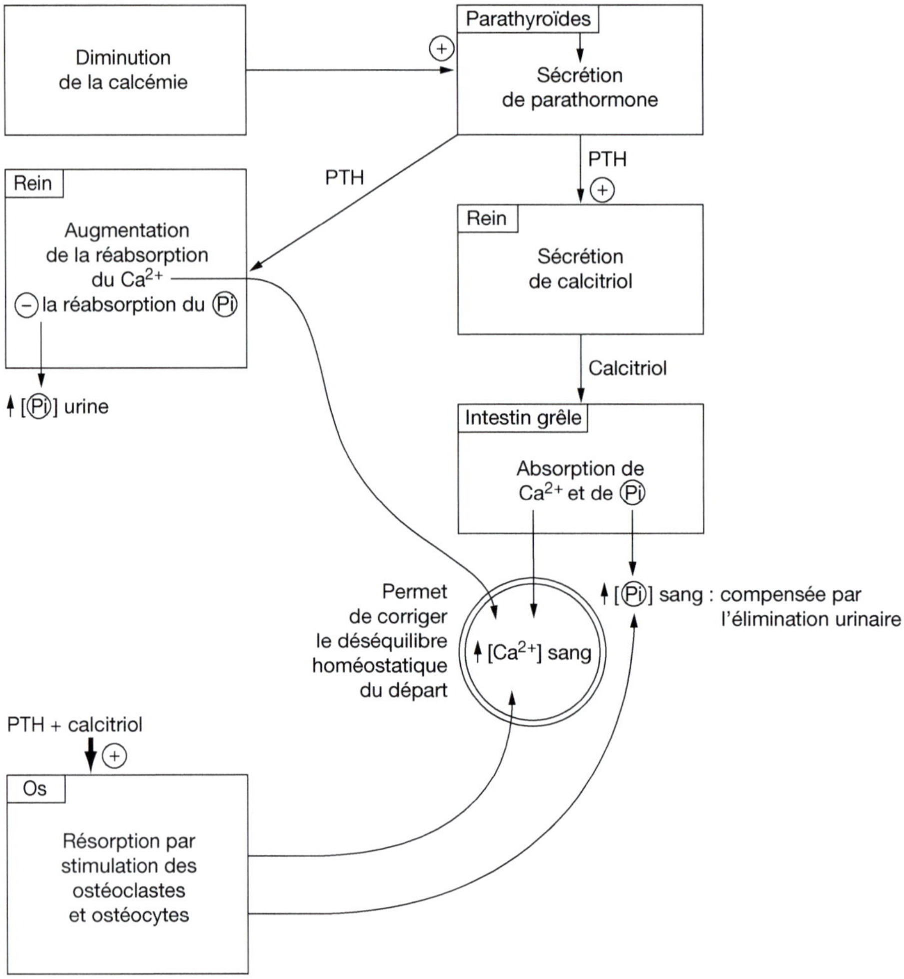

Figure 14.3. Homéostasie phosphocalcique.

1.6. Remarques sur le phosphore

Sous le terme de phosphore, on regroupe deux formes principales de phosphate inorganique (Pi) : HPO_4^{2-} et $H_2PO_4^-$.
Leur concentration plasmatique est d'environ 1,3 mmol/L.
En cas d'acidose la concentration en $H_2PO_4^-$ augmente au dépend de la concentration en $H_2PO_4^-$ et inversement en situation d'alcalose. Ainsi les ions phosphates constituent un système tampon, surtout efficace au niveau rénale et intracellulaire.
Le phosphate est le principal anion du liquide intracellaire.
Les ions phosphates interviennent dans de nombreux métabolismes (glycolyse, métabolisme du glycogène...) et entrent dans la composition de nombreuses molécules (ATP, FAD, NAD, ADN, ARN, phosphocréatine...).
C'est un constituant important du tissu osseux.
Son absorption intestinale est très efficace (70 % du phosphore ingéré) grâce au entérocytes de l'intestin grêle et sous le contrôle du calcitriol.
Son élimination rénale est stimulée par la PTH.

2. Métabolisme des radicaux libres

2.1. Définition et formation

Le dioxygène constitue 20 % de l'air atmosphérique. Cet élément vital est indispensable à notre métabolisme énergétique.
Le dioxygène agit précisément au niveau des mitochondries. Il permet le fonctionnement des chaînes respiratoires et ainsi, grâce aux ATPases, la biosynthèse d'ATP. Cela sous-entend bien sûr qu'il y a eu en amont dégradation d'un substrat énergétique (glucose, acide gras, acide aminé, corps cétonique...).
Le dioxygène a aussi, en parallèle, un effet toxique inévitable car sa présence génère la formation de radicaux libres. Pour s'opposer à cela l'organisme est équipé de moyens de défenses anti-radicaux libres que l'on appelle le **système anti-oxydant**.
Dans un état physiologique stable, on a un équilibre entre la production de radicaux libres et le système anti-oxydant.
Les radicaux libres sont des particules portant des électrons libres c'est-à-dire non appariés (comme ils le sont habituellement grâce aux liaisons covalentes). De ce fait, ces particules sont très instables et très réactives avec d'autres molécules. Leur demi-vie est estimée a quelques millisecondes.
L'écriture des radicaux libres fait apparaître un point en haut à droite avec éventuellement un signe (–) s'ils ont gagné un électron.
Exemples :
- le radical hydroxyl : $OH^{\bullet}$
- le radical superoxyde : O_2^{-}

La formation de radicaux libres a lieu dès que le dioxygène est en contact avec un électron libre :

$$O_2 + e^- \longrightarrow O_2^-$$

La formation de ce radical superoxyde constitue un point de départ pour la production d'autres radicaux libres selon un principe de réaction en chaîne.
Au niveau des mitochondries, environ 3 % de l'O_2 est transformé en O_2^-. Il est transformé ensuite en peroxyde d'hydrogène grâce à la superoxyde dismutase (SOD) :

$$2O_2^- + 2H^+ \xrightarrow[\text{SOD}]{} H_2O_2 + O_2$$

Cette enzyme a pour cofacteur le cuivre, le zinc et le manganèse.
H_2O_2 est lui-même un composé très toxique notamment parce qu'il peut réagir avec un ion ferreux et conduire à la formation d'un nouveau radical libre : le radical hydroxyl.

$$Fe^{2+} + H_2O_2 \xrightarrow[\text{réaction spontanée}]{} Fe^{3+} + OH^- + OH^{\bullet}$$

Le radical hydroxyl est lui-même très réactif et de ce fait très toxique.
OH est capable ensuite de réagir avec de nombreuses molécules biologiques dont les lipides, les protéines et les acides nucléiques.
À noter que les radicaux libres ne diffusent pas, ils réagissent sur le lieu même de leur production.
L'hémoglobine et la myoglobine peuvent subir une oxydation en présence d'O_2 au niveau du noyau héminique :

$$\text{héme-}Fe^{2+} + O_2 \longrightarrow \text{hème-}Fe^{3+} + O_2^-$$

Lors d'un déséquilibre, où la production de radicaux libres augmente ou bien quand les défenses diminuent, on parle de **stress oxydatif**.

Attention

Les radicaux libres présentent une toxicité à l'échelle moléculaire par altération des lipides, des protéines et des acides nucléiques. Cela peut se répercuter par une toxicité à l'échelle cellulaire entraînant leur nécrose.

Les UV et les ultrasons sont également générateurs de radicaux $OH^{\bullet}$.

La forme oxydée, notée méthémoglobine, devient incapable de transporter l'O_2. Cette méthémoglobine est régénérée grâce à une réductase, ce qui permet de limiter l'altération de l'hémoglobine à environ 3 % chez l'adulte.

Il existe d'autres radicaux libres :

- le monoxyde d'azote : $NO^•$. Il se forme lors de la conversion de l'arginine en citrulline. $NO^•$ peut ensuite réagir avec O_2^- et entraîner la formation de peroxynitrite (NO_3^-). C'est un puissant oxydant provoquant l'altération de certains acides aminés et la péroxydation des lipides.
- l'acide hypochloreux (HOCl) qui provient de la réaction entre le péroxyde d'hydrogène et les ions chlorures : $H_2O_2 + Cl^- \longrightarrow HOCL + OH^-$.

L'acide hypochloreux est également un agent altérant les molécules biologiques.

> Dans les cellules phagocytaires (certains leucocytes) il y a formation de peroxyde d'hydrogène et d'acide hypochloreux qui sont alors utilisés comme produits bactéricides.

2.2. Altération des molécules biologiques

> Les acides gras polyinsaturés (AGPI) sont les principales cibles des radicaux libres. Cela concerne les phospholipides membranaires, les esters de cholestérol ou encore les triglycérides.

Les radicaux libres entraînent une peroxydation lipidique : correspond à une détérioration par oxydation des AGPI. Cela se déroule en trois étapes : initiation, propagation et terminaison.

L'initiation est due à l'attaque par le radical libre provoquant la perte d'un hydrogène sur un $-CH_2-$ à proximité d'une double liaison (lieu de fragilisation de la molécule). Cela conduit à la formation de radicaux peroxyles ($R-O_2$) qui à leur tour génèrent la formation d'hydroxyperoxyde ou encore de peroxyde cyclique (figure 14.4).

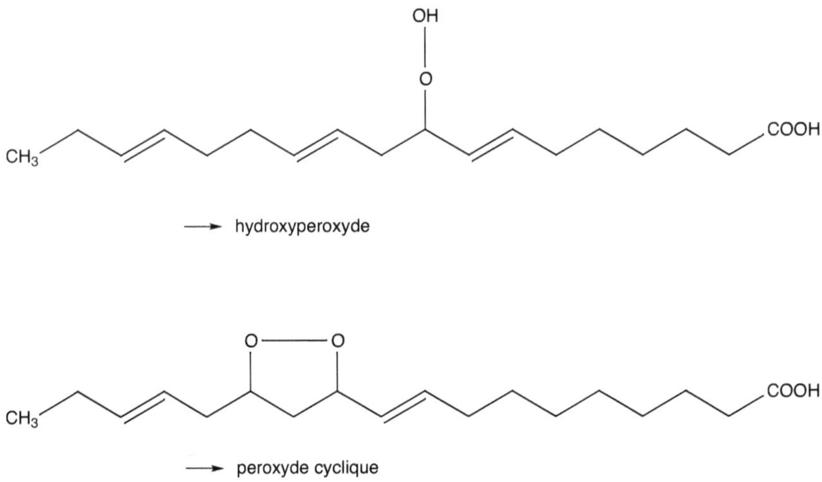

Figure 14.4. Exemple d'altération des acides gras.

Les radicaux peroxyles peuvent aussi réagir avec d'autres AGPI ce qui constitue la phase de propagation.

La phase de terminaison est une réaction entre deux radicaux peroxyles se neutralisant.

Les peroxydes cycliques donnent des produits de décomposition (hydrocarbures, aldéhydes...) qui peuvent réagir avec des protéines notamment les apoprotéines B des LDL. La modification occasionnée empêche la reconnaissance des LDL par leur récepteurs membranaires spécifiques ce qui freine leur catabolisme hépatique.

Ces LDL altérés restent circulants et seront phagocytés par des macrophages, point de départ de l'athérosclérose.

> Les acides aminés et les protéines peuvent également faire l'objet d'altération par les radicaux libres et certains intermédiaires de la péroxydation des lipides.
> L'ADN et l'ARN subissent une altération par les radicaux libres au niveau des bases azotés et du pentose. Cela altère la réplication et la transcription de l'ADN. Des systèmes de réparation, par voie enzymatique, permettent de limiter les mutations géniques.

Le cholestérol peut aussi faire l'objet d'attaque oxydative par les radicaux libres donnant naissance à des oxystérols dont l'effet biologique reste incertain.
Chez les personnes âgées et les diabétiques, on observe une augmentation de la proportion de bases azotées altérées.
Chez les diabétiques, la concentration élevée et répétée en glucose favorise la formation de radicaux libres, ce qui contribue au stress oxydatif de cette pathologie.

Attention
Une concentration élevée et répétée en adrénaline au niveau plasmatique contribue à une plus grande production de radicaux libres.

2.3. Systèmes antioxydants

2.3.1. *Système enzymatique*

Certaines enzymes permettent de convertir et de neutraliser les radicaux libres, on peut citer :
- la **superoxyde dismutase** ;
- la **catalase** ($H_2O_2 \longrightarrow 2H_2O + O_2$) ;
- la **glutathion peroxydase** qui a pour cofacteur le sélénium : elle permet la régénération du glutathion oxydé en glutathion réduit, mécanisme que l'on retrouve de façon importante dans les globules rouges.

2.3.2. *Système non enzymatique*

- La vitamine C : l'acide ascorbique est un composé réducteur agissant en synergie avec la vitamine E en permettant sa régénération. Elle contribue notamment à la réduction du Fe^{3+} en Fe^{2+}.
- La vitamine E : l'α-tocophérol contribue au piégeage des radicaux péroxyles se formant lors de la péroxydation des lipides. Son action a lieu surtout au niveau membranaire du fait de son comportement liposoluble. Elle est également présente au niveau des LDL limitant ainsi leur oxydation. En contrepartie, il a été démontré qu'un excès de vitamine E pouvait avoir un effet pro-oxydant.
- Les **polyphénols** : parmi lesquels on retrouve les flavonoïdes qui sont des piégeurs de radicaux libres et de composés issus de la péroxydation des lipides.
- Le **glutathion** : tripeptide très abondant dans les globules rouges permettant la neutralisation du péroxyde d'hydrogène.
- Les **caroténoïdes**, qui comprennent le β-carotène et le lycopène. Ils piègent les radicaux libres et les radicaux péroxyles. Ils confèrent ainsi une protection des LDL.

Le sélénium est souvent cité comme agent anti-oxydant, il joue plus précisément le rôle de cofacteur de la glutathion peroxydase.

3. Métabolisme du fer

L'organisme adulte contient 3,5 à 4 g de fer. C'est l'un des minéraux dont les besoins sont le moins bien couverts par l'alimentation.
Le fer est un élément essentiel dans la physiologie humaine car en association avec l'hème, il permet le transport sanguin du dioxygène. Il est de ce fait indispensable pour éviter l'hypoxie tissulaire et pour permettre la biosynthèse des globules rouges (érythropoïèse).
On le retrouve également dans le muscle, au sein de la myoglobine, où il permet une petite capacité de stockage d'O_2.
Enfin, il intervient comme cofacteur enzymatique notamment dans les chaînes respiratoires.

3.1. Absorption du fer

Étant un composé métallique son origine est obligatoirement exogène c'est-à-dire qu'il est forcément apporté par l'alimentation.

On lui attribue deux origines alimentaires :

- le **fer héminique** : il est présent dans les viandes et les poissons au niveau de l' hémoglobine et de la myoglobine. C'est la forme qui présente la meilleure biodisponibilité qui reste malgré tout relativement faible. On estime que 20 % de ce fer est assimilé.
- le **fer non héminique** : il est présent dans les végétaux notamment les légumes secs. Sa biodisponibilité n'est plus que de 5 %. Cela est lié au fait qu'il est alors présent sous la forme de fer ferrique (Fe^{3+}), l'absorption étant meilleur sous la forme fer ferreux (Fe^{2+}).

Certaines molécules contribuent à améliorer la biodisponibilité du fer alimentaire. C'est le cas de la vitamine C ainsi que l'acidité gastrique. Ces deux éléments permettent de maintenir le fer sous son état ferreux.

D'autres molécules, en s'associant au fer, pénalise par contre son absorption. C'est le cas des tanins, des oxalates, des phytates ainsi que certains conservateurs (tels que EDTA).

L'absorption du fer se fait au niveau de l'intestin grêle grâce aux entérocytes (figure 14.5).

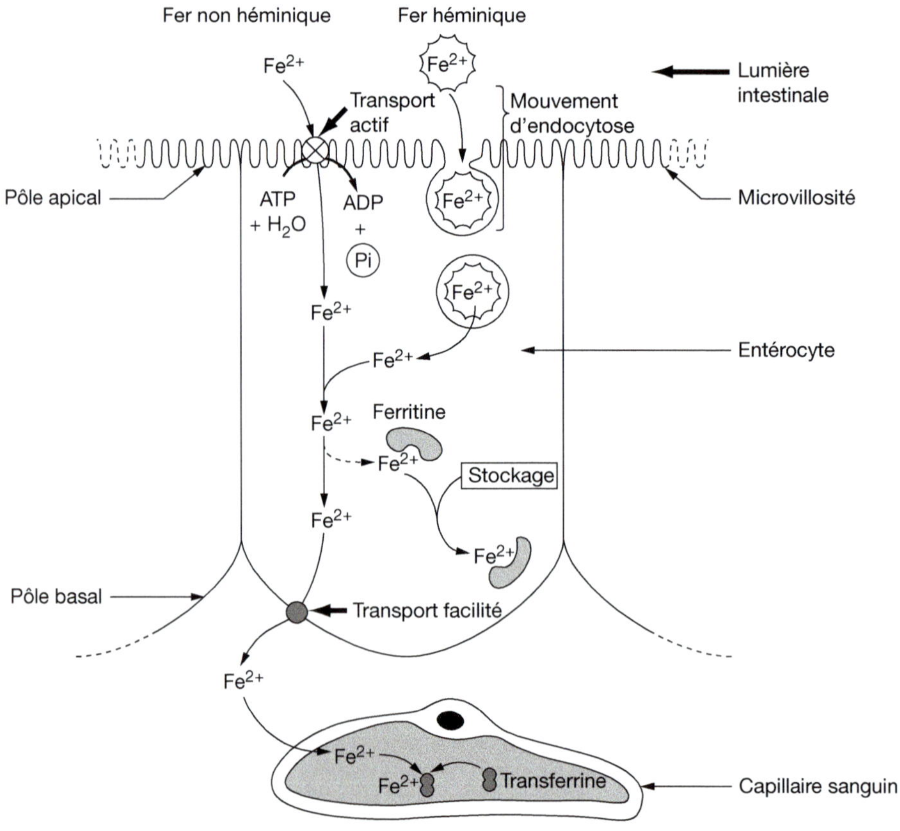

Figure 14.5. Mécanisme d'absorption du fer.

Une partie du fer reste dans les entérocytes et constitue une réserve pour l'organisme.
Une fois dans le sang, le fer est pris en charge par une protéine plasmatique spécifique : la transferrine qui va assurer sa distribution au niveau des différents tissus.

Chez les nourrissons, on note une très bonne absorption (environ 80 %) du fer contenu dans le lait d'origine maternelle. Cela est lié à la présence dans le lait maternel de la lactotransferrine qui augmente considérablement sa biodisponibilité en provoquant l'endocytose du complexe fer/lactotransferrine par les entérocytes.

3.2. Répartition du fer dans l'organisme

Voir la figure 15.6.
La carence en fer pénalise la bonne oxygénation des tissus et donc leur métabolisme énergétique.
Elle conduit ensuite à une anémie.
Les principales causes en sont les hémorragies chroniques et l'insuffisance de l'apport en fer assimilable.

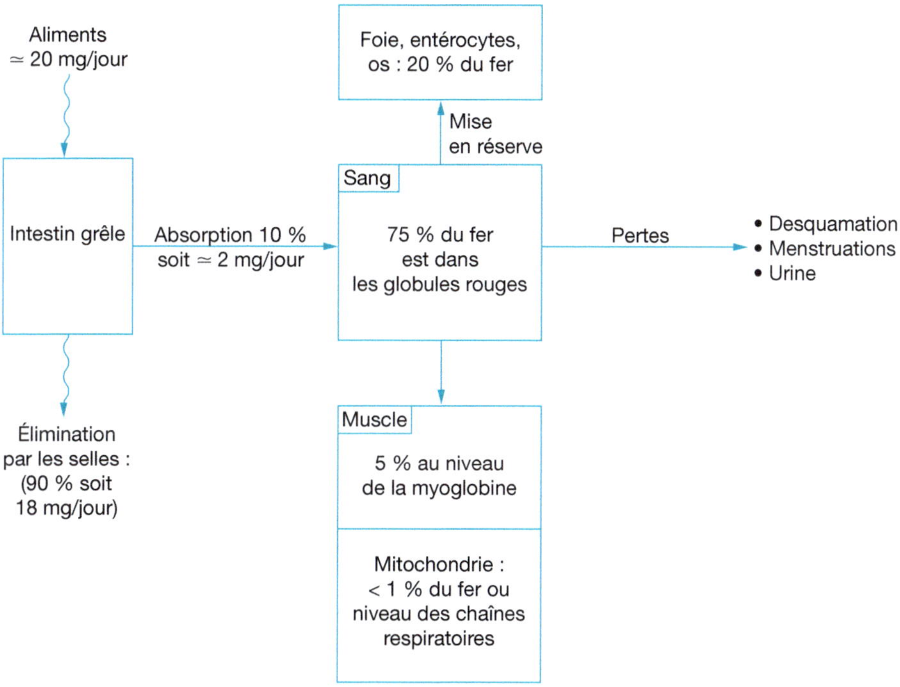

Figure 14.6. Répartition du fer dans l'organisme.

Chapitre 15

Méthodes d'étude et d'analyse des biomolécules[1]

Objectifs

- Savoir prélever un échantillon.
- Savoir le conserver.
- Savoir le fractionner et le purifier.

1. Prélèvement et conservation des échantillons

L'objectif d'une **analyse biologique** est de déterminer à un instant donné la quantité ou l'activité d'une molécule dans le tissu que l'on désire étudier. Le **prélèvement de l'échantillon** est une étape importante car l'erreur commise à ce stade est en général supérieure à l'erreur commise sur la mesure elle-même. Cet échantillon doit avoir un volume et une masse suffisants pour permettre la mesure souhaitée compte tenu de la limite de sensibilité de la méthode utilisée ; la technique de **conservation** de cet échantillon entre le moment de son prélèvement et celui de l'analyse doit permettre d'éviter la dégradation ou l'altération des molécules étudiées ; enfin, cet échantillon doit être **représentatif**. Ceci signifie que le résultat expérimental obtenu dans l'échantillon reflète de façon aussi fidèle que possible les paramètres du tissu étudié.

1.1. Conservation de l'échantillon

L'analyse envisagée peut être effectuée immédiatement après le prélèvement, si bien que la conservation de l'échantillon ne nécessite pas d'autre traitement qu'une simple réfrigération (0-4 °C) qui ralentit l'activité des enzymes de dégradation présentes dans le tissu (l'optimum de température de la majorité des enzymes est proche de 37 °C) ou encore l'addition de réactifs permettant de bloquer une transformation déclenchée par le prélèvement (l'exemple le plus courant est celui des prélèvements sanguins où l'on ajoute un anticoagulant : EDTA, citrate ou héparine).

Les échantillons liquides peuvent aussi être stérilisés par passage sur des filtres stériles de porosité inférieure ou égale à 022 µm qui permettent de laisser filtrer les liquides et de retenir les micro-organismes.

Attention

Les échantillons conservés à 4 °C doivent souvent être traités par des antiseptiques ou des produits susceptibles d'éviter une prolifération bactérienne ou le développement de champignons (cyanure, azide de sodium par exemple).

1.1.1. *Congélation*

Dans de nombreux cas, cependant, l'analyse est effectuée plusieurs jours, voire plusieurs semaines après le prélèvement. La conservation de l'échantillon sera le plus souvent réalisée par **congélation**.

La conservation de cellules susceptibles d'être mises en culture ou de servir par exemple à des inséminations ou des fécondations *in vitro* (spermatozoïdes…) peut être réalisée dans l'azote liquide (– 192 °C), mais il est alors nécessaire d'ajouter dans le milieu des agents évitant la formation de cristaux

Rappel

La température de congélation dépend de la nature des produits à conserver, elle est de – 20 à – 30 °C pour les protéines, les lipides et les polysaccharides mais de – 70 à – 80 °C pour les échantillons d'acides nucléiques ou certaines protéines particulières (facteurs de croissance par exemple).

1. Paragraphe rédigé par Dominique Duval, extrait du *Préparateur en pharmacie*, Dossier 1, « Chimie-Biochimie », EM Inter, 2001.

de glace (diméthylsulfoxyde par exemple ou sérum) qui pourraient léser les membranes. Par ailleurs, la vitesse de congélation doit être relativement lente pour éviter là aussi la formation de ces cristaux (baisse moyenne de 1 °C par minute). Notons que la congélation peut entraîner la dénaturation ou la perte d'activité de certaines protéines et qu'il est donc nécessaire, avant de congeler un échantillon, de s'assurer que l'activité que l'on souhaite mesurer par la suite résiste à cette congélation. Un exemple classique est celui de la lactate déshydrogénase (LDH), dont on mesure la libération dans des surnageants de culture ou des effluents de perfusion comme indice de souffrance cellulaire et qui doit être conservée à 4 °C plutôt qu'à – 20 °C. Dans le cas de molécules sensibles à l'oxydation comme par exemple des lipides ou des acides gras, la conservation sera réalisée par congélation sous une **atmosphère inerte** (azote ou hélium).

Pour éviter la dégradation des échantillons lors d'un transport, ils seront souvent enveloppés dans une boîte isotherme contenant de la carboglace (neige carbonique à – 70 °C).

1.1.2. *Lyophilisation*

Nous avons vu au paragraphe précédent que les réactions biologiques se produisent dans un environnement aqueux, la déshydratation à basse température permet donc une bonne conservation des échantillons. Elle peut cependant présenter quelques inconvénients, comme la perte de produits volatils de faible masse moléculaire ou la difficulté à remettre en solution certaines macromolécules au moment de l'analyse, et nécessite par ailleurs un appareillage relativement coûteux. La conservation d'échantillons destinés à des analyses histochimiques ou de microscopie électronique peut être réalisée par une **fixation** des tissus (dénaturation *in situ* des protéines par le méthanol par exemple, ou le formol à 4 %) suivie d'une **déshydratation** progressive.

Cette déshydratation progressive peut être obtenue en trempant l'échantillon (souvent une coupe de tissu) dans des bains successifs de concentration croissante en éthanol (50, 70 90, 95 et 100 %). Ces méthodes, si elles permettent le maintien satisfaisant des structures cellulaires, dénaturent en général la majeure partie des protéines et rendent difficiles les analyses biochimiques ultérieures. Il est cependant souvent possible de réaliser sur ces préparations des analyses immunocytochimiques.

L'analyse de la composition minérale des échantillons ou de leur teneur en oligoéléments sera souvent réalisée à partir de cendres (après **incinération**) ou sur des échantillons minéralisés par chauffage en milieu acide fort (acide nitrique ou acide sulfurique en présence éventuelle de catalyseurs chimiques). Ces méthodes provoquent une destruction quasi totale des molécules organiques et seront utilisées pour le dosage des oligoéléments et de la teneur en métaux des échantillons ou encore pour l'analyse de la concentration en phosphore d'un extrait lipidique (on peut alors en déduire la concentration des phospholipides dans l'extrait).

› Définition

Une autre technique de conservation des échantillons, permettant de les conserver et de les transporter à température ordinaire, est la **lyophilisation**. Les échantillons sont d'abord congelés, puis l'eau qu'ils contiennent est évaporée sous vide (il s'agit en fait d'une sublimation : passage direct de l'eau de la forme solide à la forme vapeur).

1.2. Prélèvement des échantillons

Dans certains cas, la taille de l'échantillon est telle qu'il sera utilisé dans sa totalité (biopsie par exemple ou prélèvement sanguin chez un nouveau-né). Dans bien des cas cependant, on n'utilisera pour réaliser les analyses souhaitées qu'une partie de cet échantillon. Il est alors nécessaire que la prise d'essai soit représentative du prélèvement initial. Dans le cas d'un liquide ou d'une suspension, on prélèvera une ou plusieurs fractions aliquotes après avoir agité le liquide (agitateur magnétique ou vortex). La comparaison des résultats obtenus sur plusieurs fractions aliquotes de cette solution permet de tester si

> Le résultat d'un dosage est en général rapporté à une **valeur de référence** décrivant la masse de l'échantillon, par exemple le poids frais (incluant l'eau), le nombre de cellules, la concentration en protéines ou en ADN, de façon à pouvoir **comparer** des mesures effectuées sur des échantillons différents. La mesure du paramètre de référence a donc la même importance que celle de la molécule ou de l'activité à analyser, et doit donc être effectuée avec le même soin.

les différentes prises d'essai ont été réalisées de façon homogène mais aussi la reproductibilité de la méthode (variabilité intra-essai).
Dans le cas d'un échantillon solide on pourra prélever plusieurs fragments répartis sur tout le volume de l'échantillon et les traiter ensuite comme une prise d'essai unique, ou encore broyer cet échantillon pour obtenir une suspension relativement homogène que l'on traitera ensuite comme précédemment (cf. infra).

2. Méthodes d'extraction

2.1. Broyage

L'analyse de la concentration ou de l'activité d'une biomolécule débute souvent par une étape de broyage des cellules ou des tissus. Ce broyage permet de rompre les membranes cellulaires et la matrice extracellulaire et de libérer les organites et les molécules contenues dans la cellule. Ce broyage est le plus souvent réalisé dans des conditions visant à préserver autant que possible l'intégrité des molécules étudiées : température comprise entre 0-4 °C pour ralentir l'activité des hydrolases, utilisation d'une solution de broyage contenant un tampon pour maintenir le broyat à un pH voisin du pH physiologique, utilisation d'une solution de broyage dont la force ionique est en général proche de celle du plasma, présence de macromolécules pour contrôler la pression osmotique du milieu (albumine, polyéthylène glycol, saccharose), utilisation d'inhibiteurs de protéases (leupeptine, aprotinine, inhibiteur de soja...) ou de nucléases. La technique de broyage est très variable suivant la molécule ou l'organite subcellulaire que l'on désire étudier : on peut utiliser un broyeur de Potter (formé d'un cylindre en verre dans lequel se déplace un piston en teflon ou en verre mû manuellement ou par un moteur), un broyeur à hélice (de type mixer de cuisine ou ultra-Turrax), ou encore utiliser un broyeur à ultrasons (à une fréquence de 20 kHz). La désintégration des cellules peut être assurée par le passage sous pression de la suspension dans une buse étroite (presse de French), une alternance de congélations et de décongélations au cours desquels les cristaux de glace formés déchirent la membrane plasmique ou un traitement enzymatique (pronase, protéinase K). Pour extraire certaines molécules fragiles (acides nucléiques par exemple) de tissus résistants (possédant par exemple une paroi cellulosique imprégnée de lignine), les fragments de tissus seront d'abord congelés dans l'azote liquide ou la carboglace puis réduits en poudre dans un mortier ou un broyeur à billes. Il est important de choisir la méthode de broyage en fonction de la taille et de la nature de l'échantillon étudié mais aussi de contrôler que la méthode choisie n'entraîne pas une dénaturation de la molécule à analyser.

> On appelle **solution** tout mélange d'au moins deux constituants tels que les molécules constituant le mélange soient réparties de façon homogènes. Le soluté correspond le plus souvent à un corps solide en faible quantité qui est dissous dans un grand volume de solvant.

> Les techniques d'extraction si elles permettent de purifier et de concentrer les molécules extraites ne permettent pas d'en extraire la totalité, il faudra donc déterminer dans chaque condition expérimentale le **rendement d'extraction** (méthode de l'addition contrôlée où l'on ajoute à une fraction aliquote de l'échantillon une quantité connue de la molécule que l'on cherche à extraire) et tenir compte de ce rendement dans le calcul des résultats d'analyse.

2.2. Extraction

Il s'agit en général de faire passer en solution un produit solide (extraction solide-liquide) ou encore de faire passer un produit dissous d'une phase liquide à une phase extractive non miscible avec la précédente (extraction liquide-liquide).
L'extraction concerne en général les produits lipophiles (stéroïdes, lipides, antibiotiques, peptides de petite taille...), peu solubles dans les solvants aqueux ou associés aux membranes. L'opération s'effectue en plusieurs étapes, une étape

de mélange et d'agitation pour permettre le passage de la substance d'une phase dans l'autre suivie d'une étape de séparation des phases (décantation dans une ampoule à décanter, centrifugation ou passage sur un filtre hydrophobe). On appelle **coefficient de partage** le rapport des solubilités d'une même substance dans la phase aqueuse et dans le solvant organique, ce rapport varie selon la nature de la phase organique et la molécule considérée mais dépend également de la température et du pH auquel est réalisée l'expérience (figure 15.1).
Pour améliorer l'extraction on peut répéter l'opération en renouvelant la phase extractive. Les extraits successifs sont ensuite combinés (extraction par *contact multiple*). Ce type d'expérience est par exemple utilisé pour extraire les phospholipides d'un broyat cellulaire par un mélange chloroforme méthanol (méthode de Folch). Dans ce cas, on obtient non seulement la séparation de deux phases non miscibles mais également la formation d'un précipité protéique à l'interface entre la phase organique et la phase aqueuse. L'extraction liquide-liquide peut également être réalisée de façon quasi automatique par une technique à *contre-courant* dans laquelle les deux phases circulent en sens inverse. Le passage de la molécule d'une phase à l'autre se faisant à l'interface entre les deux flux de sens opposés.
Dans le cas de protéines hydrophobes, peu solubles dans les milieux aqueux, on peut réaliser une extraction de type solide-liquide en utilisant un tampon contenant un **détergent** (sodium dodécylsulfate, nonidet P 40, Tween 20…) qui permet par exemple d'étudier les protéines membranaires par des techniques conventionnelles.

Figure 15.1. Extraction liquide-liquide dans une ampoule à décanter.

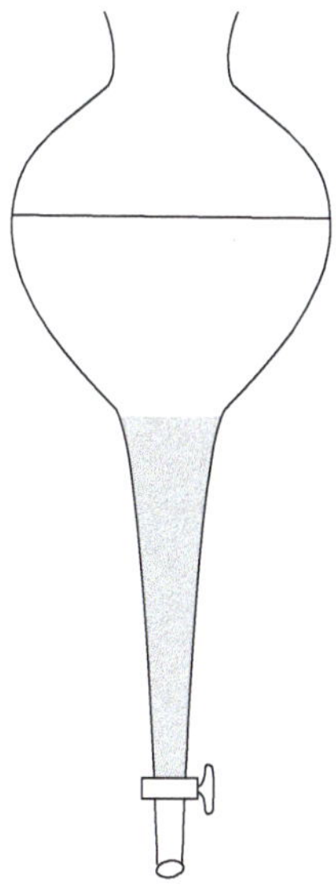

Après mélange de deux phases non miscibles, ces deux phases se séparent dans une ampoule à décanter qui permet de recueillir la phase contenant le produit à extraire.

3. Méthodes de fractionnement et de purification

Le dosage direct d'une molécule ou d'une activité enzymatique dans un broyat cellulaire est souvent difficile en raison de la faible concentration de la molécule étudiée dans l'échantillon et de la présence de multiples contaminants. Il sera donc nécessaire le plus souvent de séparer les différents composants cellulaires de façon à isoler une fraction contenant la molécule à doser. Ces techniques de **fractionnement** et de **purification** qui concernent en général des mélanges de molécules hydrophiles reposent sur les différences de **propriétés physicochimiques** entre les différentes classes de molécules : différences de solubilité, différences de taille et de densité et différences de charge.

3.1. Précipitation

Les protéines sont en général entourées d'une couronne de molécules d'eau, liées à la molécule. La perturbation de ces interactions avec le solvant va entraîner une diminution de cette solubilité et donc une précipitation des molécules. Cette **précipitation** peut être obtenue en présence de sels, ou de solvants organiques (acétone, éthanol, chloroforme). Dans un mélange de protéines de taille, de charge et de solubilité différentes on peut, en augmentant par paliers la concentration des agents utilisés pour la précipitation, séparer ces protéines en en différentes fractions. Cette **précipitation fractionnée** a été souvent utilisée pour séparer des protéines en utilisant par exemple le sulfate d'ammonium en concentrations croissantes.

Rappel
La solubilité des macromolécules, en particulier celle des protéines et des acides nucléiques, dépend des interactions entre ces molécules et les molécules d'eau voisines.

Certaines macromolécules comme la cellulose, le collagène natif ou certains protéoglycanes sont insolubles dans les tampons habituels et doivent être solubilisées dans des conditions plus drastiques (chauffage, utilisation de bases ou d'acides...).

Cette technique de précipitation des protéines en présence de sels est également appelée **relargage**. La technique de Cohn sépare les protéines du plasma en différentes fractions, précipitées par des concentrations croissantes d'éthanol. De même, les acides nucléiques peuvent être précipités à partir d'un broyat cellulaire ou d'un lysat bactérien en utilisant des solvants organiques, éthanol ou isopropanol, ou encore mélange phénol-chloroforme.

3.2. Séparation des fractions soluble et insoluble

La séparation entre la fraction soluble et la fraction insoluble d'un échantillon biologique peut être réalisée de différentes façons :

- en utilisant la gravité, par **décantation** : l'échantillon est laissé dans un tube jusqu'à ce que le précipité s'accumule doucement au fond du tube et que l'on puisse récupérer la phase liquide ;
- en utilisant la gravité, par **centrifugation** : l'échantillon est soumis dans une centrifugeuse à une force centrifuge d'intensité variable, selon la nature du précipité. Cette force centrifuge est exprimée en g : 1 g représente l'accélération de la pesanteur. Les centrifugeuses de paillasse permettent d'obtenir des accélérations de l'ordre de 3 000-4 000 g, les centrifugeuses moyenne vitesse autorisent des accélérations comprises entre 10 000 et 40 000 g. Les ultracentrifugeuses permettent d'atteindre des accélérations allant de 100 000 à 350 000 g. Après centrifugation on peut récupérer le surnageant, liquide, et le culot, accumulé au fond du tube ;
- par **filtration**. L'utilisation de filtres de porosité connue permet de retenir sur le filtre les molécules dont la taille est supérieure à celle des pores et de laisser passer les molécules de petite taille. Cette technique est souvent utilisée pour récupérer un précipité. En utilisant des membranes de filtration de porosités décroissantes on peut également effectuer la séparation d'un mélange de protéines en différentes fractions de masses moléculaires connues.

L'**ultrafiltration** est un procédé dans lequel la séparation sur filtre est accélérée par application d'une pression (utilisant un gaz, par exemple l'azote), ou encore par utilisation de la force centrifuge (filtre à montage inversé). Les membranes utilisées sont souvent des esters de cellulose (nitrate ou acétate de cellulose) ou des polymères plastiques (chlorure de polyvinyle...). Cette technique d'ultrafiltration est souvent utilisée pour concentrer des échantillons.

3.3. Séparation de molécules en solution

La séparation de molécules en solution peut être réalisée par dialyse, ultracentrifugation, chromatographie ou électrophorèse.

3.3.1. *Dialyse*

La dialyse est une technique dans laquelle l'échantillon est placé dans un boudin ou une cassette fermée constituée d'une membrane (acétate de cellulose le plus souvent) de porosité connue. Ce boudin qui contient un petit volume de l'échantillon est placé dans un grand volume de tampon. Les petites molécules présentes dans l'échantillon vont pouvoir diffuser à travers les pores de la membrane. La diffusion obéit à la loi de Fick (diffusion simple) qui stipule que dans un système à 2 compartiments les molécules vont avoir tendance à passer du compartiment où elles sont le plus concentrées, vers le compartiment où elles sont moins concentrées. Le moteur de la diffusion est la différence de concentration existant entre les deux compartiments. Au bout d'un temps de contact important la concentration des molécules diffusibles sera égale dans les 2 compartiments. Dans le cas de la dialyse, les macromolécules ne passant pas à travers les pores de la membrane sont retenues dans le boudin. Cette technique est souvent utilisée pour « dessaler » un échantillon ou changer la composition du milieu dans lequel il est dissous. Le **facteur de dilution** correspond au rapport entre le volume de l'échantillon et celui du récipient dans lequel est effectué la dialyse. En changeant à plusieurs reprises le tampon de dialyse, on dilue à chaque fois le milieu contenu dans le boudin d'un même facteur. Cette dialyse souvent effectuée à 4 °C pour éviter la dénaturation des protéines est un procédé très efficace mais relativement lent (plusieurs jours en général).

3.3.2. *Ultracentrifugation*

L'**ultracentrifugation** a été utilisée il y a quelques années pour séparer des macromolécules, protéines, lipoprotéines ou acides nucléiques. La migration des molécules dans le champ de la force centrifuge permet effectivement de séparer des molécules de masses différentes. Pour améliorer cette séparation on a souvent utilisé une centrifugation en **gradient de densité**. L'échantillon est alors déposé au-dessus d'une succession de couches liquides de densité croissante puis soumis à une centrifugation. Les molécules contenues dans l'échantillon vont alors migrer dans le liquide jusqu'à ce que la force centrifuge ne suffise plus à vaincre la poussée d'Archimède exercée par le milieu sur ces molécules de grande taille. Chaque molécule s'équilibre ainsi dans le tube à l'endroit où la force centrifuge équilibre cette poussée d'Archimède (centrifugation isopycnique). Le recueil des différentes fractions est réalisée soit par le sommet du tube en utilisant une pipette pasteur (lorsque les fractions sont visibles) ou bien en perçant le fond du tube et en collectant le liquide goutte à goutte. Cette technique très longue nécessite des appareils coûteux, elle n'est donc plus utilisée à l'heure actuelle que pour des opérations où elle ne peut pas être remplacée par d'autres méthodes (par exemple l'analyse des différentes fractions des lipoprotéines plasmatiques, ou pour caractériser les propriétés de certains complexes protéiques).

L'ultracentrifugation reste en revanche une méthode de choix pour séparer les différentes fractions ou organites subcellulaires à partir d'un broyat cellulaire. On utilise ainsi la centrifugation fractionnée pour séparer noyaux, mitochondries, réticulum et appareil de Golgi ou cytosol (figure 15.2), ou l'ultracentrifugation en gradient de densité pour isoler différentes fractions membranaires de densité différente. La centrifugation en gradient discontinu est également souvent utilisée pour séparer différentes populations cellulaires à partir d'une suspension.

3.3.3. *Chromatographie*

Les techniques chromatographiques sont aujourd'hui très utilisées pour séparer les différents constituants d'un mélange et les analyser mais aussi pour purifier des quantités importantes d'une molécule (chromatographie préparative). Dans une chromatographie, l'échantillon est dissous et les molécules qu'il contient vont interagir avec une *phase stationnaire* (en général une poudre aux grains très fin ou un solide percé de nombreux trous, c'est-à-dire offrant une surface importante). Selon la nature des molécules et celle du support les interactions seront plus ou moins fortes. On utilise ensuite une *phase mobile* qui passe à travers le support et entraîne avec elle les molécules du mélange. Cette élution est rapide si les molécules ne sont que faiblement associées au support ou au contraire plus lente si les interactions sont fortes. Ces différences de vitesse d'élution permettent la séparation des molécules.

Les techniques chromatographiques peuvent être classées selon trois critères.

- **La nature des phases** : la phase stationnaire peut être un solide ayant des propriétés absorbantes, ou un liquide immobilisé par un solide qu'il imprègne. La phase mobile est un liquide ou un gaz. On parlera alors de chromatographie liquide-solide, de chromatographie liquide-liquide ou de chromatographie en phase gazeuse.

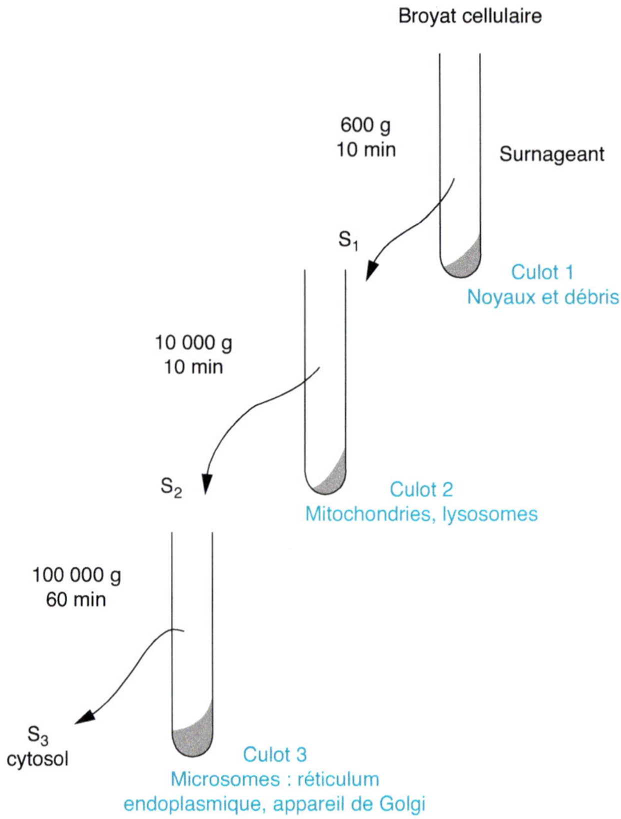

Figure 15.2. Centrifugation différentielle.

Séparation des différents organites subcellulaires par centrifugation fractionnée (différentielle). Les organites les plus denses sont séparés d'abord par centrifugation à basse vitesse (600 g). En augmentant par étapes successives l'accélération de la force centrifuge, on sépare ensuite les organites de plus faible densité jusqu'à obtenir une fraction liquide (cytosol) correspondant au cytoplasme de la cellule.

La chromatographie en phase gazeuse ne s'adresse qu'à des molécules volatiles (en général de masse inférieure à quelques centaines de daltons), à des molécules susceptibles de résister aux températures utilisées pour les vaporiser (150-250 °C), et à des molécules non ionisées (les composés ionisés sont en général peu volatils). Ce type de chromatographie est souvent utilisé pour la séparation des lipides ou des molécules liposolubles (acides gras par exemple).

- **Selon la nature des phénomènes mis en jeu dans les interactions entre les molécules de l'échantillon et la phase stationnaire**, on distingue cinq types de chromatographie :
  - la **chromatographie d'adsorption**, où les molécules à séparer s'adsorbent à la surface du support. La séparation est fonction des différences d'adsorption entre les molécules de l'échantillon ;
  - la **chromatographie de partage**, où la séparation est fondée sur les différences de solubilité des composants de l'échantillon dans la phase liquide imprégnant le support de la phase stationnaire ;
  - la **chromatographie d'échange d'ions**. La phase stationnaire est alors constituée d'une résine, c'est-à-dire d'un polymère, comportant des charges anioniques ou cationiques selon les cas.

Les molécules de l'échantillon, comportant des charges de signe opposé à celles de la phase stationnaire vont s'y associer par des interactions ioniques. L'élution des molécules ainsi fixées sur la résine va être réalisée grâce à une phase mobile dont on fera varier le pH (ce qui revient à modifier la charge des groupements ionisables des molécules) ou la force ionique en augmentant la concentration d'un sel (cette augmentation perturbe les interactions entre l'échantillon et la phase stationnaire) :

- la **chromatographie d'exclusion**, appelée encore chromatographie de perméation ou filtration sur gel. La phase stationnaire est constituée de billes percées de pores dont la taille est proche de celle des molécules que l'on souhaite séparer. Les molécules dont la taille est supérieure à celle des pores seront exclues du gel et seront éluées presque immédiatement. Les molécules de taille plus faible pénètrent dans les pores et leur élution est d'autant plus ralentie qu'elles ont pu pénétrer profondément dans les canalicules du gel. On parle de filtration sur gel car la phase solide est souvent constituée d'un gel de polydextrans sous forme de billes gonflant dans la phase mobile. Dans ce type de filtration sur gel, ce sont les molécules de plus grande taille qui sont donc éluées en premier ;
- la **chromatographie d'affinité**. La phase stationnaire est alors constituée d'un solide ou d'un gel sur lequel ont été greffées des molécules susceptibles de s'associer de *façon spécifique* à l'une des molécules contenues dans le mélange à analyser. Dans ce cas, seule la molécule ayant une affinité pour le support va être fixée les autres molécules non retenues sont éluées rapidement. Il suffit ensuite de décrocher la molécule fixée de son support en augmentant la force ionique du tampon d'élution ou en utilisant une autre molécule susceptible de s'associer spécifiquement au support avec une grande affinité (élution par compétition). Ce type de chromatographie a été souvent utilisé pour purifier certains anticorps, ou certains récepteurs (en greffant sur le support un ligand spécifique) (figure 15.3).

La chromatographie est *exclusivement* une technique de séparation, il est donc nécessaire d'y associer des méthodes permettant d'identifier les substances séparées et le cas échéant de déterminer leur concentration. On place donc à la sortie des colonnes un détecteur qui permet de détecter les différentes molécules éluées en suivant certaines de leurs propriétés physicochimiques : absorption de la lumière dans la gamme visible ou ultraviolette, indice de réfraction, fluorescence... Il est parfois nécessaire de réaliser dans les fractions collectées à la sortie des colonnes ou sur les support des réactions colorées spécifiques (cf. *infra*).

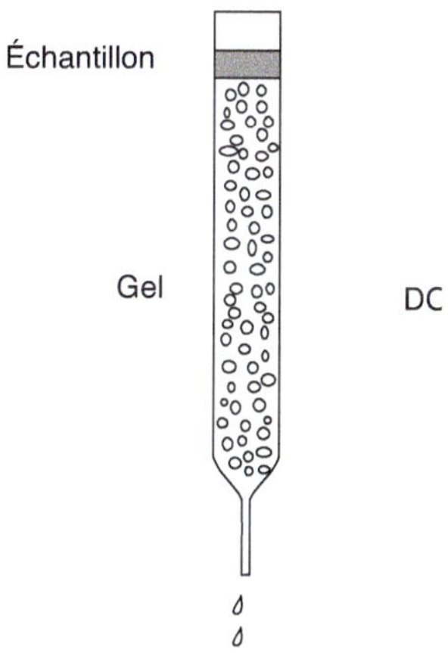

Figure 15.3. Chromatographie d'exclusion sur gel.

La chromatographie d'exclusion sur gel permet de séparer des protéines contenues dans un mélange en fonction de leur masse molaire.
Les molécules de grande taille sont éluées en premier. Les protéines sont détectées en sortie de colonne grâce à leur absorption en lumière UV (densité optique à 280 nm).

Selon la méthodologie mise en œuvre, on distinguera ainsi la **chromatographie sur papier** ou **sur couche mince** (plaque de verre de plastique ou d'aluminium recouverte d'une mince pellicule d'adsorbant, fréquemment cellulose ou silice), ou encore la **chromatographie sur colonne**. Dans ce type de chromatographie sur colonne, on pourra distinguer la chromatographie sous basse pression ou la chromatographie sous haute pression (HPLC, *high pressure liquid chromatography,* 300-600 bars). La chromatographie en phase gazeuse est également réalisée sur des colonnes mais sur des colonnes capillaires de très grande longueur (20-30 m de long).

- La présence et l'emplacement des différentes molécules dans le gel devront être mis en évidence par différentes techniques de révélation ou de coloration : pour les acides nucléiques on utilise souvent un agent intercalant fluorescent (bromure d'éthidium) ; pour les protéines, des colorations spécifiques des protéines telle la coloration au bleu de coomassie.
- L'électrophorèse capillaire permet de séparer en veine liquide et dans des tubes très fins de faibles quantités d'échantillon. Il s'agit d'une technique récente dont la résolution est excellente.

3.3.4. *Électrophorèse*

L'électrophorèse permet de séparer des molécules chargées en utilisant un champ électrique. Cette technique peut s'effectuer en veine liquide mais utilise le plus souvent un support, acétate de cellulose, gel d'agarose ou gel de polyacrylamide, imbibé d'une solution d'électrolytes (conduisant le courant). Les molécules déposées dans le gel vont migrer dans les interstices existant entre les molécules polymérisées constituant le support sous l'influence d'un champ continu. La vitesse et le sens de migration dépendent de plusieurs paramètres (température, force ionique du milieu, intensité du champ électrique...) mais surtout de la charge des molécules étudiées. Dans le cas des acides nucléiques dont le squelette est chargé négativement (à cause des groupements phosphates) ou en présence d'un détergent (sodium dodécylsulfate, SDS) qui s'associe aux protéines et leur confère une charge négative, le facteur principal gouvernant la migration dans le champ électrique est maintenant la taille des molécules : les petites molécules s'infiltrent plus rapidement dans les mailles du gel que les grosses. L'électrophorèse sur gel constitue donc une méthode de choix pour séparer des macromolécules en fonction de leur taille, les protéines sur gel de polyacrylamide ou les acides nucléiques sur gel d'agarose. Il existe également des électrophorèses en deux dimensions : la première migration s'effectue dans un milieu où l'on a créé un gradient de pH. Chacune des protéines va migrer sous l'influence du champ électrique jusqu'à la zone où le pH du milieu correspond à son pH_i (c'est-à-dire le pH pour laquelle la charge globale de la molécule est nulle). Le gel est alors tourné d'un angle de 90 degrés et l'on effectue une deuxième migration en présence de SDS.

4. Principales méthodes de dosage

Le dosage d'une molécule, c'est-à-dire la mesure de sa concentration dans un milieu biologique, est fondé sur la connaissance d'une propriété caractéristique de cette molécule : propriété chimique, propriété optique ou physicochimique, propriété ou activité biologique. Le but étant d'établir une **relation entre une caractéristique mesurable de la molécule étudiée et sa concentration**. Suivant les cas, le dosage sera effectué dans un échantillon biologique brut contenant un mélange complexe de diverses molécules ou sur un échantillon préalablement purifié ne renfermant que la molécule étudiée. Il sera alors nécessaire dans le dosage de tenir compte des pertes survenues durant le processus de purification.
Il existe de très nombreuses méthodes de dosage dont nous allons citer ici les principes.

4.1. Techniques gravimétriques

On cherche à faire réagir la molécule à doser avec un réactif sélectif, formant avec cette molécule un complexe stœchiométrique insoluble. Le précipité est ensuite recueilli par décantation, centrifugation ou filtration, puis pesé. Du poids de ce précipité on déduit ensuite la concentration initiale de la molécule d'intérêt. Cette technique est peu précise et souvent difficile à mettre en œuvre, elle a surtout été utilisée pour l'analyse minérale.

4.2. Analyse volumétrique

On peut déterminer la concentration d'une molécule en mesurant le volume d'un réactif de concentration connue, nécessaire pour accomplir avec la substance étudiée une réaction chimique définie, par exemple une réaction acide base, une réaction redox ou une réaction de complexation. La réaction la plus courante est la titration acide-base où l'on mesure à l'aide d'une burette la quantité de base nécessaire pour neutraliser un acide contenu dans l'échantillon. Pour déterminer le point d'équivalence on utilisera des indicateurs colorés dont la couleur vire en même temps que le pH du milieu (tournesol, phénolphtaléine...). Ces réactions ne sont plus guère utilisées aujourd'hui.

4.3. Méthodes optiques

Les molécules en solution sont capables d'absorber la lumière. On pourra alors définir pour toute molécule son **spectre d'absorption**, c'est-à-dire la variation du coefficient d'absorption en fonction de la longueur d'onde de la lumière incidente (figure 15.4). La position des *maxima* d'absorption et l'intensité de l'absorption sont des caractéristiques propres à chaque molécule. Il est donc possible en enregistrant les spectres d'absorption de déterminer la nature et la concentration de certaines des molécules contenues dans les solutions étudiées. Certaines molécules colorées absorbent la lumière visible (longueur d'onde λ comprise entre 400 et 750 nm) d'autres absorbent dans le domaine ultraviolet ($\lambda < 350$ nm). Certaines molécules comme les cytochromes, la rhodopsine, la chlorophylle, les caroténoïdes absorbent la lumière visible, certains acides aminés (tryptophane, tyrosine) ont un spectre d'absorption avec un maximum proche de 278 nm, les ARN ont un maximum d'absorption proche de 260 nm. La variation de l'absorption d'une coenzyme, le NADH, à 340 nm est souvent utilisée pour suivre des réactions d'oxydoréduction catalysées par des enzymes utilisant cette coenzyme.

L'absorption propre de nombreuses molécules n'est pas suffisante pour permettre un dosage spectrophotométrique fiable, on va donc chercher à former un **complexe coloré** entre la molécule étudiée et un réactif judicieusement choisi, réagissant de façon sélective avec cette molécule. L'intensité de la coloration permet un dosage **colorimétrique** de la substance initiale.

Figure 15.4. Spectre d'absorption.

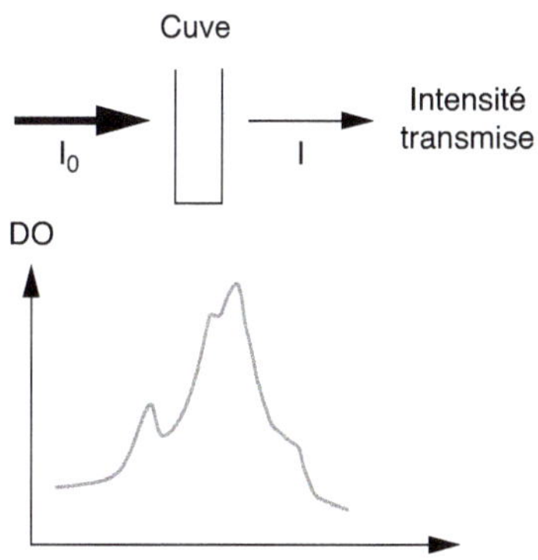

On mesure dans un spectrophotomètre l'absorption de la lumière à travers une cuve contenant la molécule étudiée (en solution). La variation de cette absorption en fonction de la longueur d'onde de la lumière constitue le spectre d'absorption de la molécule (en général donné sous forme de densité optique, DO).

Loi de Lambert-Beer

Si I_0 est l'intensité de la lumière incidente et I celle de la lumière transmise, la loi de Lambert-Beer indique que

$$\text{Log}\frac{I_0}{I} = \varepsilon \times C \times l$$

où C est la concentration de la substance présente dans la cuve traversée par la lumière (moles/litres), l est la longueur du chemin optique (épaisseur de la cuve) et ε un coefficient spécifique de la substance (coefficient d'absorption moléculaire) à la longueur d'onde choisie.

Log I_0/I est encore appelé densité optique. Cette **densité optique** est directement proportionnelle à la concentration de la substance dont on étudie l'absorption, ce qui permet de calculer sa concentration soit en utilisant la valeur de l'e moléculaire, soit par comparaison avec une courbe d'étalonnage (absorption mesurée dans un spectrophotomètre pour une concentration connue de la substance étudiée).

À côté des méthodes spectroscopiques très utilisées dans de nombreux dosages, il existe d'autres méthodes faisant appel aux propriétés optiques des molécules.

4.3.1. *Fluorescence*

Dans un fluorimètre on mesure la fluorescence de façon perpendiculaire à la direction du faisceau incident pour éliminer toute trace de la lumière d'excitation (l'intensité de la fluorescence est en effet très faible par rapport à celle de la lumière d'excitation).

Les électrons d'une molécule excitée par un rayonnement incident (rayons X, lumière UV ou visible) vont passer à un état d'énergie supérieure (excité) puis redescendre à l'état basal en émettant une lumière fluorescente. On peut définir pour une molécule donnée un spectre d'excitation correspondant aux longueurs d'onde nécessaire pour exciter la molécule et un spectre d'émission donnant les longueurs d'onde où l'émission est maximale (on observe entre les deux spectres un décalage vers les plus grandes longueurs d'onde).
Les molécules fluorescentes sont en général des molécules contenant des hétérocycles rigides et plusieurs doubles liaisons conjuguées (alternance de simples et de doubles liaisons).

4.3.2. *Néphélémétrie*

Cette technique repose sur la mesure de la lumière diffusée par des particules en suspension dans un liquide. La lumière incidente peut soit être transmise à travers le liquide sans changer de direction, soit être réfléchie par les particules en suspension. On va alors mesurer la quantité de lumière réfléchie dans une direction perpendiculaire à celle du faisceau incident. La diffusion de la lumière dépend de la taille des particules et diminue avec la taille de celles-ci. Cette méthode peut être utilisée pour doser des protéines sériques après précipitation par des anticorps spécifiques (immunoprécipitation).

4.3.3. *Photométrie de flamme*

Cette méthode repose sur le fait que certains atomes excités émettent un rayonnement dont les longueurs d'onde sont caractéristiques de l'émetteur, on parle de raies spectrales.
La source d'excitation est une flamme dans laquelle est pulvérisée un échantillon aqueux contenant les sels des atomes étudiés. En mesurant l'intensité de la lumière émise et les longueurs d'onde des raies spectrales il est possible de doser les atomes contenus dans l'échantillon. Dans la pratique, cette technique est utilisée en biologie pour doser les métaux alcalins, sodium (émission jaune-orange intense à 589 nm), potassium ou lithium (raies principales à 610 et 670 nm).

4.3.4. *Absorption atomique*

L'absorption atomique permet essentiellement de doser les traces métalliques contenues dans les échantillons biologiques. L'appareil se compose en premier lieu d'une lampe à cathode creuse contenant le métal à analyser. Lorsque cette lampe est allumée, l'élément présent dans la cathode va émettre un rayonnement de longueur d'onde caractéristique. Sur le trajet de ce rayonnement on va vaporiser l'échantillon étudié (dans un flamme ou un four). Si l'élément que l'on souhaite doser est présent dans l'échantillon, il va absorber une partie du rayonnement émis par la lampe. L'intensité de cette absorption dépend directement du nombre de particules absorbant la lumière selon la loi de Lambert-Beer. Cette méthode est spécifique puisque seul l'élément étudié peut absorber dans la raie spectrale émise par la cathode et également très sensible mais elle ne permet de doser que les métaux pour lesquels on possède des lampes et nécessite des appareils coûteux. C'est la méthode de choix pour le dosage des traces métalliques (fer, cuivre, plomb, sélénium, zinc, magnésium), mais également du phosphore dans les tissus.

4.4. Méthodes enzymatiques

Les enzymes sont des catalyseurs protéiques qui agissent en très faibles quantités pour catalyser la transformation d'un **substrat** et aboutir à la formation d'un **produit**. Ces enzymes sont spécifiques à la fois du type de réaction catalysée et vis-à-vis du substrat : chaque enzyme catalyse la transformation d'une seule molécule ou catégorie de molécules. Le dosage de l'activité d'une enzyme repose le plus souvent sur la mesure de la disparition du substrat ou la mesure de l'apparition du produit ou encore sur les variations au cours de la réaction des propriétés d'une **coenzyme**. On peut, selon les cas, effectuer le dosage en point final (à l'équilibre) ou de façon cinétique, en mesurant la vitesse d'apparition du produit ou de disparition du substrat. Ces dosages sont souvent effectués en utilisant des techniques colorimétriques, spectroscopiques ou fluorimétriques. L'utilisation d'un substrat contenant un atome radioactif permet également de suivre avec une grande précision la transformation en produit, si l'on possède une technique permettant de séparer aisément le substrat et le produit. L'utilisation des traceurs radioactifs est cependant une technique qui nécessite des appareillages et des produits coûteux et réclame des conditions de sécurité particulières (installation agréée par une commission interministérielle et enlèvement des déchets par des sociétés spécialisées) qui ne sont pas accessibles à tous les laboratoires.

On peut utiliser les propriétés des enzymes pour doser certaines molécules. La molécule étudiée est alors transformée *spécifiquement*, par une enzyme, en un produit dont le dosage est bien connu ou plus facile. Prenons l'exemple du dosage enzymatique du glucose : en présence d'ATP et de l'enzyme hexokinase, le glucose est transformé sélectivement en glucose-6-phosphate. Ce composé est ensuite transformé en présence d'un cofacteur (coenzyme), le NADP, et d'une autre enzyme la glucose-6-phosphate déshydrogénase en gluconate-6-phosphate. Au cours de cette réaction le NADP est transformé en NADPH. Cette transformation peut être évaluée en suivant la densité optique à 340 nm (le NADPH présente un pic d'absorption à cette longueur d'onde, contrairement au NADP). La quantité de NADPH formée correspond à la concentration initiale du glucose dans l'échantillon. Il existe un très grand nombre de réactions de dosage utilisant, directement ou indirectement, les propriétés des enzymes.

4.5. Méthodes immunochimiques

Elles reposent toutes sur la propriété des anticorps de s'associer spécifiquement à l'antigène contre lequel ils sont dirigés. Dans l'organisme, un **antigène** est une molécule (souvent de grande taille), reconnue comme étrangère par les systèmes de défense immunitaires (lymphocytes et macrophages). Les lymphocytes B vont alors synthétiser des immunoglobulines (anticorps) qui vont se fixer sur l'antigène avec une affinité très élevée. Le complexe antigène-anticorps ainsi formé est ensuite phagocyté par les macrophages. L'interaction antigène-anticorps est également très spécifique : chaque anticorps est dirigé et reconnaît un antigène donné.

On peut utiliser les propriétés de ces anticorps pour réaliser des réactions de dosage très spécifiques et avec une sensibilité remarquable (par exemple dosages d'hormones dans le sang).

Prenons l'exemple d'une réaction dite ELISA (*enzyme linked immunosorbent assay*). Les anticorps dirigés contre la molécule que l'on souhaite doser sont immobilisés sur le fond d'une plaque de réaction (plaque à 96 puits). Après lavage, on ajoute dans les puits une quantité connue de l'échantillon à doser et des quantités croissantes de l'antigène étudié couplé à un marqueur (en général une enzyme servant de traceur). On réalise en fait une expérience de compétition : si l'échantillon ne contient pas ou peu d'antigène, les anticorps vont fixer principalement le complexe antigène-traceur. Si l'antigène naturel (non associé à l'enzyme) est abondant dans l'échantillon, il va se fixer aux anticorps empêchant ainsi le complexe antigène-enzyme traceur de s'y associer. Après lavage, pour éliminer les traces d'antigènes non fixées à l'anticorps, on va révéler dans chaque puits l'activité de l'enzyme traceuse (cette enzyme est souvent la peroxydase qui génère en présence de peroxyde d'hydrogène et d'un substrat chromogène, la diaminobenzidine, une coloration jaune-orange). On mesure alors la densité optique de chacun des puits. Une faible intensité indique la présence dans l'échantillon de quantités importantes de la molécule étudiée, tandis qu'une forte coloration indique qu'il n'y a pas eu compétition et que l'échantillon ne contenait donc que de faibles concentrations de l'antigène. Ces réactions qui peuvent être aisément automatisées permettent des dosages très sensibles mais exigent naturellement que l'on dispose de l'anticorps dirigé contre la molécule à doser. Le développement des techniques d'obtention d'anticorps monoclonaux a considérablement favorisé l'utilisation de ces techniques immunochimiques, dont il existe de nombreuses variantes.

On peut également utiliser la propriété des anticorps de former avec leur antigène un complexe insoluble. On parle alors de réactions d'immunoprécipitation ou d'immunoagglutination.

Les tests de grossesse par exemple font appel à la formation d'un précipité en anneau entre l'hormone gonadochorionique HCG, présente dans l'urine des femmes enceintes, et un anticorps spécifique.

Glossaire[1]

A

ACIDE (n.m.)

Composé chimique contenant de l'hydrogène sous forme ionisable (H^+). Il se comporte en donneur de protons. En chimie organique, une molécule acide est le plus souvent caractérisée par une fonction carboxylique.

ACTINE (n.f.)

Protéine intracellulaire du muscle, se présentant à l'état de fibrilles. Son association avec la myosine provoque la contraction musculaire. L'actine représente environ 15 % de l'azote musculaire.

ACYL-CoA (n.f.)

Composé résultant de l'union du groupe carboxyle (–COOH) d'un acide gras avec le groupe thiol (–SH) de la coenzyme A (CoA). La formation d'un acyl-CoA active l'acide gras engagé ; c'est la première étape de la β-oxydation. À la fin d'une opération de dégradation oxydative, lorsque le reste acide ne comporte que deux carbones (reste acétyle), on obtient l'acétyl-CoA, composé de la plus haute importance dans le métabolisme intermédiaire. C'est par lui qu'un chaînon à deux atomes de carbone se trouve engagé dans le cycle de Krebs. L'acétyl-CoA provient de la dégradation de l'acide pyruvique, de la dégradation des acides gras, du métabolisme de certains acides aminés.

ADIPOCYTE (n.m.)

Cellule du tissu adipeux réalisant la synthèse des triglycérides – à partir des acides gras circulants – et leur stockage au sein d'une volumineuse gouttelette lipidique en période postprandiale ; en période de jeûne, les triglycérides sont hydrolysés et les acides gras libérés. Le métabolisme de l'adipocyte est soumis à une importante régulation hormonale, notamment par le couple insuline/glucagon : l'insuline favorise la synthèse des triglycérides et le glucagon leur mobilisation.

ADRÉNALINE (n.f.) – (Épinéphrine)

Hormone, sécrétée essentiellement par la médullosurrénale, appartenant au groupe des catécholamines. Elle agit comme vasoconstricteur, comme régulateur de la musculature lisse et comme hormone d'urgence dans diverses situations de stress notamment. Sa synthèse est réalisée à partir de la tyrosine. Elle est trouvée en faible concentration dans quelques fruits.

1. Définitions extraites de *La science alimentaire de A à Z*, J. Adrian, J. Potus, R. Frangne, Éditions Tec & Doc, 2e édition, 1995.

AGLYCONE (n.m.)

Fraction non glucidique fixée sur un sucre (glucose, galactose, etc.) ou un polyholoside, qui forme ainsi un glycoside ou un glucoside selon la nature du sucre associé.

ALBUMINE (n.f.)

Nom générique d'un groupe de protéines donnant des solutions colloïdales. L'albumine constitue la presque totalité de la matière sèche du blanc d'œuf (ovalbumine) et une partie importante des protéines du sérum sanguin (sérum-albumine) ; on en trouve aussi dans le lait (lactalbumine), les tissus et les liquides physiologiques, et chez les végétaux (albumine végétale). Sa composition en acides aminés varie avec l'organisme auquel elle appartient. L'albumine peut complexer ou insolubiliser certains métaux lourds d'où son utilisation comme contrepoison des sels mercuriques. Elle coagule sous l'effet de la chaleur, de l'alcool et des acides (dénaturation), en entraînant les matières en suspension, ce qui permet de l'utiliser pour la clarification des liquides alimentaires (vins, sirops, etc.). Présente dans le plasma sanguin, où elle assure le transport des acides gras entre les tissus, elle franchit la barrière rénale dans le cas d'albuminurie.

ALDOSE (n.m.)

Sucre simple, réducteur, portant un groupement aldéhyde généralement fixé sur le carbone 1. Les aldoses sont très répandus dans la nature ; la plupart des pentoses et des hexoses sont des aldoses.

ALDOSTÉRONE (n.f.)

Hormone de la corticosurrénale, contrôlant le métabolisme des électrolytes, en favorisant l'excrétion rénale du potassium et en diminuant celle du sodium.

ALIPHATIQUE

Caractérise une molécule carbonée se présentant sous forme linéaire ou ramifiée, ne comportant aucun cycle carboné à la différence d'une molécule aromatique. À l'état de radical monovalent ($-CH_3$), elle est dénommée alkyle.

AMP CYCLIQUE – (Adénosine monophosphate cyclique)

AMP portant un cycle supplémentaire qui se forme par estérification de la fonction alcool primaire fixée sur le C'-5 du ribose par l'acide phosphorique fixé sur le C'-3. Il se comporte en second messager intracellulaire de l'action hormonale ou de la transmission synaptique. L'AMP est synthétisé à partir de l'ATP par l'adényl cyclase.

AMPHIBOLIQUE

Qualifie des voies métaboliques parcourues aussi bien dans le sens catabolique qu'anabolique. Le cycle de Krebs ou la voie des pentoses sont ainsi dits amphiboliques.

ANABOLISME (n.m.) – (Biosynthèse)

Ensemble des réactions métaboliques conduisant à la synthèse des composés nécessaires à la croissance, au développement et au maintien des structures d'un organisme.

ANION (n.m.)

Ion chargé négativement, tels le chlore (Cl^-) et les acides organiques, qui migre vers l'anode au cours d'une électrophorèse.

ANTICODON (n.m.)

Triplet de nucléotides de l'ARN de transfert, lui permettant de former des liaisons avec le codon correspondant d'une molécule d'ARN messager.

ANTICORPS (n.m.) – (Immunoglobuline)

Substance spécifique (glycoprotéine) produite par l'organisme en réponse à l'introduction d'un antigène. La précipitation de l'antigène par l'anticorps correspondant est une réaction de défense de l'organisme immunisé. Les anticorps du plasma sanguin sont associés à une catégorie particulière de globulines, les immunoglobulines ou *gamma* globulines.

ANTIGÈNE (n.m.)

Substance chimique définie, étrangère à l'organisme vivant, susceptible de provoquer la formation d'anticorps spécifiques. L'antigène réagira spécifiquement avec les anticorps qu'il a induits.

B

BASE AZOTÉE

Molécule organique, à propriété basique, entrant dans la composition des nucléotides. Dans l'ADN et l'ARN, on trouve deux bases puriques communes : l'adénine et la guanine ainsi que deux bases pyrimidiques : la cytosine et la thymine dans l'ADN ; la cytosine et l'uracile dans l'ARN. Leurs différentes combinaisons en triplets (codon) déterminent le codage des acides aminés lors de la synthèse protidique.

BICARBONATE (n.m.) – (HCO_3^-)

a) En physiologie, il constitue l'élément majeur de la réserve alcaline du sang. Sa teneur dépend de divers paramètres homéostatiques.
b) En technologie alimentaire, il est utilisé comme « levure chimique » ou « poudre levante » pour la biscuiterie, sa décomposition au cours de la cuisson amenant un dégagement de gaz carbonique, en milieu acide :

$$HCO_3^- + H^+ \longrightarrow H_2CO_3 \longrightarrow H_2O + CO_2$$

BIOSYNTHÈSE (n.f.)

Production d'une substance par une cellule en parcourant une voie anabolique constituée d'une succession de réactions enzymatiques. La conversion *in vivo* d'un précurseur en vitamine active est une biosynthèse partielle.
Grâce au développement du génie génétique, on peut insérer dans l'ADN d'une cellule un gène de structure codant pour une protéine étrangère à son métabolisme normal. À partir de là, la cellule produit en quantités importantes et régulières la substance en faveur de laquelle son patrimoine génétique a été modifié.

BIURET (Réaction du)

Une solution fortement alcaline contenant 0,02 % de sulfate de cuivre donne une coloration pourpre violacée en réagissant avec une liaison peptidique. La réaction du biuret est utilisée pour le dosage des substances protidiques et peptidiques. Le terme biuret désigne un dérivé de l'urée qui développe la coloration pourpre.

C

CALCIUM (n.m.)

Macronutriment minéral dont une des principales fonctions est l'édification du squelette par dépôt de phosphate tricalcique (cristaux d'hydroxyapatite) sur la matrice protidique de l'os. L'inhibition de cette opération crée le rachitisme. L'efficacité nutritionnelle du calcium ingéré est sous la dépendance de nombreux facteurs biochimiques. Les uns renforcent la valeur calcique de la ration (rapport Ca/P, lactose, vitamines D et provitamines D, protéines, acidité intestinale, etc.). Les autres sont défavorables et, parmi eux, certains éléments se comportent comme des agents de décalcification en maintenant le calcium sous forme insoluble dans l'intestin : acides sulfurique, oxalique, phytique, etc. De même, les acides gras saturés à longue chaîne diminuent la digestibilité calcique en formant des savons intestinaux insolubles. Diverses vitamines interviennent directement ou non dans les phénomènes de calcification : vitamine D, vitamine A, vitamine C, vitamine B_1, de même que certains éléments minéraux comme le fluor, le phosphore. L'absorption intestinale du calcium a lieu surtout dans le duodénum, sous le contrôle de la vitamine D. Le calcium intervient dans des mécanismes variés, comme la coagulation sanguine, la contraction musculaire, le fonctionnement cardiaque, la transmission synaptique. C'est un activateur d'un grand nombre de systèmes enzymatiques intracellulaires. Dans le sang, la moitié du calcium est liée aux protéines ; la calcémie, concentration du calcium dans le plasma sanguin, est sous la dépendance de plusieurs hormones : calcitonine, parathormone et calcitriol.

CATABOLISME (n.m.)

Ensemble des réactions enzymatiques par lesquelles l'organisme dégrade les nutriments ingérés (glucides, lipides, protides) pour en tirer les matériaux (petites molécules) et l'énergie nécessaire aux biosynthèses (anabolisme). Les matériaux non utilisés sont rejetés, généralement après transformation : c'est l'élimination. L'énergie libérée est stockée dans les liaisons phosphates de l'ATP, riches en énergie, d'où la cellule pourra l'extraire suivant les besoins.

CATALYSEUR (n.m.)

Agent minéral ou organique qui augmente la vitesse d'une réaction sans en être le substrat, et qui est régénéré en fin de réaction. Le catalyseur joue sur la cinétique des réactions mais n'en modifie pas l'équilibre thermodynamique. Les enzymes sont des catalyseurs biochimiques de nature protéique, extrêmement efficaces et spécifiques.

CATÉCHOLAMINE (n.f.)

Ensemble d'hormones et de neurotransmetteurs synthétisés à partir de la tyrosine ou de la phénylalanine. Les principales sont la dopamine, l'adrénaline et la noradrénaline.

CATION (n.m.)

Ion chargé positivement, tels le sodium (Na^+) et tous les ions métalliques. Il se dirige vers la cathode (pôle –) au cours d'une électrophorèse.

CÉRAMIDE (n.f.)

Amide d'acide gras et de sphingosine que l'on trouve dans les tissus animaux, constituant un intermédiaire de synthèse des sphingomyélines et des cérébrosides.

CÉTOGÈNE

Qualifie un nutriment dont le métabolisme aboutit à la formation d'une substance cétonique. Certains acides aminés (leucine, tyrosine, phénylalanine) et les acides gras qui se dégradent en acétyl-CoA sont des molécules cétogènes. Le taux des substances cétoniques augmente de façon caractéristique lors du jeûne glucidique ou du diabète sucré, en raison du métabolisme accru des acides gras.

CÉTONIQUE (Corps)

Ensemble de substances cétoniques provenant de la β-oxydation des acides gras (acétone, acides acéto-acétique et hydroxybutyrique) qui sont normalement oxydés sauf dans certaines pathologies comme le diabète (acétocétose), et certains troubles hépatiques. Dans ce cas, ils s'accumulent dans le sang (acétonémie) et s'éliminent par voie urinaire (acétonurie). Au cours du béri-béri, le même phénomène se développe en raison de la diminution de l'activité des décarboxylases intervenant dans la transformation de l'acide pyruvique en acétyl-CoA.

CÉTOSE (n.m.)

Sucre simple dont le groupement réducteur est une cétone fixée généralement sur le carbone 2. Le cétose le plus répandu est le fructose ou lévulose.

CHIRALITÉ (n.f.)

Propriété d'une molécule possédant au moins un carbone asymétrique (c'est-à-dire doté de 4 substituants différents). L'étymologie du terme vient de « main » en grec ; les deux mains étant images l'une de l'autre dans un miroir. Une molécule chirale est active sur la lumière polarisée.

CHROME (n.m.)

Oligo-élément minéral renforcant le fonctionnement de l'insuline et celui de la glycolyse, sous forme de « facteur de tolérance au glucose » (*glucose tolerance factor = GTF*). Il fait partie d'une métalloprotéine soufrée qui contient une association de chrome et de zinc (métallothionéine), la teneur en chrome atteignant 3 %. Le vanadium agit comme antagoniste du chrome.

CHROMOPROTÉINE (n.f.)

Métalloprotéine dont l'élément minéral confère une coloration à l'ensemble protidique. Elles ont des fonctions biologiques importantes : l'hémoglobine et la chlorophylle sont des chromoprotéines.

CODON (n.m.)

Triplet de nucléotides de l'ARN messager représentant un acide aminé donné selon le code génétique (codon signifiant) ou un signal de fin de traduction (codon non sens).

COENZYME A (n.m. ou n.f.) - (CoA)

Coenzyme des systèmes de transfert de radicaux acétyles, composée d'une molécule d'acide pantothénique, d'ATP et de cystéamine. Soluble dans l'eau et insoluble dans les solvants des graisses, elle est facilement oxydable. Elle sert notamment pour la synthèse du cholestérol, la β-oxydation et le cycle de Krebs, l'allongement des chaînes d'acides gras qui s'accroissent ainsi de 2 carbones, etc. Une unité de CoA correspond à 0,7 µg d'acide pantothénique.

COENZYME Q (n.m. ou n.f.) – (Ubiquinone)

Maillon de la chaîne respiratoire se situant en amont des cytochromes. Sa structure présente une forte analogie avec celle de la vitamine K et de la vitamine E, comportant un noyau quinonique avec des substitutions méthoxyles et une chaîne latérale dont l'élément de base est une molécule d'isoprène. Il passe réversiblement de la forme quinol à celle de quinone.

CONCENTRATION (n.f.)

Quantité d'une substance exprimée en nombre de moles par litre pour la concentration molaire volumique, en masse par masse pour la concentration massique (m/m), en volume par volume pour la concentration volumique (v/v) ou en combinaison d'unités de nombre de moles, de masse et de volume.

COPROSTÉROL (n.m.) – (Coprostanol)

Stérol saturé, de formule brute : $C_{27}H_{48}O$ (poids mol. : 388,65) formé durant le transit intestinal chez l'Homme et les carnivores ; il résulte de l'hydrogénation de la double liaison du cholestérol par les micro-organismes intestinaux. Substance inabsorbable par la paroi intestinale.

CORI (Cycle de)

Mécanisme qui englobe l'oxydation anaérobie du glucose en lactate au niveau musculaire, le transport du lactate jusqu'au foie et enfin la néoglucogénèse à partir de ce lactate hépatique. Le glucose formé est ainsi disponible pour de nouvelles oxydations en particulier dans les tissus musculaires, après son transport par la circulation générale.

CORTICOSTÉROÏDE (n.m.)

Nom générique des hormones stéroïdes sécrétées par la corticosurrénale ou cortex surrénal, partie périphérique de la surrénale. Les principales hormones corticostéroïdes sont l'aldostérone, le cortisol et la corticostérone. L'aldostérone est un minéralocorticoïde qui participe au contrôle du métabolisme hydrominéral en favorisant la réabsorption rénale du sodium. Le cortisol et la corticostérone sont des glucocorticoïdes qui agissent sur le métabolisme intermédiaire en favorisant le catabolisme protéique et la synthèse hépatique du glucose. Les glucocorticoïdes sont les hormones majeures du stress.

CUIVRE (n.m.)

Oligo-élément minéral, hématopoïétique, agissant en synergie avec le fer : il facilite à la fois l'absorption intestinale du fer et son incorporation dans l'hémoglobine. Il joue un rôle de coenzyme dans divers systèmes enzymatiques (acide ascorbique oxydase, phénolases, uricase, lysine-oxydase, dopamine-hydroxylase, etc.).

D

DANSYLATION (n.f.)

Méthode permettant de déterminer la nature de l'acide aminé N-terminal d'une chaîne protidique. Le chlorure de diméthyl-aminonaphtalène-sulfonyle se fixe sur le NH_2 libre terminal. Après hydrolyse de la protéine, le dansyl-acide aminé est déterminé par une technique chromatographique appropriée.

DÉNATURATION (n.f.)

En ce qui concerne les protéines, la dénaturation est un phénomène physique modifiant leur organisation structurale, leur faisant perdre leur conformation tridimensionnelle, sans modification de la structure primaire. Ainsi « déployées », les parties hydrophobes se trouvent alors davantage exposées vers l'extérieur. Ceci entraîne une diminution de leur affinité pour l'eau d'où leur floculation. Il en résulte des modifications d'ordre physique et biologique notamment la disparition des sites actifs des protéines enzymatiques et de toutes celles qui ont des fonctions biologiques. La dénaturation au sens strict ne comporte ni réaction chimique de la protéine, ni phénomène de nature hydrolytique. Elle est un phénomène généralement irréversible, dû à une rupture des liaisons hydrogène ; elle peut provoquer la formation de ponts disulfures et de liaisons intermoléculaires, donc un réarrangement de la molécule. Au cours de la pasteurisation et de la stérilisation du lait, les lactalbumines du sérum sont partiellement dénaturées. Une albumine dénaturée se prête plus facilement à une protéolyse *in vitro* que la protéine native. Les principaux agents dénaturants sont la chaleur, l'alcool, l'acétone, les acides, l'urée ou la guanidine, les ultrasons, les rayons ultraviolets, etc.
Pour l'ADN, la dénaturation consiste au passage de l'état double brin à l'état simple brin, obtenu par la chaleur ou l'alcalinisation.

DEXTROGYRE

Substance possédant un carbone asymétrique, dont la solution dévie vers la droite un plan de lumière polarisée (dans le sens des aiguilles d'une montre). Cette propriété est indiquée par le signe (+) placé avant le nom de la substance chimique.

DIFFUSION (n.f.)

Transfert d'une molécule ou d'une particule d'un compartiment où sa concentration est élevée vers un autre où elle est à faible concentration. La diffusion sera d'autant plus rapide que l'écart de concentration entre les deux compartiments - gradient de concentration - est plus grand. L'osmose, l'absorption intestinale par voie passive, la perte de nutriments hydrosolubles dans les eaux de lavage et de cuisson relèvent des phénomènes de la diffusion.

DORNIC (Acidité)

Mesure de l'acidité, utilisée principalement pour les produits laitiers. Le degré Dornic (°D) correspond à l'acidité produite par 1 décigramme d'acide lactique par litre de produit (ou kg). Le lait contient 15 à 20 °Dornic lorsque sa qualité bactériologique est satisfaisante. Au-delà de 20 °D, l'acidification du lait est telle que la caséine tend à floculer au cours des traitements thermiques.
La correspondance entre les degrés Dornic et le pH est la suivante :

15 °D = pH 6,9
20 °D = pH 6,5
25 °D = pH 6,0
55 °D = pH 5,2

E

EAU MÉTABOLIQUE

Eau produite par l'oxydation des composés hydrogénés au cours du métabolisme. En moyenne, la quantité d'eau résultant de 100 g de lipides métabolisés est de 107 mL ; 100 g de glucides fournissent 55 mL d'eau et 100 g de protéines 40 mL d'eau.

EICOSANOÏDE (n.m.)

Famille de substances naturelles provenant de remaniements enzymatiques de l'acide arachidonique, comprenant les prostaglandines, les thromboxanes, les prostacyclines, etc.

ÉLECTROLYTE (n.m.)

Molécule se dissociant en phase aqueuse à l'état d'anion (charge électrique négative) et de cation (charge électrique positive) : Cl Na $\longrightarrow$ Cl^- + Na^+. Les électrolytes assurent la pression osmotique de tous les liquides biologiques et, pour cette raison, leur somme obéit à des lois très strictes. Les électrolytes majeurs sont les chlorures, bicarbonates, phosphates et acides organiques (anions) sous forme de sels de sodium, potassium, magnésium et calcium (cations).

ENTÉROCYTE (n.m.)

Cellule de la bordure en brosse de l'épithélium intestinal, tapissée de microvillosités. Elle assure les fonctions d'absorption des nutriments. Les entérocytes se renouvellent très rapidement : la totalité de l'épithélium est entièrement remplacée en 36 h. Les cellules âgées desquament et se désagrègent dans la lumière intestinale, elles constituent une part notable du rejet fécal d'azote endogène. À cause de leur taux de division cellulaire élevé, elles sont parmi les plus sensibles de l'organisme aux doses excessives de rayons X et aux radiations atomiques.

ENTÉRO-HÉPATIQUE (Circulation)

Qualifie une circulation de constituants biochimiques entre le foie et l'intestin grêle, notamment celle des acides biliaires. Cette circulation est réalisée en circuit fermé : les mêmes substances sont évacuées du foie dans l'intestin grêle, par exemple au niveau du duodénum *via* les canaux biliaire et cholédoque, puis réabsorbées ultérieurement dans l'iléon, et retournent ainsi à leur point d'origine *via* la veine porte.

ÉPIMÈRE (n.m.)

Sucre simple ne se différenciant d'un autre que par l'orientation spatiale d'un seul hydroxyle de leur chaîne carbonée. Le glucose et le galactose sont des épimères en C_4. Le passage d'un épimère à un autre, ou épimérisation, peut se faire par voie chimique ou enzymatique.

ESTER (n.m.)

Molécule chimique résultant d'une liaison entre un acide (organique ou minéral) et un alcool, avec élimination d'une molécule d'eau. L'estérification correspond à la réaction :

$$R\text{–}COOH + R'\text{–}CH_2OH \longrightarrow R\text{–}CO\text{–}O\text{–}CH_2\text{–}R' + H_2O$$

La rupture de cette liaison peut se faire par voie enzymatique (estérase) et chimique (saponification).

EXON (n.m.)

Ensemble des fragments d'un gène effectivement transcrit dans l'ARN mature issu de ce gène, après épissage.

F

FER (n.m.)

Oligoélément minéral, hématopoïétique, qui joue un rôle essentiel dans le transport de l'oxygène et les mécanismes d'oxydation cellulaire par sa présence dans l'hémoglobine et les cytochromes. Il est absorbable, à un taux très faible de l'ordre de 1 à 10 % et utilisable préférentiellement à l'état ferreux. Si l'on accorde 100 à la disponibilité du sulfate, du fumarate, du lactate et du gluconate ferreux, le fer de l'hémoglobine a une valeur de 125 tandis que celle du phosphate ferrique n'est que de 30. Le fer alimentaire, à l'état ferrique, est d'abord réduit au cours de la digestion. L'absorption intestinale du fer ferreux est sous le contrôle de mécanismes mal élucidés faisant intervenir des éléments protidiques (gastroferrine de l'estomac, apoferritine de l'intestin grêle). Une fois dans la muqueuse intestinale, il se fixe sur l'apoferritine et forme ainsi la ferritine dans laquelle il se trouve à l'état ferrique et en constitue 25 % du poids sec. Le fer se présente habituellement dans l'organisme sous forme protidique, de nombreuses protéines permettant son transport, ses fonctions biochimiques et son stockage. Dans le sang, il est localisé dans l'hémoglobine et la transferrine (ou sidérophiline) ; dans le muscle, il est fixé dans la myoglobine et il est emmagasiné dans divers organes (foie, rate) à l'état de ferritine et d'hémosidérine. Il ne peut passer dans le lait que sous forme protidique, la lactotransferrine (protéine rouge) étant synthétisée par la glande mammaire : il constitue 0,11 % de la lactotransferrine du lait de vache et 0,35 % de celle de femme. La carence en fer se traduit par une anémie hypochromique. Elle survient à la suite d'une alimentation lactée prolongée ou à la suite de certains états pathologiques concernant son absorption intestinale. Le lait est pratiquement dépourvu de fer ; les céréales entières, les légumes verts et les légumes secs en sont des sources appréciables.

FERRITINE (n.f.)

Molécule protidique constituée de 20 à 24 sous-unités globulaires d'un poids mol. unitaire de 20 000 (apoferritine). Sur cet édifice protidique s'accumulent des hydrates ferriques, ce qui donne un poids moléculaire pouvant atteindre 900 000 (le fer peut constituer 20 % de la matière sèche). La ferritine est la principale forme de stockage du fer dans l'organisme ; elle échange facilement son fer avec la transferrine plasmatique. La ferritine se trouve dans la muqueuse intestinale, le foie, la rate, la moelle osseuse.

FLUOR (n.m.)

Oligoélément minéral agissant dans les phénomènes de calcification et d'ossification ; à doses minimes et par contact direct avec la dent, il réduit le risque de la carie. Dans les régions riches en fluorophosphates, l'excès de fluor provoque une fluorose observée chez l'homme et l'animal, se traduisant par un hyperdéveloppement osseux (exostose) et par un émail dentaire marbré. Les formes solubles (fluorures) sont les plus toxiques. Le calcium et l'aluminium sont des substances antagonistes du fluor. Sur le plan biochimique, le fluor présente un pouvoir anti-enzymatique élevé. Les fluorures sont des inhibiteurs de la glycolyse en inhibant l'énolase qui catalyse la transformation de l'acide 2-phosphoglycérique en acide phosphoénolpyruvique. Dans le domaine nutritionnel, cette propriété retentit notamment sur l'activité de la lipase pancréatique, son inhibition réduisant la digestibilité des lipides. La marge entre les ingérés favorables sur le plan physiologique et ceux qui sont responsables des manifestations toxiques est extrêmement faible ; cette situation doit être prise en considération avant d'entreprendre une politique d'administration de fluor.

G

GABA (n.m.) – (*Gamma aminobutyric acid*, Acide γ-aminobutyrique)

Constituant de nombreux produits végétaux, où il se trouve à l'état libre (graminées, polygonacées, légumineuses, rosacées, crucifères, cucurbitacées, ombellifères). Il est particulièrement abondant dans la pomme de terre (30 mg/100 g frais) et la châtaigne (25 à 120 g/100 g frais).
In vivo, le GABA est formé par décarboxylation de l'acide glutamique ; la réaction est catalysée par une glutamate décarboxylase qui nécessite du pyridoxal phosphate. Cette situation entraîne une déficience en GABA dans le tissu cérébral au cours de la carence en vitamine B_6 et une apparition de convulsions étant donné que cette molécule joue un rôle biologique important en tant que neurotransmetteur cérébral exerçant souvent un rôle inhibiteur de l'activité neuronale. La transmission GABAergique pourrait être une cible spécifique de certains insecticides organochlorés.

GÈNE (n.m.)

Unité fonctionnelle de l'ADN codant en général pour une et une seule protéine. L'information contenue dans un gène eucaryote est discontinue : des séquences ayant une signification (les exons) – c'est-à-dire codant pour des acides aminés – alternent avec des séquences sans signification (les introns) qui ne possèdent pas d'information de codage. La plupart des gènes des eucaryotes sont ainsi en morceaux, on parle de gènes en mosaïque. L'élimination des introns se fait par des enzymes spécifiques après la transcription en ARN messager, ce dernier devient alors un ARN messager mature ne contenant plus que l'information utile à la synthèse de la protéine codée par le gène.
Chez un individu diploïde, on distingue les gènes dominants (ou exprimés) responsables du phénotype et les gènes dominés (ou récessifs).

GÉNOME (n.m.)

Ensemble du matériel nucléique héréditaire d'une cellule. Il est constitué de n chromosomes. Une cellule est dite haploïde si elle ne possède qu'un seul génome, diploïde si elle en contient deux, tétraploïde si elle en renferme quatre, etc.

GLUCOFORMATEUR

Se dit des acides aminés suivants, capables de servir à la synthèse du glucose : arginine, acide aspartique, cystine, acide glutamique, glycine, histidine, méthionine, proline et hydroxyproline, sérine, thréonine, tryptophane, valine…

GLUTATHION (n.m.)

γ-Glutamyl-cystéinyl-glycine, ce tripeptide a pour formule brute $C_{10}H_{17}O_6N_3S$ (poids mol. = 307,33). Très soluble dans l'eau et l'alcool dilué, il possède des propriétés chimiques particulières liées à la présence du groupement –SH de la cystéine facilement oxydable. Il exerce un rôle de tampon d'oxydoréduction dans la cellule, oscillant entre les 2 formes glutathion oxydé (GSSG) et glutathion réduit (GSH) et participe par exemple à la réduction de l'acide déhydroascorbique en acide ascorbique ainsi qu'à de très nombreuses autres réactions d'oxydoréduction.

GLYCÉROL (n.m.)

Trialcool (CH_2OH–CHOH–CH_2OH), de poids mol. = 92,10, qui constitue l'élément commun de tous les glycérides étant donné que ses trois fonctions sont estérifiées avec des acides gras ou de l'acide phosphorique ; le glycérol est commercialisé sous le nom de glycérine.

GOUTTE (n.f.)

Pathologie propre à l'homme, résultant d'une insolubilisation et d'une cristallisation des sels d'acide urique dans les articulations et notamment au niveau du gros orteil. L'acide urique a une double origine : endogène (catabolisme de l'azote nucléique cellulaire) et alimentaire. Les aliments riches en acides nucléiques (abats, etc.) ont une responsabilité dans la concentration sanguine en acide urique (uricémie) et dans l'apparition de la goutte.

H

HÈME (n.m.)

Groupement prosthétique de diverses protéines (hémoglobine, myoglobine, etc.) constitué de quatre cycles pyrroliques reliés entre eux par des groupes méthylènes dont les azotes se placent au centre de la figure géométrique ainsi formée (noyau porphyrine $C_{20}H_{14}N_4$). Un cation (Fe, Mg) est attaché aux azotes pyrroliques et occupe la position centrale de la structure chimique. Dans le cas de l'hémoglobine, si le fer est à l'état ferreux, la structure prend le nom d'hème, s'il passe à l'état ferrique il devient un noyau d'hématine.

HÉMIACÉTAL (n.m.)

Fonction qui résulte de l'addition d'une fonction alcool sur le groupe carbonyle d'un aldéhyde. Les aldoses se présentent à l'état d'hémiacétal à la suite d'une réaction entre l'aldéhyde (carbone 1) et une des fonctions alcool de la chaîne (carbone 4 ou 5), ce qui leur confère une structure furanose ou pyranose.

HÉMOPROTÉINE (n.f.)

Protéine contenant un hème. L'hémoglobine, la myoglobine, les cytochromes, la catalase, etc., sont des hémoprotéines.

HÉTÉROPROTÉINE (n.f.)

Protéine complexe comportant outre des chaînes d'acides aminés, des molécules de nature non protidique telles que des glucides (glycoprotéines), du phosphore (phosphoprotéines), des minéraux (métalloprotéines), des lipides (lipoprotéines), des vitamines (enzymes), un groupement chromophore (chromoprotéines), etc.

HISTAMINE (n.f.)

Amine provenant de la décarboxylation de l'histidine. Elle est douée de nombreuses propriétés physiologiques :

- elle favorise la production de suc gastrique,
- elle provoque la contraction des muscles lisses,
- elle dilate les vaisseaux capillaires, ce qui a pour conséquence une action hypotensive (choc histaminique),
- elle constitue un facteur développant des réactions allergiques,
- elle est de plus un neurotransmetteur hypothalamique.

Elle se forme notamment sous l'effet des clostridia et se trouve à des taux variables dans divers produits alimentaires : fromages affinés, choucroute, extraits de levure et dans les poissons gras. Dans le hareng, elle se situe au taux de 35 mg/100 g deux jours après la pêche. Des farines de poisson peuvent présenter une toxicité en raison de l'abondance de l'histamine.

HLA (human leucocyte antigen) – (CMH, complexe majeur d'histocompatibilité)

Ensemble de gènes codant pour des glycoprotéines membranaires propres à l'organisme et définissant le « soi », c'est-à-dire la compatibilité immunologique entre les cellules d'un même organisme. Le premier gène découvert a été celui qui code pour des antigènes de transplantation provoquant le rejet de greffes de peau ou d'organes.

HYPERVITAMINOSE (n.f.)

Accidents pathologiques provoqués par une consommation exagérée de vitamines par rapport aux quantités nécessaires. Le risque encouru dépend de l'importance de l'excès mais aussi de la nature de la vitamine : il sera d'autant plus grand que le facteur vitaminique tend à s'accumuler dans l'organisme. Cette éventualité demeure faible pour les facteurs hydrosolubles, aisément éliminés par voie urinaire. Elle est plus grande pour les vitamines liposolubles (vitamines A et D) ; en particulier, l'accumulation de la vitamine D se traduit par des mécanismes d'hypercalcification dans les tissus de l'organisme.

I

INDUCTION (n.f.)

Ensemble des mécanismes cellulaires et moléculaires, conduisant au déclenchement de l'expression d'un gène spécifique.

INHIBITION ALLOSTÉRIQUE – (Rétro-inhibition)

Dans les séquences de réactions enzymatiques, l'inhibition allostérique est l'inhibition d'une enzyme dite allostérique – se trouvant au début de la séquence réactionnelle – par le produit final de la chaîne de réactions. Les enzymes allostériques possèdent en plus du cycle catalytique, un site – dit allostérique – spécifique vis-à-vis de l'inhibiteur. Ce type d'inhibition est un moyen de contrôle fin d'une voie biosynthétique, puisqu'à tout moment, elle permet d'ajuster la vitesse de formation du produit à la concentration de ce produit.

INTRON (n.m.)

Partie d'un gène située entre deux exons. L'ARN correspondant aux introns est excisé par l'épissage de l'ARN messager, précurseur de la protéine lors de sa maturation.

IODE (n.m.)

Oligoélément minéral indispensable dont le besoin pour l'homme adulte est de l'ordre de 0,10 à 0,15 mg/jour. C'est un constituant de l'hormone thyroïdienne (la thyroxine, dérivée tétra-iodé de la tyrosine). En matière sèche, la thyroïde renferme normalement 0,2 à 0,5 % d'iode, cette valeur s'abaissant proportionnellement à la déficience en iode et au cours de l'apparition du goitre. Les 9/10e sont présents à l'état d'acide aminé (tyrosine mono ou polyiodée) ou de protéine (thyroglobuline). Dans le sérum sanguin, l'iode est lié aux protéines (*Protein Bound Iodine = PBI*). Les crucifères et, à un degré moindre, des graines de légumineuses, renferment des substances goitrogènes (thiocyanates, goitrine, etc.) susceptibles de passer dans le lait. Les laits de ruminants ne contiennent pas de substances à activité thyroïdienne, contrairement à ceux de monogastriques. Une carence en iode est habituellement observée dans les régions éloignées des régions maritimes et particulièrement dans les zones montagneuses (Alpes, Andes, etc.). Cette situation est souvent combattue par la commercialisation d'un sel de cuisine d'origine marine ou un sel de terre enrichi en iode (sel iodé). L'hyperthyroïdisme offre des conséquences aussi préjudiciables que l'hypothyroïdisme.

ISOÉLECTRIQUE

Qualifie le pH auquel une molécule ionisée porte autant de charges positives que de charges négatives, c'est-à-dire possède une charge nette égale à zéro. Le pH isoélectrique d'une molécule est le pH pour lequel la dissociation du ou des groupements cationiques est égale à celle du ou des groupements anioniques.

ISOENZYME (n.f. ou n.m.)

Les isoenzymes sont les diverses formes moléculaires d'une même enzyme. Tout en catalysant les mêmes réactions, elles diffèrent entre elles par leurs propriétés physico-chimiques (notamment leur mobilité électrophorétique), leurs constantes cinétiques (Vm, Km) et souvent leurs localisations tissulaires. L'intérêt médical du dosage des isoenzymes est apparu du fait que le plasma sanguin contient plusieurs isoenzymes de la lactate déshydrogénase et que la proportion relative de ces isoenzymes varie selon l'état pathologique. Ainsi en biochimie clinique, la mesure de l'activité de différentes isoenzymes est-elle devenue un test classique d'exploration fonctionnelle.

J

JOULE (n.m.) - (J)

Correspond au travail produit par une force de 1 newton dont le point d'application se déplace de 1 mètre dans la direction de la force. En nutrition, le joule est l'unité officielle en remplacement de la calorie (1 kJoule = 0,239 kcalorie).

J.P. Joule (1818-1889), physicien anglais, fit notamment des études sur la chaleur et détermina l'équivalent mécanique de la calorie.

L

LANGERHANS (Îlot de)

Groupe de cellules épithéliales du tissu pancréatique, présentes dans l'ensemble de l'organe. Les cellules de type *alpha* sécrètent le glucagon, celles de type *bêta* l'insuline et celles de type *gamma* la somatostatine. Ces hormones ont une activité antagoniste qui contrôle le métabolisme du glucose sanguin. Paul Langerhans, médecin allemand (1847-1888).

LÉVOGYRE

Substance possédant un carbone asymétrique, dont la solution dévie vers la gauche un plan de lumière polarisée (dans le sens inverse des aiguilles d'une montre). Cette propriété est indiquée par le signe (–) placé avant le nom de la substance chimique.

LIAISON COVALENTE

Correspondant à la mise en commun d'électrons entre les atomes liés, la liaison covalente nécessite une énergie importante pour être rompue, de l'ordre de 100 à 800 $kJ.mol^{-1}$. Ces liaisons sont à la base de la constitution de toutes les molécules organiques et sont en particulier responsables de la structure :
- de la liaison osidique des glucides ;
- de la liaison peptidique et la liaison disulfure des protéines ;
- de la liaison phosphodiester des acides nucléiques.

Contrairement aux autres types de liaison et à cause de leur grande énergie, les liaisons covalentes sont généralement stables dans une très large gamme de température. Leur rupture nécessite l'activité d'enzymes spécifiques : des hydrolases pour les liaisons osidiques et peptidiques par exemple, et des oxydoréductases notamment en ce qui concerne la liaison disulfure ; ou bien des hydrolyses chimiques drastiques, comme un traitement chlorhydrique 6 N à 120 °C pendant plusieurs heures pour rompre quantitativement toutes les liaisons peptidiques d'une protéine.

LIGAND (n.m.)

Terme utilisé pour désigner une molécule qui réagit de façon spécifique et réversible avec une autre substance, par exemple, un récepteur membranaire, un anticorps, etc.

LIPOSOLUBLE

Qualifie une substance soluble dans les matières grasses et dans leurs solvants (alcool, acétone, éther, hexane) et insoluble dans l'eau et les solutions aqueuses.

LYSOSOME (n.m.)

Organite infra-cellulaire contenant des systèmes hydrolytiques, notamment des phosphatases, participant à la lyse des bactéries, à la digestion des particules absorbées par phagocytose et à la dégradation de déchets intracellulaires.

M

MAGNÉSIUM (n.m.)

Macroélément minéral dont la localisation et le métabolisme sont apparentés à ceux du calcium. Des interrelations entre ces deux éléments sont fréquentes : il apparaît que le calcium et le magnésium établissent entre eux un jeu de bascule ou de correcteur réciproque. Le magnésium est un cofacteur d'enzymes (phosphatases, déshydrogénases, carboxylases, peptidases) : il participe notamment au métabolisme musculaire et à celui du tissu nerveux et paraît doué de propriétés pharmacologiques propres ; c'est un élément constitutif de la chlorophylle.

MANGANÈSE (n.m.)

Oligoélément minéral participant au fonctionnement de la mitochondrie, de la phosphorylation oxydative, des phosphatases et de l'arginase hépatique.

MÉTABOLISME (n.m.)

Ensemble des transformations biochimiques qui s'accomplissent dans un organisme vivant. Les réactions de synthèse constituent l'anabolisme et les réactions de dégradation le catabolisme. Ainsi, le catabolisme de l'amidon couvre l'ensemble des opérations allant de l'ingestion à l'élimination de l'eau et du gaz carbonique résultant de l'oxydation du glucose. L'anabolisme du glycogène englobe l'ensemble des réactions assurant la synthèse du glycogène à partir du glucose ou des éléments glucoformateurs. Au point de vue nutritionnel, on distingue deux grands états métaboliques : l'organisme est en anabolisme lorsque les opérations de synthèse l'emportent sur les phénomènes de dégradation et il est en catabolisme dans le cas inverse.

MICROVILLOSITÉ (n.f.)

Très fin repli en doigts de gant de la membrane d'une cellule épithéliale en regard de la lumière intestinale.

MOLYBDÈNE (n.m.)

Oligoélément minéral exerçant des fonctions biologiques en tant que coenzyme de la xanthine oxydase, de la nitrate réductase, de la nitrogénase, etc. Le molybdène s'accumule principalement dans le foie. Le cuivre, les sulfates, le tungstène, se comportent comme des agents antagonistes de cet élément. Un excès de molybdène présente une toxicité qui a été observée chez le bétail. Les teneurs en molybdène des végétaux peuvent varier de 1 à 40 selon sa concentration dans le sol. D'une manière générale, les graines de céréales et de légumineuses en sont de bonnes sources alimentaires.

MYOGLOBINE (n.f.)

Chromoprotéine intracellulaire de la viande, d'un poids mol. de 17 000, constituée d'une protéine, la globine, et d'un groupement prosthétique de type hème, au centre duquel se situe un atome de fer ferreux. Elle fixe facilement l'oxygène et sert à son transport ; elle se convertit alors en oxymyoglobine qui acquiert une coloration rouge soutenue. Elle est le responsable majeur de l'oxygénation du muscle et de la pigmentation rouge de la viande de boucherie. Son instabilité à l'air et à l'oxygène la transforme en un pigment brun, la metmyoglobine dans laquelle le fer passe à l'état ferrique. Ce dérivé perd ses propriétés fonctionnelles de transporteur d'oxygène. La myoglobine se combine aussi avec les nitrites pour donner une nitrosomyoglobine, pigment rouge dont la coloration est stable.

N

NEUROTRANSMETTEUR (n.m.) – (Neuromédiateur)

Désigne toute substance libérée par un neurone au niveau présynaptique et qui assure la transmission chimique de l'influx nerveux. Elle se lie à un récepteur à la surface membranaire postsynaptique et entraîne des modifications de perméabilité ionique membranaire. Le neurotransmetteur assure la transmission chimique de l'influx nerveux.

NITRATE (n.m.) – (NO_3^-)

Sel présent, notamment sous forme de nitrate de potassium, dans un certain nombre de produits animaux et végétaux. Il provient, par exemple, de l'usage d'engrais ou de son emploi en tant qu'additif alimentaire (E 251, E 252). Si la majeure partie est éliminée en nature par voie urinaire, une fraction peut être convertie en nitrite qui offre un risque de toxicité. Actuellement, la pollution des nappes phréatiques par les nitrates d'origine agricole pose un problème supplémentaire de santé publique.

NITRITE (n.m.) – (NO_2^-)

Additif autorisé en charcuterie pour ses propriétés de conservation, préventif de la pollution microbiologique, notamment vis-à-vis des clostridia. Il peut être utilisé au taux de 150 mg/kg de viande. Son action de conservateur est renforcée par la présence de sel et par l'acidité, facteurs qui permettent de réduire le taux de nitrite. Il transforme la myoglobine de la viande en nitrosomyoglobine, d'une coloration rouge stable. Il oxyde également l'hémoglobine sanguine en methémoglobine. Son emploi est critiqué dans la mesure où – lorsqu'il est en présence d'amines – il donne naissance à des nitrosamines à caractère cancérogène.

O

OSMOSE (n.f.)

Lorsqu'une membrane semi-perméable sépare deux solutions de concentration différente, l'eau tend à traverser la membrane en partant de la solution la moins concentrée pour aller vers celle qui est la plus concentrée. Si la membrane n'est pas parfaitement semi-perméable, ce qui est habituellement le cas, elle est traversée rapidement par le solvant vers la solution la plus concentrée (endosmose) et plus lentement par le soluté vers la solution la moins concentrée. Le soluté entraîne à sa suite des molécules de solvant (exosmose). À l'équilibre, la concentration du soluté est la même dans les deux compartiments.

P

PHÉNYLCÉTONURIE (n.f.) – (Oligophrénie phénylpyruvique)

État pathologique dû à une déficience génétique de phénylalanine hydroxylase, touchant environ 1/20 000 individus, se traduisant par l'élimination urinaire massive d'acide phénylpyruvique (100 mg à 1 g/jour). Cliniquement, ce trouble provoque un retard psychomoteur et surtout un déficit intellectuel très prononcé chez le jeune enfant qui en est atteint. Chez ces sujets, l'alimentation doit être déficiente en phénylalanine et enrichie en tyrosine.

PHOSPHORE (n.m.)

Macroélément minéral, présent dans l'organisme sous forme minérale et organique. Il est lié au calcium dans le tissu osseux mais on le trouve dans les protéines, les lipides et dans d'innombrables molécules biochimiques : ATP (adénosine triphosphate), cocarboxylase, acide phytique, etc. Le phosphore n'est jamais spontanément déficient dans l'alimentation ; le seul risque à prendre en considération est un excès de phosphore par rapport au taux de calcium. Sur le plan technologique, les orthophosphates de sodium (E 339), de potassium (E 340) et de calcium (E 341), sont autorisés à titre d'agents renforçateurs de substances anti-oxygènes. Les polyphosphates de sodium et de potassium (E 450) sont autorisés comme agents émulsifiants et épaississants. Le besoin en phosphore est rarement exprimé en valeur absolue mais plutôt relativement au calcium : une ration équilibrée doit présenter un rapport massique « calcium/phosphore » compris entre 1 et 1,5.

PORPHYRINE (n.f.)

Élément de base des hèmes, se composant de quatre noyaux pyrroliques réunis entre eux par des liaisons méthyléniques. Au centre de cet édifice se situe un cation comme le fer (hémoglobine) ou le magnésium (chlorophylle). Leur formule brute est $C_{20}H_{14}N_4$.

POTASSIUM (n.m.)

C'est le principal cation du liquide intracellulaire, d'où sa teneur élevée dans la viande. Il assure la rétention d'eau et la pression osmotique dans le milieu cellulaire, jouant des fonctions comparables à celles du sodium dans le compartiment extracellulaire. Le besoin de l'homme est de l'ordre de 4 g par jour ; il est couvert par la viande, les céréales, les fruits et les légumes verts. Le rein a une très grande capacité pour l'élimination du potassium. Les teneurs du sang et de l'urine sont la kaliémie et la kaliurie.

R

RÉCEPTEUR MEMBRANAIRE

Protéine ou glycoprotéine incluse dans la membrane plasmique et reconnue spécifiquement par des ligands qu'il s'agisse de neurotransmetteurs, d'hormones ou de stimulus sensoriels. L'interaction du récepteur avec son ligand provoque l'activation en cascade d'un ensemble de réactions biochimiques au sein de la cellule.

RHODOPSINE (n.f.)

Photorécepteur situé dans les bâtonnets de la rétine, constitué d'une protéine (l'opsine) et du rétinal (vitamine A aldéhyde). Il est responsable de la vision aux faibles intensités lumineuses (vision scotopique), son dysfonctionnement entraîne l'héméralopie.

S

SÉLÉNIUM (n.m.)

Oligoélément minéral dont les propriétés anti-oxygènes en font un agent synergique puissant de la vitamine E, les troubles de la carence en tocophérols (nécrose hépatique, diathèse exsudative, dystrophie dégénérative des muscles striés) pouvant être prévenus par des doses minimes de sélénites et surtout de composés organiques du sélénium, en particulier à l'état de « facteur 3 ». C'est pourquoi aux États-Unis une dose journalière de 60 µg a été recommandée ; chez les animaux, le sélénium agit à la concentration de 40 µg/kg de ration. Il paraît jouer un rôle biochimique propre, par l'intermédiaire du glutathion, en protégeant indirectement l'hémoglobine contre un risque d'oxydation par des peroxydes. La glutathion peroxydase (EC 1.11.1.9) a le sélénium comme coenzyme. Même si les mécanismes d'action sont distincts, on peut se demander si on ne doit pas envisager un besoin nutritionnel global « vitamine E – sélénium ».

SILICIUM (n.m.)

Élément jouant un rôle important dans les tissus conjonctifs, l'os et le cartilage. Il intervient dans la formation du collagène et des glucosamines. On le trouve dans les tissus parenchymateux, le cerveau, les ongles et les poumons (pollution atmosphérique). Si tous les produits végétaux et animaux en contiennent, les céréales sont la source majeure du silicium alimentaire, dont l'ingéré peut être estimé à 200 mg/jour. L'excrétion urinaire est minime (10 mg).

SODIUM (n.m.)

Électrolyte constituant le cation majeur du liquide extracellulaire, où il joue un rôle primordial dans la pression osmotique et la rétention d'eau. Ses fonctions sont analogues à celles du potassium pour le compartiment intracellulaire. Le besoin en sodium est faible si on se base sur les pertes : par jour, l'organisme perd, dans des conditions normales, environ 100 mg de sodium sans compter les pertes provoquées par la sueur (2 g par litre en moyenne). La principale consommation de sodium se fait sous forme de chlorure, ajouté à l'alimentation. Le sodium est facilement éliminé par voie rénale. Chez les sujets manifestant de l'hypertension artérielle, l'ingéré de sodium devrait se limiter à 1 g par jour. Une limitation comparable est nécessaire en cas de dysfonctionnement rénal.

SODIUM DODÉCYL SULFATE (n.m.) – (SDS)

($CH_3(CH_2)_{10}CH_2–O–SO^-_3$, Na^+)

Détergent anionique utilisé pour dénaturer et solubiliser les protéines ou les séparer selon leur masse moléculaire par électrophorèse.

SOUFRE (n.m.)

Élément minéral qui, en fait, se trouve essentiellement sous forme organique chez les êtres vivants, plus précisément à l'état d'acide aminé soufré : méthionine, cystine et cystéine. Il est secondairement présent à l'état de sulfate dans certains polysaccharides produits par l'organisme (chondroïtine-sulfate, héparine, mucoïtine-sulfate), dans des lipides complexes (cérébrosides). L'alimentation fournit du soufre contenu dans divers additifs organiques (carraghénanes) et minéraux (sulfites).

STÉRÉOSPÉCIFICITÉ (n.f.)

Caractéristique d'une molécule présentant une conformation tridimensionnelle lui permettant de reconnaître ou d'être reconnue par une autre molécule de façon spécifique, selon le modèle de la clef et de la serrure. Par exemple, une enzyme reconnaît et attaque, plus ou moins exclusivement, un type de molécules et de liaisons ; c'est le cas des amylases qui se classent en a $1 \rightarrow 4$ et a $1 \rightarrow 6$ glucosidases selon la position de la liaison osidique qu'elles hydrolysent. Toujours pour des raisons de stéréospécificité, les amylases se révèlent être des endo- ou des exoenzymes, selon qu'elles dégradent les chaînes de glucose par leur intérieur ou par leur extrémité.

STÉROÏDE (n.m.)

Les stéroïdes dérivent du cholestérol. Ils se différencient entre eux sur un plan biochimique par le nombre de carbone, le nombre et la position des doubles liaisons et des substituants. Ce sont les acides biliaires, certaines hormones (androgènes, œstrogènes, progestérone, corticostéroïdes) ainsi que les vitamines D et leurs dérivés.

SUBSTRAT (n.m.)

Terme utilisé d'abord en enzymologie et ayant un sens élargi. Il désigne la substance qui va être soumise à l'action d'un système enzymatique ou d'un réactif chimique. Il constitue l'élément passif d'une transformation biologique ou chimique.

T

THERMORÉGULATION (n.f.)

Mécanisme propre aux organismes homéothermes, leur permettant de maintenir leur température interne sensiblement constante. En cas de milieu externe insuffisamment chaud, l'homéotherme déclenche une production de chaleur (thermogenèse) grâce à un centre régulateur localisé dans l'hypothalamus postérieur. En cas de température excessive, l'hypothalamus antérieur assure la mise en œuvre de moyens de défense (thermolyse) contre cette agression. Dans la pratique, le besoin nutritionnel dû à la thermorégulation correspond à une faible part du besoin énergétique global. On admet que la température annuelle moyenne qui constitue l'optimum est de 15 °C : dans ces conditions, le besoin de thermorégulation est négligeable étant donné la production inéluctable de chaleur liée aux mécanismes vitaux. Si la température annuelle moyenne est éloignée de ± 10 °C, le besoin de thermorégulation correspond à 5 % du besoin énergétique global. Ceci signifie qu'un individu ayant un besoin énergétique de 10 500 kJ lorsqu'il vit à une température annuelle de 15 °C aura un besoin de 11 025 kJ s'il vit en moyenne à 5 °C ou à 25 °C.

Z

ZWITTERION (n.m.)

Molécule à l'état ionisé dont la charge électrique est nulle du fait qu'elle porte autant de charges positives que de négatives. C'est ainsi qu'un acide aminé au pH isoélectrique se présente à l'état de zwitterion étant donné que les dissociations du carboxyle et de l'amine sont identiques. Sa formule est alors la suivante :

$$^{+}H_3N{-}CHR{-}COO^{-}.$$

Annexe 1. Classification périodique des éléments

14 IVA	
6 — 12,0107 — C (période 2)	SYMBOLE : C NOM DE L'ÉLÉMENT : CARBONE NUMÉRO ATOMIQUE : 6 MASSE ATOMIQUE : 12,0107 GROUPE : 14 (IUPAC) – IVA (CAS) PÉRIODE : 2

- MASSES ATOMIQUES DES ISOTOPES LES PLUS STABLES ENTRE ACCOLADES
- MASSES ATOMIQUES DONNÉES À 6 CHIFFRES SIGNIFICATIFS

Légende : NON MÉTAUX – MÉTAUX ALCALINS – MÉTAUX ALCALINO-TERREUX – MÉTAUX DE TRANSITION – MÉTAUX PAUVRES – MÉTALLOÏDES – HALOGÈNES – GAZ NOBLES – LANTHANIDES – ACTINIDES

	1 IA	2 IIA	3 IIIB	4 IVB	5 VB	6 VIB	7 VIIB	8 VIIIB	9 VIIIB	10 VIIIB	11 IB	12 IIB	13 IIIA	14 IVA	15 VA	16 VIA	17 VIIA	18 VIIIA
1	1 H Hydrogène 1,00794																	2 He Hélium 4,0026
2	3 Li Lithium 6,941	4 Be Béryllium 9,01218											5 B Bore 10,811	6 C Carbone 12,0107	7 N Azote 14,0067	8 O Oxygène 15,9994	9 F Fluor 18,9984	10 Ne Néon 20,1797
3	11 Na Sodium 22,9898	12 Mg Magnésium 24,305											13 Al Aluminium 26,9815	14 Si Silicium 28,0855	15 P Phosphore 30,9738	16 S Soufre 32,065	17 Cl Chlore 35,453	18 Ar Argon 39,948
4	19 K Potassium 39,0983	20 Ca Calcium 40,078	21 Sc Scandium 44,9559	22 Ti Titane 47,867	23 V Vanadium 50,9415	24 Cr Chrome 51,9961	25 Mn Manganèse 54,9380	26 Fe Fer 55,845	27 Co Cobalt 58,9332	28 Ni Nickel 58,6934	29 Cu Cuivre 63,546	30 Zn Zinc 65,38	31 Ga Gallium 69,723	32 Ge Germanium 72,63	33 As Arsenic 74,9216	34 Se Sélénium 78,96	35 Br Brome 79,904	36 Kr Krypton 83,798
5	37 Rb Rubidium 85,4678	38 Sr Strontium 87,62	39 Y Yttrium 88,9058	40 Zr Zirconium 91,224	41 Nb Niobium 92,9064	42 Mo Molybdène 95,96	43 Tc Technétium {98}	44 Ru Ruthénium 101,07	45 Rh Rhodium 102,905	46 Pd Palladium 106,42	47 Ag Argent 107,868	48 Cd Cadmium 112,411	49 In Indium 114,818	50 Sn Étain 118,71	51 Sb Antimoine 121,76	52 Te Tellure 127,6	53 I Iode 126,905	54 Xe Xénon 131,293
6	55 Cs Césium 132,905	56 Ba Baryum 137,327		72 Hf Hafnium 178,49	73 Ta Tantale 180,948	74 W Tungstène 183,84	75 Re Rhénium 186,207	76 Os Osnium 190,23	77 Ir Iridium 192,217	78 Pt Platine 195,084	79 Au Or 196,967	80 Hg Mercure 200,59	81 Tl Thallium 204,383	82 Pb Plomb 207,2	83 Bi Bismuth 208,98	84 Po Polonium {209}	85 At Astate {210}	86 Rn Radon {222}
7	87 Fr Francium {223}	88 Ra Radium {226}		104 Rf Rutherfordium {266}	105 Db Dubnium {268}	106 Sg Seaborgium {269}	107 Bh Bohrium {270}	108 Hs Hassium {269}	109 Mt Meitnérium {278}	110 Ds Darmstadtium {279}	111 Rg Roentgenium {281}	112 Cn Copernicium {285}	113 Uut Ununtrium {284}	114 Fl Flerovium {289}	115 Uup Ununpentium {288}	116 Lv Livermorium {293}	117 Uus Ununseptium {294}	118 Uuo Ununoctium {294}

6	57 La Lanthane 138,906	58 Ce Cérium 140,116	59 Pr Praséodyme 140,908	60 Nd Néodyme 144,242	61 Pm Prométhium {145}	62 Sm Samarium 150,36	63 Eu Europium 151,964	64 Gd Gadolinium 157,25	65 Tb Terbium 158,925	66 Dy Dysprosium 162,5	67 Ho Holmium 164,930	68 Er Erbium 167,259	69 Tm Thulium 168,934	70 Yb Ytterbium 173,054	71 Lu Lutécium 174,967
7	89 Ac Actinium {227}	90 Th Thorium 232,038	91 Pa Protactinium 231,036	92 U Uranium 238,029	93 Np Neptunium {237}	94 Pu Plutonium {244}	95 Am Américium {243}	96 Cm Curium {247}	97 Bk Berkélium {247}	98 Cf Californium {251}	99 Es Einsteinium {252}	100 Fm Fermium {257}	101 Md Mendélévium {258}	102 No Nobélium {259}	103 Lr Lawrencium {262}

Annexe 2. Filiation des oses[1]

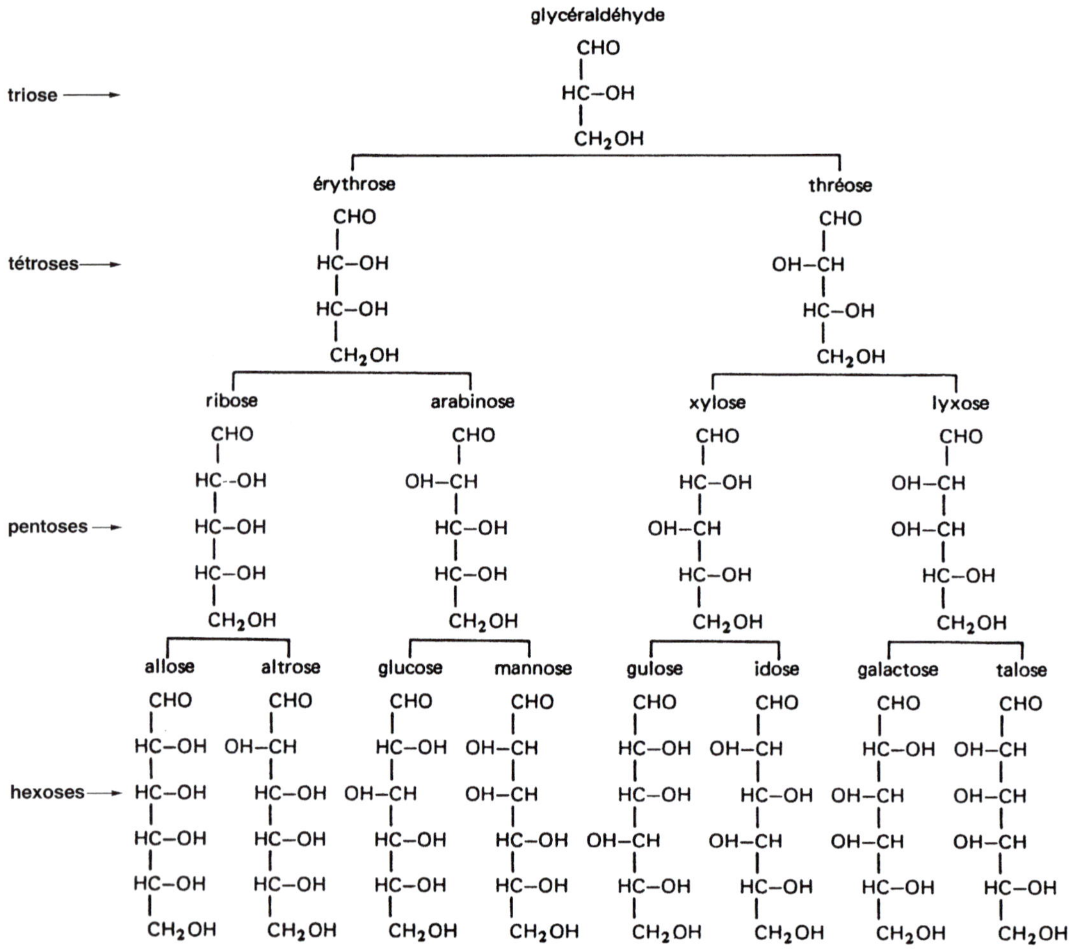

Structure des aldoses de la série D.

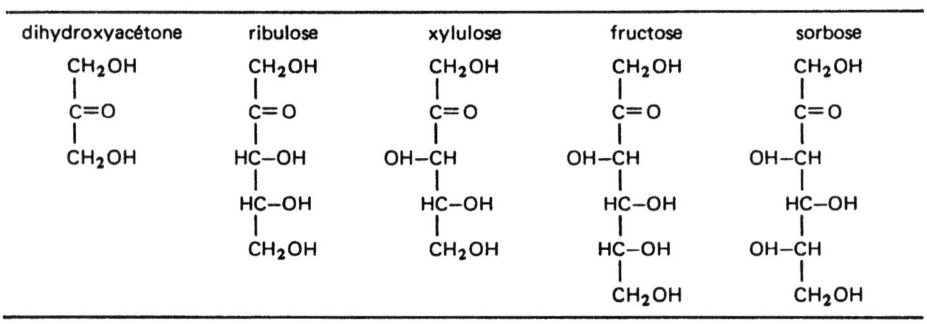

Structure des cétoses de la série D.

1. Extrait de *La science alimentaire de A à Z*, J. Adrian, J. Potus, R. Frangne, Éditions Tec & Doc, 2e édition, 1995.

Annexe 3. Valeur pK des acides aminés[1]

à 25 °C

Acide aminé	pK'_1 (COOH)	pK'_2 (NH_2)	pK'_3 (R)	
ALA	2,34	9,78		
VAL	2,32	9,62		
LEU	2,36	9,60		
ILE	2,36	9,68		
GLY	2,35	9,78		
SER	2,19	9,21		
THR	2,09	9,10		
PRO	1,95	10,64		
PHE	2,16	9,18		
TRP	2,43	9,44		
MET	2,28	9,21		
ASN	2,02	8,80		
GLN	2,17	9,13		
CYS	1,92	10,46	8,35	(thiol)
TYR	2,20	9,11	10,13	(phénol)
ASP	1,88	9,60	3,65	(ω-carboxylique)
GLU	2,19	9,67	4,25	(ω-carboxylique)
LYS	2,16	9,18	10,79	(ε-amine)
ARG	1,82	8,99	12,48	(guanidine)
HIS	1,82	9,17	6,00	(imidazole)

1. Extrait de *La science alimentaire de A à Z*, J. Adrian, J. Potus, R. Frangne, Éditions Tec & Doc, 2e édition, 1995.

Index

B

C

F

G

H

I

J

K

L

R

S

Achevé d'imprimer en décembre 2017 par
ISI PRINT
93210 La Plaine Saint-Denis

Dépôt légal : novembre 2014

Imprimé en France

N° 1456 (I) - LGS 90°